KB077968

가정
훈육
백과사전

가정
훈육
백과사전

저자 • 다카하시 야요이 외 110여 명

번역 • 황소연   **감수** • 김승옥(노원구육아종합지원센터장)

길벗

추천사

세상의 모든 부모들은 아이를 낳으면서 세상의 중심을 자신에서 아이에게로 옮깁니다. 자녀와 함께하는 순간부터 정작 자신의 이름이 잊혀지는 것은 상관없다는 듯 "○○이 엄마" 또는 "○○이 아빠"로 살아갑니다. 그렇게 불리는 것이 너무나도 당연한 일이고, 심지어는 사람 사는 맛이 난다고까지 생각합니다.

부모가 되고나서의 변화는 그뿐이 아닙니다. 결혼 전에는 휴대전화의 메모리를 취미생활, 여행, 음식, 친구에 대한 사진이나 일정으로 가득 채웠다면 자녀가 태어난 뒤로는 온통 자녀의 사진으로 꽉 채웁니다. 인생에 있어 행복했던 기억에 대해 물으면 회사에서 승진했을 때나 큰 상을 받았을 때라고 대답하기보다 "아이가 태어나 처음 내 품에 안긴 순간", "아이가 엄마라고 처음 말한 순간", "아이가 처음 걸었을 때" 등 자녀와 연관된 기억을 떠올리며 흐뭇하게 미소를 짓습니다.

세상의 모든 엄마 아빠들은 '좋은 부모'가 되고 싶어 합니다. 자녀에게 가장 좋은 것을 주고 싶고, 예쁘고 순탄한 길로만 자녀가 가기를 바랍니다. 주변의 부모들을 만나 얘기를 나누고 나면 아이에게 더 잘해야겠다고 결심하고, 실제로 잘하려고 부단히 노력합니다. 하지만 정확한 방법을 몰라 시행착오를 겪기도 합니다. 자신과 관련된 선택이 잘못됐을 때보다 자녀를 위한 자신의 선택이 잘못됐다고 판단되면 속상하다 못해 그런 실수를 한 자신에게 더 크게 화를 내기도 합니다.

그렇게 아이를 키우다 보면 부모 자신도 하나의 인격체로서 더욱 성숙해집니다. 부모 마음대로 해서도 안 되고 부모 마음대로 할수록 어긋나는 것이 육아라서 자신의 욕심을 버리고 아이에게 맞춰가며 부단히 참아주고 인내하고 기다려야 하거든요. 그러는 동안 '육아(育兒)'가 '육아(育我)'가 되는 일이 다반사입니다.

좋은 부모란 자녀가 하고 싶어하는 모든 것을 다 들어주고 허용하는 부모가 아닙니다. 한없이 예쁘고 모든 것을 내주어도 아깝지 않은 내 아이가 가정을 벗어나 유치원, 학교, 지역사회에서 인정받고 더욱 사랑받는 아이로 성장하도록 돕는 것이 좋은 부모이지요.

하지만 부모교육과 강연회를 다녀봐도 정작 필요한 지침을 구하기는 어렵고, 아이를 어떻게 대해야 할지 몰라 쩔쩔 매는 것이 현실입니다. 그런 의미에서 이 책은 아이의 발달 단계에 맞춰 부모로서 어떠한 마음가짐과 태도를 가져야 하는지, 아이의 성격에 따라 상황과 장소에 따라 어떻게 훈육을 해야 하는지에 대해 구체적인 사례를 들어가며 상세하게 알려주고 있습니다. 아이의 마음을 수용하되 행동은 일관된 기준에 의해 제한하고, 아이와 좋은 관계를 유지하면서 어떻게 훈육을 해야 하는가에 대해서도 얘기하고 있습니다.

내 아이가 성장해 사회에서 어엿하게 제 역할을 하기를 바란다면 꼭 읽어보기를 추천합니다. 교육학을 전공한 저에게도 많은 도움이 되었기에 교사가 되고자 전공하고 있는 예비 교사, 교육 현장에서 아이들을 직접 만나는 현직 교사들에게도 자신 있게 추천합니다. 이 책을 옆에 둔다면 가정훈육을 책임지는 부모도, 보육기관이나 학교에서 아이들을 지도하는 교사도 좀 더 행복한 마음으로 아이들을 대할 수 있을 것입니다.

김능옥 (교육학 박사, 현 노원구육아종합지원센터장)

"옆집 아이는 가정훈육을 제대로 받았네요."

"저렇게 버르장머리 없는 애는 처음 보네. 도대체 저 애 부모는 가정교육을 어떻게 한 거야?"

우리는 흔히 이런 얘기를 입에 올리기도 하고 귀로 듣기도 합니다. 그렇다면 여기에서 말하는 가정교육, 즉 '가정훈육'은 어떤 의미일까요?

일반적으로 가정훈육(가정교육)이란 일상생활에서 아이가 사회질서와 규칙에 따라 행동할 수 있게 집안 어른들이 교육하고 훈련시키는 일 또는 방법을 말합니다. 한마디로 표현하면 '아이를 어엿한 사회인으로 키우기 위해 가정에서 이뤄지는 교육'이지요. 가정훈육으로 가르치는 내용은 일상생활을 해나갈 때 가장 기초가 되는 습관, 즉 기본 생활습관을 비롯해 사고나 재해를 당했을 때 자신을 지키는 안전 지도, 사회생활을 원만하게 꾸려나가기 위해 필요한 예절과 인성 등을 꼽을 수 있습니다. 따라서 사회에서 생활할 때 반드시 갖추어야 할 기본 행동양식을 아주 어릴 때부터 아이가 몸에 익힐 수 있게 이끌어주는 일이 바로 가정훈육의 목표가 되겠지요.

우리는 인간으로 태어나지만 사회의 문화와 정보를 습득하지 않으면 인간다운 삶을 누릴 수 없습니다. 사회의 문화와 정보를 학습하는 과정을 전문 용어로 '사회화'라고 하는데, 그중에서 부모가 자녀에게 영향을 끼치는 측면을 강조한 것이 가정훈육입니다. 그러니 부모는 자녀가 사회생활을 하는 데 적합한 예절이나 습관을 익힐 수 있게 가르치고 직접 모범을 보여야겠지요.

그런데 자녀교육 전문가들은 기본 생활습관을 제대로 익히지 못한 채 성장한 사람들이 점점 늘고 있다고 지적합니다. 요컨대 유아기에 익혀야 할 습관을 제대로 습득하지 못한 채 초등학교에 입학해 중학교, 고등학교에서도 똑같은 문제가 거듭 발생한다는 것이죠. 심지어 사회생활의 기본기를 갖추지 못한 어른들도 많다고 합니다. 구체적으로 말하면 젓가락 사용법이 서투르거나, 아침에 혼자 힘으로 일어나지 못하거나, 배변 습관이 규칙적이지 않거나, 옷을 입을 때 제대로 단추를 채우지 못하거나, 아침에 일어나서 세수하는 습관이 몸에 배지 않은 어른들이죠.

어린 시절에 기본 생활습관을 제대로 익히지 못한 이유는 대체로 부모의 양육 태도에서 찾는 것이 타당합니다. 부모의 관심이 자녀의 인성이나 예절 습득보다 다른 방향에 있었을 수도 있습니다. 이를테면 '공부만 잘하면 뭐든 용서해줄 수 있다'는 생각으로 기본 생활습관엔 신경을 덜 썼거나, 지극한 과잉보호 혹은 애정 결핍과 무관심 등의 이유로 아이를 방임했기 때문이지요.

기본 규칙과 예절, 바른 습관을 익히기 위해서는 주위 어른, 특히 부모의 적극적인 관심과 협조가 필요합니다. 이때 협조란 불필요한 도움을 주는 것이 아니라 아이 스스로 할 수 있게 곁에서 차분히 지켜봐주는 일이지요. 만약 아이가 혼자 힘으로 해결하지 못하고 많이 버거워한다면 그때 적절한 지도와 도움을 건네면 됩니다.

그런 점에서 이 책은 자녀가 어엿한 어른으로 자라기를 원하는 모든 부모들의 필수품이 될 수 있을 것이라고 자부합니다. 110명이 넘는 교육 전문가들이 가정훈육에 관한 기초 이론을 기반으로 영유아기와 아동기에 가르칠 내용을 빠짐없이 수록하고 해설을 곁들이려고 노력했습니다. 아무쪼록 이 책이 독자 여러분에게 도움이 되기를 간절히 바랍니다.

감수 아타가이 마사아키

요즘에는 아이를 키우는 일이 참으로 어렵다고 많은 분들이 입을 모아 말합니다. 가장 큰 원인은 핵가족화를 꼽을 수 있지요. 육아 경험이 전혀 없는 부모가 그 누구의 도움도 받지 않고 아이를 키우려니 어렵고, 많이 불안하고 초조한 것이 사실입니다.

요즘의 젊은 부모들은 육아에 불안감을 느끼거나 괴롭고 힘들 때면 인터넷을 통해 관련 정보를 수집해 활용하는 것 같습니다. 다만 인터넷 정보 가운데는 아이에게 도움이 되지 않는 엉터리 지식도 넘쳐나기 때문에 초보 엄마라면 정확한 정보를 구별하는 일이 쉽지 않지요.

이 책은 이러한 사회적 배경을 토대로 육아, 특히 가정훈육에 관한 올바른 지식을 전달하기 위해 만들어졌습니다. 더욱이 영유아기와 아동기의 가정훈육을 세세한 부분까지 다루고 있다는 점이 여느 자녀교육서와는 다른, 가장 차별화되는 특징입니다.

본문은 영유아기, 아동기, 부록으로 구성되어 있는데 시기별로 같은 항목이 등장하기도 합니다. 이는 아이의 성장에 따라 변화하는 훈육의 내용을 반영한 것으로, 자녀의 발달 단계에 맞춰 어떻게 달라지는지를 확인할 수 있습니다. 또 보육기관과 교육 현장에서 아이들과 많은 시간을 보내는 교사들이 직접 집필한 것은 물론 실천적인 내용까지 골고루 갖추고 있다는 점도 이 책의 자랑거리입니다.

본문은 3부로 구성되어 있습니다.

'제1부 영유아기(1~7세)의 가정훈육'에서는 기본 생활습관을 비롯해 유치원이나 어린이집에서 생활할 때 필요한 기초 질서와 예절, 안전 지도 등을 소개했습니다. 아울러 초등학교 입학 전에 꼭 익혔으면 하는 내용을 빠짐없이 실어두었으니 예비 학부모들은 참고하길 바랍니다.

'제2부 아동기(7~13세)의 가정훈육'은 초등학교 시기에 익혀야 할 생활습관과 예의범절, 친구 관계와 놀이에 관한 사회성, 인성 등을 폭넓게 소개합니다. 공부하는 습관과 함께 사춘기 즈음에 익혀야 할 내용까지 두루 다루고 있습니다.

부록 '가정훈육 핵심사전'에서는 심리, 교육, 보육 전문가가 자녀교육의 토대가 되는 핵심개념과 이론을 친절하게 들려줍니다.

이 책의 감수자인 야타가이 마사아키 선생과 무라코시 아키라 선생은 오랫동안 보육과 교육에 대한 다양한 문제를 연구해왔습니다. "현대 교육의 문제는 부모의 자녀교육과 가정훈육 방식에 주된 원인이 있다"면서 수많은 교육 전문가들과 함께 아이들의 생활을 연구하고 아이들의 문제에 진중하게 접근하며 고민을 거듭 해왔습니다. 그 결과물이 이 책입니다. 이 책에는 지금까지의 연구 성과를 바탕으로 오늘날의 가정훈육 문제를 종합적으로 소개함으로써 자녀교육의 핵심 주체인 부모는 물론이고 교사들에게도 참고가 될 만한 내용을 수록했습니다. 아울러 한 가지 소제를 중심으로 간결하면서도 구체적으로 알기 쉽게 풀어쓰려고 노력했습니다.

자녀교육과 육아에 정답은 없습니다. 하지만 앞으로 사회에 이바지하는 인간을 육성하는 일이 교육의 목표가 되어야 하는 것만큼은 분명한 사실입니다. 어엿한 사회의 일꾼으로 아이를 키우려면 가정에서부터 사회생활의 기본기를 제대로 가르쳐야겠지요. 이 책을 계기로 부모나 교사들의 고민거리가 줄어들고 아이를 키우는 일이 좀 더 즐거워진다면 그보다 더한 기쁨은 없을 것입니다.

마지막으로 이 책이 세상에 나올 수 있게 지원과 노력을 아끼지 않은 출판사 관계자들에게 진심으로 고마운 마음을 전합니다.

편집대표 *다카하시 야요이*

감수

야타가이 마사아키(谷田貝公昭)

메지로대학교 명예교수, 어린이생활과학연구회 대표

주요 저서 《신 보육 내용 시리즈》(전 6권)(감수), 《아동학 강좌》(전 5권)(감수)

무라코시 아키라(村越 晃)

전 메지로대학교 인간학부 교수

주요 저서 《아이의 생활습관과 생활 체험 연구─교육임상학 입문》,

《일러스트 아이의 심부름─아이와 함께 익히는 생활의 기술 49》

편집대표

다카하시 야요이(高橋弥生)

메지로대학교 인간학부 교수

주요 저서 《데이터로 알아보는 유아의 기본 생활습관》(공저),

《생활의 자립 핸드북─식사, 수면, 청결, 화장실 가기, 옷 입기》(공저)

편집위원

오사와 히로시(大沢 裕): 데이쿄대학교 아동학부 교수

니시카타 쓰요시(西方 毅): 메지로대학교 보건의료학부 교수

후세 히사시(布施尚志): 전 사이타마현 공립 초등학교 교장

무로야 마유미(室矢真弓): 에비나 시립 나카신덴초등학교 총괄교사

다카타마 가즈코(高玉和子): 고마자와여자대학교 교수

하야시 구니오(林 邦雄): 전 시즈오카대학교 교육학부 교수, 전 메지로대학교 인문학부 교수

혼마 구미코(本間玖美子): 메지로대학교 인간학부 교수

집필진

제1부 │ 영유아기(1~7세)의 가정훈육

1장 영유아기(1~7세)를 맞이하는 부모의 마음가짐

야타가이 마사아키: 감수 소개란 참고

이마이 게이코(今井恵子): 가모이유치원 원장

우에노 미치코(上野通子): 사회복지법인 교쿠세이카이 이사장

요토리야마 노리코(世取山紀子): 시모쓰케 시립 고가네이보육원 원장

이이다 고노미(飯田このみ): 무지갯빛보육원 원장

2장 아이의 성격과 가정훈육

스다 마사유키(須田容行): 스다학원 키요미유치원 원장

스즈키 미나(鈴木美奈): 메지로대학교 인간학부 조교

하야시 슈코(林 周子): 요코하마어린이전문학교 전임강사

나카야마 에이코(中山映子): 요코스카시 아동상담소 임시보호소 계장

이마이 게이코: 앞 소개 참고

야마구치 히사에(山口久恵): 전 오후나 해바라기보육원 원장

김 재완(金宰完): 전 데이쿄대학교 아동학부 강사

와다 미카(和田美香): 세이신여자전문학교 전임교원

다카하시 아키코(高橋晶子): 전 세이신여자전문학교 전임교원

3장 사회성을 길러주는 가정훈육

하야시 슈코: 앞 소개 참고

스다 마사유키: 앞 소개 참고

스즈키 미나: 앞 소개 참고

와다 미카: 앞 소개 참고

다카하시 아키코: 앞 소개 참고

가메가야 다다히로(亀ヶ谷忠宏): 미야마에유치원 원장

나가노 가오루(永野 薫): 미야마에유치원 교사

도요스미 요코(豊住容子): 미야마에유치원 교사

혼마 구미코: 편집위원 소개란 참고

모테기 슈이치(茂木修一): 전 사이타마현 공립 중학교 교장

이토 히로아쓰(伊藤裕厚): 도다 시립 도다다이이치초등학교 교장

야마모토 레이지(山本礼二): 메지로대학교 인간학부 교수

3장　사회성을 길러주는 가정훈육

다나카 가이치(田中嘉一): 니자 시립 사카에초등학교 교사

스즈키 미쓰루(鈴木美鶴): 사가미하라 시립 가미미조미나미초등학교 교사

아오야기 마사히코: 앞 소개 참고

쇼다이 모토시: 앞 소개 참고

이마조 쓰토무: 앞 소개 참고

무라타 미키오(村田幹男): 요코하마 시립 히가시마타노초등학교 교장

무라코시 와타루(村越 旦): 구마가야 시립 요시오카초등학교 교사

노가와 도모코: 앞 소개 참고

4장　기본 생활습관을 익히는 가정훈육

다나카 히로미(田中広美): 가와구치 시립 시바니시초등학교 영양교사

무로야 마유미: 편집위원 소개란 참고

나가사카 미요: 앞 소개 참고

하야세 유리코(早瀬百合子): 아카사카 HIM카운슬링연구소 대표

무라코시 도모코(村越知子): 전 사이타마현 공립 초등학교 교사

고메이치 유카리(古明地ゆかり): 요코하마 시립 고야스초등학교 교사

5장　가정생활과 인성교육

후지노 준코(藤野淳子): 요코스카 시립 구고초등학교 총괄교사

이코마 교코(生駒恭子): 보은유치원 주임교사

우에무라 게이코(植村桂子): 어린이생활과학연구회 회원

무로야 마유미: 편집위원 소개란 참고

기미시마 게이코(君島佳子): 미우라 시립 나코초등학교 교사

무라타 미키오: 앞 소개 참고

하루타 유키코(春田裕紀子): NPO법인 퓨어서포트 직원

하나와 나오미: 앞 소개 참고

안도 마사노리(安藤正德): 전 사이타마현 교육국 평생학습부장

노바타 요코(野畑洋子): 요코하마 시립 우라후네특별지원학교 주간교사

무라코시 아키라: 감수 소개란 참고

유하라 요시(湯原 美): 전 사이타마현 공립 초등학교 교사

다도코로 나오코(田所直子): 가나가와현 교육사무소 지도주임

6장 초등학교 생활 가이드

고다마 게이코(児玉佳子): 요코하마시립 이이다키타초등학교 주간 교사

무라코시 아키라: 감수 소개란 참고

무로야 마유미: 편집위원 소개란 참고

기시 가오리(岸 香緒利): 도쿄 지요다 구립 구단초등학교 주임 교사

오타케 히토시(大竹 仁): 전 사이타마현 공립 초등학교 교장

하야시 구니오: 편집위원 소개란 참고

7장 공공장소에서 지켜야 할 예절교육

시마자키 히로쓰구(嶋﨑博嗣): 도요대학교 라이프디자인학부 교수

무라카미 에이코(村上詠子): 메지로켄신 중학교·고등학교 교사

후세 히사시: 편집위원 소개란 참고

무라코시 와타루: 앞 소개 참고

사이토 게이코(齋藤恵子): 프티앙주보육원 보육사

히요시 리에(日吉理恵): 아쓰기 시립 기타초등학교 총괄교사

니시다 야스코(西田康子): 도호음악대학 특임 조교수, 도요대학교 취업경력지원 상담사

무라카미 에이코: 앞 소개 참고

8장 건강과 안전을 위한 생활교육

모치다 노리코(持田紀子): 사이타마 시립 요노하치만초등학교 보건교사

후세 미와코(布施三和子): 사이타마 시립 시라하타중학교 보건교사

다카하시 도요아키(高橋豊明): 전 사이타마현 공립 중학교 교장

무라카미 에이코: 앞 소개 참고

제1부
영유아기(1~7세)의 가정훈육

1장 영유아기(1~7세)를 맞이하는 부모의 마음가짐

2장 아이의 성격과 가정훈육

7장

공공장소에서 지켜야 할 예절교육

 8장

건강과 안전을 위한 생활교육

부록

가정훈육 핵심사전 • 601

1부

영유아기(1~7세)의
가정훈육

영유아기(1~7세)를 맞이하는
부모의 마음가짐

—

훈육과 칭찬의 원칙

'가정훈육' 하면 대체로 아이를 엄하게 꾸짖거나 온화한 표정으로 칭찬하는 장면이 떠오릅니다. 물론 칭찬과 꾸지람으로 아이를 가르치는 일도 중요하지만, 그것이 가정훈육의 전부는 아니지요. 일회용 처방에 가까운 칭찬이나 지적보다는 원칙을 세워서 아이를 바른 길로 이끌어주는 자세가 가장 중요합니다. 그런 점에서 아이를 훈육할 때 주의해야 할 기본 원칙을 간추려보겠습니다.

훈육의 기본 원칙

나쁜 행동만 지적한다

훈육은 아이의 행동이 사회질서나 규칙에 어긋나거나 자신의 안전을 위협할 때 같은 행동을 되풀이하지 않게끔 올바르게 지도하는 가정훈육의 첫 단계입니다. 아이의 눈높이에서 보면 새로운 행동을 학습하는 기회이기도 하지요. 따라서 훈육할 때는 나쁜 행동이나 잘못된 행동만 지적해야 합니다. 아이가 저지른 행동과 관련이 없는 지난 잘못을 들춰내거나 다른 행동과 연관 지어서 아이를 혼내지 않도록 유념해주세요.

버릇이나 성격은 훈육하지 않는다

훈육의 대상은 아이의 의지로 통제할 수 있는 행동에 한정해야 합니다. 예컨대 밤중에 오줌을 지리거나 무의식적으로 손가락을 빨 때 아이를 심하게 꾸짖으면 그 행동이 더 강화될 뿐 고쳐지기는 어렵습니다. 아이의 성격에서 비롯되는 단점이나 결점을 무턱대고 지적하는 일도 피해주세요.

'부모'로서 훈육한다

"아들, 너 그렇게 자꾸 떠들면 무시무시한 경찰 아저씨가 와서 잡아간다!" 하며 아이에게 겁을 주는 부모가 더러 있습니다. 부모는 아이를 올바르게 지도할 요량으로 그렇게 말하지만, 이는 훈육이 아닙니다. 경찰이라는 '권위 있는 사람'을 끌어들여서 아이를 위협할 따름입니다. 전철에서 소란을 피우는 아이에게 "얌전히 있지 않으면 무서운 역무원 아저씨한테 혼나!" 하며 아이를 협박하는 것도 마찬가지입니다. 아이를 혼낼 때는 부모로서 부모의 권위로 훈육해야 합니다.

훈육은 짧고 간단명료하게 한다

시간을 끌며 혼내면 아이가 반성하기는커녕 오히려 반발심을 키웁니다. 짧고 간단명료하게 훈육하는 것이 훨씬 효과적입니다. 똑같은 말을 반복하거나 과거의 잘못까지 끄집어내서 야단치는 일도 아이에게는 전혀 도움이 되지 않습니다. 간혹 아주 작은 지난 일까지 세세하게 기억하고 있다가 기다렸다는 듯이 '바로 이때다!' 하는 마음으로 장황하게 설교하는 엄마가 있는데, 이런 치졸한 방식은 아이의 반발만 살 뿐 스스로 잘못을 뉘우치게 하는 교육적 효과를 기대하기는 어렵습니다.

비교하며 혼내지 않는다

형제자매나 다른 친구와 비교해서 아이를 꾸짖으면 안 됩니다. 꾸지람을 듣는 아이는 형제자매나 친구와는 전혀 다른 인격체이기 때문에 누군가와 비교하는 것 자체가 아이의 반감을 불러오는 등 부정적인 영향을 끼칩니다.

그 자리에서 바로 지적한다

어른과 달리 아이는 시간 감각이나 기억이 또렷하지 못합니다. 그러니 아이의 행동이나 몸가짐이 바르지 않다면 그 자리에서 지적해야 바로잡을 수 있어요.

기분이나 감정에 따라 훈육하지 않는다

엄마 아빠의 기분이나 감정에 따라 아이를 혼내지 않는 것도 훈육의 중요한 원칙입니다. 부모의 감정이나 기분에 휘둘려서 훈육을 하면 아이는 옳고 그름을 제대로 판단할 수 없어요.

지금까지 소개한 훈육의 기본 원칙 이외에 몇 가지 원칙을 더 소개한다면 이렇습니다.

- 아이 스스로 부모의 지적을 충분히 이해하고 자신의 잘못된 행동을 반성하는데도 거듭 꾸짖는 것은 바람직하지 않습니다.
- 왜 잘못된 행동인지 그 이유를 아이가 분명히 알 수 있게 이끌어주면서 어떤 행동이 어떻게 잘못되었는지를 확실히 이해하고 바로잡을 수 있게 가르쳐주어야 합니다.

칭찬의 기본 원칙

꾸중과 칭찬은 동전의 양면과 같습니다. 엄격한 훈육과 부드러운 칭찬이 적절하게 균형을 이룸으로써 가정훈육은 앞으로 나아갈 수 있지요. 효과적인 칭찬은 효과적인 지적과 기본적으로 같습니다. 행동을 바르게 하고 몸가짐을 가지런히 하면 바로 그 자리에서 듬뿍 칭찬해주세요. 칭찬할 때는 말로만 하지 말고 머리를 쓰다듬어주거나 어깨를 토닥이면서 온몸으로 칭찬해주면 효과만점이랍니다.

부모는 아이의 본보기

칭찬과 훈육은 아이의 의욕을 자극하는 효과가 있습니다. 무엇보다 아이의 본보기는 부모라는 사실을 잊지 마세요. 아이는 엄마 아빠의 삶과 가치관을 세밀하게 관찰하고 모방하면서 자라거든요.

일관된 훈육의 조건

가정훈육에는 아이가 어엿한 인간으로 사회에서 살아가기 위해 꼭 필요한 생활예절을 배우고 익힐 수 있게 이끌어주는 가르침도 포함됩니다. 어릴 때부터 인성과 예절을 갈고닦은 아이는 타인을 배려하는 것은 물론, 자신감을 갖고 생활할 수 있지요. 영유아기의 생활예절은 아이가 가정에서 부모를 통해 기본 생활습관(식사, 수면, 배뇨와 배변, 몸가짐, 위생과 청결)을 몸에 익히는 일부터 시작합니다.

가정에서 가르쳐야 할 것들

가정에서 생활하면서 배운 것들은 매일 조금씩 차곡차곡 쌓여 평생 힘이 되지만, 습관을 잘못 들이면 이를 바로잡는 데 엄청난 시간과 노력이 필요합니다.

① **식사 예절**　식전에 손 씻기, 식후에 양치질하기, 음식 먹는 방법, 젓가락 사용법
② **인사 예절**　식전·식후의 인사말, 하루의 인사말, 인사법
③ **몸가짐**　옷 입기, 신발 신기, 손발 청결과 몸 씻기
④ **언어 예절**　고운 말씨와 높임말 쓰기
⑤ **공공장소 예절**　전철·버스 등의 대중교통 수단, 공원·병원·도서관·공연장 등 공공장소에서 지켜야 할 예절

훈육 태도와 아이의 마음 변화

훈육을 하는 과정에서 아이는 복잡한 기분을 느끼기도 하고 다양한 감정을 키우기도 합니다. 부모의 훈육 태도에 따라 달라지는 아이의 마음 변화를 정리하면 다음과 같습니다.

① **불안하거나 초조한 마음으로 훈육하면** 아이는 잔뜩 움츠리거나 욱하는 감정을 갖기 쉽습니다.

② **어른이 뭐든지 챙겨주고 대신 해주면** 아이는 이를 당연하게 여겨 힘든 일은 거들떠보지도 않고 남을 배려할 줄 모르는 안하무인이 되기 쉽습니다.

③ **매사에 미주알고주알 잔소리를 하고 지시를 하면** 아이는 누군가의 명령이 없으면 전혀 움직이지 않고 스스로 생각해서 행동하지도 않습니다. 또 타인의 말을 귀담아듣지 않고 흘려들을 때가 많습니다.

④ **지나치게 완벽한 모습을 아이에게 요구하면** 아이는 엄격한 잣대로 타인을 대하고 남의 잘못을 너그럽게 받아들이지 못합니다.

⑤ **매순간 아이의 보상심리를 이용해서 훈육하면** 보상이 없으면 행동하지 않고, 보상을 구체적으로 지나치게 요구하는 아이가 될 수 있습니다.

부부가 함께 가정훈육의 원칙 정하기

아이가 태어나서 어느 정도 자라 훈육을 하기까지는 충분히 시간이 있습니다. 그도 그럴 것이 아이에게 기본 생활습관을 가르치는 일은 생후 18개월 이후부터 이뤄지기 때문이지요. 본격적으로 훈육하는 시기가 되기 전에 부부가 함께 아이의 바람직한 미래상을 그리면서 서로 얘기를 나눠보세요. 요컨대 부부가 대화를 통해 가정훈육의 원칙을 세우는 것입니다. 기본 방침이 결정되면 주먹구구식으로 훈육하지 않아도 되지요. 만약 원칙 없이 부모의 가르침이 이랬다저랬다 매번 바뀐다면 아이는 불안해하고 안정감을 느끼지 못합니다. 그리고 더 이상 부모를 신뢰하지 않을지도 모릅니다.

앞에서도 소개했듯이 식사 예절, 인사 예절 등 가정에서 가르쳐야 할 것들은 무궁무진합니다. 이러한 예절을 지도할 때 어떤 상황에서든 부모의 태도는 일관되어야 합니다. 아이의 눈높이에서 보면 생활 자체가 '훈육과의 씨름'입니다. 아이는 장난감 가지고 놀기, 그림 그리기, 티슈 뽑아서 놀기 등 주위에 있는 모든 것들이 흥미롭고, 새로운 기술이나 지식, 마음을 키우는 힘을 자연스럽게 배우고 익히는데 부모의 기분에 따라 생활 태도나 예절의 기준이 매일 달라진다면 무척 혼란스럽겠지요.

'일관성'이란 처음부터 끝까지 변함없이 한결같은 성질을 말합니다. 생각이나 방법에서 불협화음이 생기지 않게 부부가 대화를 나누며 가정훈육의 원칙을 공유하는 일은 일관성 측면에서 아주 중요합니다.

아이의 도전을 인정하기

아울러 아이가 도전할 때마다 '역시 시도해보길 잘했어!' 하며 아이 스스로 만족감과 성취감을 느낄 수 있게끔 매순간 말과 몸짓으로 아이의 행동을 인정해주는 태도 역시 훈육의 바람직한 모습입니다.

훈육을 할 때는 ① 구체적인 방법을 가르쳐주고 ② 시도하는 모습을 인정해주며 ③ 완벽하지 않아도 행동의 과정을 칭찬해주세요. 젓가락 사용법을 예로 든다면, 먼저 "젓가락은 이렇게 쥐는 거란다" 하며 아이에게 방법을 직접 보여주고(①), 젓가락질을 흉내 내는 아이에게 "그래, 그래. 잘했구나!(②) 이쪽 손가락은 이렇게 쥐면 훨씬 편하겠지?" 하며 바로잡아줍니다. 마지막에는 "우와, 정말 잘했어!" 하며 듬뿍 칭찬해줍니다(③). 이렇게 아이가 노력하고 있다는 사실을 부모가 충분히 이해하고 인정해주는 일에서 가정훈육은 시작됩니다.

정서와 사회성의 싹 틔우기

아이나 아랫사람을 평가할 때 "감성이 풍부해!", "정서가 메말랐어", "사회성이 부족해"라는 표현을 곧잘 씁니다. 보육의 목표 중에도 '아이의 감성과 정서, 사회성을 키워주자'가 있습니다. 그런데 정서란 무엇이고, 사회성이란 무엇일까요? 또 정서와 사회성은 어떻게 길러줘야 할까요?

생활 속에서 움트는 정서

정서는 평범한 생활에서 싹틉니다. 보통의 가족들은 아이가 탄생한 순간부터 "어머나, 귀여워라" 하며 아이의 존재를 기뻐해주고 "잘 먹겠습니다, 잘 먹었습니다, 다녀오겠습니다, 다녀왔습니다, 맛있어요, 미안해요, 고마워요" 하는 말로 서로 인사를 나누고, 자연재해로 피해를 입은 사람들의 소식을 들으면 "정말 안됐구나. 뭔가 도울 수 있는 일이 있을 텐데…" 하며 슬픔을 공유하고, 가족 중에 누군가가 아프면 "좀 어때? 괜찮아?" 하고 걱정하며 정서를 자연스럽게 싹틔워줍니다. 공원을 산책하면서는 "저 꽃, 정말 예쁘다", "새가 지저귀네!"라는 얘기도 하지요. 요컨대 하루하루 경험하는 일상에서 정서의 싹은 움트기 시작합니다.

아이가 좀 더 자라서 유치원에 다니며 친구와 교사와 교류하고 다양한 경험을 하게 되면 자신뿐만 아니라 타인의 존재에도 감정을 투영할 수 있게 되어 공감력과 감수성이 풍부한 유년기를 보낼 수 있습니다. 반대로 아이가 혼자 노는 걸 좋아하고, 친구 사귀기를 부담스러워하고, 고개를 까딱하는 것으로 대답하는 상황을 방치하면 아이의 정서는 제대로 자라지 않겠지요. 대화로 마음을 나누는 과정에서 정서와 감성은 풍부해집니다.

관계와 소통으로 사회성 기르기

사회성은 타인과 관계를 맺고 사회라는 테두리 안에서 타인과 함께 일하고 생활하기 위해 반드시 익혀야 하는 인간의 기본 덕목입니다. 이렇게 중요한 사회성도 가정생활에서 그 싹이 움트기 시작합니다. 이를테면 갓난아기 때부터 "안녕, 잘 자, 우리 아가 기분이 꿀꿀하구나!" 하며 끊임없이 말을 걸어주고, 아이가 방긋 웃으면 "우리 예쁜이" 하며 칭찬해줌으로써 사람과 사람이 관계를 맺고 소통하면 즐거움과 기쁨을 느낄 수 있다는 사실을 아이에게 충분히 전할 수 있습니다. 이는 평범한 가정에서 경험할 수 있는 것으로, 전혀 특별한 일이 아닙니다. 식사 시간에는 "먼저 드세요" 하고 어른에게 권하고, 설거지를 돕거나 신문을 가지런히 접어서 부모에게 건네는 일 등이 모두 사회성이라는 작은 씨앗을 쑥쑥 키우는 영양분입니다.

어린이집이나 유치원에 다니면서부터는 사회성을 구체적이고 실제적으로 익히게 됩니다. 친구와 같이 놀거나 차례를 지키거나 정리정돈을 하거나 규칙을 어겼을 때 교사에게 지적을 받고, 친구들과 놀면서 참을성과 양보심을 기르고 자기주장을 펼치는 등의 공동생활을 체험하면서 더불어 사는 방법을 배우기도 하지요.

- "체육대회에서 우리 팀이 이기면 기쁘고 지면 속상해!"
- "우리 반에서 나만 할 수 있는 일을 해냈을 때 친구들이 모두 박수치며 기뻐해줬지."
- "열심히 내 의견을 말했지만 인정을 받지 못했어. 하지만 마음을 바꿔서 나와 생각이 다른 친구의 의견을 따랐더니 신기하게도 더 빨리 끝낼 수 있었어!"

이처럼 아이들은 순간순간의 체험을 통해 성장합니다. 특히 만 3세 즈음부터는 아이들의 몸과 마음이 하루가 다르게 자라납니다.

교사를 믿고 이해하고 지켜봐주기

유치원이나 어린이집 교사에게 미주알고주알 요구하는 부모들이 더러 있습니다. 부모의 마음을 모르는 바는 아닙니다. 하지만 아이 개개인의 발달을 촉진하면서 집단의 발달과제를 두루 살피는 보육 전문가의 입장을 충분히 이해하고 아이의 성장을 지켜봐주시면 좋겠습니다.

자신의 주장을 펼치면서 동시에 타인의 의견에도 귀 기울이고, 자기주장보다 어쩌면 친구의 생각이 더 옳거나 나은 것이 아닌지 진지하게 고민해보고, 자신의 생각이나 감정을 관찰하는 자세 등은 사회생활을 책임감 있게 수행할 수 있는 원동력이 됩니다. 직장에서 성가신 문제나 스스로 처리하기 힘든 일을 만나면 화장실에 틀어박히거나 컨디션이 나쁘다며 조퇴하는 등 무책임한 행동을 일삼는 어른들이 점점 늘고 있는데, 아이가 훗날 성숙한 사회인이 되기를 원한다면 어릴 적부터 두루두루 인간관계를 맺으면서 사회성을 기를 수 있게 도와야 합니다. 그러기 위해서는 아이가 성장하면서 주위 사람들과 관계를 맺고 부모에 대한 의존성을 조금씩 줄여가는 모습을 조용히 지켜봐주는 마음가짐이 필요하지요.

자립심의 기반 다지기

이 세상에 태어난 순간부터 인간은 주변 환경의 영향을 받습니다. 특히 부모, 그중에서도 엄마는 가장 영향력이 큰 환경이자 보호자이지요. 갓난아기가 엄마 젖을 빨면서 눈 맞춤을 시도하는 행위는 어쩌면 홀로서기의 시작인지도 모릅니다.

자립심의 바탕은 무조건적인 사랑

아직 말을 하지 못하는 아기는 울거나 떼를 씀으로써 엄마에게 자신의 마음을 호소합니다. 그러면 엄마는 울음소리에 귀를 기울이면서 아이의 마음을 헤아리고 받아들입니다. 이렇듯 부모가 편안한 마음으로 아무 조건 없이 아이를 인정하고 받아들일 때 아이는 그 사랑을 토대로 자신의 마음을 표현할 수 있고, 그 과정에서 자립심을 싹틔우지요. 요컨대 엄마와 애착을 형성하는 가운데 아이는 조금씩 자립심을 키워갑니다.

제1차 반항기, 자아의 형성

자아는 생후 18개월 즈음부터 서서히 눈을 뜹니다. 더듬더듬 말을 하고 생활방식을 이해하기 시작하면서 "내가 할래" 하며 스스로 하겠다고 고집을 피웁니다. 제1차 반항기의 특징입니다. 혼자 힘으로 할 수 없는 일을 어른의 도움을 받지 않고 스스로 해내려고 도전하는 시기이지요.

아이가 제1차 반항기에 접어들었을 때의 대처법은 두 단계로 나눠볼 수 있습니다.

1단계 대처법은 아이의 행동을 곁에서 가만히 지켜보는 일입니다. 아이의 도전이 마음먹은 대로 되지 않으면 티 나지 않게 살짝 거들어주고 마치 아이가 혼자 힘으로 해낸

것처럼 폭풍 칭찬을 해줍니다. 그렇지 않고 엄마가 나서서 "넌 아직 못 해. 혼자는 안 돼!" 하고 꾸짖으면 소중한 자립심의 싹은 싹둑 잘려나가고 맙니다.

유념해야 할 부분은 반항기가 찾아오기도 전에 "이건 이렇게 해, 명령이야!" 식으로 매 순간 아이를 강압적으로 대하지 않는 것입니다. 강압적으로 대하다 보면 아이는 자기 주장을 제대로 펼치지 못하고 정서 발달에 꼭 필요한 제1차 반항기를 놓치게 됩니다. 그러면 언뜻 보기에는 착한 아이로 자라나는 것 같지만 자신의 생각과 의지를 키우지 못하고 결국 명령이나 지시가 없으면 행동하지 않는 무기력한 사람이 되고 말지요.

'자율'과 구분되어야 할 '제멋대로' 행동

2단계 대처법은 아이의 막무가내 행동을 적절하게 통제하는 것입니다. 아이의 모든 행동을 허용해주면 분명 버릇없는 아이로 자라겠지요. 따라서 아이가 원하는 것이 있을 때는 조금 참고 기다릴 수 있도록 이끌어주는 아이디어가 필요합니다. 예를 들어 식사 시간에 좋아하는 음식만 골라먹는 아이가 참 많습니다. 이처럼 아이가 편식을 할 때는 온 가족이 식탁에 둘러앉아 즐겁게 대화를 나누면서 맛있게 식사하는 모습을 보여주거나, 싫어하는 음식을 조금이라도 맛볼 수 있게 유도하면 편식 습관이 한결 나아지지요.

한편 TV나 게임이 부모와 자녀의 다툼을 초래하는 으뜸 원인으로 꼽힐 때가 많습니다. 아이들은 일단 재미를 느끼면 엄마가 아무리 야단을 치고 소리를 질러도 멈춤 버튼을 누르지 않지요. 만약 아이가 지나치게 게임에 집착한다면 미리 게임 시간을 정해두거나, 해야 할 일을 먼저 끝내야 게임을 할 수 있다는 식의 규칙을 마련해야 합니다. 아울러 TV를 시청했다면 이후에는 집 밖에서 실컷 뛰어놀게 해주세요. 이처럼 행동의 변화를 명확하게 구분 짓게 하면 다음에 해야 일을 자연스레 이어나갈 수 있고 의욕도 불끈 생깁니다.

자립심을 쑥쑥 키우려면

아이가 스스로 하는 자립심을 키워주려면 생활리듬을 정착시키는 일이 가장 중요합니다. 실제로 아이의 의욕을 이끌어내는 원동력은 생활리듬의 확립에서 생겨납니다.

아이가 어린이집이나 유치원 생활을 시작하면 또래와 크고 작은 다툼을 경험합니다. 이때 제1차 반항기를 이미 겪은 아이는 자신의 생각을 주위에 또박또박 전달하고, 연령에 따라서는 친구의 의견도 받아들이며 서로 협동해서 타인과 함께하는 삶을 조금씩 꾸려나갈 수 있습니다. 아이를 이해하고 받아들여주는 부모의 태도가 사회성의 발달로 이어지기도 합니다. 그러니 집에서는 자녀의 얘기에 귀를 기울여주세요. 이것저것 말하고 싶어 하는 아이가 있는가 하면, 말하지 않고 묵묵하게 해내는 아이도 있습니다. 항상 아이를 향해 안테나를 세우고 있으면 우리 집 아이가 어떤 유형인지 빨리 포착해서 적절한 지도를 할 수 있지요. 가정에서 생활리듬을 익히고 생활의 기초를 확실하게 다졌다면 아이의 의욕과 독립심은 자연스레 자라기 마련입니다.

아이는 항상 주위 어른을 롤모델로 삼기 때문에 역동적인 삶을 살아가는 부모의 태도는 아이에게 훌륭한 자극이 됩니다. 때때로 아침에 일찍 일어나서 아름다운 일출을 감상하고 어두운 밤하늘에 빛나는 별을 헤는, 자연과 함께하는 생활도 아이의 마음을 쑥쑥 자라게 합니다.

자립심은 다양한 일에 관심과 흥미를 갖고 자신을 소중히 여기는 동시에 타인의 의견도 겸허하게 받아들일 때 비로소 자란다는 사실, 잊지 마세요.

아이와 함께 자란다

가정훈육은 아이의 발달 과정과 연령에 발맞춰 서서히 진행하는 것이 효과적입니다. 하나씩 배우고 익힘으로써 아이는 날로달로 자라납니다. 신기하게도 아이는 스스로 자라나는 힘을 갖고 있습니다. 아이가 그 힘을 끄집어낼 수 있게 도움을 주는 이가 바로 부모이지요. 그 과정에서 부모도 더욱 성장합니다.

육아는 부모인 나를 키우는 일

인간은 많이 부족한 상태로 태어나기 때문에 혼자서 살아갈 수 없습니다. 따라서 부모는 자녀의 생명을 지켜주기 위해 먹이고 돌보는 일부터 시작합니다. 그리고 아이를 성장, 발달시키기 위해 하루하루 온힘을 기울여 노력합니다. 분명한 것은 그 과정에서 아이와 함께 부모도 성장한다는 사실입니다. 그도 그럴 것이, 아이는 부모를 보고 자라기에 아이를 가르치는 부모 자신이 안정감을 갖고 행복을 느끼며 생활하는 것이 가정훈육의 첫 번째 덕목이 되기 때문입니다.

가정훈육은 아이의 성장을 돕고, 아이의 가능성을 믿고 개성을 존중하며 적성과 소질을 발휘하게끔 이끌어주고, 건강하게 지낼 수 있게 곁에서 지켜봐주는 일입니다. 결혼을 하고 아이가 태어난 순간부터 '부모'라는 이름을 얻게 되지만, 부모 노릇은 누구나 처음 해보는 일입니다. 흔히 '아이를 키우는 일(育兒)은 나를 키우는 일(育我)'이라고 말하는데, 아이뿐만 아니라 부모도 함께 쑥쑥 자라나서 그런 건 아닐까요? 부모 스스로 활기차게 생활하고 성숙해지려고 애쓰는 노력이 아이에게 큰 힘이 된다는 사실, 잊지 마세요.

아이의
성격과 가정훈육

잘 우는 아이

이 세상에서 살아가는 이상 우리는 하루하루 성장하고 거듭 변화해야 합니다. 그런데 세상의 변화에 발 빠르게 대처하기 힘들 때가 있습니다. 사회 구성원으로서 마땅히 지켜야 할 규칙과 예의범절이 개인의 기호나 취향과 맞지 않을 때, 변화무쌍한 사회에 적응하는 능력이 부족할 때가 그렇지요. 특히 영유아기 아이들은 매일 보고 느끼는 사물이나 현상에도 크게 감동하지만, 난생처음 접하는 환경에는 어쩔 줄 몰라 하며 고통이나 두려움에 떨기도 합니다.

충분한 시간과 마음의 여유를

"우리 애는 툭하면 눈물을 흘려서 한번 울기 시작하면 뒷감당이 안 돼요!"라고 하소연하는 엄마들이 있습니다. 이때 아이의 눈치를 살피며 온실 속의 화초처럼 대한다면 아이가 성장할 수 있는 소중한 기회를 잃고 맙니다. 만약 유치원이나 어린이집에 다니기 시작하는 등 환경의 변화가 예상되는 상황이라면 부모로서 아이가 하루라도 빨리 새로운 환경에 익숙해지게끔 이끌어주고, 적응할 때까지 충분히 기다려주고, "정말 잘해냈구나!" 하며 아이의 노력을 칭찬해줌으로써 낯선 환경에 적응할 수 있다는 자신감을 갖게 해야 합니다. 시간과 정성을 들여서 습득한 능력은 좀처럼 흔들리지 않습니다.

든든한 후원자가 되어

사람은 환경이 바뀌면 나이와 상관없이 혼란을 겪습니다. 특히 진학이나 취업 등을 통해 새로운 환경을 접하는 일은 사회생활을 영위하는 동안 피할 수 없는 관문입니다. 만약 낯선 환경을 피하기만 한다면 제대로 성장할 수 없고 온전한 자아를 확립하기도 힘들지요. 그렇다고 해서 변화에 적응하려는 노력을 게을리 하고 마냥 주저앉아서 울기만 한다면 혼자서는 아무것도 못 하는 사람이 되고 맙니다. 아이의 경우는 '울보'라는 딱지가 붙어서 또래 사이에서 놀림을 받을 수도 있습니다.

반대로 처음에는 다소 머뭇거리더라도 포기하지 않고 변화에 적응해간다면 '감성이 풍부한 노력가'라는 평가를 들으며 주위 사람들에게 인정을 받게 됩니다. 여기에서 가장 중요한 핵심은 첫걸음을 내딛느냐 내딛지 못하느냐이지요.

'천 리 길도 한 걸음부터'라는 속담이 말해주듯 하루아침에 성장하거나 대단한 것을 이룰 수는 없습니다. 자립심을 지나치게 강조한 나머지 아이에게 아무런 도움을 주지 않는다면 아이는 도전의 한 걸음조차 내디딜 엄두를 내지 못할 것입니다. 아이가 도전의 첫걸음을 힘차게 내딛을 수 있게 가끔은 뒤에서 슬쩍 등을 밀어주세요.

겁이 많은 아이

영유아기 아이들은 처음 경험하는 일들이 아주 많습니다. 어른도 어떤 일에 처음 도전하려면 긴장이 되고 자꾸만 피하고 싶어지지요. 용기를 내더라도 첫걸음을 내딛기까지는 아주 조심하게 됩니다. 세상에 한 발 한 발 내딛고 처음 하는 경험에 겁을 먹은 아이를 위해 부모로서 어떤 도움을 줄 수 있을까요?

두려움은 성장과 발달의 증거

기질적으로 공포나 두려움을 심하게 느끼는 아이도 있지만, 막연한 공포감은 아이들이 느끼는 자연스러운 감정입니다. 그도 그럴 것이, 아이는 조금씩 자라면서 앞날을 어느 정도 예측하고 자신의 경험과 연결 지어서 생각하게 되는데 이때 과거의 기억 가운데 무서웠던 경험이 되살아나서 지레 겁을 먹기 때문이지요. 그러나 이 모든 것은 성장하고 발달하고 있다는 증거입니다. 공포나 두려움을 느끼지 않는 아이가 오히려 위험한지도 모릅니다.

두려움을 극복하려면

아이가 두려움을 느끼면 어떤 행동이라도 아이에게 억지로 시켜선 안 됩니다. 아이가 두려움에 떨고 있을 때 어른이 나서서 행동을 강요하면 아이의 불안감은 더 심해집니다. 잔뜩 겁을 먹은 아이에게 "걱정하지 마" 하며 말뿐인 위로를 전하는 것도 도움이 되지 않습니다. 어른의 잣대로 단정 짓지 말고 아이의 눈높이에서 아이가 무엇에 어떤 공포를 느끼는지를 세밀하게 읽어내는 일이 무엇보다 중요합니다.

공포감은 상황에 따라 다양하게 변하고 그 강도도 달라집니다. 처음부터 '두려움을 없애자'가 아니라 '두려움을 줄여나가자'는 마음가짐으로 "어떻게 하면 무서워하는 마음을 조금이라도 줄일 수 있을까?" 하며 아이와 함께 구체적인 방법을 찾아보는 것도 효과적입니다. 예컨대 아이가 철봉 돌기를 무서워한다면 매트 위에 높이 30센티미터 정도의 야트막한 철봉을 준비한 다음 철봉을 배에 끼우고 앞으로 구르는 연습부터 시작합니다. 아이가 차근차근 단계를 밟아가는 모습을 지켜보며 함께한다면 아이의 두려움은 한결 사그라지겠지요.

아이의 불편한 감정을 부모가 공감해주는 것도 필요한 일입니다. 다만 아이 앞에서 엄마가 지나치게 불안해하는 것은 좋지 않습니다. 두려움이나 공포를 느끼는 대상은 사람마다 다른데, 하루하루 부모의 표정을 살피면서 커가는 아이가 불안해하는 엄마의 모습을 자주 보면 '부모가 두려워하는 것 = 내가 두려워하는 것'으로 생각이 굳어질 수 있거든요.

꾸물대는 아이

행동이 굼떠서 한 가지 일을 종일 붙잡고 있는 아이가 있는가 하면, 스스로 움직이지 않는 아이도 있습니다. 아이의 이런 행동들은 엄마 속을 터지게 하지요. 일상에서 꾸물대는 모습은 다양하지만, 이 가운데 스스로 행동하지 않는 아이들의 경우 부모가 나서서 문제를 해결해주거나 과잉보호하는 횟수를 줄여나가야 합니다. 그렇다면 스스로 움직이지만 꾸물대는 아이는 어떻게 대해야 할까요?

생활의 리듬을 만들어주기

꾸물대는 아이를 위해 가장 먼저 해야 할 일은 '기다려주는 것'입니다. 옆에서 보고 있기가 답답할 만큼 동작이 느린 아이들은 "그렇게 꾸물거리지 말고 빨리빨리 해!" 하며 아무리 재촉해도 상황이 나아지지 않습니다. 오히려 엄마의 고함소리에 아이는 주눅이 들어 점차 자신감을 잃어갑니다. 그러니 아이만의 속도를 이해하고 아이 스스로 움직일 수 있게 배려해야 합니다.

좀 더 구체적인 처방전을 소개한다면, 하루의 일과에 생활의 리듬을 만들어주세요. 시간을 정해서 해야 할 일이나 하루의 일정을 계획해보는 거예요.

꾸물거리느라 공연 시간을 놓치는 등 시간을 제때 지키지 못해서 불이익을 당하는 경험을 직접 겪어보는 것도 효과적입니다. 그런 일이 있을 때는 어떻게 대처해야 하는지를 아이와 함께 얘기하며 "우리, 다음에는 조금 더 빨리 준비하자!" 하고 격려해주세요. 그리고 인내심을 갖고 아이를 지켜봐주세요.

조금 빨리 이름을 불러주기

동작이 느릿느릿 굼떠서 항상 마지막 순서로 행동하는 아이는 또래들 사이에서도 눈에 띄기 마련이지요. 마지막까지 소꿉장난을 하고 있거나, 가장 늦게 밥을 먹거나, 매일 반복하는 활동에서조차 늦기 십상입니다. 그럴 때 "태호야, 열심히 해야지" 하고 주의를 주면 그 아이의 존재를 주위에 환기시켜서 '항상 행동이 굼뜬 아이'라는 꼬리표가 붙을 수 있습니다. 이런 상황을 피하기 위해서라도 부모나 교사는 언동에 조심하며 조금 빨리 아이의 이름을 불러주세요. 그리고 아이의 움직임이 조금이라도 빨라지면 칭찬을 아끼지 마세요. 칭찬을 받은 경험이나 스스로 이룬 성취감은 아이를 쑥쑥 자라게 합니다.

다만 계속해서 이름을 부르며 행동하라고 다그치는 것은 바람직하지 않습니다. 행동이 빨라지는 만큼 아이의 이름을 부르는 횟수를 줄이고, 어린이집이나 유치원에서는 뒤처지는 아이가 생기지 않게 아이들끼리 서로 이름을 불러주는 분위기를 자연스럽게 만드는 것이 가장 이상적인 방법입니다.

열등감이 심한 아이

개성은 선천적으로 타고나는 기질, 양육 환경에 따라 후천적으로 형성되는 자질로 나눌 수 있습니다. 따라서 같은 부모를 둔 형제자매라도 '신중하고 성실하며 차분한 아이'가 있는가 하면 '눈치가 빠르고 민첩하며 활동적인 아이'가 있는 것이겠지요. 한편, 성장 과정에서 반복적으로 겪은 일들로 인해 생기는 마음 상태에 따라 성격이 변하기도 합니다. 열등감이 대표적이지요.

있는 그대로의 모습을 인정해주기

타고난 기질과 후천적인 환경에 의해 만들어지는 성격은 개인의 개성으로 좋다, 나쁘다로 단정 지을 수 없지요. 소극적이고 소심한 성격은 관점을 달리하면 신중하면서도 세심하다고 볼 수 있고, 이는 그 아이의 장점이 되기도 합니다. 따라서 부모의 가치관으로 아이를 평가할 것이 아니라 아이를 있는 그대로 인정해주고 사랑해줘야 합니다. 아이는 자신의 존재를 부모에게 인정받음으로써 살아갈 힘을 얻고 자신을 사랑하게 됩니다. 나아가 자신감을 가지고 자기주장을 또렷하게 펼칠 수 있지요.

열등감은 왜 생기고 어떻게 표출될까?

성장 과정에서 자신의 존재를 있는 그대로 인정받지 못했을 때 생긴 열등감은 다음과 같이 표출될 수 있습니다.

① **친구를 괴롭힌다** 자신의 부족한 모습을 타인에게 들키지 않으려고 일부러 강한 척하며 약한 아이를 괴롭힌다.

② **실패를 두려워한다** "이 바보야, 넌 안 돼!" 하는 감정적인 꾸지람을 자주 듣고 자

란 아이는 스스로를 못난이라고 생각해 의기소침하며, 실수나 실패를 성공의 발판으로 삼지 못한다.

③ **의욕이 없다** 부모가 입버릇처럼 "어차피 넌 못 하잖아", "또 사고 칠 줄 알았어!"와 같은 부정적인 말을 내뱉는다면 아이는 사람들이 자신을 부족한 사람으로 평가한다고 생각해 그 어떤 일에도 의욕을 보이지 않는다.

④ **자신감이 부족하다** "네가 애야? 다시 기저귀 찰래?" 하며 무시하는 말투로 거듭 야단치다 보면 아이는 모욕감을 느끼고 자신감을 잃는다.

이처럼 부모가 자주 입에 담는 부주의한 표현이나 무의식적으로 내뱉는 부정적인 단어가 아이의 자존심을 짓밟고 열등감에 사로잡히게 한다는 사실을 잊지 마세요.

의존적인 아이

유난히 혼자서는 스스로 결정하거나 행동하지 않는 아이가 있습니다. 무얼 하든 엄마나 아빠, 선생님을 향해 "이거 해도 돼요?" 라고 묻고 긍정적인 대답을 들어야만 행동하지요. 의존 성향이 높은 아이들이에요. 물론 어린 나이에는 의존성이 어느 정도 있어요. 하지만 영유아기에 스스로 하는 성향을 키우지 않으면 이후의 발달 과정에서 주도성과 자신감에도 나쁜 영향을 미칩니다.

어리광 받아주기

애착은 부모와 자녀 사이의 관계를 탄탄히 하고 영유아가 성장하는 데 있어 반드시 필요한 부분이자 훗날 어른이 되어서 인간관계를 형성할 때 밑바탕이 되는 정서입니다. 영유아기의 행동 특징 중의 하나가 어리광이지요? 아이가 어리광을 부리면 엄마들은 바람직하지 못한 행동이라고 흔히 생각하지만, 어리광은 애착 형성은 물론 건강한 정신 발달에 꼭 필요한 행동입니다.

엄마가 어리광을 충분히 받아주면 아이는 정서적으로 만족감을 느낍니다. 이를테면 "안아줘잉!" 하며 응석을 부리는 아이에게 "안 돼!" 하며 단호하게 거부하면 아이는 울면서 심하게 떼를 쓸지도 모릅니다. 아이가 소리를 지르며 우는 순간 엄마는 어떻게 대처해야 할지 몰라서 우왕좌왕 헤매기 일쑤이고요. 이럴 때는 우선 아이의 요구에 따라 살포시 안아주세요. 그러면 아이는 정서적으로 안정감을 되찾고 다음 행동을 할 수 있답니다.

다만 매순간 아이의 어리광을 받아주는 것은 과잉보호가 될 수 있기 때문에 적절한 선을 지키는 것이 중요하지요.

과잉보호는 의존성의 원인

스스로 행동해야 할 때 주변 사람들에게 어리광을 부리며 의존하려 한다면, 스스로 해야 하는 것까지 다른 사람이 해주기를 바란다면 아이가 자립심을 가지도록 옆에서 도와주어야 합니다. 아이의 의욕이나 생각은 전혀 고려하지 않은 채 '아이를 사랑하니까' 혹은 '내 아이를 위해서' 필요 이상으로 챙겨주고 간섭한다면 이는 과잉보호가 되겠지요. 지나친 간섭이나 과잉보호는 참을성 없는 아이(욕구불만 내성의 감소), 스스로 생각하지 못하고 선택하지 못하는 아이(판단력 부족), 자신의 뜻대로 결정을 내리지 못하는 아이(결정력 부족)를 만들고 맙니다. 그리고 남에게 기대려는 의존적인 아이로 성장시키죠. 그러니 평소 아이를 세심히 관찰해서 어떤 상황일 때 아이를 적극적으로 도와줘야 하는지, 어떤 일을 옆에서 묵묵히 지켜봐줘야 하는지를 알고 아이의 한마디에 좌우되지 않으면서 의연하게 대처해야 합니다.

응석받이로 키우지 않기

엄마와 아이 사이에 애착을 형성하기 위해 어리광을 받아주는 일과 엄마의 편의대로 아이를 응석받이로 키우는 것은 전혀 다른 일입니다. 앞에서도 얘기했듯이 아이의 건강한 정서 발달을 위해서는 어리광을 받아주는 것이 좋습니다. 그러나 '아이의 요구를 지금 당장 들어주지 않으면 한바탕 전쟁을 치러야 하니 오늘은 그냥 들어주자! 귀찮으니까, 아이가 원하는 대로 해주자!' 식의 안일한 대처는 아이를 응석받이로 키울 따름입니다.

야무지지 못한 아이

아이의 야무지지 못한 성격을 고쳐주려고 언성을 높이는 엄마들이 참 많습니다. "어쩜 따라다니면서 주의를 주는데도 늘 흘리고 빼먹고 대충대충 넘어가니?" 하며 엄마의 원성은 잦아들지 않습니다. 하지만 훈육하기 전에 아이가 왜 다부지게 행동하지 않고 얼렁뚱땅 넘어가는지는 그 이유를 진지하게 살펴야 합니다. 무른 아이를 세밀하게 관찰해보면 '귀찮아서', '감각이나 기술이 아직 발달하지 않아서', '전혀 관심이 없어서' 등의 구체적인 이유가 보이거든요.

웃으면서 차근차근 바로잡기

아이가 부족한 모습을 보일 때마다 '지적질'을 한다면 엄마도 아이도 지칩니다. 가장 좋은 방법은 아이가 야무지게 행동하지 못하는 이유를 찾아 그에 맞게 아이의 행동을 차근차근 바로잡아주는 거예요. 화난 얼굴이 아닌 미소 띤 얼굴로요.

① **귀차니즘에 빠진 아이** 바로 손에 닿는 목표를 세워주세요. "장난감을 다 정리하면 그다음은 맛난 간식 시간이야!", "장난감을 제자리에 두고 나서 엄마랑 마트에 가자" 식으로 말이지요. 목표로 하는 행동에 익숙해질수록 도와주는 횟수를 점점 줄여나가면 돼요.

② **감각이나 기술이 부족한 아이** 말과 행동을 곁들이며 자세히 가르쳐주세요. 양말을 신을 때는 "발뒤꿈치에 양말 끝이 꼭 들어맞아야 해", 옷 단추가 잘못 채워졌을 때는 "어머나, 단추가 다른 집에 들어가 있네" 하며 콕 짚어서 일깨워줍니다. 의외로 아이들은 눈앞에 있는 것들을 놓칠 때가 많으니 "눈으로 꼼꼼하게 살펴봐" 하고 한 번 더 강조합니다. 단정한 옷차림을 위해서 아이를 거울 앞에 세운 다음 자신의 모습을 직접 확인하게끔 이끌어주는 것도 좋은 방법이지요. 제대로 옷을 입었다면 "우와, 멋쟁이 우리 아들!" 하며 듬뿍 칭찬을 해주세요. 반복되는 행동을 통해 아이

는 자신의 몸가짐을 확인하는 습관을 들일 수 있을 테니까요.

③ **애초 정리정돈에 전혀 관심이 없는 아이**　항상 새롭게 가르쳐준다는 마음으로 아이에게 손을 내밀어보세요. "세상에, 우리 집에 도깨비가 왔었나보네. 같이 정리하자" 하며 자연스럽게 행동으로 이끌면서 "이건 뭐지?", "이건 자동차!" 식으로 종류에 따라 정리하는 방식을 기억하게 합니다. 이때 장난감 수납 장소가 바뀌지 않는 것이 중요해요.

익숙한 행동이나 마음가짐을 바꾸려면 시간이 필요합니다. 따라서 아이를 키울 때는 더 멀리 더 길게 보고 미소를 머금고 아이에게 다가가는 여유를 잃지 않았으면 합니다. 또 포기하지 않고 매일 조금씩 꾸준히 가르쳐주는 반복의 힘도 중요하지요.

가끔은 엄마와 아이가 긴장을 풀고 지낼 수 있는 훈육의 휴일을 마련해보세요. 엄마도 아이도 마음의 휴식을 느낄 수 있을뿐더러 스스로 자신의 행동을 되돌아보는 시간이 될 거예요.

의지가 약한 아이

태어날 때부터 의지가 약한 아이는 그리 많지 않지요. 보통 아이들은 생명력이 넘치는 모습으로 태어나 배가 고프거나 기저귀가 축축해지면 "응애~" 하며 온 집안이 떠나갈 정도로 우렁차게 울면서 자신의 감정이나 의지를 표현합니다. 이런 점을 생각한다면 성장 과정에서 의지가 약해졌을 것이라 생각되는데, 그 원인이 궁금해집니다.

의지가 약해지는 원인

① **아기였을 때, 우는데 아무도 받아주지 않았다**　기저귀를 갈아달라고, 배가 고프다고, 기분이 나쁘다고 우는데도 어른들이 반응을 보이지 않으면 아기는 무력감에 빠지고 체념하다가 오히려 울지 않게 됩니다. 이런 양육 환경이 오랫동안 이어지다 보면 자신의 의지를 제대로 표현하지 못하고 무표정한 아이가 되기 쉽습니다.

② **욕구를 표출하기도 전에 문제가 해결되었다**　'하고 싶다', '갖고 싶다', '먹고 싶다'는 욕구를 채 표현하기도 전에 이미 문제가 해결되었다면 의지가 샘솟을 시간이 턱없이 부족하겠지요.

③ **"위험해서 넌 안 돼", "넌 못 해", "그러면 못써!" 하는 소리를 듣고 자랐다**　부정적인 말을 듣고 자란 아이는 스스로에게 자신감을 갖지 못하고 '어차피 안 될 텐데!' 하며 시작도 하기 전에 포기할지도 모릅니다.

자신감 키우기

의지가 부족한 아이는 대체로 자신감도 부족합니다. 반대로 자신감이 생기면 자신의 생각을 남에게 또렷이 전달할 수 있고(자기표현), 표정도 한결 환해지고 밝아집니다.

그렇다면 자신감을 키우려면 어떻게 해야 할까요?

가장 좋은 방법은 '들어주고, 인정하고, 함께 기뻐하는' 것입니다. "이렇게 하고 싶어요", "이렇게 행동하면 어떨까요?" 하는 아이의 작은 생각들을 펼칠 수 있게 들어주는 것입니다. 아이가 생각을 행동을 옮기면 그다음에는 "정말 잘해냈구나, 잘됐다!" 하며 함께 기뻐하고 인정해주세요. 아이는 어른에게 인정받음으로써 자신의 생각이나 행동이 잘못되지 않았음을 확신하고, 성공의 경험을 거듭 쌓아감으로써 자신감을 키우게 됩니다.

때때로 할머니나 할아버지의 협조를 구해서 아이에게 적당한 심부름을 시키고, 심부름을 완수하면 아낌없이 칭찬해주는 식으로 아이의 도전이 작은 성공의 경험으로 자리 잡을 수 있게 이끌어주는 아이디어도 발휘하세요. 자신감을 토대로 아이는 자신의 생각을 씩씩하게 표현할 수 있는 강인한 아이로 자라난답니다.

소심한 아이

지나치게 소심하고 소극적인 성격은 선천적으로 타고난 기질일 수도 있고, 불안과 걱정의 말을 자주 듣고 자라면서 후천적으로 생겨나는 경우도 있습니다. 따라서 부모를 비롯해 아이와 함께 지내는 어른들은 단어 선택이나 태도에 세심한 주의를 기울여야 합니다.

마음속 장애물 낮추기

소심한 아이는 '어쩌면 할 수 있을지도 몰라', '역시 불가능해'라는 서로 상반된 감정 사이를 아슬아슬하게 줄타기하고 있습니다. 무엇보다 첫발을 떼는 일이 엄청난 압박감으로 다가오는데, 이는 실패했을 때의 무시무시한 공포를 떠올리기 때문이지요. 특히 호되게 혼난 경험이 있다면 공포심이나 두려움은 배가 됩니다. 부모나 교사가 "도와줄게" 하고 손을 내밀어도 아이가 느끼는 마음속 장애물 높이는 낮아지지 않죠.

이 장애물의 높이를 낮춰주려면 성공 경험을 쌓아가는 일이 효과적입니다. 아이의 마음속에서는 '할 수 있다', '할 수 없다'가 끊임없이 요동치고 있으므로 아이 뒤에서 '할 수 있다'는 버튼을 꾹 눌러준다는 느낌으로 긍정적인 말을 자주자주 해주세요.

작은 성공 경험 쌓아주기

처음에는 목표를 낮춰서 반드시 성공할 수 있는 일을 하도록 해주세요. 이를테면 심부름 한 가지, 장난감 하나 정리 등 작은 일부터 성공을 경험하도록 기회를 만들어주세요. 만 4~5세 아이라면 두 가지로 늘려도 좋겠지요. 예를 든다면 ① 우편함에서 우편물 가져오기 ② "아빠, 여기 신문 있어요!", "응, 고마워!" 하며 칭찬을 바로바로 들을 수 있는 일 ③ 식탁 위에 수저를 가지런하게 놓기 식으로 가족들의 눈에 띄는 일을 꼽을 수 있습니다. 그리고 아이에게서 '하고 싶다'는 마음이 조금이라도 엿보인다면 당장할 수 있게끔 이끌어주세요.

여기에서 가장 중요한 것은 '아빠가 기뻐하시네. 정말 다행이야' 하며 아이의 마음에 보람과 자신감을 심어줄 수 있도록 칭찬을 아끼지 않는 일입니다. 만약 실수했더라도 "이렇게 하면 더 빨리 끝냈을지도 몰라. 다음에는 다르게 해보자"라고 격려하는 것을 잊지 마세요. 아이가 부정적인 마음을 떨쳐내려면 어른의 격려와 칭찬 한마디가 반드시 필요합니다. 어른의 칭찬과 아이의 용기가 서로 힘을 합치면 천하무적 자신감이 탄생할 테니까요.

집착하는 아이

물건이든 사람이든 한 가지 대상에 집착하는 아이들이 있습니다. 집착은 성격이라기보다는 누구나 빠지기 쉬운 행동이 아닐까 싶습니다. 영유아기에 나타나는 집착은 마음의 안식처, 안정감을 얻기 위한 자연스러운 행동이라고 해석해도 좋지요. 특히 형제가 있을 경우엔 더 세심히 살펴야 합니다.

엄마에게 집착하는 이유

자신의 요구사항이나 마음을 언어로 표현하지 못하는 아이는 부모에게 집착하는 일이 많은데, 특히 엄마와 잠시도 떨어지지 않으려고 합니다. 아이가 엄마에게 찰싹 달라붙는 이유는 여러 가지가 있겠지만, 외동아이와 형제가 있는 아이로 나누어서 그 원인을 생각해볼 수 있습니다.

만약 외동아이가 엄마에게 집착이 심하다면 아이의 발달 단계를 고려하지 않은 채 모든 면에서 완벽할 것을 지나치게 강요하거나, 아이에게 거는 기대치가 너무 높거나, 자립심을 키워주려는 마음이 너무 강렬한 것은 아닌지 되돌아보세요.

동생이 있는 아이가 엄마에게 집착한다면 "형이잖아", "누나니까 의젓하게 행동해", "혼자서도 척척 해내야지" 하며 단지 형이나 누나라는 이유만으로 아이의 어리광을 무시해오지는 않았는지 생각해볼 필요가 있습니다. 아이는 어리광 부리고 싶은 마음을 애써 누르고 좋은 형, 착한 누나가 되려고 열심히 노력하지만 한편으로는 불안한 마음을 달래기 위해 엄마에게 더 집착하게 됩니다. 특히 동생이 태어난 직후에는 반발심으로 엄마에게서 떨어지지 않는 일이 늘어나기도 합니다. 동생이 생기면서 하루아침에 어른처럼 행동할 것을 강요받고 동생에게 엄마를 빼앗기는 상실감에 빠지기 때문이지요. 상황이 이렇다 보니 아이를 떼어놓으려고 할수록 엄마에게 달라붙는 행동은 더욱 강화되지요.

동생이 태어난 직후에 아이가 엄마를 집요하게 찾는다면 둘째가 잘 때 첫째와 같이 놀아주거나, 아이를 무릎에 앉히고 동화책을 읽어주거나, "사랑해" 하며 꼭 안아주세요. 마음을 헤아려주면서 항상 함께하는 부모의 사랑이 아이에겐 필요합니다.

집착 행동은 자연스럽게 사그라진다

유아기에 부모를 전적으로 믿고 신뢰할 수 있는 관계를 구축하는 것이 자녀교육에서는 가장 중요합니다. 부모와 충분히 애착을 형성한 아이는 때가 되면 자연스럽게 부모를 찾지 않습니다. 그러니 아이를 윽박지르며 억지로 떼어놓으려고 하지 말고 아이가 안정감을 찾을 때까지 기다려주세요. 아이가 엄마 곁에서 조금씩 떨어지려고 할 때 엄마가 붙잡지만 않는다면 아이의 집착하는 행동은 자연스레 사그라지지요.

떼쓰는 아이

아이가 두 돌이 지나면 자아가 싹트면서 "내가, 내가" 하며 무슨 일이든지 혼자 힘으로 하겠다고 떼를 써서 부모를 아주 난처하게 만들지요. 이 시기는 말과 행동이 자꾸만 엇나가는 것이 특징입니다. 아이는 자신의 요구가 인정받지 못하면 심하게 떼를 부려 상황을 더 복잡하게 만드는데, 부모는 그러한 아이를 인정하고 받아들여야 합니다.

떼쓰기는 자기주장

자기주장을 한다는 것은 성장하고 있다는 증거입니다. 그러니 아이가 울며불며 떼를 쓰기 시작했다면 부모는 상황을 정확하게 파악하고 욱하는 감정을 최대한 누른 상태에서 아이의 얘기를 들어주세요. 아이의 요구에 다짜고짜 "안 돼!" 하며 부정만 하지말고, 아이가 이해할 수 있게 반복해서 설명해줘야 합니다.

예를 들어 장난감 하나를 놓고 동생과 싸울 때 "형이니까 동생한테 양보해야지"라고 엄마가 타이르면 "싫어! 내가 먼저 잡았는데 왜 양보해!" 하며 아이는 씩씩거립니다. 이때 "빨리 동생한테 주지 못해!" 하고 엄마가 소리를 지르면 아이는 엄마보다 더 크게 고함치며 "싫어, 싫어!"를 연발합니다. 요컨대 엄마가 화를 내며 감정에 휘둘릴수록 아이는 지긋지긋하게 말 안 듣는 떼쟁이가 되는 셈이지요.

마음을 살피며 너그럽게 들어주기

떼쟁이 훈육에서는 아이가 제멋대로 행동하려고 할 때 최대한 침착하고 다정하게 아이의 말에 귀 기울여주고 아이의 눈높이에서 쉽게 설명해주는 마음의 여유가 최우선 덕목입니다. 물론 아이의 행동이 안전과 직결될 때는 단호하게 대처해야겠지만요.

"정말 지긋지긋하게 말을 안 듣네!", "엄마 말을 듣기는 하는 거야?" 하며 엄마는 아이를 향해 잔소리를 퍼붓지만, 정작 아이는 '엄마는 왜 내 마음을 몰라줄까? 제발 내 얘기 좀 들어달라고요!' 하는 속내를 언어로 세련되게 표현하지 못하고 엇나가는 행동으로 표출합니다. 따라서 아이의 미운 짓을 단순히 반항이라고 착각하면 안 되지요. 항상 아이와 눈높이를 맞추고 따스하게 손을 잡아주며 "무슨 일이야?" 하고 아이의 마음을 살피는 너그러운 양육 환경을 만들어야 합니다.

아이와 오랜 시간을 함께 보내는 엄마가 가족이나 친구들과 대화하는 시간을 늘려서 마음을 쉬고 삶의 에너지를 보충하는 일도 아이에게 너그럽게 다가갈 수 있는 효과적인 방법입니다.

공격적인 아이

인간은 누구나 공격적인 감정을 느낍니다. 공격성과 경쟁심은 동전의 양면처럼 함께하는 감정으로, 건전한 공격성은 발전의 원동력이 되기도 하지만 공격성을 상황에 맞지 않거나 남을 괴롭히는 데 사용한다면 나쁜 평판으로 사람들의 입에 오르내릴 수 있어요. 건전한 공격성은 부모의 양육 환경에 따라 충분히 건전하게 표현될 수 있답니다.

공격성을 늘리는 가정환경

영유아기 아이들은 욕구가 좌절되거나 부당하게 억압받는다고 느꼈을 때 표현이나 감정을 스스로 통제하지 못하고 공격적인 태도를 보이기 쉽습니다. 예를 들어 아이들은 매사에 호기심을 가지고 이리저리 돌아다니며 위험한 행동을 일삼는데, 이때 "위험하니까 안 돼", "그렇게 하면 안 돼" 하고 금지하면 더 하고 싶고 더 흥분하며 뛰어다니고 싶어 합니다. 간혹 규칙을 지키지 않는 아이를 난폭하다거나 폭력적인 아이, 문제아, 심지어 가정훈육을 제대로 받지 못한 아이라고 비난하는 어른도 있지만 영유아기에 나타나는 공격성은 부모의 영향이 지배적입니다.

공격적인 아이를 만드는 양육 환경을 간추려보면 다음과 같습니다.

① 주위 어른들이 공격적인 행동을 일삼으며 폭력적인 언어를 즐겨 쓴다.
② 가정불화로 부모의 마음이 안정적이지 못하다.
③ 아이를 무시할 때가 많다.
④ 아이를 과잉보호하거나 아이의 행동을 금지할 때가 많다.

친구관계에서 호기심이나 호감을 표현하려는 마음이 공격적인 행동으로 잘못 표출될 때도 있습니다. 아울러 슬플 때, 실수했을 때, 좌절했을 때 부모가 심하게 초조해하거나 상대를 질책하는 모습을 자주 목격하면 아이의 마음속에는 분노와 공격성이 자라기 쉽지요.

아이와의 신뢰 쌓기

자신의 존재를 인정받고 싶어 하는 아이들은 어른의 마음이 동요하는 것을 아주 예민하게 감지합니다. 따라서 부모나 주위 어른이 아이의 마음을 헤아리며 "많이 슬프지?", "화가 많이 났구나" 식으로 공감해주고 "앞으로 더 열심히 하면 돼" 하며 실패한 일을 다음 행동의 출발점으로 삼게끔 이끌어주면 아이의 마음은 한결 부드러워지지요.

부모와 자녀의 관계가 돈독하면 아이 나름대로 규칙을 지켜야 한다는 감정 조절의 능력도 키우게 됩니다. 부모와의 신뢰 관계를 통해 아이 스스로 '나는 충분히 사랑받고 있다, 나는 소중한 사람이다'라는 자존감을 형성하면 정서적으로도 안정되어 폭력적인 아이가 아닌 활달한 아이로 변신할 수 있지요.

엇나가는 아이

'엇나간다'는 말이나 행동, 성품이 삐뚤빼뚤하다는 뜻입니다. 엇나가는 아이들은 화를 잘 내거나 심하게 울거나 으스대거나 반항적인 태도를 보이는 등 어른의 입장에서 이해할 수 없는 다양한 모습을 보입니다. 그런데 세상에서 벌어지는 모든 현상에는 원인이 있기 마련이지요? 아이들이 엇나가는 데도 이유가 있을 거예요.

왜 엇나갈까?

아이가 엇나가는 이유는 대체로 양육 환경에서 찾을 수 있습니다. 아이가 부모를 비롯한 주위 어른들의 관심을 끌고 싶을 때 비뚤어진 행동을 일삼기 때문이지요. 덧붙이자면, 아이는 부모의 반응을 끊임없이 살피며 자신의 행동을 반복하거나 중단합니다.

예를 들어 아이의 환한 웃음에 부모가 반응을 보이면 아이는 얼굴에 웃음꽃을 피우고, 반대로 짓궂은 장난에 부모가 반응하면 아이의 장난은 더 심해집니다. 평소 어른이 하는 말을 제대로 이해하고 똑 소리 나게 대답하다가도 동생이 태어나면 어리광을 피우며 갑자기 말을 더듬기도 합니다.

이처럼 하루아침에 달라진 아이의 모습에 당황한 부모는 아이에게 어떻게 다가가야 할지 모르겠다고 발만 동동 구릅니다. 한편 삐뚜로 나가는 아이에게 매일 똑같은 잔소리를 하느라 너무 힘들다고 하소연하는 부모도 있지요.

부모로서의 행동 되돌아보기

아이가 위험한 행동이나 나쁜 일을 저질렀다면 따끔하게 혼내야겠지요. 그런데 부모도 '지나치게, 너무 빈번하게 아이를 몰아세운 것은 아닌지' 자신의 행동을 되돌아봐야 합니다. 애정을 담아서 야단친 다음에는 아이를 보듬어주는 후속 조치를 반드시 해야 합니다.

엇나가는 아이를 바로잡는 근본적인 처방은 '이 모든 것은 아이가 성장하고 있다는 증거'라고 생각하는 마음가짐입니다. 주위 어른이 평소에 부정적인 단어를 많이 사용하지는 않는지, 부모 스스로 '얼마 전까지만 해도 참 착한 아이였는데…' 하며 아이의 현재 모습을 부정하고 있지는 않은지 차분히 돌이켜보세요. 또 '칭찬'이라는 행위는 마음의 여유가 있을 때 실천할 수 있습니다. 장점을 찾아내고자 하는 너그러운 마음이 있기에 아이의 장점이 눈에 들어오는 것이지요. 아이가 갑자기 비뚤어진 행동을 보인다면 혹시라도 칭찬의 횟수가 줄어든 것은 아닌지 진지하게 생각해봐야 합니다.

시간이 걸리더라도, 좀 귀찮더라도 아이의 요구를 귀담아 들어주세요. 아이의 얘기에 귀 기울이는 태도는 아이를 지도할 때 다양한 상황에서 꼭 필요한 마음가짐입니다.

질투심이 강한 아이

아이들 가운데 유독 질투심이 강하거나 시기심이 많은 아이가 있습니다. 그런 아이들은 형제가 태어났을 때, 부모의 사랑이 빼앗겼다고 생각될 때 질투심이 폭발하지요. 형제가 아이 인생에서 첫 번째 경쟁 상대인 셈입니다.

형제끼리의 시기 질투

큰아이는 동생이 태어나는 순간 마음이 복잡해집니다. '엄마 아빠가 나만 사랑해주고 나만 예뻐했는데, 아기가 태어나니까 엄마 아빠의 관심이 온통 저 아기한테만 쏠리네' 하는 생각이 들면서 타인의 존재가 부담스럽게 느껴집니다. 게다가 동생이 커갈수록 참고 양보해야 할 일이 점점 늘어나고 덩달아 스트레스도 쌓이지요.

동생이 태어나면서 첫째가 된 것일 뿐 큰아이도 아직 어린아이입니다. 그런 큰아이에게 "형이니까" 혹은 "누나니까"라며 어른다움과 양보를 강요한다면 아이는 괴로움과 슬픔에 빠지고, 그런 일이 반복될수록 마음의 상처가 깊어집니다. 상처받은 아이는 엄마의 사랑이 그리워서 혹은 엄마의 관심을 끌기 위해 자해를 하거나, 젖을 먹고 있는 동생을 엄마 곁에서 떼어놓으려 하거나, 울며불며 떼를 쓰는 퇴행현상이 나타날 수도 있습니다.

반대로 동생이 엄마의 사랑을 독차지하기 위해 형의 존재를 꺼려하며 질투하는 경우도 있습니다. 엄마가 형을 안아주면 화를 내며 둘 사이를 떼어놓는데, 동생 때문에 엄마에게서 떨어진 형이 소리 내서 울며불며 난리를 치면 집 안은 금세 아수라장이 되고 맙니다.

똑같이 보듬고 똑같이 칭찬하기

형제끼리 시기 질투가 심하다면 부모는 어느 한쪽만 편애하지 말고 두 아이를 똑같이 안아주고 공정하게 대해야 합니다. 똑같이 보듬어주고 똑같이 칭찬해줄 때 비로소 아이들은 서로의 존재를 이해하고 인정할 수 있습니다. "형이니까", "동생이니까" 등의 이유를 대며 어느 한쪽을 나 몰라라 방치해서는 절대 안 됩니다. 형과 동생을 똑같이 좋아하고 사랑한다고 말하며 안아주거나, 웃는 얼굴로 아이들을 대하세요. 아직은 엄마의 사랑과 관심을 확인하지 않으면 불안한 시기인 만큼 언어로 표정으로 아이 한 명한 명에게 애정을 충분히 표현해줘야 합니다.

물론 형제자매 고유의 역할을 확실하게 인지할 수 있게끔 서열을 명확하게 구분해주는 일도 필요하지요. 둘째를 돌볼 때 첫째의 도움을 받거나, 매순간 "이렇게 할까, 저렇게 할까?" 하며 첫째에게 먼저 물어보면서 "형이 정말 열심히 잘해냈구나. 우리 아들 기특해, 동생한테 양보도 잘하고" 식으로 듬뿍 칭찬해주세요.

장난이 심한 아이

'장난'이라는 단어를 사전에서 찾아보면 '짓궂게 하는 못된 짓'이라는 뜻도 있지만 '주로 어린아이들이 재미 삼아 하는 일'이라는 의미도 있습니다. 실제로 어른의 장난과 아이의 장난은 그 의미가 다르지요. 어른의 장난은 말 그대로 남을 골리려는 나쁜 짓으로 통할 때가 많지만, 아이의 장난은 누군가를 골탕 먹이기 위해 일부러 저지르는 못된 짓이 아니라 순간적인 충동이나 놀이의 연장선에서 생겨나는 행동입니다.

해도 되는 장난, 해서는 안 되는 장난

아이들의 장난이 아무리 악의가 없다고 해도 절대 해서는 안 되는 장난이 있기 마련이지요. 무엇보다 남에게 피해를 주는 장난은 허용하면 안 됩니다. 아직은 자신이 먼저인 어린아이에게 타인의 안전을 생각하고 남을 배려해야 한다는 말의 의미를 이해시키는 것은 쉬운 일이 아니지만, 사회성을 기른다는 측면에서 이런 사실을 아이에게 똑 부러지게 전할 필요가 있지요.

해도 되는 장난과 절대 해서는 안 되는 장난을 확실하게 구분해서 아이에게 끊임없이 가르쳐야 합니다. 그림책 등의 얘기를 활용하는 것도 좋은 방법입니다. 아이는 동물과 자신의 마음을 동일시할 수 있으니 동화책을 읽으면서 "여우는 지금 어떤 기분일까?" 하며 아이의 생각을 끄집어내는 것이지요. "이런 장난은 절대 치면 안 돼!" 하고 정답을 주입하는 것이 아니라, 반드시 아이와 함께 생각해 답을 찾아야 합니다.

호기심을 인정하고 꾸준히 일깨우기

대체로 아이들은 새롭고 신기한 것을 좋아하며 알고 싶어 합니다. '이건 뭐지? 어떻게 될까?' 하며 호기심 가득한 눈초리로 어른은 상상도 하지 못하는 일을 벌일 때가 있는

데, 그런 아이들의 행동 가운데는 어른의 눈높이에서 보면 얄궂은 장난도 분명 있지요. 하지만 아이는 스스로 생각해서 행동하고 실패와 성공을 되풀이하면서 성장하니 아이가 얄궂은 행동을 하면 부정만 할 것이 아니라 해도 되는 것과 안 되는 것을 명확하게 구분해서 분명히 전해주세요. 아이들은 생각나는 대로, 마음 내키는 대로 행동에 옮기는 성향이 있어 엄마가 아무리 주의를 줘도 똑같은 실수를 되풀이합니다. 그래도 일관된 목소리로 꾸준히 일깨워주세요.

한편 남의 시선을 끌기 위해서 일부러 짓궂은 장난을 친다면 관심을 끌려면 어떻게 행동하는 것이 바람직한지를 아이가 충분히 이해할 수 있게 가르쳐주어야 합니다. 그렇게 부모는 훌륭한 조언자이자 너그러운 조력자가 되어야 하지요.

거짓말하는 아이

간혹 아이들은 사실이 아닌 것을 말할 때가 있어요. '거짓말은 도둑놈 될 장본'이라는 옛 속담처럼 대부분의 부모들은 거짓말한 아이를 "몹쓸 짓을 저지른 나쁜 아이"라고 몰아세웁니다. 하지만 아이들이 하는 사실이 아닌 말을 모두 거짓말이라고 단정할 수 있을까요? 혹 아이가 거짓말을 즐겨 할 땐 어떻게 해야 할까요?

아이들에게 거짓말이란

영유아는 놀이 과정에서 상상의 나래를 펼치며 공상을 즐깁니다. 그런데 실제 일어난 사실과 상상 속의 사건이 아이의 머릿속에서 얽히다 보면 진실이 아닌 것을 실제 일어난 사실인 양 말할 때가 있습니다. 이 경우에 아이는 자신이 거짓말을 하고 있다는 사실조차 자각하지 못하는 경우가 대부분입니다.

스스로 깨치는 공감 학습

어른이 되면 인간관계를 유지하기 위해 하는 거짓말에 대해서는 하나의 처세로 인정해 관대하게 받아들이는 편이지요. 거짓말을 해서는 안 된다고 말하면서 때로 거짓말이 필요하다는 어른의 주장은 아이에게 엄청난 모순으로 들립니다. 요컨대 아이의 거짓말에는 어른의 이중적인 잣대가 크게 관여하고 있지요.

그러나 어른 아이 할 것 없이 절대 해서는 안 되는 거짓말은 나쁜 의도로 타인을 속이는 거짓말, 남에게 상처를 주는 거짓말입니다. 아이가 사실과 다르게 말할 때는 우선 아이를 지켜보면서 거짓말의 실체를 제대로 파악하는 것이 급선무입니다. 다짜고짜 "너 지금 거짓말했지?" 하고 아이를 다그치면 아이는 말하고자 하는 의욕을 잃게 되니다. 따라서 아이가 거짓말을 할 때는 사실과 다르게 말하는 상황을 있는 그대로 전달하고, 아이를 대신해서 진실을 말해주세요. 거짓말을 하면 다른 사람이 상처를 받거나 난처해질 수 있다는 점을 아이 스스로 깨닫게 해야 합니다.

또래끼리 어울려 놀 때 친구가 진실을 말하는지 거짓을 말하는지를 아이들은 성장하면서 조금씩 구별하게 됩니다. 평소에 거짓말을 자주 한다면 친구들로부터 비난이 쏟아지겠지요. 아이들에게 따돌림을 당하지 않기 위해서라도 왜 거짓말이 안 좋은지 그 이유를 명확하게 설명해줘야 합니다.

어른이라면 경험을 통해 거짓말하는 상대의 심정을 헤아리기도 합니다. 하지만 영유아기에는 그런 사리분별이 어렵지요. 거짓말을 주제로 다룬 동화책을 읽어주고 거짓말을 객관적으로 접하게 함으로써 참과 거짓을 구분하고, 거짓말을 하면 어떻게 되는지를 스스로 깨치는 공감 학습도 효과적입니다.

성에 관심이 많은 아이

만 4~5세 아이들은 잠지, 찌찌, 쉬 같은 성 혹은 배설과 관련된 단어를 입에 올리면서 깔깔대며 좋아합니다. 하지만 아이들은 어른이 생각하는 것만큼 성적인 의도가 있지도 않고 성에 호기심이 가득한 것도 아닙니다. 단순히 상대방의 반응을 즐기는 것이지요.

성과 관련된 단어를 입에 담을 때

아이가 성과 관련된 용어나 지나치게 비속한 단어를 거침없이 표현하더라도 화를 내지 말아야 합니다. 어른의 반응을 보는 일이 아이에게는 커다란 기쁨이기 때문이지요. 어른이 목소리를 높이며 야단을 칠수록 아이는 재미삼아 성적인 단어를 내뱉습니다. 우선 비속한 단어를 입에 담는 것은 부끄러운 일이라고 차분하게 타일러주세요. 그리고 단어에 따라서는 주위 사람을 난처하게 만들고 얼굴을 찌푸리게 만들 수 있다는 사실을 친절하게 알려주세요.

아이는 어른이 하는 말을 곧잘 머릿속에 기억해두고 따라합니다. 그러니 어른은 항상 말씨에 유념하면서 일관된 행동을 아이에게 보여주는 것이 좋겠지요. 아이의 언어 습관은 부모와 주위 어른들이 늘 조심하고 배려해주는 것이 무엇보다 중요합니다.

성기에 관심을 보일 때

아이가 기저귀를 떼고 혼자서 화장실에 갈 수 있게 되면 자신의 몸에 호기심을 갖습니다. 특히 소변이 나오는 성기 주변으로 큰 관심을 보이지요.

아이가 성기를 만지는 모습을 보면 부모는 굉장히 당황하며 불안해합니다. 하지만 아이의 그런 행동은 성적인 의미를 갖기보다는 자신의 몸을 알고 싶어 하는 호기심의 표출이지요. '어? 이건 뭐지?' 하는, 자기 몸에 대한 순수한 궁금증에서 출발해 '그럼 다른 사람은?' 식으로 조금씩 타인의 몸에도 관심을 갖게 됩니다. 특히 이성에 대해 호기심이 생기면서 자신과 다른 이성의 성기를 무척 신기하게 생각합니다.

아이가 성기에 관심을 보일 때는 자기 몸에 호기심을 갖기 시작했다고 판단하고 아이의 "왜?"에 대답해주세요. 아울러 성기는 소중한 부위이니, 함부로 만져서도 안 되고 남에게 보여줘서도 안 된다고 확실하게 말해주세요. "소중하니까, 보이지 않게 팬티를 입고 잘 지켜줘야겠지?" 식으로 이해하기 쉽게 설명해주면 좋겠지요.

버릇없는 아이

자신의 기분이나 바람이 주위 사람들에게 받아들여지지 않거나 자기 생각대로 되지 않으면 소리를 지르고 심하게 떼를 쓰는 아이가 있습니다. 이처럼 '제멋대로' 행동하는 아이를 흔히 '버릇없는 아이'라고 부르지요. 분명 '제멋대로'는 친구들과 잘 어울리지 못하고 협동성이 부족해 보이는 행동이기에 어른들은 아이가 멋대로 고집 피우는 것을 바람직하지 않다고 여기는 것이지요.

'제멋대로'는 일종의 자기주장

대체로 자기가 하고 싶은 대로만 행동하려는 아이는 어른에게 '버르장머리 없다'라며 꾸지람을 듣고, 또래 친구들에게는 '이기주의자'라는 비난을 듣기 일쑤입니다. 이런 말을 자꾸 들으면 아이도 자신에 대한 부정적인 이미지를 갖게 됩니다.

그런데 관점을 바꾸면 이기적으로 보이는 '제멋대로' 행동은 자신의 생각을 또렷하게 주장하고 자기의 마음을 솔직하게 표현하는 행동으로 볼 수 있지 않을까요? 또 '나에게 관심을 가져주세요!' 하는 하소연일 수도 있고, 아이의 마음속에서 보내는 SOS 신호인지도 모릅니다. 일정한 시기에 나타나는 '제멋대로'는 사회인으로 살아가기 위해 필요한 성장 과정의 하나로도 볼 수 있지요.

아이의 속내 받아주기

아이가 심하게 고집을 부릴 때 이유도 묻지 않고 무턱대고 혼만 내면 아이는 '난 쓸모없는 인간이야!' 하며 자존감을 상실하고 자신감을 잃게 됩니다. 위험한 행동, 남에게 상처를 주는 행위처럼 사회적으로 허용되지 않는 행동이라면 철저하게 통제해야 하지만, 그렇지 않을 때는 아이를 야단치기 전에 좀 더 진지하게 아이가 그렇게 행동하는 이유를 생각해봐야 합니다.

우선은 변명이나 핑계를 포함해 아이의 얘기를 귀담아 들어주고 아이의 속내를 받아주세요. 이는 단순히 받아주는 것과는 다릅니다. 아이가 기분이나 감정을 토해낼 수 있게 이끌어어야 합니다. 아이의 얘기를 들었다면 그다음에는 부모의 마음을 전하고 주변의 상황을 친절하게 설명해줌으로써 서로 타협점을 찾습니다. 꾸준히 대화를 나누는 동안 아이는 상대방의 처지나 기분을 이해할 수 있고 자신의 마음을 통제하는 방법을 조금씩 배워갑니다. 요컨대 이기적인 감정을 누르면서도 자기주장을 세련되게 펼칠 수 있게 된답니다.

물건을 훔치는 아이

어린이집이나 유치원 등 단체생활을 시작하면 자기 물건에 이름을 적거나 스티커를 붙여서 개인 소지품을 구별합니다. 먼저 자신의 물건을 보관하는 장소부터 익히는데, 단체생활을 처음 시작하는 아이나 만 3세 미만의 영유아에게는 자기 것과 남의 것을 구분하는 일이 쉽지 않습니다.

내 것, 남의 것 구별하기

아이가 어린이집이나 유치원에서 실수로 친구 물건이나 유치원 공용 물품을 집에 가져올 때가 있습니다. 만약 아이의 가방에서 못 보던 물건을 발견했다면 누구의 물건인지, 어디에 있던 것인지를 얘기 나누며 아이가 주인에게 물건을 되돌려주게끔 이끌어주세요. 이런 가르침을 통해 아이는 자신의 소지품과 타인의 물건을 조금씩 구분해나갑니다.

훔치는 행동 바로잡기

남의 물건인 줄 알면서 몰래 가져다가 자기 것으로 삼거나, 돈을 내고 사야 할 물건을 슬쩍 집어오는 행동을 '훔친다'고 말합니다. 다만 자신의 것과 남의 것을 아직 구별하지 못한다면 도둑질이라고 말할 수 없지요.

아직 소유 개념이 형성되지 않았다면 실수를 바로잡는 정도의 대처로도 충분합니다. 만약 남의 것이라는 사실을 인지하고도 슬쩍했다면 "절대 해서는 안 되는 일"이라고 짧지만 단호한 목소리로 말해줘야 합니다. 아울러 부모는 아이가 왜 남의 물건에 손을 댔는지 그 이유를 곰곰이 생각해봐야 하지요. 장난삼아서, 호기심에서, 상대방을 골려주려고, 갖고 싶은 마음을 채우기 위해서 등 아이가 물건을 훔치는 이유는 다양합니다.

그러면 물건을 훔칠 때 아이는 어떤 기분을 맛볼까요? 소유욕을 충족시킨 만족감과 나쁜 짓을 저질렀다는 죄책감에 사로잡히겠지요. 아이가 이러한 상반된 감정을 자각하면 훔치는 행동을 바로잡는 데 도움이 됩니다. 또 "네가 정말 아끼는 장난감을 친구가 몰래 가져갔다면 네 마음은 무척 속상하고 슬프겠지?" 하며 물건을 빼앗긴 상대방의 기분을 헤아려보게 함으로써 남의 물건에 손대고 싶은 마음을 자제시킬 수 있습니다.

그러니 아이가 물건을 훔쳤을 때는 도둑으로 몰아세우며 심하게 야단칠 것이 아니라 자기조절 능력을 키워서 스스로 나쁜 행동을 멈출 수 있게 지도하고 배려해주세요.

사회성을 길러주는
가정훈육

규칙 지키기

인간의 능력은 규칙을 준수함으로써 서서히 발달한다고도 말할 수 있습니다. 영유아기의 훈육은 아이에게 규칙이나 예절을 지키는 일이 얼마나 소중한지를 일깨워주고, 사회생활의 기초를 길러주며, 장애물에 당당하게 맞서서 시련을 극복해내는 강인한 마음가짐을 확립하는 데 그 목적이 있습니다.

규칙을 지켜야 하는 이유

사회생활을 원만하게 해내려면 규칙이나 예절을 지켜야 합니다. 제아무리 학교나 회사에서 높은 평가를 받더라도 규칙을 무시하고 제멋대로 행동한다면 해당 업적은 물론이고 그 사람에 대한 평가도 낮아지지요. 한 사람의 규칙 위반 때문에 단체행동이 더뎌지거나 행동 자체가 금지될 수도 있습니다. 그러니 아이를 지도할 때는 '어른들한테 혼나니까', '남이 보고 있으니까' 규칙을 지키는 것이 아니라 규칙이나 질서를 지키지 않으면 타인에게 민폐를 끼치고 자기 자신에게도 부끄러운 행동이라는 점, 규칙은 자신을 위해서 지켜야 한다는 사실을 확실하게 일깨워주세요.

규칙의 기본은 시간 지키기

다양한 규칙 가운데 '시간 엄수'는 가장 기본이 되는 규칙입니다. 실제로 우리는 시간을 잘 지키지 않는 사람을 '자기관리를 못하는 사람'이라고 단박에 규정합니다. 규칙을 너무나 성실하게 지키는 사람을 '소심쟁이'라고 놀릴 때도 있지만, 규칙을 어기기는 쉽지만 규칙을 지키는 일은 아주 어렵다는 사실을 누구나 알고 있기에 규칙을 잘 지키는 사람을 보면 대단하다고 느끼게 됩니다.

똑 부러지는 훈육과 스킨십의 효과

아이에게 질서나 규칙을 지나치게 강요하다 보면 집에서는 모범생이지만 집 밖에서는 문제아로 돌변할지도 모릅니다. 가정에서 받은 스트레스를 공격적이거나 친구를 위협하는 행동으로 푸는 것이죠. 그런 일을 예방하려면 규칙의 중요성을 똑 부러지게 알려주면서 스킨십(안아주기, 볼 비벼주기, 업어주기 등)이나 단란한 집안 분위기를 통해 아이의 마음을 어루만져주고 생활의 즐거움, 삶의 행복을 만끽할 수 있도록 배려해줘야 합니다.

또한 훈육하기 전에 규칙을 지키는 모범을 아이에게 보여줘야 합니다. '이럴 때 이렇게 행동해야 하는' 이유를 친절하게 설명해주는 교육도 함께 하면 좋겠지요.

참을성 기르기

젖먹이를 돌볼 때는 아이의 욕구나 요구에 바로바로 대처하는 것이 육아의 기본입니다. 아이가 배가 고프다는 신호를 보내면 바로 수유를 하고, 기저귀가 축축해서 울면 바로 기저귀를 갈아줘서 기분을 달래주고, 안아달라는 신호를 보낼 때는 꼭 안아줘야 하지요. 이처럼 아이가 불편해하는 원인을 찾아내서 문제를 해결해주는 것이 영아를 키우는 부모의 역할이자 책임입니다. 하지만 영아에서 유아로 조금씩 커가면서부터는 참을성을 기르는 가정훈육이 반드시 필요합니다.

참아야 하는 이유와 기준은 일관되고 명확하게

마트에 갔을 때 장난감이나 과자를 사달라며 부모를 조르는 아이들이 많습니다. 그럴 때 무조건 사주기보다는 아이의 요구를 적절히 거절하는 것이 아이의 참을성을 길러주는 효과적인 방법입니다.

참을성을 길러주는 훈육의 첫 번째 원칙은 그날의 기분에 따라 아이를 혼내지 않는 것입니다. 좋은 행동과 나쁜 행동의 기준이 이랬다저랬다 흔들리지 않게 중심을 잡아야 하지요. 아이가 '어제는 된다고 했는데 오늘은 안 돼?' 하며 혼란스러워 하는 일은 만들지 말아야 합니다. '다음에 하자'라고 아이와 약속했다면 반드시 그 약속을 지켜야 합니다. 부모가 일관된 모습을 보여주면 아이도 어른을 신뢰하고 부모의 말에 차분히 귀 기울이려고 노력한답니다.

아이의 눈높이에서 훈육하기

아이의 눈높이에서 아이가 이해할 수 있는 언어로 참아야 하는 이유를 친절하게 얘기해주세요. 그리고 아이가 잘 참고 견뎌냈을 때는 듬뿍 칭찬해주세요. 훈육과 칭찬을 경험하면 아이는 사물의 옳고 그름, 좋고 나쁨의 기준을 조금씩 깨우치게 됩니다.

무조건 참으라는 강요는 NO!

불합리한 일을 무조건 참으라고 강요하는 것은 바람직하지 않습니다. '잘 참는 아이는 착한 아이, 참지 못하는 아이는 나쁜 아이'라는 도식이 옳지 않다는 뜻이지요.

참을성 교육에서 가장 중요한 것은 아이 스스로 자신의 마음을 표현하면서 적절하게 자기주장을 펼치는 것, 상대방의 의견도 소중히 여기면서 서로 타협점을 찾는 소통 능력을 기르는 일입니다. 이를 실천하기 위해서는 아이에게 무조건 참으라고 윽박지르지 말고 참아야 하는 이유를 차분하고 친절하게 설명해주는 과정이 꼭 필요합니다.

예의 바르게 행동하기

예의가 바르다는 것은 '언제 어디에서 무엇을 해야 하는지를 잘 구분해서 행동한다'는 뜻입니다. 예의 바른 행동은 인간에게 쾌적함을 선사하고, 타인의 존재를 존중하면서 스스로 사회의 구성원이라는 사실도 깨닫게 합니다. 결과적으로 예의를 지키는 것은 심리적 욕구를 충족시키는 행위라고도 말할 수 있지요.

예의 바른 아이로 만드는 제1원칙

아이들은 예의를 지키는 과정에서 마음의 갈등을 경험합니다. 자신이 생각한 대로 행동함으로써 기쁨을 느껴야 하는데, 예의 바른 행동과 자신의 바람이 일치하지 않을 때가 훨씬 많기 때문입니다. 이런 현실에서 매순간 아이를 향해 "이렇게 하렴", "저렇게 해야지" 하며 억지로 시킨다고 하루아침에 예의 바른 아이가 되지 않지요. 먼저 아이의 마음을 편안하게 만들어주고, 아이 스스로 생각해서 올바른 행동을 실천할 수 있게끔 이끌어주어야 합니다.

욕구 충족을 통해 안정감 찾기

예의 바른 행동의 밑바탕에는 욕구가 충족되었을 때 느끼는 안정감이라는 감정이 자리 잡고 있습니다. 아이의 욕구는 수면, 식사, 배설이라는 생리적 욕구에서 출발해 안전, 애정, 질서, 자립, 새로운 경험 등의 심리적 욕구로 범위가 점차 넓어집니다.
인간은 태어나자마자 생명을 유지하기 위해 어떤 형태로든 욕구를 표현하는데, 영아기에는 그 욕구가 만족스럽게 채워짐으로써 안정감을 찾을 수 있지요. 하지만 유아기에 접어들어 타인의 존재를 자각하면서는 자신의 욕구를 채우기 위해 타인과 부딪치거나 경쟁을 해야 하고, 그 결과에 따라 자신의 바람이 통하지 않을 때도 있다는 사실을 깨닫게 됩니다. 처음에는 뜻대로 되지 않는 상황을 이해하지 못하지만 생각하는 힘이 길러지면서 상황을 이해하게 되고 욕구 충족의 방법도 찾게 되지요.

인사하고 대답하는 법 알려주기

'인사만 잘해도 절반은 성공이다'라는 말이 있습니다. 실제로 아이가 인사를 잘하고 대답까지 예쁘게 하면 어른들의 귀여움을 독차지합니다.

인사나 대답을 하지 않는 이유

사람들과 만났을 때 가장 먼저 하는 것이 인사입니다. 그리고 어른들을 만나면 어김없이 대답할 일이 생기지요. 그런데 영유아들 중에는 인사도 대답도 잘하지 않으려는 아이들이 꽤 됩니다.

아이가 인사나 대답을 제대로 하지 않는 원인은 발달 단계에 따라 조금씩 다릅니다. 낯가림이 심한 시기에는 인사를 하고 싶어도 수줍음 때문에 인사말이 입 밖으로 나오지 않습니다. 이처럼 수줍음이 심한 아이에게 억지로 인사를 강요하면 오히려 역효과만 초래합니다. 아이를 다그치기보다는 "○○이도 마음속으로는 예쁘게 인사하고 싶었지!" 하며 가볍게 넘기는 편이 훨씬 낫습니다.

한편 영유아기 후반에 접어들면 일부러 인사를 외면하는 일도 생깁니다. 또래 집단이나 주위 사람들을 보고 따라 하기도 하지요. 일부러 인사 예절을 지키지 않는 아이는 엄하게 가르칠 필요도 있습니다.

놀이로 배우는 대답하는 법

돌잡이 아이들은 자기 이름을 부르지 않아도 대답할 때가 있습니다. 이는 저마다 고유의 이름이 있다는 사실을 온전히 이해하지 못하기 때문이지요.

모든 사물에는 이름이 있음을 확실하게 이해하는 시기인 만 1세 이후가 되면 자연스럽게 자신의 이름을 깨치게 됩니다. 아이가 이름을 인지할 때 '이름을 부르면 손을 번쩍 드는 놀이'를 함께 해보세요. 손을 들면서 동시에 "네" 하는 대답을 엄마가 덧붙여주면 아이도 대답하는 법을 쉽게 익힐 수 있답니다.

어른을 보고 배운다

인사를 건네거나 대답하는 것은 모방에서 시작됩니다. 첫돌이 지나면 어른이 인사하는 모습을 보고 아이도 고개를 '까딱' 하며 인사하는 흉내를 내기도 합니다. 최근에는 "안녕하세요" 하는 인사말 대신 "안녕"이라고 줄여 말하는 사람이 많은데, 말이 이랬다저랬다 바뀌면 아이들은 많이 혼란스러워 합니다. 부모는 항상 아이가 자신의 모습을 보고 따라 한다는 사실을 잊어서는 안 됩니다. 아이는 인사말도, 길에서 아는 사람과 마주쳤을 때 인사하는 것도, 반대로 인사하지 않는 것도 부모를 통해 배웁니다. 따라서 아이에게 인사 예절을 가르칠 때는 부모가 먼저 올바른 인사말로 반갑게 인사 나누는 모습을 보여주는 것이 가장 효과적입니다.

경제 습관 키우기

현대사회는 돈만 있으면 과자도 게임기도 뭐든지 손에 넣을 수 있는 풍요로운 시대입니다. TV나 잡지, 인터넷에는 아이의 소비 욕구를 부추기는 정보가 넘쳐나고, 광고에 자극받은 아이들은 새로운 물건을 갖고 싶어 하지요. "저거 갖고 싶어!" 하는 말이 떨어지기 무섭게 늘 새로운 물건을 사주면 아이는 낭비를 당연한 것으로 여기고, 원하는 물건을 손에 넣지 못할 때는 막무가내로 떼를 쓰는 등 욕구 조절 능력을 상실하게 됩니다.

선물은 특별한 날에만 주기

아이에게 올바른 경제 습관을 키워주고 싶다면 용돈을 모아서 물건을 사는 경험을 하게 해주고, 경제교육을 통해 돈은 노동에 대한 소중한 대가임을 일깨워주세요. 또 아이가 간절히 갖고 싶어 하는 장난감이 있다면 생일이나 크리스마스 같은 특별한 날에 사주는 식으로 절제를 경험하게 하면 소비 욕구를 참는 능력을 기를 수도 있습니다. 한 푼 두 푼 용돈을 모아서 구입한 물건, 가까스로 손에 넣은 물건이라면 아이도 소중하게 여긴답니다.

'특별한 날'로 구매 기회를 제한하는 것은 아이 스스로 정말 갖고 싶은 것이 무엇인지 진지하게 생각하게 만들고, 불필요한 물건은 사지 않으면서 이미 갖고 있는 물건을 활용하는 방법을 궁리하게 합니다. 요컨대 지금 갖고 있는 물건을 소중히 여기는 절약 습관으로 이어질 수 있답니다.

용돈은 꼭 필요한 일에 쓰기

혼자 힘으로 가게에 가서 물건을 살 수 있는 나이가 되면 부모와 자녀가 서로 합의해서 용돈 액수를 정한 다음에 갖고 싶은 물건을 직접 사게 하는 것도 좋은 경험입니다. 처음에는 용돈을 주면 곧바로 이것저것 물건을 사려고 하겠지만, 부모가 약속한 용돈 이외에 부모가 더 이상 돈을 주지 않는다는 사실을 경험하고 나면 아이는 '정해진 용돈을 꼭 필요한 데 써야지' 하며 긴장합니다. 그리고 진짜 갖고 싶은 물건을 사기 위해서 불필요한 물건은 사지 않고 참아냅니다. 바로 이런 훈련이 올바른 경제 습관으로 이어지지요.

일정한 규칙 안에서 꼭 필요한 물건, 좋아하는 것을 구매하는 행동은 훗날 어른이 되었을 때 자신의 수입 안에서 생활하게끔 이끌어주는 바탕이 됩니다.

친구 사귀기

어린이집이나 유치원에서 단체생활을 하다 보면 친구를 사귀고 함께 놀고 가끔은 다투기도 합니다. 모두 성장의 과정이지요. 이 아이들이 다투면 예민하게 반응하는 부모들이 있는데, 티격태격 싸우는 것이 절대 나쁜 일만은 아니랍니다. 다른 사람과 마음을 서로 맞추는 일은 매우 중요하며 성장 과정에서 꼭 거쳐야 하는 경험입니다.

친구와 함께 놀면서 배우는 것들

대체로 만 2세 아이들은 같은 장소에서 놀아도 어울려 놀기보다 각자 자신의 놀이에 집중하는 평행놀이를 즐깁니다. 만 3세가 되면 차츰 또래 아이들과 어울리면서 친구와 함께 노는 재미를 경험합니다. 만 4~5세가 되면 아이들끼리 무리를 지어 활동하기 시작하고 단체놀이의 묘미를 체험하지요.

아이는 또래와의 관계를 통해 많은 것을 배웁니다. 친구와 부대끼면서 기쁨이나 슬픔과 같은 감정을 맛보고, 참을성이나 배려심을 키우기도 합니다. 말하자면 사회성이 발달하지요. 아이가 나이에 맞는 사회성을 익히고 정서적으로 건강하게 자라기 위해서는 '친구랑 같이 놀아서 정말정말 신나고 재미났어!' 하는 경험을 반복해서 맛보는 일이 무엇보다 필요하답니다.

친구 만들기에 서툰 아이라면

친구와 잘 어울리지 못하는 아이들 가운데는 어떻게 하면 다른 아이와 친구가 되는지를 모르는 경우도 있지요. 이렇듯 아이가 친구 사귀는 것을 낯설어 할 때는 친구에게 말을 건네야 하는 시점 등 놀이의 구성원이 되는 절차를 아이와 같이 밟으면서 친구와 함께하는 놀이의 세계로 이끌어주는 방법도 효과적입니다. 예를 들면 아이의 손을 잡고 또래 아이들에게 다가가서 "나도 껴줘"라고 말하고 "응, 좋아!"라는 대답을 듣는 기회를 마련해주는 것이지요. 아이들과 어울려서 재미나게 노는 경험이 쌓이면 친구와 함께하는 기쁨을 맛볼 수 있습니다.

실외 놀이를 통해 친구 사귀기

아이의 사회성을 키워주고 싶다면 TV, 인터넷, 게임은 될 수 있는 대로 피하고 아이와 함께 바깥나들이를 즐깁니다. 이웃집에 데리고 가서 아이들끼리 놀게 하거나, 공원에 가서 처음 본 아이들과 어울리게 하거나, 놀이터나 지역의 육아종합지원센터를 방문하는 것도 좋지요. 유치원에 다니면 단체놀이를 체험할 수 있지만, 아무래도 유치원이라는 한정된 환경에서 경험하는 놀이이기에 아이들에게는 부족한 측면도 있습니다. 주말이나 휴일에는 야외로 여럿이 소풍을 가거나, 아빠와 함께 지역행사에 참가하면서 다양한 경험을 쌓는다면 친구 사귀는 일도 한결 수월해지겠지요.

아이들의 다툼

'싸움 끝에 정이 붙는다'는 속담이 있듯이, 아이들의 다툼은 상대방을 부정하는 것이 아니라 행동이나 생각이 친구와 다를 때, 마음먹은 대로 일이 진행되지 않아 초조해서 벌어지기도 하지요. 자신과 친구가 다름을 인정하고, 매순간 자신이 원하는 대로 행동할 수 있는 것은 아니라는 세상의 이치를 다툼을 통해 배웁니다. 이 과정에서 문제 해결의 방법과 사회성도 익히지요.

아이들이 다투면 어른이 바로 개입해서 어른의 잣대로 아이의 마음을 대변하고 해결해주는 장면을 가끔 보는데, 그러면 아이들 스스로 문제를 해결하는 능력을 키울 수 없어요. 그러니 부모는 아이의 성장을 가만히 지켜봐줄 줄 알아야 합니다. 다만 아이들끼리 때리거나 꼬집으며 싸우면 바로 싸움을 말려야 합니다. 신체적인 고통을 동반하는 경험은 기억에 오래 남거든요. 싸움이 아픈 기억으로 끝나지 않게끔 도와주세요.

화해는 아이를 위한 반성의 기회

화해는 두 사람이 감정의 응어리 없이 서로 충분히 이해하고 마음을 풀 때 비로소 이뤄지는 행동입니다. 말로만 "미안해" 하는 것이 능사가 아니지요. 무엇을 잘못했는지, 어떻게 행동해야 했는지를 반성하기 위해서도 만 3세 정도가 되면 "~해서 미안해!", "다음부터는 ~하자" 식으로 구체적인 표현을 통해 화해할 수 있게 가르쳐주세요.

간혹 "정말 미안해" 하고 사과했는데 "절대로 용서하지 않을 거야!" 하며 상대방이 사과를 받아주지 않는 상황도 있을 텐데, 이는 아이에게 꼭 필요한 경험인지도 모릅니다. 그도 그럴 것이 '내가 사과했으니까 괜찮아' 하며 자기 편의대로 생각하고 똑같은 잘못을 되풀이하기 쉬운데, 상대방의 언짢은 태도에서 자신의 행동을 한 번 더 반성해볼 수 있기 때문이지요. 어쩌면 친구의 불편한 마음을 제대로 알기 위해서도 자신의 행동을 진지하게 되돌아보는 시간이 필요하지 않을까요?

혼자 노는 아이

어느 부모든 자녀가 친구와 사이좋게 지내기를 바라지요. 우리 아이가 또래와 잘 어울리지 못하면 부모는 불안하기 마련입니다. 그런데 어떤 아이는 친구와 놀기보다 혼자 놀기를 원하고, 어떤 아이는 친구와 놀고 싶은데 친구들이 놀아주지 않는다며 울곤 하지요. 내 아이가 이 두 가지 유형 중 하나라면 당연히 신경 쓰이겠지요.

혼자 놀기를 즐기는 아이

아이가 혼자 노는 것만 좋아한다며 걱정하는 엄마들이 있습니다. 그러나 아이들은 친구와 놀지 않아도 혼자만의 세계를 충분히 즐길 수 있습니다. 어쩌면 친구와 함께하는 놀이보다 자신이 좋아하는 놀이를 혼자 즐기는 것이 더 재미있는지도 모릅니다. 그도 그럴 것이, 아이는 '친구랑 노는 것' 뿐만 아니라 '좋아하는 일에 흠뻑 빠져 있는 것'도 놀이라고 생각하기 때문이지요.

이때는 아이가 집착하는 일, 좋아하는 일, 잘하는 일을 다른 아이들에게 알리면서 또래 친구들이 혼자 노는 우리 아이에게 관심을 가질 수 있도록 이끌어주세요. '친구랑 같이 놀면 재미나고 신나!' 하는 느낌을 한 번이라도 경험하면 아이는 친구와 함께 놀기 시작할 거예요.

아이의 개성 인정하기

나이가 같은 아이들이라도 성장과 발달의 속도가 다르고 특성도 다릅니다. 아이를 세심하게 관찰하고 오랫동안 지켜보고 있으면 저마다 다른 능력이나 관심사가 보이지요. 아이가 친구들과 어울리지 못해서 걱정된다면 유치원에서 어떻게 생활하는지를 세심히 알아보고, 아이의 마음을 소중히 여기면서 친구와 관계 맺는 방법을 하나씩 가르쳐주세요.

친구들이 놀아주지 않는 아이

친구가 놀아주지 않는 이유는 '고집이 세서', '제멋대로라서', '자꾸만 친구를 때려서', '너무 예민해서' 등 여러 가지가 있지요. 유치원에서 함께 생활하는 교사라면 아이의 성격이나 행동에서 그 원인을 대충 짐작할 수 있겠지만, 좀 더 정확한 원인을 파악하기 위해서는 직접 또래 아이들에게 그 이유를 물어보는 것이 바람직합니다.

한편 친구를 따돌리는 일이 나쁘다는 것쯤은 아이들도 잘 알고 있습니다. 따라서 "왜 같이 안 놀아?" 하고 직설적으로 물어보면 아이들은 혼날까봐 솔직하게 대답하지 않을지도 모릅니다. 문제를 해결하기 위해서는 아이들이 마음을 터놓고 편안하게 대답할 수 있는 분위기를 만들고 차분하게 대화를 나누는 일이 무엇보다 중요합니다.

친구가 놀아주지 않는 이유 전하기

친구들이 같이 놀아주지 않는 아이의 경우 그 이유를 아이에게 솔직하게 전하는 것이 좋습니다. 어른의 관점에서는 조금 심하다고 느껴지겠지만, 친구의 말을 아이에게 있는 그대로 들려주는 것이 훨씬 울림이 크거든요.

하지만 당장은 친구를 사귀는 데 걸림돌이 되는 성격을 하루아침에 고칠 수는 없겠지요. 이럴 때는 친구들이 싫어하는 행동을 조금이라도 참아내면 폭풍 칭찬을 해주세요. 주위 친구들에게도 "상훈이는 정말 대단하지? 참기 힘들었을 텐데 말이야" 식의 얘기를 자주 들려줍니다. 친구들에게 인정받은 아이는 자신감이 생겨 노력할 힘을 얻을 수 있답니다.

아울러 친구들이 같이 놀아주지 않아서 속상해하는 아이의 마음도 다른 친구들에게 꼭 전해주세요. "친구들이 놀아주지 않았는데 상훈이는 기분이 어땠을까?"라는 물음에 "많이 슬펐을 것 같아요"라고 대답한다면 된 것입니다. 서로의 마음을 알게 되면 아이들은 앙금을 털어내고 다시 사이좋게 놀 수 있습니다.

영아기의 실내 놀이

놀이 공간은 자연, 개방형 공간, 밀폐된 장소, 놀이터 등 다양하며 이들 공간은 저마다 아이에게 중요한 의미를 갖습니다. 그러나 만 2세 미만의 영아들에게 실내는 엄마와 교감하며 안전하게 놀이를 즐길 수 있는 최적의 놀이 장소이지요. '재미는 아무도 가르쳐줄 수 없다'는 말이 있듯이, 아이의 마음을 소중히 여기며 실내 놀이의 공간을 확보하고 지켜보는 것이 놀이 지도의 첫걸음입니다.

영아기의 놀이

영아기 아이들은 자기 몸을 장난감 삼아 놉니다. 말하자면 몸을 중심으로 놀이가 전개되지요. 처음에는 시각, 청각, 촉각, 후각 등 오감을 이용하거나 반사 등의 근육 운동을 반복합니다. 즉 소리가 나는 쪽으로 고개 돌리거나 손동작 중심으로 아이의 놀이가 시작됩니다. 그다음에는 손이 닿는 곳에 있는 사람이나 물건을 놀잇감으로 삼다가 드디어 자기 마음대로 조작할 수 있는 장난감을 사용해서 노는 단계까지 발전합니다.

영아기는 이유식, 걸음마, 옹알이 등이 시작되는 시기이므로 씹기, 걷기, 말하기 등 일상적인 행위 자체를 매우 흥미롭게 여기고 그런 신체 기능을 사용하는 활동을 목적으로 놀이가 자연스럽게 펼쳐집니다. 아이의 관점에서 보면 기능을 사용하는 일이 재미나니까 자꾸 행동을 반복하게 되고, 반복하니까 발달이 촉진되어 결과적으로 몸과 마음이 모두 토실토실 자라나는 것이지요. 애초 아이 나름대로 두 주먹을 불끈 쥐고 시작한 일이기에 실패하더라도 좌절하지 않고 꿋꿋하게 다시 시도합니다. 이런 반복 훈련을 통해 신체의 움직임을 조절할 수 있고, 놀이를 하는 가운데 자신의 의지를 작동 혹은 제어하는 자율성을 획득하기도 합니다.

아이의 발달 과정을 충분히 이해한 다음에 실내 놀이를 지켜보면 훨씬 흐뭇할 거예요.

다양한 변화로 활동성 높이기

손 놀이, 손가락 놀이, 나무 쌓기, 블록 놀이, 그림 그리기, 그림책 읽기, 종이접기, 만들기 등 실내 놀이의 종류는 꽤 많습니다.

집 안에서 즐기는 놀이는 대체로 정적이고 움직임이 작지만 놀이 방식에 따라서는 손 놀이, 손가락 놀이도 온몸을 사용하는 운동놀이로 변신할 수 있습니다. 나무 쌓기, 블록, 그림책의 경우는 놀이가 진행되는 공간에서 다른 놀이 공간으로 범위가 넓어지기도 하고요. 종이접기나 만들기는 손과 손가락을 이용해서 물건을 만드는 놀이로서 집중력을 발휘하며 놀 수 있습니다. 실내 놀이를 통해 차분함, 안정감, 평온함을 얻을수도 있지요.

이처럼 놀이 방식에 따라 공간의 사용법은 크게 달라지니 오직 아이의 마음과 상상에 맡기고 아이가 노는 모습을 지켜봐주세요.

유아기의 실외 놀이

사회성은 선천적으로 갖고 태어나는 것이 아니라 성장하는 과정에서 경험이나 학습을 통해 몸에 익혀야 하는 중요한 자질입니다. 부모나 주위 사람들과의 관계에서 다양한 일을 경험하고, 실외 놀이를 통해 자기중심의 세계에서 벗어나 조금씩 주위 상황과 조화를 이루는 행동을 실천함으로써 아이의 사회성은 쑥쑥 자라지요.

놀이 형태의 변화

노래를 불러주거나 무릎에 앉혀 달래는 등의 수동적인 놀이를 통해 부모와 신뢰 관계를 구축하고 애착이 형성되면 드디어 아이는 혼자서 놀기 시작합니다. 유아기에는 일상생활에서 필요한 다양한 동작을 몸에 익히고 언어 발달, 사회성 발달에 발맞추어 놀이의 형태를 변모시켜나가는 시기입니다.

미국의 발달심리학자인 밀드레드 파튼(Mildred Parten, 1902~1970)은 놀이 형태의 변화를 ① 몰입되지 않은 놀이 ② 혼자놀이와 방관자적 놀이 ③ 평행놀이 ④ 연합놀이 ⑤ 협동놀이로 구분했습니다. 놀이의 형태는 비사회적 놀이에서 사회적 상호작용의 놀이로 옮겨가는데, 이 변화는 단순히 연령에 따라 바뀌는 것이 아닙니다. 개별 단계에서 저마다 흥미를 느끼는 놀이에 지식, 창조력, 운동 능력 등 자신의 모든 능력을 쏟아 붓고 때로 친구를 의식하고 서로 협동하면서 놀이 경험을 쌓아가는 동안 생겨나는 변화인 셈이지요. 또래와 함께하는 놀이를 통해 사회적인 교류를 익히고 사회성도 발달시킵니다. 따라서 놀이 경험을 충분히 맛보지 않으면 다음 단계로 나아가지 못합니다. 단계를 차근차근 밟아가며 단체 놀이에서 능력을 발휘하고 인정을 받은 아이는 두루두루 자신감을 갖고 활동할 수 있습니다.

탐색놀이, 운동놀이의 즐거움

영아기의 놀이에서 획득한 자율성을 토대로 유아기에는 자신이 설정한 목적을 이루려고 더 적극적으로 행동합니다. '뭐 이쯤이야, 이 정도는 할 수 있을 거야' 하며 스스로 수준을 설정하고, 조금씩 기대치를 높여가며 자신이 세운 목표를 달성하고자 열심히 노력하지요.

만 4세가 넘으면 아이는 부모의 도움 없이도 자신이 하고 싶은 일을 혼자 힘으로 할 수 있게 됩니다. 체력은 아직 부족하지만 감각 기능이나 운동 기능은 어른과 크게 차이가 나지 않습니다. 다양한 도구를 이용해서 만들기를 하고, 팽이 돌리기, 과녁 맞히기 등의 놀이를 할 수 있습니다. 언어 발달도 두드러지고, 머릿속에 여러 가지 생각을 떠올려 상상할 수 있으며, 자신이 만들어낸 마음의 이미지에 따라 놀 수도 있지요. 이 시기에는 호기심을 갖고 탐색하는 일이 다양한 지식을 알아가는 즐거운 경험입니다. 따라서 아이의 자유로운 활동을 금지하거나 규제하면 욕구 불만이 생기고 적극성의 싹이 싹둑 잘려나가고 맙니다. 반대로 아이에게 행동을 강요하거나 가르치려고만 하는 부모의 태도 역시 바람직하지 않지요.

유아기의 놀이는 몸과 마음의 발달, 사회성 발달의 측면에서 매우 중요한 부분을 차지하는데 아이가 체험하는 방식에 따라 ① 감각놀이 ② 모방놀이 ③ 구성놀이 ④ 수용놀이 ⑤ 운동놀이로 분류하고 있습니다. 이 가운데 몸과 마음의 발육과 발달에 크게 영향을 끼치는 '운동놀이'는 조금만 신경을 써준다면 훌륭한 효과를 거둘 수 있습니다.

실외에서 놀 때 유의할 점

운동놀이의 대표적인 방법이 실외에서 노는 것입니다. 실외에서 놀면 바깥 공기를 접하며 몸과 마음에 새로운 자극을 받고 행복한 기분을 맛볼 수 있습니다. 아이들끼리 뛰어놀면서 설렘, 기쁨 등의 긍정적인 감정을 공유할 수 있다는 점에서도 높은 효과를 기대할 수 있지요.

실외 놀이를 지도하는 어른은 아이의 마음을 충분히 헤아리고 아이가 무엇을 하고 싶어 하는지 섬세하게 살펴야 합니다. 또 어떻게 하면 아이가 자유롭게 뛰어놀 수 있는지, 아이의 의사를 얼마나 존중할 것인지 등에 대해서도 생각해야 하지요.

대형 놀잇감을 사용할 때는 안전사고에 각별히 유념하면서 아이를 지켜봐야 합니다. 연령대가 높아짐에 따라 도구를 이용한 실외 놀이에서 점차 또래나 다른 사람들과 함께 하는 술래잡기나 간단한 규칙을 정해서 하는 놀이 등으로 놀이 방식이 변모합니다. 이때 아이들의 동작이 커지면서 간혹 몸싸움이 일어나기 쉬운데 안전만 확보된다면 아이들끼리 해결할 수 있게끔 여유 있게 지켜봐주는 것도 어른의 역할이지요.

화창하게 갠 날은 바깥나들이를 즐기기에 안성맞춤이지만 만약 무더운 날씨에 실외 놀이를 즐긴다면 일사병 예방, 자외선 차단 등의 대책이 반드시 필요합니다.

함께하는 놀이, 쑥쑥 커가는 자신감

미끄럼틀과 그네 타기, 술래잡기, 달리기, 공놀이, 줄다리기 등 밖에서 노는 방법은 아주 다양합니다. 유아기에는 아이를 잘 아는 보호자와 함께할 수 있는 실외 놀이를 추천합니다. 엄마와 아이가 손을 잡고 미끄럼틀을 타거나 아빠와 공놀이를 하거나 같이 달리기를 하는 것이지요. 그 과정에서 아이는 실외 놀이에 점차 자신감이 붙습니다.

만약 실외에서 여러 친구들과 함께 논다면 아이마다 사회성의 발달 정도가 많이 다르다는 사실을 인지하고 있어야 합니다. 요컨대 아이들 한 명 한 명이 모두 해냈다는 성취감을 맛보고 자신감을 가질 수 있게끔 배려해야 하지요.

자연과 함께하는 놀이

호기심, 모험심이 왕성한 영유아기 아이들에게 자연과 함께하는 놀이는 감각기관의 발육과 발달, 특히 감각신경계의 발달에 도움이 되는 의미 있는 활동입니다. 일상생활에서 자연과 교류할 기회가 점점 줄어드는 오늘날, 놀이 환경으로서 자연을 효과적으로 받아들이고 아이의 심신 발달에 도움이 되는 자연놀이를 꼭 실천해보세요.

산책하기

자연이라고 하면 나무가 울창한 숲과 산, 푸르른 바다나 강, 야외 캠프장에서 만나는 자연을 연상하는 사람이 많을 테지요. 하지만 일상생활에서도 자연과 접촉하는 놀이를 충분히 실천할 수 있습니다.

가장 대표적인 자연놀이는 산책입니다. 산책은 바깥 공기 마시기, 햇빛 쬐기를 겸해서 부모와 자녀가 함께 혹은 아이들끼리 손을 맞잡고 함께 걷는 행동으로, 이 과정에서 소통의 기초가 마련되고 신뢰 관계도 돈독해지지요. 그뿐인가요? 몸을 움직여 걸으니 튼튼해지고, 목적지를 향해 걷다 보면 정신이 강인해지며, 자연과 함께함으로써 다양한 사물을 보는 안목과 이해력을 키울 수도 있습니다. 이 모든 것이 바로 산책의 힘이지요.

흙, 물, 바람 체험하기

자연을 구성하는 흙, 물, 바람을 체험하는 놀이는 생활 속에서 다양하게 할 수 있습니다. 일상생활에서 체험하는 것들은 시각, 청각, 후각, 미각, 촉각이라는 오감을 통해 경험으로 기억되고 아이의 감성을 풍요롭게 이끌어줍니다. 특히 촉각은 직접 만져봄으로써 사물을 상상하고 이해할 수 있다는 점에서 아이에게 중요한 감각입니다.

처음에는 맨손으로 흙이나 모래를 만지고 맨발로 모래사장을 거닐면서 온몸으로 자연을 느끼는 활동을 하다가 점차 모래성 쌓기, 갯벌 놀이 등으로 자연놀이의 영역을 넓혀갑니다. 물놀이는 보호자가 위험성과 안전성만 충분히 인식하고 있다면 아이에게 훨씬 더 자극적인 체험으로 기억되는 흥미진진한 놀이가 될 수 있습니다.

미디어를 이용한 놀이

미디어는 크게 단방향과 양방향 매체로 나눌 수 있습니다. 단방향 매체는 TV, 신문, 잡지 등 꽤 오래 전부터 존재했던 대중매체가 해당됩니다. 최근 급속도로 발전한 뉴미디어는 바로 양방향 소통이 가능한 인터넷을 꼽을 수 있지요. 게임기도 기기와 인간이 놀이를 함께한다는 의미에서 양방향 매체라고 볼 수 있습니다.

단방향 매체 지도하기

TV나 서적 등의 단방향 매체를 지도할 때는 기본적으로 부모가 판단하고 선택해서 아이에게 정보를 제공해주는 일이 많습니다. 하지만 초등학생이 되면 집 밖의 인간관계가 늘어나서 부모가 정보를 선택하고 통제하기가 점점 어려워지기 때문에 아이를 직접 지도하지 못하는 경우도 생깁니다. 따라서 초등학교에 들어가기 전부터 TV나 애니메이션의 특징과 단점을 일깨워주어야 하지요.

애니메이션이나 드라마는 어디까지나 지어낸 얘기로, 개중에는 바람직하지 않은 내용도 분명 있어요. 따라서 TV를 그대로 모방하지 않게끔 철저하게 지도하고, 아이 스스로 생각하면서 행동할 수 있게 도와줘야 합니다. 이는 가정뿐만 아니라 유치원, 학교에서도 중요하게 다루어야 할 교육 내용입니다.

양방향 매체 지도하기

양방향 매체인 인터넷은 아이들의 생활에 이미 깊숙이 파고들었습니다. 아주 어릴 때부터 스마트폰에 노출된 아이들은 인터넷 동영상을 보고 게임을 즐깁니다. 초등학교에 들어가면 휴대폰으로 문자를 주고받고, 네트워크 서비스(SNS; Social Network

Service)를 통해 타인과 교류도 하지요. 인터넷 게임에 몰두하는 아이들도 많습니다. 양방향 매체 사용에 관해서는 어른들이 지도하기가 무척 힘듭니다. 부모보다 아이가 더 빨리 매체에 적응하는 경향이 있고 발전 방향이 다양해서 예측이 어렵기 때문이지요. 따라서 판단 능력이 부족한 영유아기에는 이유를 설명해주면서 부모가 직접 관리하고, 아동기에는 학교에서 매체의 문제점과 관련된 정보 제공, 토론 등을 통해 아이에게 미디어의 실체를 충분히 이해시켜야 합니다.

즐겁게 대화하기

아이는 태어나자마자 언어가 아닌 행동으로 부모와 의사소통을 시도합니다. 간혹 영아가 엄마 젖을 빨다가 갑자기 멈출 때가 있는데, 신기하게도 이때 엄마가 말을 걸어주면 다시 젖을 먹기 시작합니다. 바로 이것이 대화의 원점인 '순서 주고받기', 즉 턴테이킹(Turn-taking)에 해당됩니다.

대화의 원점은 '주거니 받거니'

어른과 대화를 나누든 아이들끼리 대화를 하든 대화 시간을 즐기기 위해서는 '주거니 받거니'를 익히는 일이 무엇보다 중요합니다. 예를 들어 한창 놀이가 진행되는 상황이라면 공을 주거니 받거니 서로 번갈아 던지고 쌓기 나무를 서로 번갈아 쌓는 경험이 의사소통의 기본 원칙을 습득하는 훈련으로 이어집니다. 만 1~2세 영아들은 상대방과 대화를 주고받는 일이 아직 어렵겠지만, 대화의 기초가 되는 '차례 지키기'는 놀이를 통해 충분히 익힐 수 있지요.

편안하게 대화하는 시간도 중요합니다. 온 가족이 식탁에 둘러앉는 시간이 좋겠지요. 만 4세가 되면 그날 있었던 일을 부모 앞에서 재잘거리고 싶어 하는데, 아이의 얘기를 귀담아 들어주면서 질문을 던지거나 엄마가 먼저 하루 일과를 얘기하면 아이는 '듣고 말하는' 역할을 조금씩 습득해갑니다.

말이 너무 많거나 너무 없는 아이라면

초등학교에 들어갈 즈음에는 아이들끼리 서로 듣고 말하는 대화를 자연스럽게 나눌 줄 알아야 합니다. 친구가 얘기할 때 자꾸 끼여들거나 자기 얘기만 줄곧 늘어놓는 행동은 바람직하지 못하다는 사실을 인지할 수 있도록 대화 예절을 가르쳐주세요.

반대로 유독 말이 없는 아이도 있습니다. 아이마다 성격이 다르기에 따스한 시선으로 지켜봐주는 여유도 필요하지만, 간혹 또래 관계에서 기를 펴지 못하고 입을 닫아버리는 아이도 있으니 항상 주의 깊게 관찰해야 합니다.

아이의 눈높이에서 본다면 어른의 존재는 대화 내용이나 대화의 타이밍을 적절하게 조절해주는 사람입니다. 만약 아이가 또래 집단에서 말을 못 하고 위축되어 있다면 먼저 대화를 조절해주는 사람인 부모와 얘기를 충분히 나누면서 대화의 기초를 다지는 일이 무엇보다 중요하지요.

고맙거나 미안한 마음을 표현하지 못하는 아이라면

감사할 때 혹은 사과할 때 쓰는 인사말은 딱딱한 인간관계를 부드럽게 녹이는 마법을 부립니다. 그런데 아무리 인사하라고 시켜도 아이가 얼굴을 붉히며 엄마 뒤로 숨을 때가 있습니다. 아이의 발달 과정은 힘을 모으는 시기와 그 힘을 발휘하는 시기로 나눌 수 있는데, 아주 어릴 때는 사람과 관계를 맺는 힘이 미처 발달하지 못해서 고맙거나 미안한 마음을 말로 표현하지 못하는 경우가 있습니다.

인사하기 힘들어하는 아이에게 무턱대고 "뭐 하는 거니? 친구에게 빨리 사과해야지. '미안해' 하고 예쁘게 말해야지!" 식으로 강요하면 시키는 대로 하는 아이도 있지만, 오히려 그 반대로 하는 아이도 분명 있습니다. 당장은 어른의 바람대로 인사를 한 아이도 어느 정도 자라면 자발적으로 인사를 거부하기도 합니다. 누군가가 시켜서 억지로 하는 일은 아무리 좋은 일이어도 기분이 썩 좋지 않습니다. 그것은 어른도 아이도 마찬가지입니다.

경청 훈련은 젖먹이 때부터

귀 기울여 듣는 경청은 상대가 말하면 내가 귀담아 듣고, 내가 말하면 상대가 귀담아 듣는 대화의 규칙입니다. 이 규칙이 잘 지켜질 때 대화는 더욱 빛을 발합니다.

갓 태어난 아기도 타인과 교류하는 의사소통의 원칙을 감지하고 있습니다. 아기가 젖을 먹을 때 엄마의 발성에 보조를 맞추어서 '흡' 하고 젖을 빠는 모습에서도 알 수 있듯이, 어쩌면 인간은 태어난 직후부터 대화의 기초를 탄탄하게 다지고 있는지도 모릅니다. 아이가 옹알이를 시작할 무렵부터는 친절하게 맞장구쳐주고 엄마의 말에 아이가 반응할 수 있도록 기다려주는, 말하자면 '주거니 받거니' 하는 훈련이 반드시 필요합니다.

남의 얘기를 들을 때는 하고 싶은 말이 있어도 상대방의 말이 끝날 때까지 가만히 기다려야 합니다. 그러한 배려는 만 3세가 되어야 비로소 익힐 수 있습니다. 또 이 시기가 되면 일대일 관계에서 상대방의 말을 잘 듣고, 단체생활을 할 때는 교사의 말을 귀담아 들어야 하는 일도 생겨납니다. 특히 교사가 말할 때는 조용히 집중해야 하는데, 아이들에게는 참으로 힘든 일이지요.

재미나게 경청 습관을 들이는 방법이 있습니다. 그림책을 읽어주는 것이지요. 실제로 그 시간에 아이들은 귀를 쫑긋 세우고 듣습니다. 요컨대 타인의 얘기에 귀 기울여 집중할 때 재미있는 경험이 쌓이게 도와주는 매개체가 바로 그림책이지요.

억지로 시키기보다 모범 보이기

누가 시키지 않아도 "고마워", "미안해" 하며 스스럼없이 인사를 잘하는 아이는 매일같이 인사 예절을 강요받은 아이가 아니라 주변 사람들과 스스럼없이 인사를 나누는 부모를 보고 자란 아이입니다. 아이는 부모가 한 대로 그저 따라 한 것뿐이지요. 그러니 아이가 아직 너무 어려서 표현하지 못하고 있다면 부모가 진심을 담아서 "고맙습니다", "죄송합니다" 하고 대신 또렷하게 전달해주세요. 옆에서 부모의 모습을 지켜본 아이는 바로바로 예절을 익히게 되겠지요.

사과해야 하는 장면에서 아이에게 사과의 말을 강요하며 심하게 꾸짖으면 아이는 마음의 문을 닫아버릴 수 있습니다. 이럴 때는 놀이를 통해 부모나 주위 어른이 먼저 사과하는 모습을 보여주는 것이 좋습니다. 손가락 인형을 이용해서 상황에 따라 어른에게 혹은 친구에게 어떤 인사말을 써야 하는지를 구체적으로 가르쳐주면 아이는 인사 예절을 훨씬 재미있고 쉽게 익힐 수 있지요.

아이들이 어른이 대답하기 곤란한 질문들을 마구마구 쏟아낼 때 귀 기울여 듣고 적절히 답해주는 것도 중요합니다. 거듭되는 아이의 질문은 귀찮기도 하지만 기상천외한 질문에 적당한 답을 찾아내기도 쉽지 않습니다. 하지만 아이의 눈높이에서 친절하게 대답해주면 흥미진진한 대화를 나눌 수 있고, 듣기의 소중함을 어른이 본보기로 아이에게 일깨워줄 수도 있습니다.

아이의 질문에 엄마가 정성스럽게 답하면 아이는 새로운 의문을 품습니다. 반대로 엄마가 얼렁뚱땅 넘어가면 아이는 의문을 해결하지 못한 채 생각이 멈추고 말지요. 호기심과 의문을 품고 의문점을 해결하려고 노력하는 일은 초등학교 입학 이후에 학습의 기초가 됩니다. 이런 사실을 기억하며 아이의 질문에 친절하게 대답해주세요.

"네", "아니요" 당당히 밝히기

요즘은 자기의 생각과 감정을 제대로 표현하지 못하는 아이들이 참 많다고 합니다. 이런 현대사회의 문제점은 아무래도 가정훈육과 밀접한 관련이 있지 않을까 싶습니다.

당당한 의사 표현

자신의 생각을 당당하게 표현하는 일은 인간관계에서 가장 기본이 되는 의사소통의 하나이지요. 따라서 누군가 질문을 던졌을 때 자신의 마음을 확실하게 전하는 일, 요컨대 "네" 혹은 "아니요"라고 또렷하게 자기표현을 할 줄 아는 아이로 키우는 것은 사회성 발달에도 아주 중요합니다.

당당한 의사 표현은 상대방의 의도를 받아들여 민첩하게 판단하고 자신의 감정이나 생각을 명료히 전하는 기본 훈련과도 통한다고 말할 수 있어요. 물론 부모부터 솔선수범을 보여야 합니다.

한편 중요한 일을 결정해야 할 때 똑 부러지게 의사 표시를 하지 않으면 손해 보는 것은 바로 자기 자신임을 깨우쳐주어야 합니다.

역할놀이로 언어 습관 들이기

만약 아이가 "어~" 하고 얼버무리면 "아빠도 엄마도 조심할 테니까 상호도 '네' 하고 또박또박 대답해보자" 하며 격려해주세요. "오늘은 큰 소리로 대답을 정말 잘했구나!" 하며 의도적으로 칭찬하는 것도 효과적입니다. 어른도 그렇지만 아이들은 칭찬을 들으면서 무럭무럭 자라니까요.

"네" 혹은 "아니요"를 또랑또랑 대답할 수 있게 되면 "고마워", "미안해"와 같은 감사와 사과의 말, 식사할 때 쓰는 "잘 먹겠습니다", "잘 먹었습니다"라는 인사말에도 도전하게끔 이끌어주세요. 엄마랑 혹은 친구랑 게임이나 소꿉놀이를 통해 역할을 바꾸면서 "네" 혹은 "아니요"의 대답과 의사 표현을 익히면 사회생활의 첫걸음을 내딛을 때 소중한 습관으로 자리 잡을 수 있습니다.

이처럼 아주 어릴 때부터 자신의 생각을 당당하게 표현하고 남에게 감사의 마음을 전하는 언어 습관은 상대방을 향한 배려로 이어집니다. 자기표현을 세련되게 하는 아이가 훗날 타인에게 신뢰받는 따뜻한 마음의 소유자, 배려할 줄 아는 사람으로 성장하는 것은 불을 보듯 뻔한 일 아닐까요?

거짓말하지 않기

살아오면서 단 한 번도 거짓말을 하지 않은 어른은 아마 없을 거예요. 그도 그럴 것이, 매순간 속마음을 솔직히 밝히면서 사회생활을 하기는 쉽지 않으니까요. 유치원을 졸업할 즈음이 되면 아이도 경우에 따라서는 속내를 감춤으로써 친구와 좋은 관계를 유지할 수 있다는 현실을 조금은 이해하게 됩니다. 이는 상대방의 생각을 추측할 수 있는 힘이 생겼다는 뜻이지요.

꼭 훈육해야 하는 거짓말

잘잘못을 따지면서 훈육해야 하는 거짓말은 다른 친구에게 상처를 주는 거짓말입니다. 아이의 거짓말에 누군가가 상처를 받았다면 반드시 나쁜 행동임을 일깨워주세요. 다만 "거짓말은 정말 나쁜 거란다. 절대 해서는 안 되는 말이야"라고 규칙만 가르칠 것이 아니라 "호열이가 거짓말을 하는 바람에 친구가 많이 슬펐겠지?"라며 거짓말이 남에게 상처를 줄 수 있다는 사실에 초점을 맞춰서 지도해야 합니다. 만 3세가 넘으면 자신의 거짓말이 어떤 결과를 가져올지 대강 짐작할 수 있습니다.

솔직하게 말하면 칭찬해주기

만 1세 전까지는 제대로 된 거짓말을 할 수 없지요. 그러나 첫돌 이후에 놀이 가운데 꾀잠을 경험하면서 거짓말의 기초를 조금씩 익히고, 만 3세가 되면 자신을 방어하기 위한 거짓말을 할 수 있지요. 이 시기의 아이가 거짓말을 했다면 앞에서 소개한 '상대방의 마음에 초점을 맞춰서' 적절하게 지도해주세요.

그런데 유아기를 지나 아동기로 접어들 즈음에 자신을 방어하기 위한 거짓말을 밥 먹듯이 하는 아이가 있습니다. 일단 거짓말을 하면 엄마에게 혼나고, 엄마에게 혼나면 임시방편으로 다시 거짓말을 해서 자신을 보호하려는 악순환에 빠지기도 합니다. 요컨대 어른에게 꾸지람을 듣는 경험이 늘어날수록 아이는 거짓말을 할 수밖에 없는 상황에 빠지지요.

아이가 거짓말을 하면 따끔하게 야단치는 훈육도 필요합니다. 하지만 갑자기 아이의 거짓말이 늘어났다면 아이가 솔직하게 말할 때 듬뿍 칭찬을 해줌으로써 혼나는 경험을 줄여나가는 것이 거짓말을 줄이는 지름길입니다.

고운 말, 바른 말 쓰기

아이들은 만 2세 즈음부터 언어의 의미를 이해하는 폭이 넓어지면서 새로운 표현을 배우려고 합니다. 이 시기는 친구들보다 부모나 주위 어른들과의 관계가 더 가깝기 때문에 언어 습관도 가족들의 영향을 많이 받습니다. 우선 부모가 고운 말, 바른 말을 써야 합니다. 아이들은 고운 말보다 나쁜 말을 훨씬 빨리 모방하거든요.

나쁜 말씨는 반드시 바로잡기

유치원이나 어린이집에서 단체생활을 시작하면 좋은 말이든 나쁜 말이든 아이들끼리 서로 말씨를 배웁니다. 나쁜 말을 따라 하는 것은 피할 수 없는 일이므로 반드시 집에서 말씨를 바로잡아주어야 합니다. 아이는 언제나 부모의 반응을 살피는데, 험한 말을 했을 때 부모가 바로잡아주지 않으면 '아하, 이런 말을 써도 되는구나!' 하며 당연하게 받아들이지요.

아이를 지도할 때는 "당장 그만두지 못해!" 하며 거칠게 화를 낼 것이 아니라 "그 단어는 엄마가 싫어하는 말인데", "○○○라고 말하려고 했던 거지?" 하며 올바른 표현을 가르쳐줘야 합니다.

어른에게는 공손히 말하기

유아기부터 깍듯하게 존댓말을 쓰는 아이는 많지 않습니다. 다만 어른에게 명령조로 반말을 내뱉는 일은 삼가야 한다는 사실은 알려주어야 합니다. 부모, 교사, 할아버지, 할머니와 같은 어른에게는 존댓말을 쓰게 하는 것도 중요합니다.

아이가 존댓말의 의미를 알기 위해서는 그만큼 다양한 인간관계를 경험해야겠지요.

만약 삼대가 모여 사는 대가족이라면 아빠가 엄마에게 말할 때와 할머니에게 말할 때 말투나 사용하는 단어가 달라진다는 사실을 자연스럽게 배울 수 있습니다. 핵가족의 경우, 외출했을 때 엄마가 다른 어른들과 다른 말씨를 쓰는 광경을 자주 '보여주면' 아이에게 도움이 됩니다.

요즘은 이상적인 부모의 모습으로 '친구 같은 엄마, 아빠'를 꼽는 사람이 많은데, 가끔은 작은 사회인 가정에서부터 어른다운 말투와 권위를 보여주는 일도 의미가 있지 않을까요?

자기 이름 읽고 쓰기

아이가 난생처음 읽고 쓰는 글자는 대체로 자기 이름입니다. 가장 자주 듣고, 가장 친근해 보이는 글자가 바로 자신의 이름이기 때문이지요. 자기 이름을 쓸 줄 알면 아이의 성취감은 눈에 띄게 높아집니다.

글자를 이해하기 위한 기초 공사

글자를 이해하려면 실제 물건 혹은 대상과 '문자의 모임으로서의 단어'의 대응 관계를 먼저 알아야 합니다. 예를 들면 실제 먹는 '사과'가 '사+과'라는 문자의 모임에 대응한다는 사실을 이해해야 하지요. 이 같은 글자의 원리를 깨치면 아이는 그림책을 넘길 때 글자와 그림을 서로 번갈아가면서 봅니다. 또 글자를 아직 읽지는 못해도 글자 위에 똑같이 덧쓰는 모방 행동을 즐기기도 합니다.

글을 배우려면 우선 글자에 흥미를 가져야 하는데, 그림책이야말로 가장 훌륭한 글자 익히기 교재이지요. 특히 첫돌 즈음에 읽은 그림책을 다시 꺼내 보는 것도 좋습니다. 만 1~2세 대상의 그림책은 대개 한 페이지에 사물 하나가 실려 있어서 그림과 글자의 조합을 아이가 한눈에 파악할 수 있거든요. 그 결과 글자에 대한 흥미를 높이고 글자를 이해하는 능력도 커집니다.

자연스럽게 글자 깨치기

가장 먼저 깨치는 글자가 자기 이름인 이유는, 자기 물건에 자신을 나타내는 글자가 하나의 세트처럼 새겨져 있을 때가 많기 때문이지요. 그리고 유치원에서는 마크를 이용해서 아이가 자기 이름을 읽을 수 있게 지도합니다. 구체적인 방법을 소개하면, 처음에는 아이의 개인 물품에 아이를 상징하는 고유의 마크를 붙여둡니다. 아이가 자신의 마크를 구별할 줄 알면 마크 옆에 글자를 병기합니다. 그러면 아이는 자기 자신을 글자로도 나타낼 수 있다는 사실을 배우게 됩니다.

처음 글을 깨칠 때 고등학생이 영어 단어를 쓰면서 달달 외우는 것처럼 주입식으로 글자를 암기하는 아이는 없습니다. 아이 스스로 글자에 흥미를 느낄 때까지 가만히 기다려주는 것이 중요하죠. 언어 습득은 대소변 가리기 문제와 마찬가지로 개인차가 상당히 크다는 사실을 꼭 기억하세요.

기본 생활습관을
익히는 가정훈육

식사 전후에 인사하기

한 끼의 식사에는 많은 사람들의 정성이 깃들어 있습니다. 그 사실을 아이에게 일깨워주는 인사 예절이 필요합니다. '잘 먹겠습니다'라는 인사에는 요리를 만들어준 사람, 음식 재료를 마련해준 사람에 대한 감사함과 식재료가 식탁에 오르기까지 애써준 사람들에 대한 고마움이 두루 담겨 있습니다. '잘 먹었습니다'라는 인사는 식사 시간이 끝났음을 알려줍니다.

감사함과 고마움을 담은 식사 인사

영유아와 함께하는 식사 시간은 분주하고 어수선하기 쉽습니다. 그럴 땐 부모가 먼저 식사 전과 식사 후에 마음을 담아 인사하는 모습을 보여주세요. 그러면 아이는 인사말의 소중함을 깨닫고 주위 사람들이나 자연에 감사하는 마음을 가질 수 있지요.

아이가 말을 배우기 전부터 모범 보이기

식사 시간에 지켜야 할 인사 예절은 말을 배우기 전부터 어른과 함께 연습합니다. 인사를 하기 전에 "턱받이를 하고", "손을 깨끗하게 씻어야지" 등의 표현을 하나씩 곁들이면서 식사 예절을 가르쳐주면 더욱 좋겠지요.

식사 준비가 되었다면 "밥 먹기 전에 '잘 먹겠습니다' 하고 예쁘게 인사하는 거란다" 하며 아이에게 말을 해준 다음에 엄마가 공손하게 고개를 숙이며 "잘 먹겠습니다" 하고 인사합니다. 음식을 먹을 때마다 부모가 인사하는 모습을 보여주면 아이는 언어 발달 단계에 따라 처음에는 인사말의 일부만 얼버무리다가 서서히 안정된 인사말을 구사하게 됩니다. '아직 말을 못 하니까' 하며 아예 시도를 안 하는 것이 아니라 정확한 인사말을 아이에게 전달한다는 생각으로 반복해서 식사 인사를 들려주세요.

인사로 식사의 시작과 끝 구분하기

식전과 식후의 인사는 식사 시간의 시작과 끝을 구분 짓는 의미에서도 중요합니다. 인사를 하기 전에 아이가 음식을 먹으려고 하면 "어머나 '잘 먹겠습니다' 인사를 깜빡했구나!" 하며 친절하게 일깨워주세요. 아이가 입 안에 음식물을 가득 넣은 채 돌아다니면 일단 자리에 앉아서 식사를 마치게 하고 "잘 먹었습니다!"라는 인사말로 식사를 마무리 짓게 해야 합니다. 이처럼 인사말을 하면 아이 스스로 식사의 시작과 끝을 또렷하게 구분할 수 있지요.

아울러 인사할 때는 건성으로 입만 벙긋 하는 것이 아니라 차분하게 앉아서 인사하는 모습을 부모가 먼저 본보기로 보여주세요.

차분히 앉아서 먹기

처음 이유식을 시작할 때부터 어른처럼 의자에 앉혀놓고 음식을 먹게 하는 것은 바람직하지 못합니다. 아직 척추가 온전히 발달하지 못했기 때문에 아이가 쉽게 지치거든요. 어깨를 쫙 펴고 확실하게 걸음을 걷기 전까지는 엄마 무릎에 앉혀놓고 아이의 얼굴을 보면서 음식을 먹여주세요. 그러면 아이는 편안하게 식사를 할 수 있어요.

아이 키를 고려해 의자와 식탁 마련하기

아이가 제대로 걷기 시작하면 의자에 앉혀놓고 음식을 먹게 할 수 있어요. 이때 아이에게 맞는 유아용 의자를 준비합니다. 의자에 깊숙하게 앉았을 때 무릎 안쪽이 의자 테두리에 닿고 발바닥이 바닥에 닿는 높이라면 올바른 자세로 집중해서 음식을 먹을 수 있습니다. 발이 바닥에 닿지 않으면 안정된 자세를 잡기 어려우니 발밑에 받침대를 마련해주는 식으로 아이에게 맞춰주세요. 의자에 앉았을 때 아이의 등과 의자 등받이가 너무 떨어져 있다면 등 뒤쪽을 쿠션으로 단단하게 받치는 것도 좋습니다.

식탁의 높이는 아이의 가슴 위치에서 양손을 식탁에 얹고 앉았을 때 팔을 움직이게 해서 숟가락질을 편하게 할 수 있는 정도로 조절해줍니다. 식탁과 의자 사이는 주먹 하나 정도가 들어갈 정도의 공간이면 충분합니다. 식탁과 의자 사이가 너무 멀리 떨어져 있으면 음식을 흘리기 쉽거든요.

바른 자세로 식사할 수 있는 환경은 아이에게 좋은 식습관을 길러주는 지름길이라는 사실, 잊지 마세요.

식사는 식탁에서

식사하다 말고 돌아다니는 아이들이 있는데, 식사 도중에 일어나서 돌아다니는 일은 예절에 어긋난다는 사실을 아이에게 분명히 전하고 식사를 온전히 마무리하게 합니다. 일단 식탁에 앉아서 "잘 먹었습니다"라는 인사를 함으로써 비로소 식사 시간이 끝났음을 구분하도록 가르쳐주세요.

아이가 밥을 충분히 먹지 않았다는 이유로 따라다니면서 아이에게 음식을 떠먹여주는 일은 당장 멈춰야 합니다. 식사가 끝나기도 전에 아이가 산만하게 돌아다닌다면 식사량을 집중해서 먹을 만큼만 준비해보세요.

가만히 앉아서 식사를 마쳤다면 "예의 바르게, 예쁘게 먹었네"라고 충분히 칭찬해주고 식사량을 조금씩 늘려갑니다. 아울러 식사 시간에 필요 이상으로 분주하게 움직이지 않고 차분하게 먹는 모습을 어른이 먼저 보여주는 것도 중요하겠지요?

숟가락, 젓가락 사용하기

아이는 식탁에 앉아 밥을 먹기 시작하면서 숟가락이나 젓가락을 써보고 싶어 합니다. 엄마 아빠가 수저로 식사하는 모습을 보면서 따라 하려는 것이지요. 숟가락, 젓가락은 음식물을 입으로 운반하는 도구이지만 사용법을 제대로 알지 못하면 아이의 몸, 특히 손과 뇌에 부담을 줍니다. 따라서 수저 사용법을 정확하게 가르쳐줘서 아이의 성장을 도와야겠지요.

호기심을 보일 때가 교육의 적기

아이가 숟가락이나 젓가락을 사용하고 싶어 할 때가 사용법을 가르쳐주는 가장 적당한 때입니다. 어른도 자신이 원하는 일을 할 때 업무 능률이 오르지요? 마찬가지로 아이도 관심과 호기심이 있을 때 훨씬 효과적으로 배우고 익힐 수 있습니다. 하지만 아이가 아무리 원한다 하더라도 같은 설명을 오랫동안 반복해서 들려주면 흘려듣게 됩니다. 영유아는 집중할 수 있는 시간이 아주 짧다는 사실을 충분히 이해하고 적절하게 대처해야 합니다.

숟가락 사용법은 식사라는 즐거운 시간을 활용하면 좀 더 수월하게 익힐 수 있어요. 우선 아이가 손에 쥐었을 때 적당한 크기의 숟가락을 선택해서 아주 짧은 시간 동안 아주 쉽게 사용법을 가르쳐주세요. 당연한 얘기겠지만 처음에는 아이가 숟가락을 손에 쥔 모습조차 어색해 보입니다. 그렇더라도 나무라지 말고 곁에서 끈기 있게 지켜봐주세요. 가르쳐주는 어른이 빨리 체념하고 포기하면 아이는 숟가락질을 제대로 배우지 못합니다.

무엇보다 숟가락, 젓가락을 정확하게 잡는 부모의 모습이 아이가 숟가락질, 젓가락질을 익히는 데 큰 도움이 됩니다. 아이는 부모나 주위 어른의 모습을 그대로 모방하니 어른들 스스로 자신의 숟가락, 젓가락 사용법이 정확한지 확인해보고 아이가 올바른 숟가락, 젓가락 사용법을 배울 수 있도록 이끌어주세요.

작은 발전에도 칭찬을 듬뿍

처음부터 숟가락질과 젓가락질을 잘하는 아이는 이 세상에 단 한 명도 없습니다. 그러니 아이가 조금이라도 나은 모습을 보이면 듬뿍 칭찬을 해주세요. 아이는 칭찬을 통해 자신이 제대로 하고 있음을 인지하고, 작은 칭찬이 쌓이다 보면 어느새 정확한 방법을 익히게 됩니다.

음식을 먹을 때 숟가락과 젓가락을 이용하는 것은 식사 예절로 이어지니 아이가 관심을 갖는 행동부터 조금씩 가르쳐주면 엄마의 식사 시간이 한결 편안해질지도 모릅니다.

흘리지 않고 먹기

처음 숟가락, 젓가락을 사용해 밥을 먹다 보면 여기저기 흘리기 마련이지요. 하지만 '아직 어리니까~' 하고 그냥 두면 엄마가 식탁을 치울 때 힘들고, 아이는 밥 흘리는 것을 당연하다고 여기게 돼요. 흘리며 먹는 습관을 바로잡을 수 있는 방법이 있으니 하나씩 실천해보세요.

깨끗한 식탁의 중요성

첫돌이 지나면서 아이는 음식을 먹을 때 숟가락을 사용하려고 합니다. 하지만 음식을 숟가락에 담아서 온전히 입으로 가져가는 일이 아이에게는 무척 어렵습니다. 그러니 음식을 흘렸다고 아이를 꾸짖기보다는 "어머나, 지지했네. 깔끔하게 닦아내고 밥을 먹자!" 하고 말해주세요. 그러면 아이는 '깨끗한 식탁에서 밥을 먹으면 훨씬 더 기분 좋게 식사할 수 있다'고 깨닫습니다. 깔끔하게 먹으면 더 맛있게, 더 기분 좋게 먹을 수 있다는 사실을 느끼고 나면 스스로 흘리지 않고 깨끗하게 먹어야겠다고 다짐하게 될 거예요.

아이에게 맞는 식기 고르기

아이의 발달에 맞지 않는 식기나 숟가락을 아이의 손에 쥐어주면 당연히 흘리면서 먹게 되고, 흘리는 횟수가 늘어나면 아이는 조급한 마음에 혼자 힘으로 먹으려는 의욕마저 상실합니다. 그러니 숟가락으로 떠먹는 시기에는 납작한 접시보다 그릇 바닥이 봉긋한 유아 전용 식기를 준비해주세요. 떠먹기 쉽고 그릇 바깥으로 음식물을 흘리지 않으면서 깔끔하게 먹을 수 있지요.

찻숟가락처럼 작은 숟가락은 입으로 가져갈 때 흘리기 쉽기 때문에 피하는 것이 좋습니다. 숟가락을 처음 사용하는 아이라면 앞부분이 길쭉하고 약간 두툼한 모양이 적당해요. 아이는 자신에게 맞는 도구를 사용함으로써 흘리지 않고 먹을 수 있게 되고, 아울러 자신감도 쑥쑥 키울 수 있답니다.

양손을 모두 활용하도록 격려하기

숟가락을 사용하는 일이 아직 익숙하지 않다면 왼손을 활용해보라고 가르쳐주세요. 요컨대 왼손으로 그릇을 잡고 오른손으로 숟가락질을 하면 그릇이 헛돌지 않아서 수월하게 떠먹을 수 있습니다. 숟가락 사용법에 익숙해지면 "왼손이 도와주었더니 흘리지 않고 예쁘게 먹네!" 하며 칭찬을 듬뿍 해주세요. 칭찬을 들은 아이는 나름대로 흘리지 않는 방법을 좀 더 의식하면서 먹게 될 테니까요.

TV 끄고 식사하기

식사를 하는데 아이의 관심이 다른 곳에 있다면 아무래도 흘리면서 밥을 먹게 됩니다. 따라서 식사에 집중할 수 있게 게임기나 TV를 끄는 등 주변 환경을 정리하는 배려가 반드시 필요합니다.
정돈된 식탁에서 깨끗하게 먹는 모습을 보여주는 일도 중요해요. 부모가 훌륭한 본보기가 되어 아이가 식탁에 앉아서 즐거운 식사를 할 수 있도록 항상 신경을 써주세요.

남기지 않고 먹기

음식을 남기지 않고 먹는 것은 아이의 영양을 위해서도 중요하고, 음식을 만든 사람이나 식재료를 제공한 사람들에게 감사의 마음을 표현하기 위해서도 반드시 가르쳐야 합니다. 그렇다고 해서 억지로 다 먹으라고 하면 식사 거부로 이어질 수 있으니 더더욱 안 되겠지요?

다 먹을 수 있는 양 미리 알아두기

그릇을 깨끗하게 비우게 하려면 우선 아이가 한 번에 먹을 수 있는 식사량을 알아두어야겠지요. 엄마가 이유식을 떠먹여주는 영아도 배가 차면 입을 굳게 닫음으로써 배부름을 표시합니다. 마찬가지로 조금 넉넉한 양을 준비해서 음식을 남기는지, 그릇을 비우는지 세심하게 관찰하면서 아이의 식사량을 가늠합니다.

아이가 숟가락을 들고 식사할 수 있다면 음식을 조금 적게 담아서 그릇을 말끔하게 비웠을 때의 만족감을 느끼도록 도와주세요. 만약 부족하다 싶으면 아이가 직접 더 달라고 할 거예요.

요컨대 처음 식사 예절을 가르칠 때는 남기지 않고 그릇을 깨끗하게 비우는 습관을 들이는 일이 무엇보다 중요하답니다.

간식으로 배 채우지 않기

억지로 밥을 먹인다면 아이에게 식사 시간은 무척 괴로운 시간이 될 거예요. 그러니 한 숟가락이라도 더 먹으라고 아이에게 강요하지 마세요. 아이가 자발적으로 맛있게 먹게 하려면 배고플 때 식탁에 앉게 하는 방법이 가장 효과적입니다. 깨끗이 먹게 하려고 식사 시간을 길게 잡는 것도 바람직하지 못합니다.

다 먹을 수 없다고 판단했을 때는 과감하게 식탁을 정리합니다. 다음 식사 때까지 혹시라도 배가 고플까봐 간식을 듬뿍 챙겨주면 아이는 '밥을 남겨도 나중에 간식을 먹으면 괜찮아' 하며 식사 시간을 하찮게 여길 수도 있으니 특히 유념해주세요.

아이 스스로 양을 조절할 수 있게

아이마다 적당한 식사량은 다르며, 만 4~5세가 되면 자신의 식사량을 대충 가늠할 수 있습니다. 먼저 자신의 수저를 댄 음식은 다 먹는 것이 식사 예절이라고 가르친 다음 도저히 다 먹을 수 없는 양이라면 미리 조금 덜어 먹게 하는 요령도 꼭 전해주세요.

'음식을 남기지 않고 깨끗이 먹기'에 지나치게 신경을 쓴 나머지 아이가 좋아하는 음식만 식탁에 올린다면 분명 편식하게 될 테니 이 점도 각별히 조심해야겠지요.

골고루 먹기

아이가 맛을 알게 되면서 다양한 음식을 맛보면 좋겠지만 좋아하는 음식만 찾게 되는 부작용도 생겨요. 편식은 영양 결핍과 면역력 저하로 이어질 수 있고 성격 형성에도 영향을 미치는 만큼 꼭 바로잡아주세요.

편식을 줄이기 위해 지켜야 할 약속

아이의 편식 습관을 바로잡는 데 크게 도움이 되는 '약속'이 있습니다. 이 약속은 어른이 정해야 할 것과 아이가 정해야 할 것으로 구분되는데, 확실하게 구분해서 지킬 수 있도록 지도해야 합니다.

어른이 정해야 할 약속 ① 무엇을 먹을까? ② 언제 먹을까? ③ 어떻게 먹을까?

이 세 가지 사항은 어른이 주도적으로 결정합니다.

먼저 '무엇을 먹을까?'는 아이가 어떤 음식을 즐겨 먹었으면 하는지(예를 들면 균형 잡힌 식사, 한식 위주의 식사 등)를 미리 생각해서 식사 메뉴를 정하는 일입니다.

'언제 먹을까?'는 식사 시간은 물론이고, 어떤 식품을 생후 몇 개월부터 먹일 것인가도 포함합니다. 이유식 식단도, 제철 음식 등 계절감을 반영한 '언제'도 이 항목에 해당하지요.

마지막 '어떻게 먹을까?'는 어디에서 누구와 어떤 상황에서 먹을 것인지, 일상적인 식사인지 혹은 이벤트성 식사인지를 구별하는 것을 포함합니다.

아이가 정해야 할 약속 ① 식탁에 오른 음식을 먹을까, 말까? ② 얼마나 먹을까?

이 두 가지 사항은 아이가 결정해야 합니다. "아이에게 먹을지 말지, 얼마나 먹을지를 결정하게 하라고요? 그건 아닌 것 같은데" 하며 볼멘소리를 하는 엄마들이 있을지 모릅니다. 하지만 식사 제공자인 엄마가 아이의 공복 시간에 음식을 준비했는데 아이가 먹지 않는다는 것은 식욕이 없다는 의미이기도 합니다. 대체로 식욕이 없으면서 기운이 없어 보이는 것은 몸 상태가 나빠지는 전조 증상이니 아이의 컨디션이 좋지 않을 때는 억지로 음식을 먹으라고 강요하지 말고 충분히 쉬게 하면서 아이의 상태를 살펴야합니다.

약속을 지키지 않으면 생기는 일

편식을 부채질하는 원인을 살펴보면 앞에서 소개한 약속이 제대로 지켜지지 않을 때가 많습니다. 이를테면 "아이가 저녁 먹기 전에 하도 과자를 먹고 싶어 해서 허락했더니 정작 식사 시간에는 좋아하는 반찬만 골라먹고 나머지는 죄다 남겼어요" 하는 엄마들의 하소연을 자주 듣는데 이때 '무엇을 먹을까?=과자', '언제 먹을까?=저녁식사 전'을 결정한 사람은 엄마가 아니라 아이입니다. 요컨대 약속의 주체가 지켜지지 않은 셈이지요.

이처럼 약속을 어기는 일이 반복되다 보면 아이는 '식사 시간에 충분히 먹지 않아도 나중에 과자를 먹으면 돼' 하며 잘못된 습관을 갖게 됩니다. 아이가 심하게 떼를 쓰더라도 어른과 아이의 역할을 지킨다면 아이는 식사 시간을 차분히 기다리고 어른이 정한 식단을 맛있게 먹겠지요.

채소 섭취로 기본 맛에 익숙해지기

맛에는 다섯 가지 기본 맛(단맛, 짠맛, 신맛, 쓴맛, 감칠맛)이 있습니다. 단맛은 설탕이나 꿀 등의 당분에서 나오는 맛으로, 먹으면 바로 에너지원으로 작용하기 때문에 본능적으로 몸이 원하는 맛입니다. 짠맛은 염분을 포함한 맛으로, 체액에는 염분이 들어 있기 때문에 역시 몸이 필요로 하는 맛으로 인식합니다. 감칠맛은 아미노산의 맛으로, 아미노산은 단백질의 구성 성분이지요. 우리 몸은 단백질로 이뤄져 있기에 감칠맛도 몸이 좋아합니다.

반면에 쓴맛은 음식에 들어 있는 독성을 나타내는 맛이고, 신맛은 식품의 부패를 알려주는 맛으로 통합니다. 음식이 상했는지 냄새를 맡아보고 시큼한 냄새가 돌면 상했다고 판단하는 것은 신맛을 냄새로 구분하기 때문이지요.

아이들이 싫어하는 채소를 살펴보면 다섯 가지 기본 맛 가운데 쓴맛과 신맛이 감도는 채소가 대부분인 것을 알 수 있습니다. 쓴맛이 강하게 느껴지는 피망, 오이 꼭지나 떫은맛이 강한 채소에는 쓴맛 성분이 들어 있습니다. 토마토처럼 신맛이 나는 채소나 강렬한 신맛이 느껴지는 과일을 싫어하는 아이도 꽤 많지요. 말하자면 아이들은 쓴맛과 신맛을 포함한 채소나 과일을 본능적으로 피하려고 합니다. 하지만 쓴맛과 신맛의 성분에는 인체에 꼭 필요한 무기질이 들어 있습니다. 이 무기질은 성장과 건강 증진에 꼭 필요한 성분입니다. 따라서 아이가 먹기 싫어해도 신맛, 쓴맛을 줄이는 조리법이나 아이의 입맛을 끌 만한 풍미를 더해 채소를 조리해 자연스럽게 섭취하게끔 이끌어주어야 합니다.

열 살 때까지 몸에 익힌 식습관이 평생 간다고 하니 이유식을 시작할 때부터 다양한 채소를 곁들이고 다채로운 음식을 접할 수 있게 해주는 것이 편식을 줄이는 지름길이지요.

상차림과 뒷정리 돕기

배가 고플 때 식탁으로 향하는 기쁨은 상차림을 돕는 훌륭한 동기 부여가 될 수 있으니 아이에게 식사 준비 방법을 차근차근 알려주세요. 식사를 마친 후에 식탁을 정리하는 일까지 같이 가르치면 효과적입니다. 대체로 식후 뒷정리 시간에는 식기가 비어 있어 아이가 그릇을 옮길 때 실수를 해도 크게 위험하지 않아요.

상차림 방법 알려주기

먼저 식탁을 행주로 깨끗하게 닦은 다음 상을 차립니다. 처음에는 어른이 본보기를 보이면서 아이에게 수저 놓는 위치를 가르쳐줍니다. 식탁에 앉는 가족의 자리도 미리 정해두면 좋겠지요. 수저의 길이와 굵기로 어떤 수저가 누구의 것인지 설명해주면 식사 준비를 즐기면서 도울 수 있습니다.

식사 준비는 집안일 돕기의 일환이면서 '상차림이 끝나면 맛있는 식사 시간이 찾아온다'는 기대감도 키울 수 있으니 그야말로 일거양득이지요.

나무라지 않고 뒷정리 방법 알려주기

"잘 먹었습니다"라는 인사를 끝으로 식탁에 앉아 있던 모든 사람들이 식사를 마쳤다면 뒷정리를 시작합니다. 그릇이 깨지지 않게 조심조심 다루고 쟁반에 담아서 옮기는 등 어른이 모범을 보이면서 친절하게 이끌어주세요.

아이가 혼자서 할 수 있게 되면 뒷정리를 하나씩 맡깁니다. 이때 부모가 유념해야 할 부분은 식사 준비를 도울 때 아이가 혹시 실수로 그릇을 깨더라도 심하게 나무라지 말아야 한다는 점입니다. 물론 아이가 한눈을 팔거나 조심스럽게 행동하지 않으면 따끔하게 주의를 줍니다.

집안일을 돕고 싶다는 마음은 타인에게 도움을 주고 싶다는 의식을 싹트게 합니다. 식탁의 뒷정리를 통해 아이 스스로 '나는 남에게 도움을 주는 사람'이라고 자랑스러워하게 되는데, 이를 계기로 아이의 자존감이 쑥쑥 자라납니다. 반대로 실수했을 때 심하게 꾸지람을 들으면 아이는 자존심에 상처를 입습니다. 아이가 할 수 있는 일은 적극적으로 맡기면서도 궁극적인 책임은 어른이 진다는 의식을 확고히 심어주면 아이도 좀 더 책임감을 갖고 행동할 수 있어요.

밥을 너무 천천히 먹는 아이

밥을 꼭꼭 씹어 먹으면 소화가 잘된다고 하지요? 그런데 꼭꼭 씹어서 식사하는 것도 아닌데 식사 시간이 길다면 아이의 식습관을 면밀히 살펴 원인을 찾아야 합니다. 그렇게 식습관을 바로잡아주다 보면 식사 예절까지 가르칠 수 있어요.

아이가 배고플 때 먹을 만큼만 주기

유아기의 식사 시간은 15~20분 정도가 적당합니다. 식사 시간이 길면 아이는 놀다가 먹다가 장난치는 등 식사에 집중하지 못할 수 있습니다. 식사량의 경우 많이 먹는 아이가 있는가 하면 적게 먹는 아이도 있으니 20분 안에 먹을 수 있는 양으로 준비해서 식사를 마쳤다는 만족감을 맛볼 수 있게 도와주세요. 아이가 20분 안에 맛있게 먹지 못한다면 활동량이 부족해 식욕이 나지 않거나 간식을 많이 먹어서 배가 고프지 않은 것일 수도 있습니다. 그럴 땐 바깥에서 뛰어노는 등 몸을 충분히 움직이게 하면 배가 고파서라도 자연스럽게 식사를 하게 되지요.

간식은 정해진 시간에만 먹게 해주세요. 그래야 적절하게 공복감을 느껴서 식사 시간에 맛있게 먹을 수 있답니다.

식사에 집중하는 환경 만들기

지나치게 천천히 먹는 아이를 살펴보면 식탁에 앉아서 딴 짓을 하느라 정작 음식에 집중하지 못할 때가 많습니다. 특히 TV를 켜둔 채 밥을 먹으면 아이의 관심이 TV 화면에 고정되고 식사는 뒷전으로 밀려나지요. 따라서 식사 시간에는 반드시 TV를 꺼주세요.

그리고 식탁 주위에 장난감이 흩어져 있으면 시선이 장난감을 향하니 밥을 먹기 전에 아이와 함께 장난감을 정리하고 식탁 주변을 깔끔하게 정리해 식사에 집중하도록 습관을 들여주세요.

아이가 자라면서는 식사 시간에 대화를 나누는 일도 즐거움의 하나가 됩니다. 재잘거리며 식사하는 시간은 소중한 소통의 시간이거든요. 하지만 지나치게 얘기하는 데 몰입해서 식사 시간을 끄는 일은 바람직하지 못합니다. 아이가 신나게 떠드느라 밥을 먹지 않고 있다면 부모가 말을 걸어 '대화'를 하도록 유도해주세요.

꼭꼭 씹어 먹기

식사 시간을 너무 엄격하게 강요한 나머지 아이가 음식을 제대로 씹지 않고 삼키는 습관을 들인다면 소화도 되지 않고 식사의 즐거움도 느끼지 못하겠죠? 꼭꼭 씹는 습관을 들일 때는 적당히 식사 시간을 조절해주세요. 그리고 딱딱한 음식을 먹을 때는 어른이 꼭꼭 씹는 모습을 보여주면서 씹기의 중요성을 전하세요.

적게 먹는 아이, 가려 먹는 아이

하루에 필요한 에너지의 양은 사람마다 다릅니다. 적게 먹어도 충분한 아이가 있는가 하면, 많이 움직이고 많이 먹는 아이도 있지요. 좋아하는 음식만 가려 먹는 아이도 있고요. 하지만 필요한 에너지의 양과는 상관없이 간식을 너무 푸짐하게 먹어 식사량이 줄어들거나 편식을 하는 경우도 적지 않습니다.

공복 리듬 만들기

아이가 식사를 할 때마다 깨작거리며 잘 먹지 않는다면 공복 리듬을 만들어서 아이 스스로 맛있게 먹으려는 의욕을 길러주는 일이 무엇보다 중요합니다. 그러나 음식을 손쉽게 구할 수 있는 요즘에는 공복을 느낄 일이 많지 않지요. 그러니 일부러라도 아이에게 균형 잡힌 생활의 리듬을 길러주고, 식사 전에는 달달한 음료수나 과자를 먹지 않게끔 지도해야겠지요.

'시장이 반찬'이라는 속담처럼 맛있게 식사하기 위한 최고의 조건은 공복 상태로 식탁에 앉는 것입니다.

음식에 대한 흥미와 관심 높이기

식사에 대한 흥미가 생기지 않아서 음식을 피하는 아이도 있습니다. 원래 적게 먹는 아이에게 식사를 할 때마다 많이 먹으라고 강요한다면 음식에 대한 관심이 사라지고 심지어 식탁에 앉는 일조차 부담스러워할 수도 있지요.

아이가 잘 먹지 않아서 걱정이라면 무조건 먹으라고 다그치기보다 아이 스스로 먹을 수 있는 방법을 찾는 것이 훨씬 효과적입니다. 아이와 함께 식재료를 사러 가거나, 요리를 할 때 아이에게 도와달라고 부탁하거나, 주말 농장에서 직접 채소를 키우는 일은 음식에 대한 흥미와 관심을 길러주는 소중한 기회가 됩니다.

엄마표 밥상으로 편식 예방하기

식탁에 오른 여러 반찬 가운데 유독 한두 가지만 가려 먹는 것을 편식이라고 하지요. 밥, 국, 반찬이 두루 갖추어진 한식을 보면 밥과 국, 반찬을 서로 번갈아 먹음으로써 풍미를 느낄 수 있습니다.

하지만 최근에는 식단의 서구화로 주요리 중심으로 식사를 준비하는 엄마도 많습니다. 편식을 예방하고 건강한 식단을 위해서는 아무래도 한식을 기본으로 하는 엄마표 밥상이 최고가 아닐까요?

혼자 밥 먹는 아이

최근 혼자 밥 먹고, 혼자 술 마신다는 의미의 '혼밥', '혼술'이라는 단어가 유행입니다. 어른의 '나 홀로 식사'는 개인의 취향일 수 있겠지만, 아이에게 혼밥은 바람직하지 않습니다. 그도 그럴 것이, 혼자 먹는 식사는 맛있게 먹는 기쁨을 타인과 공유할 수 없을 뿐더러 어린아이 혼자 밥을 먹게 하면 좋아하는 음식만 골라 먹기 쉬워서 영양 섭취 측면에서도 좋지 않습니다.

식탁은 소통의 장

식탁은 단순히 영양 섭취를 위한 장소가 아닙니다. 가정의 식탁은 가족이 함께 모이는 단란한 공간이자 밥을 같이 먹는 사람과 소통을 하는 대화의 장소이기도 합니다. 최근에는 아이가 게임을 하거나 TV를 보면서 혼자 밥 먹는 광경을 쉽게 접할 수 있습니다. 심지어 초등학교만 들어가도 혼밥이 더 편하다고 스스럼없이 말하는 아이도 있습니다. 하지만 식탁에 혼자 덩그러니 앉아 밥을 먹다 보면 소통의 기회가 그만큼 줄어들어서 언어 발달도 더뎌질 수밖에 없지요.

온 가족이 식탁에 둘러앉아 하루에 있었던 일들을 서로 얘기하면서 화목한 저녁 시간을 보낸다면 가족의 유대감이 깊어지고 소통 능력도 자연스레 발달하게 됩니다.

마음에 오래 남는 식사

'누구와 함께 밥을 먹고 싶다'는 마음은 유아기부터 싹트기 시작합니다. 실제 유치원이나 어린이집에서 "친구야, 우리 같이 밥 먹자!" 하며 또래에게 말을 거는 아이가 있고, 특별히 좋아하는 교사와 밥을 같이 먹겠다고 떼를 쓰는 아이도 있습니다. 가정에서는 엄마가 식사를 준비하느라 아이 혼자 식탁에 앉는 일이 많은데, 식사 시간에 엄마가 바빠서 식탁에 같이 앉아 있지 못하더라도 "맛있어?", "국 더 줄까?" 하며 아이에게 말을 걸어주면 '나 홀로 식사'를 피할 수 있습니다. 반대로 아이와 함께 식탁에 앉더라도 엄마의 마음이 딴 데 있다면 아이는 혼자서 밥 먹는 것이나 다름없지요.

어른과 함께 식사하면 올바른 숟가락과 젓가락 사용법을 배울 수 있고, 싫어하는 채소라도 가족이 먹는 모습을 보고 따라 먹다 보면 편식을 예방할 수도 있습니다. 진수성찬이 아니어도 가족과의 행복한 식사는 마음을 편하게 하지요. 이처럼 온 가족이 함께하는 식사 자리에서 아이들은 많은 것을 배웁니다. '무엇을 먹었느냐'보다 '누구와 어떻게 먹었느냐'가 마음에 오래 남기 마련입니다.

식사를 방해하지 않는 간식 즐기기

아이들은 어른들보다 훨씬 위가 작아서 세 끼 식사만으로는 하루에 필요한 에너지와 영양소를 충족하기가 힘듭니다. 그래서 간식이 필요한데, 정신없이 뛰어놀다가 잠시 쉬면서 즐기는 달콤한 간식의 즐거움은 그 무엇과도 비교될 수 없지요. 이처럼 아이에게 꼭 필요한 간식이지만 양과 질, 먹는 시간을 꼼꼼히 따져서 준비해야 식사에 방해되지 않습니다.

간식의 질 따져보기

간식의 질이란 간식거리의 구체적인 종류입니다. 아침, 점심, 저녁에 먹는 식사로 채워지지 않은 에너지와 영양소를 보충하는 것이 간식의 목적이기 때문에 간식거리로 매번 달달한 과자나 아이스크림만 준비한다면 영양소의 균형은 깨지고 열량만 넘쳐나기 십상입니다. 우유·요구르트·치즈 등의 유제품과 뼈째 먹는 생선, 과일이나 채소를 간식으로 준비해 준다면 칼슘, 비타민과 같이 부족하기 쉬운 영양소를 보충할 수 있지요.

한편 과자를 집에서 만들면 당류와 지방을 적당하게 조절할 수 있습니다. 시간적인 여유가 있을 때는 아이와 함께 간식을 만드는 것도 적극 추천합니다. 시판 과자를 간식으로 줄 때는 한 번 먹을 양을 접시에 덜어서 우유나 과일과 함께 주세요. 과자를 봉지째 아이에게 주면 당류와 나트륨을 너무 많이 섭취하게 되거든요. 간식의 분량은 어른이 조절해줘야 합니다.

간식 시간과 양 조절하기

간식을 줄 때는 다음 식사에 방해가 되지 않도록 시간과 양을 조절해야 합니다. 보통 점심식사와 저녁식사 사이에 간식을 주는데, 아무리 늦어도 저녁을 먹기 두 시간 전에는 간식을 끝낼 수 있게 맞춰주세요. 만약 식사량에 영향을 받는다면 굳이 간식을 줄 필요는 없어요. 그저 우유 한 잔, 과일 한 조각이면 충분합니다. 과자로 배를 채우거나 과자를 너무 많이 먹어서 식사를 하지 않으려 하거나, 오후 늦은 시간에 간식을 먹어 저녁밥을 건너뛰고 밤늦게 다시 달콤한 간식을 찾는 나쁜 습관이 되풀이되지 않게끔 확실하게 지도해주세요.

혼자 잠들고 스스로 일어나기

아동기에 접어들면 아이는 혼자 잠들고 스스로 일어나는 연습을 시작해야 합니다. 그러나 처음부터 혼자 잘 자고 일어나는 경우는 드물어요. 부모의 도움이 필요하지요. 어른과 달리 아이들은 필요 이상으로 잠을 저축해두지 않습니다. 밤사이 충분히 잠을 자고 나면 다음날에 개운하게 눈을 떠 하루 종일 쌩쌩하게 지낼 수 있답니다.

규칙적인 생활 유지하기

아침에 엄마가 깨우지 않아도 아이 스스로 잠자리에 들고 일어나게 하려면 규칙적인 생활을 하는 것이 가장 중요합니다. 날마다 취침 시간과 기상 시간이 다르면 아침에 제때 일어나기 힘들겠지요. 그러니 매일 같은 시간에 잠자리에 들고 아침에 눈을 뜰 수 있게 지도해주세요.

저녁식사 시간도 잠들기와 아침 기상에 영향을 끼칩니다. 늦은 시간에 저녁을 먹으면 일찍 자고 아침에 상쾌하게 눈을 뜨기 힘듭니다. 엄마 아빠가 즐겨 먹는 야식을 아이에게 먹여서도 안 되지요. 만약 아이가 밤늦게 군것질을 하고 싶어 한다면 부모의 야식 시간은 아이의 취침 이후로 미뤄주세요. 밤새 충분히 숙면을 취한 아이는 공복 상태로 아침을 맞이하고 배에서 꼬르륵 소리가 나야 아침을 맛나게 먹을 수 있지요.

유치원 입학을 계기로

혼자 자는 습관은 아이의 발달 과정을 세심하게 살피면서 들이는 것이 좋아요. 일반적으로 쉽게 잠들 수 있는 평온한 환경에서 자랐다면 혼자 자는 습관도 자연스럽게 익힙니다. 하지만 "이제 다 컸으니까", "동생이 생겼으니까 형아가 모범을 보여야지"라는 이유로 혼자 잘 것을 강요하는 일은 반드시 피해야 합니다. 열 살 전까지는 부모와 아이가 함께 자도 전혀 문제가 없다는 전문가의 연구 결과도 있으니 너무 초조해하지 말고 느긋한 마음으로 아이를 지켜봐주세요. 같은 형제라도 아이마다 기질과 발달 정도가 다르다는 사실을 잊지 말고, '지금 내 곁에 있는 이 아이'가 무엇을 원하는지를 충분히 이해한 다음에 혼자 재우는 시기를 가늠합니다.

유아의 발달 기준에 관한 연구에 따르면 부모와 같이 자는 일이 뚜렷이 줄어드는 연령은 유치원 입학 시기인 만 4세부터 1년간, 초등학교 입학 시기인 만 6세부터 1년 6개월의 기간이라고 합니다.

가장 효과적인 방법은 유치원 입학을 계기로 혼자 힘으로 자고 일어나는 습관을 훈련하는 것입니다. '유치원에 빨리 가고 싶다'는 아이의 마음이 '일찍 자고 아침에 빨리 일어나야지' 하는 동기가 될 테니까요. 다만 하루아침에 일찍 자고 일찍 일어날 수는 없어요. 유치원에 입학하기 훨씬 전부터 생활리듬의 균형을 잡아주는 일이 무엇보다 중요합니다.

아이가 잠들기 전까지 곁에 있어주기

양육 방식에 따라 다르겠지만, 대체로 부모와 아이가 함께 자면 아이는 정서적으로 안정되어 편안하게 잠이 들지요. 이때 부모는 단순히 아이 옆에 누워만 있는 것이 아니라 곁에서 자장가를 불러주거나 그림책을 읽어주거나 하루를 떠올리며 아이와 대화를 나눈다면 아이와의 관계가 더욱 돈독해지고 자연스럽게 애착이 깊어져서 아이의 마음이 쑥쑥 자라게 됩니다.

혼자 자는 연습을 시작할 때는 아이가 잠들기 전까지 옆에 있어주는 것이 좋습니다. 엄마가 늘 같이 자다가 어느 날 갑자기 혼자 자라고 하면 아이는 불안해하기 쉽습니다. 따라서 아이를 오롯이 혼자 재우기 전에 아이 방에서 그림책을 읽어주거나 다른 일을 하면서 아이 곁에 머무릅니다. 아이는 같은 공간에 자신을 지켜봐주는 부모가 있다는 사실만으로도 안정감을 얻지요.

충분히 숙면하기

아이가 아침에 일어나기 힘들어한다면 잠이 부족하다는 증거입니다. 유아는 열 시간 정도 충분히 잠을 자야 합니다. 아침 7시에 일어나려면 전날 밤 9시에는 잠들어야 하지요. 이때 밤 9시에 이불을 덮고 잠을 청한다면 정작 잠에 빠지는 시간은 더 늦어지기 십상입니다. 따라서 실제 잠드는 시각을 고려해서 저녁 시간을 보내게끔 지도해주세요. 아울러 아이가 깊은 잠을 충분히 잘 수 있게 조용하면서도 평온한 환경을 만들어주는 배려도 잊지 마세요.

푹 자고 일찍 일어나기

태어난 지 얼마 되지 않은 아기는 수유 시간과 수유 전후의 짧은 시간을 제외하고는 대부분의 시간 동안 잠을 잡니다. 이는 24시간 주기의 생체리듬이 아직 덜 갖춰지고 뇌가 완전히 발달되지 않은 탓에 '렘(REM)수면'과 '논렘(non-REM)수면'이라는 수면 형태도 완벽하게 완성되지 않았기 때문이지요.

아이들에게 수면이란

신생아의 수면은 뇌 발달을 도와줍니다. 아이가 자라면서 뇌가 서서히 완성되고 수면 형태도 확립되어가지요. 궁극적으로 수면은 낮 동안 지친 뇌와 몸을 쉬게 하고 보호해 주는 역할을 합니다. 그래서 영유아기의 수면 습관은 매우 중요합니다.

밤에는 쌔근쌔근

수면은 '얕은 잠'의 렘수면과 '깊은 잠'의 논렘수면으로 나눌 수 있습니다. 렘수면일 때 뇌는 몸을 점검하며 깨어 있지만, 논렘수면일 때는 뇌도 휴식을 취하며 잠에 빠집니다. 뇌가 쉬는 대신 뇌하수체에서 성장호르몬이 분비되지요.
논렘수면과 렘수면은 서로 조합을 이루며 하룻밤에 주기를 여러 차례 되풀이합니다. 일단 잠에 빠지면 뇌가 쉬는 논렘수면이 나타나고, 시간이 지날수록 육체가 쉬는 렘수면으로 바뀝니다. 신생아에서 영유아가 되면 논렘수면이 늘어나서 숙면 시간이 길어집니다. 늘어나는 숙면 시간과 함께 성장호르몬이 듬뿍 분비됨으로써 발육이 촉진되지요. 물론 이는 밤 시간에 충분히 잠을 잤을 때 해당하는 말입니다. 야간의 취침 시간이 줄어들면 논렘수면과 렘수면의 안정된 주기가 흐트러지고, 충분히 잠을 자지 못해

수면 부족 상태에 빠질 우려가 있습니다.

열 시간 동안은 푹 자기

영유아기에 충분히 잠을 자게 하려면 하룻밤에 열 시간쯤은 푹 자야 합니다. 즉 아침 6~7시에 일어난다면 저녁 8~9시에는 잠을 자야 하는 셈이지요. 요즘 아이들은 부모와 밤늦게까지 말똥말똥 깨어 있다가 밤 12시가 넘어서야 잠자리에 드는 경우가 많은데, 이렇게 늦게 자면 당연히 아침에 늦게 일어날 수밖에 없지요.

이쯤 되면 "열 시간만 충분히 자면 아이가 늦게 일어나도 괜찮지 않나요?" 하며 반문하고 싶겠지만, 절대 그렇지 않습니다. 아이의 생활리듬이 늦게 자고 늦게 일어나는 '저녁형 인간'으로 고착되고 맙니다. 이렇게 올빼미형이 되면 아동기 이후의 생활에 심각한 문제를 초래합니다. 밤에 충분히 못 잔 잠을 낮잠으로 보충할 수도 없습니다. 수면의 질을 따졌을 때 낮잠과 밤잠은 전혀 다르기 때문이지요.

늦게 자고 늦게 일어나면 아이에게 다음과 같은 나쁜 영향을 끼친다고 합니다.

① 수면 부족으로 초조함과 피로감을 쉽게 느껴 활기차게 뛰어놀기가 힘들어요.
② 지나친 야식으로 아침을 거르게 되고 식사 시간이 불규칙해지면서 비만에 걸리기 쉬워요.
③ 밤늦게까지 눈부신 조명 아래에 있다 보면 멜라토닌(melatonin, 성적 성숙을 억제하는 호르몬)이 제때 분비되지 않아서 성조숙증에 빠질 우려가 있어요. 또 혈당 수치나 혈압이 올라가 소아성인병에 걸릴 수도 있어요.
④ 두뇌 발달에 나쁜 영향을 끼쳐요.

일찍 자고 일찍 일어나는 환경 만들기

영유아기의 생활은 부모의 생활패턴에 많은 영향을 받습니다. 예를 들면 아빠가 늦게 귀가하는 바람에 자정 무렵이 되어서야 아이와 함께 놀아주고 목욕시키는 가정이 있는데, 그러면 아이의 취침 시간도 자연스레 늦어집니다. 물론 아이와의 스킨십을 소중히 여기는 마음은 충분히 헤아리지만, 아이를 위한 가장 좋은 생활패턴은 아이의 생활에 어른이 맞추는 것입니다. 부모가 조금 일찍 일어나서, 혹은 조금 일찍 귀가해서 아이와 교감하는 시간을 가지세요.

잠자는 환경도 매우 중요합니다. TV나 게임기 소리가 들리거나 환한 불빛 아래라면 잠들기가 당연히 어렵겠지요. 방을 어둡게 하고 조용한 환경을 마련해주세요. 부모가 아이 곁에 누워서 나지막하게 말을 걸어주거나 그림책을 읽어주는 습관은 아이에게 여러모로 도움이 됩니다.

아침에 일찍 일어나고 밤에 일찍 자는 것을 동시에 실천하기는 쉽지 않아요. 이럴 때는 먼저 아침에 일찍 일어나기를 훈련합니다. 아침이 되면 방을 환하게 밝히고 아이가 정해진 시간에 일어나도록 도와주면 좋겠지요. 아침에 일찍 일어나면 자연스레 일찍 잠자리에 들게 됩니다.

영유아기의 생활은 아이의 일생을 좌우하는 기초 공사나 다름없습니다. 일찍 일어나고 일찍 자는 수면 리듬을 소중히 여기면서 아이의 발달을 도와주세요.

낮잠 자기

영유아들은 뇌와 신체 기능이 아직 완벽하게 발달하지 않았기 때문에 24시간 주기의 생활리듬에 맞춰 몸이 빠릿빠릿하게 움직이지 못합니다. 따라서 낮잠을 통해 휴식을 취하면서 몸 상태를 조절하지요. 성장과 함께 뇌와 신체 기능이 완성되면 서서히 24시간 주기의 생활리듬에 아이의 몸이 맞춰집니다.

낮잠 시간은 서서히 줄이기

만 3세까지는 거의 모든 아이들이 낮잠을 즐기지만, 만 3세가 지나면 낮잠을 자는 아이가 점점 줄어듭니다. 만 6세 이후에는 70% 이상의 아이들이 낮잠을 자지 않는다고 합니다. 평균적인 낮잠 시간은 만 3세까지 약 90분, 만 4세까지 약 60분, 만 5~6세는 약 30분입니다. 낮잠 시간이 너무 길어지면 밤잠에 영향을 끼치기 때문에 낮잠을 짧은 휴식으로 여기는 것이 바람직합니다. 아무리 늦어도 오후 3시 전에는 아이가 낮잠에서 깨어나게끔 도와주지 않으면 늦은 밤까지 말똥말똥 깨어 있는 원인이 될 수 있으니 유념해주세요. 만 4세 이후부터는 아이가 원하지 않으면 굳이 낮잠을 재우지 않아도 됩니다. 낮잠보다 밤에 숙면을 취할 수 있게 도와주는 것이 아이의 발육에는 더 이롭습니다.

낮잠 습관은 늦어도 초등학교 입학 전에는 없애야겠지요. 아이가 학교에 갔다 와서 오후 늦게 낮잠을 자기 시작하면 자연스레 취침 시간에 영향을 끼쳐서 늦게 자고 늦게 일어나는 악순환에 빠질 우려가 있답니다.

낮잠은 휴식, 밤잠은 성장

어른이라면 '낮잠을 충분히 잤으니까 밤새 일해야지!' 하는 생각이 통할지 모르지만,
영유아에게는 낮잠과 밤잠의 의미가 전혀 다릅니다. 낮잠은 휴식이고, 밤잠은 성장
을 위한 시간입니다. 밤 동안의 부족한 수면 시간을 낮잠으로 메우지 못한다는 뜻이지
요. 수면 부족을 낮잠으로 대충 때우려는 습관은 아이의 생활리듬을 깨뜨리고 건전한
성장을 해치는 주범이라는 사실, 잊지 마세요.

편안한 잠자리 준비하기

'잠자리 준비'란 잠을 자기 전에 습관적으로 하는 몇 가지의 행동들, 즉 편안한 잠자리를 위한 준비 절차를 말합니다. 잠자리 준비는 아이에게 '이제 자야 할 시간이구나!' 하는 마음을 갖게 해서 아무 걱정 없이 잠들도록 이끌지요. 요컨대 아이의 생체리듬이 자연스럽게 수면 상태로 전환될 수 있게끔 도와주는 활동이 바로 잠자리 준비인 셈이지요.

정해진 순서대로 차근차근

일단 잠들면 누가 업어 가도 모른다는 말이 있듯이 수면 활동은 거의 무방비 상태의, 어떤 의미에서는 위험한 행동이기도 합니다. 그렇기에 어른도 주변의 안전을 확인하고 안심이 되지 않으면 쉽사리 잠들지 못합니다. 무엇보다 숙면을 위해서는 잠자기 전에 '이제 편안하게 꿈나라로 갈 수 있겠구나' 하는 자신만의 확신이 중요합니다.

아이 스스로 안심할 수 있는 확신을 가지려면 어떻게 해야 할까요? 잠자리 준비 절차를 정해진 순서에 따라 차근차근 실천에 옮김으로써 마음놓고 잠들 수 있습니다. 실제 잠자리 준비 활동을 통해 아이가 밤새 편안하게 숙면을 취하게 되었다는 연구 결과도 있습니다.

의식적이냐 무의식적이냐의 문제는 접어두고, 우리가 잠자리에 들기 전에 하는 행동은 거의 정해져 있습니다. 물론 구체적인 방법과 절차는 사람마다 다르겠지만 잠자리 준비 활동의 본보기를 소개하면 다음과 같습니다.

① 이 닦기
② 화장실 가기
③ 잠옷으로 갈아입기

④ 음악 듣기

⑤ 그림책 읽어주기

⑥ 마사지 해주기

⑦ 부모와 아이가 여유로운 시간을 함께 보내기

⑧ '잘 자' 투어 : TV, 냉장고, 세탁기, 전자레인지 등 가전제품에 '잘 자'라고 두루두
   루 인사하기

잠옷으로 갈아입기

매일 잠자기 전에 잠옷으로 갈아입다 보면 잠옷을 보기만 해도 '이제 잘 시간이구나!'
하는 생각이 들면서 아이의 마음은 달콤한 꿈나라로 향합니다. 침대 위에서 그림책을
읽다가 스르르 잠이 드는 습관과 마찬가지로, 잠옷으로 갈아입으면 자야 한다는 일상
의 패턴을 몸에 익히는 것이죠. 그러니 아이의 낮잠 시간이 줄어들고 밤잠 시간이 점
점 늘어난다면 잠자기 전에 잠옷으로 갈아입는 습관을 확실하게 들이세요.

첫돌 즈음에는 많은 아이들이 잠옷으로 갈아입고 잡니다. 물론 이 시기에는 엄마가 직
접 잠옷으로 갈아입혀주지만, 그래도 잠옷 입기가 '잠자리에 들기 전에 꼭 해야 할 일'
로 아이의 머릿속에 새겨집니다.

영유아기에는 낮에는 신나게 뛰어놀면서 활기차게 보내고, 밤에는 차분하게 휴식을 취
하는 낮과 밤의 생활을 또렷이 구별하게 됩니다. 따라서 잠옷으로 갈아입는 시간은 잠자
기 바로 직전이 좋아요. 잠옷 바람으로 뛰어다니거나 저녁식사를 한다면 낮과 밤을 구별
하는 의식은 그 의미를 상실할 테니까요.

같은 맥락에서, 아침에 일어나자마자 바로 옷을 갈아입고 하루를 산뜻하게 시작했으면
합니다. 아무리 집 안에서 있어도 낮에 잠옷을 입고 생활하면 밤과 낮의 생활리듬이 구
분되지 않은 채 하루를 보내게 됩니다.

만 4세부터는 혼자 힘으로 옷 갈아입기

만 4세 무렵부터는 아이가 혼자 옷을 갈아입을 수 있습니다. 빠른 아이는 두 돌이 지나면 스스로 잠옷을 입기 시작합니다. 따라서 늦어도 만 4세가 되면 혼자 잠옷으로 갈아입을 수 있게 지도해주세요. 처음에는 입고 벗기에 무난한 잠옷이 아이에게 편하겠지요.

이미 꾸벅꾸벅 졸 만큼 졸음이 쏟아지는 상황이라면 아이가 잠옷으로 갈아입는 일을 귀찮게 여길지도 모릅니다. 잠옷 갈아입기를 처음 연습할 때는 졸음이 오기 전에 옷을 갈아입을 수 있게끔 시간을 가늠해주세요.

취침 전후에 인사하기

밤에 잠자는 시간이 점차 길어지고 안정이 되면 잠옷으로 갈아입고 잠을 잡니다. 이때부터 부모가 취침 인사와 기상 인사를 해주면 아이는 "안녕히 주무세요!", "안녕히 주무셨어요?"라는 인사말을 조금씩 익힙니다.

예쁘게 인사하는 시기

아직 말을 하지 못하는 영아라면 고개를 아래로 '까딱' 내리는 시늉으로 인사를 표현하고, 말을 처음 배우는 시기라면 "안뇽히" 식으로 단어의 일부분만 흉내 내기도 합니다. 이후 말을 할 줄 알고 단어를 기억하게 되면 "안녕히 주무세요!", "안녕히 주무셨어요?" 하며 큰 소리로 인사할 수 있지요.

언어를 배우고 익히는 과정(언어 발달)은 개인차가 크지만, 유아를 대상으로 한 기본 생활습관의 발달 기준에 따르면 '안녕히 주무세요!', '안녕히 주무셨어요?'라며 인사하는 비율은 만 1~3세에 걸쳐 가파르게 증가한다고 합니다. 생후 24~30개월은 약 80%, 생후 30~36개월은 약 98%에 달하고, 만 3세가 지나면 거의 모든 아이들이 인사말을 구사할 수 있습니다. 특히 생후 18개월 즈음에는 아이가 처음으로 언어를 깨치는 시기이자 의미 있는 단어를 내뱉는 시기로, 부모가 관심을 갖고 인사말을 가르쳐주면 언어 발달에 도움을 줄 수 있지요.

인사를 나누는 분위기 만들기

아이에게 인사를 가르쳐주는 것보다 부모가 더 유념해야 할 일이 있습니다. 생활하면서 아이는 엄마 아빠를 본보기 삼아 두루두루 보고, 듣고, 느낀다는 사실입니다. 착한 일과 나쁜 일을 스스로 판단하기 어려운 아이들은 부모를 그대로 흉내 내며 성장합니다. 요컨대 주위 어른이 인사를 하면 자연스레 아이도 어른을 따라 예쁘게 인사합니다. "이제 다 컸으니까 예쁘게 인사해야지!" 하며 아이를 다그치는 훈육보다 부모가 먼저 인사를 즐겁게 나누는 어른이 되는 것, 가족 모두가 인사를 기쁘게 나누는 분위기를 만드는 일이 아이의 인성교육에 가장 중요하다는 사실, 잊지 않았으면 합니다.

대소변 가리기

아이가 빨리 기저귀를 떼면 좋겠지만 대소변 가리기 훈련을 시작하는 첫 단계부터 당장 기저귀를 뗄 수 있는 아이는 없어요. 기저귀를 차고 있는 동안 가르쳐야 할 내용도 있으므로 차근차근 단계를 밟아가며 이끌어주세요. 무엇보다 대소변 가리기에 대한 아이의 부담을 줄여나가는 것이 중요합니다.

조급해하지 않기

오줌은 콩팥에서 만들어져 방광에 저장됩니다. 어른은 소변을 참을 수 있지만, 갓난아기는 뇌가 완벽하게 발달하지 못한 탓에 오줌이 마려운 느낌을 알지 못하고, 방광이 작아 저장 능력이 부족하기 때문에 오줌이 조금이라도 모이면 몸 밖으로 배출해버립니다. 신체가 발달하면서 방광에 오줌을 저장할 수 있게 되고, 오줌이 모였다는 사실이 뇌에 전달되면 비로소 오줌이 마려운 느낌을 느끼게 됩니다. 이른바 '요의'를 방광에 전달함으로써 의식적으로 소변을 참거나 혹은 소변을 보게 되는 것이지요.

만 1세부터 만 2세에 걸쳐 오줌이 방광에 모였다는 감각을 알게 되고 오줌이 밖으로 나왔다는 느낌도 알게 되지만, 아직 자신의 의지로 배뇨를 조절하기는 힘듭니다. 만 2~3세 정도가 되어야 비로소 조절 능력을 조금씩 갖출 수 있습니다. 더 이상 기저귀를 차지 않고 혼자 힘으로 대소변을 해결하려면 무엇보다 아이의 몸이 충분히 발달해야 합니다. 배뇨, 배변 조절 능력이 발달하지 않으면 화장실에 갈 때까지 소변이나 대변을 참지 못할 테니까요.

뒤집어 말하면, 몸이 준비되면 대소변은 자연스레 가립니다. 아이들마다 발달 정도가 크게 다르기 때문에 배변 훈련에서도 조급해하지 않는 부모의 마음가짐이 절실히 필요합니다.

아이의 신체 기능 살피기

대소변을 가리려면 우선 '걷기'와 '말하기'가 가능해야 하고, 오줌 누는 간격이 어느 정도 일정해야 합니다. 적어도 2~3시간에 한 번 꼴로 오줌을 눌 수 있을 때 훈련을 시작해야겠지요. 만약 아이가 30분마다 쉬를 한다면 대소변 가리기 연습을 시켜도 실패의 경험이 늘어나고 화장실을 자주 들락날락해야 하기 때문에 아이도 우왕좌왕하고 엄마도 허둥대기 마련입니다.

쉬와 응가하는 장소 알려주기

어린이집이나 놀이방 등에서는 친구들이 오줌 누는 모습을 접할 기회가 있기 때문에 화장실의 용도를 자연스레 익히지만, 가정에서는 아무래도 볼일 보는 광경을 직접 접할 기회가 적습니다. 따라서 아이와 함께 화장실에 들어가서 아빠나 엄마가 볼일 보는 모습을 보여주거나, 화장실로 들어가기 전에 "엄마, 화장실에 가서 '쉬' 하고 올게!"라고 말을 건네는 식으로, 온 가족이 화장실에서 일을 본다는 사실을 가르쳐줘야 합니다.

변기에 앉는 연습하기

기저귀를 갈아줄 때나 아침에 일어났을 때 유아변기에 앉아보게 하거나, 두 시간에 한 번 꼴로 쉬를 한다면 시간을 가늠해서 화장실로 안내합니다. 만약 화장실에서 성공했다면 "어머나, 쉬가 나왔네. 참 잘했어요!" 하며 듬뿍 칭찬해주고, 소변이 나오지 않았더라도 "예쁘게 변기에 앉았구나, 조금 있다가 다시 놀러오자!" 하며 웃는 얼굴로 격려해주세요.

대소변의 신호 감지하기

대개 아이들은 쉬나 응가가 마려우면 특정한 몸짓으로 표시를 합니다. 기저귀를 만지거나, 우물쭈물하거나, 몸을 웅크리거나, 몸을 부르르 떠는 등 아이에 따라 동작이 다양하기 때문에 그 신호를 세심하게 관찰해 적절히 대처해야겠지요.

팬티로 갈아입기

화장실에서 소변을 보는 횟수가 늘어나면 기저귀를 벗기고 팬티를 입혀봅니다. 날씨가 따뜻해지면 오줌 누는 간격이 벌어지고, 특히 한여름이 되면 몸에서 수분이 땀으로 증발하기 때문에 소변의 양도 줄어듭니다. 무더운 날에는 옷을 얇게 입으니까 그만큼 팬티를 올리고 내리는 훈련도 하기 쉽지요. 옷 갈아입히기도 세탁도 수월해지기 때문에 여름에는 여러모로 기저귀를 떼기 좋은 계절입니다.

면 팬티에 쉬를 하면 축축한 느낌을 아이가 바로 알아차립니다. 따라서 화장실 훈련 초기에는 아이에게 맡겨두지 말고 시간을 가늠해서 아이를 화장실로 안내해줘야 합니다. 물론 실수할 때도 많겠지요. 팬티에 오줌을 지리면 아이도 당황하니 "다음에는 '쉬' 하고 말해줘" 하며 대수롭지 않게 넘겨주세요. 또 실수했을 때는 "어머, 안타까워라!" 하며 유감스러운 마음을 공감해주세요.

대소변 가리기 연습은 성공과 실패의 연속이기 때문에 머리로 이해하더라도 실수가 늘어나면 엄마도 아이도 초조해지기 쉽습니다. 만약 아이가 화장실 훈련을 힘들어하면 억지로 강요하지 말고 배변 훈련 팬티와 기저귀를 병행합니다. 낮에 놀 때는 팬티로 갈아입고, 밤에 잘 때는 기저귀를 차는 식으로 구분해주면 훨씬 편안하게 기저귀를 뗄 수 있어요.

하루에 한 번 배변하기

영유아기에는 밥과 반찬 중심의 식사를 하기 때문에 배변 활동도 활발합니다. 배변 횟수나 시간대는 개인차가 있지만, 섭취한 음식물을 소화시켜서 변으로 내보내는 시간은 대체로 일정합니다. 따라서 아침에 일찍 일어나서 아침밥을 든든하게 챙겨 먹으면 자연스럽게 아침의 배변 리듬이 갖춰지고 '하루에 한 번 배변 습관'도 쉽게 자리 잡을 수 있습니다.

배변 리듬을 갖추려면

밤새 허기진 배 속으로 음식물이 들어오면 우리 몸은 자극을 받게 되고, 이 자극이 뇌로 전해져서 변의를 느끼게 한다는 점에서 아침에 배변하는 습관을 들이는 일은 신체 리듬과도 부합한다고 할 수 있지요.

그런데 영유아기는 배변 훈련에 중요한 시기임에도 불구하고 아이보다 어른 중심의 생활을 고집하는 부모가 적지 않습니다. 늦게 자고 늦게 일어나는 올빼미형 생활이나 불규칙한 식사 시간은 아침의 배변 리듬을 깨뜨리고 맙니다. 배변 시간이 일정하지 않으면 유치원 등의 단체생활에서 놀이 도중이나 점심식사 후에 팬티에 실수하는 일도 생깁니다. 또 집 밖의 화장실에서 볼일 보기를 꺼려하다가 변비에 걸리는 아이도 많습니다. 그러니 유치원에 등원하기 한 시간 전에는 일어나서 아침을 챙겨 먹고 여유 있게 변기에 앉도록 이끌어주세요.

변비를 예방하려면

배변 횟수는 아이마다 다르기 때문에 3~4일 동안 변을 보지 않았다고 해서 크게 신경을 곤두세울 필요는 없습니다. 변이 나오는 신호로 "엄마, 나 배 아파!" 하며 배를 움켜쥐는 아이도 있는데 화장실에 가게 하면 볼일을 보고 언제 그랬냐는 듯이 개운한 표정으로 나오기도 합니다.

배변 횟수와 상관없이 아이가 변을 볼 때 많이 힘들어하거나 변비의 조짐이 보인다면 아이의 배를 손바닥으로 살살 문지르면서 나선 모양으로 마사지해주면 변을 좀 더 수월하게 볼 수 있습니다. 또 물을 충분히 먹게 하고 해조류, 콩, 고구마 등 식이섬유가 많이 들어 있는 식품을 자주 챙겨주세요. 몸을 실컷 움직이면서 뛰어놀게 하면 장 운동도 활발해집니다.

하루하루 배변 리듬을 유지하기 위해서는 수면, 식사, 운동이 적절하게 반복되도록 생활리듬을 잡아주는 일이 가장 중요하지요.

혼자 화장실 가기

기저귀를 떼고 대소변을 가리게 됐다면 이제는 혼자서 화장실을 이용할 수 있도록 도와야겠지요? 아이 혼자 화장실에 갈 수 있더라도 온전히 자립하기까지는 어른의 배려와 주의가 필요합니다. 아이에게만 맡겨두지 말고 아이의 상태를 살피며 여러모로 도와줘야 합니다. 어린이집이나 유치원 생활과도 관련이 깊은 만큼 신경을 써주세요.

기분 좋은 화장실 환경 만들기

아이가 화장실을 이용하게 하려면 우선 청결하고 기분 좋게 찾을 수 있는 공간으로 만들어주어야 합니다. 적당한 조명 밝기, 깨끗한 변기, 악취 제거, 앙증맞은 소품 등으로 청결하고 즐거운 분위기를 마련하고 아이의 몸에 맞게 화장실 환경을 정비해야겠지요.

팬티와 바지를 쉽게 벗고 입을 수 있도록 작은 의자나 받침대를 준비해 "여기에 앉아서 옷을 벗고 입으렴" 하며 구체적인 방법도 친절하게 가르쳐줍니다. 유아용 변기가 아닌 일반 변기의 경우 앉는 위치가 높기 때문에 디디고 올라가는 받침대를 옆에 두거나, 유아용 변기 커버를 준비해서 변기에 빠지지 않게끔 안전에도 신경을 씁니다.

두루마리 휴지는 짧게 잘라서 한 장씩 사용할 수 있도록 아이의 손이 닿는 위치에 둡니다. 작은 바구니를 준비해서 몇 장씩 모아두면 좋겠지요. 화장실을 이용한 다음에는 손을 깨끗하게 씻게 하고, 세면대 이용도 아이가 사용하기 쉽게 도와줍니다. 처음에는 옆에 서서 손 씻는 방법을 자세히 설명해줘야 합니다.

즐겁고 친절한 화장실 환경 덕분에 아이가 혼자 화장실에 갈 수 있게 되면 '나도 이제 혼자서 할 수 있어요!' 하는 자신감까지 훌쩍 자란답니다.

작은 부분까지 챙겨주기

아이들은 뭔가에 집중하면 화장실 가는 일도 깜빡 잊기 때문에 시간을 가늠해서 아이에게 "쉬~" 하며 말을 걸어주세요. 혹시라도 화장실에 갇히는 일이 없도록 문을 열고 닫는 방법을 정확하게 가르쳐주고, 화장실에 가기 전에는 "엄마, 나 화장실!" 하며 큰 소리로 얘기해달라고 부탁하세요. 휴지를 너무 많이 뽑아 쓰면 화장실이 막힐 수도 있으니 한 번 쓰기에 적당한 분량을 미리 가르쳐주고요.

처음 배변 훈련을 시킬 때는 볼일을 본 다음에 뒤처리 방법을 엄마가 자세히 설명해주고 아이에게 하나씩 연습시킵니다. 이때 깨끗하게 닦았는지를 확인해주세요. 남자아이라면 소변이 욕실 바닥에 튀지 않도록 가르쳐줍니다. 어른이 먼저 화장실을 깨끗하게 사용하는 모습을 보여주면서 화장실 매너도 함께 전해주세요.

용변 후 뒤처리하기

기저귀를 차지 않더라도 만 3세 정도까지는 어른이 뒤처리를 도와줘야 합니다. 깔끔하게 처리할 수 있을 때까지는 아이 곁에서 지켜보며 방법을 알려주세요.

엉덩이 닦는 방법

아이가 화장실에서 대변을 볼 수 있게 되면 양손을 바닥에 대고 멍멍이 자세로 아이를 세운 다음 깨끗하게 엉덩이를 닦아줍니다.

먼저 화장실용 물티슈나 엉덩이가 덮일 정도의 크기로 잘라서 만든 뒤처리용 수건을 준비합니다. 뒤처리용 수건은 따스한 물에 적셔서 사용하면 더 좋겠지요. 남자아이는 고환이나 피부 사이에 대변이 묻지 않게끔 깨끗하게 닦아줍니다. 여자아이는 음부나 요도 입구에 대변이 묻지 않게 음부에서 항문 방향으로 닦아줍니다. 대변은 시간이 지나면 딱딱하게 굳고, 피부에 대변이 남아 있으면 기저귀 트러블의 원인이 되니 볼일을 보고 나서 바로 청결하게 닦아주세요.

혼자 힘으로 닦기

특히 여자아이에게는 닦는 방법을 세심하게 설명해야 합니다. 소변을 볼 때는 앞쪽(배쪽)으로 손을 넣어서 닦지만, 대변을 볼 때는 뒤쪽(엉덩이 쪽)으로 손을 넣어서 앞에서 뒤로 닦을 수 있게 구분해서 가르쳐줍니다. 팔이 짧은 어린아이는 쉬나 응가나 손이 제대로 닿지 않아서 혼자 힘으로 닦는 일이 무척 어렵습니다. 처음에는 그저 손이 엉덩이에 닿는 정도라도 "혼자서 정말 잘했구나!" 하고 칭찬해주세요. 아이가 무럭무럭 자라서 손이 엉덩이에 충분히 닿기 전까지는 뒤처리를 도와주세요. 남자아이의 경우 앉아서 볼일을 보고 엉덩이를 닦는 경험이 여자아이에 비해 적다 보니 아무래도 익숙해지는 데 시간이 걸립니다. 따라서 깨끗하게 뒤처리하는 방법을 거듭 친절하게 가르쳐줘야겠지요.

무슨 일이든 어른이 하나부터 열까지 챙겨주면 아이의 마음속에는 '누군가 해주겠지' 하는 의존심이 생겨서 자립심의 싹이 전혀 자라지 않습니다. '힘들지만 (조금이라도) 할 수 있을 것 같아!'라는 생각이 드는 때가 가장 의욕이 넘치는 시기이므로 좀 번거롭더라도 아이에게 차근차근 하나씩 방법을 알려주세요.

자꾸 소변을 지린다면

소변을 잘 가리던 아이가 어느 날 갑자기 옷에 실례할 때가 있습니다. 소변을 지리는 이유는 배뇨 기능이 아직 불완전해서 화장실에 가야 할 때를 맞추지 못했을 때, 옷을 혼자 힘으로 벗기 어려울 때, 갓난아기로의 퇴행 현상을 보일 때, 놀이에 집중하느라 요의를 깜박 잊었을 때 등을 꼽을 수 있습니다.

실수를 너그럽게 받아들이기

아이가 소변을 지려서 옷이 더러워지면 엄마는 무척 속이 상하겠지만 옷에 실수했다고 해서 아이를 혼내면 안 됩니다. "또 쌌어! 넌, 정말 안 되겠구나" 하며 아이의 자존심에 상처를 주는 말도 피해야겠지요. 아이가 옷에 실수한 일을 감추거나 숨기지 않게끔 부모가 너그러운 마음으로 아이를 받아주세요. 실수를 야단치지 않고 성공을 칭찬해주는 배려가 배뇨의 자립으로 이어집니다.

신나게 노느라 소변을 지렸을 때

아이들은 쉬 하고 싶은 마음을 깜박 잊을 만큼 신나게 놀다가 막상 화장실에 가서 바지를 내리는 순간 찔끔 지리기도 하고, 쉬가 마려워도 놀이를 하느라 꾹 참고 있다가 그만 옷에 지리는 일도 있습니다. 어떤 경우라도 놀고 있는 아이를 세심하게 살펴보면 엉덩이를 흔들거나 몸을 움찔하는 등 아주 사소한 변화를 감지할 수 있습니다.

이런 신호를 포착했다면 곧바로 큰 소리로 "○○야, 화장실!" 하고 아이에게 말을 건네세요. 혹시 옷에 실수를 했더라도 "신나게 뛰어노느라 깜빡했구나. 다음에는 쉬가 나오기 전에 화장실로 달려가는 거야!" 하며 아이가 불안해하지 않게 격려해주세요. 젖은 팬티는 바로 갈아입혀서 뽀송뽀송하게 마른 팬티의 쾌적함을 아이가 느낄 수 있게 해줍니다. 그림책을 이용해서 신체 구조에 관심이나 흥미를 갖게 하고, 소변을 참으면 몸에 해롭다는 사실과 화장실에서 쉬를 하는 상쾌함을 아이에게 가르쳐주는 일도 중요합니다.

실수가 잦은 아이라면 아이가 혼자 힘으로 갈아입을 수 있는 옷을 골라주되, 친구들에게 들켜서 창피당하는 일이 없도록 젖어도 티가 나지 않는 무난한 색상의 바지를 입혀주는 게 좋아요.

밤마다 이불에 실례한다면

잠을 자는 동안 무의식적으로 오줌을 지리는 일을 '야뇨'라고 합니다. 유아는 방광이 작고, 잠자는 동안 소변의 양을 억제하는 호르몬의 분비가 불안정하기 때문에 생기는 일이죠. 아이가 일부러 하는 행동이 아닌 만큼 아이를 이해하고 지혜롭게 대처하시길 바랍니다.

야뇨는 생리 현상

오줌이 마려우면 눈을 뜨고 화장실에 가는 것은 만 5세는 넘어야 가능한 일이기 때문에 초등학교 입학 전까지는 야뇨를 생리 현상으로 당연하게 받아들일 필요가 있습니다. 물론 초등학생이 되어서도 야뇨 현상이 길게 이어진다면 의사의 진찰을 받고 야뇨증을 치료해야 하는 경우도 있으니 유념해주세요.

동생의 탄생, 유치원이나 초등학교 입학, 이사 등 생활이나 정서의 변화로 인해 자율신경의 균형이 깨지면 야뇨 현상이 나타나기도 합니다.

야뇨 현상을 줄이려면

야뇨 현상은 중학생이 되기 전에 거의 사라지기 때문에 밤에 자는 아이를 억지로 깨워서 화장실에 데려가거나 실수했을 때 심하게 혼내지 않았으면 합니다. 부모의 이런 행동은 아이에게 죄책감을 느끼게 해서 오히려 야뇨증을 강화시킬 수 있습니다.

잠자기 직전에 음식을 먹거나 음료를 마시면 야뇨가 나타나기 쉬우니 취침 전에는 물이나 녹차, 주스 등 수분을 너무 많이 섭취하지 않게끔 신경 쓰고, 나트륨이 과다한 식사도 피해야 합니다. 또 몸이 차면 야뇨가 심해지니 잠자리에 들기 전에 목욕을 해서 몸을 따뜻하게 데워줍니다. 겨울에는 미리 포근한 잠자리를 준비해야겠지요.

야뇨증이 있을 때는 대비용 시트를 깔아주거나 수면용 기저귀나 팬티를 사용하면 실수를 두려워하지 않고 아이가 숙면을 취할 수 있습니다. 결과적으로 뒤처리도 편해져서 엄마와 아이 모두 부담이 줄어들지요.

유치원이나 어린이집에 다니다 보면 캠프나 수련회에 참가하게 되는데, 야뇨가 심한 아이는 아무래도 캠프 참석을 꺼리게 됩니다. 이럴 때는 가정과 유치원이 서로 긴밀하게 협조해서 아이의 불안을 덜어주어야 합니다.

옷 입기

옷을 입는 행위는 아이가 세상에 태어나자마자 시작되며, 부모가 가장 세심하게 돌보는 일과의 하나입니다. 목욕 후에 깨끗한 옷을 입히고, 배뇨나 배변으로 옷이 더러워졌을 때도 갈아입혀주는 보살핌이 쌓이면서 아이는 자연스럽게 옷 입기를 기억하고 옷 입는 습관을 몸에 익힙니다.

호기심은 자립심의 출발점

혼자 힘으로 무엇인가를 해낸다는 것은 아이에게 커다란 기쁨을 선사합니다. 어제까지 엄마 아빠에게 전적으로 의지하던 행동이라도 '내가 직접 해보고 싶어' 하는 호기심을 느끼는 시점부터 아이의 자립심에는 가속도가 붙기 시작합니다. 그러니 아이가 흥미를 보이는 시기를 무심코 넘기지 않는 것이 가장 중요합니다.

아이가 스스로 옷을 입고자 하는 의욕을 보이기 시작하면 부모는 아이의 의욕을 무시하거나 무심코 넘겨서는 안 됩니다. 바쁘다는 이유로, 혹은 번잡하다는 이유로 매번 아이의 옷을 하나부터 열까지 입혀주다 보면 모처럼 싹튼 아이의 자립심이 사그라지지요. 한번 쪼그라든 의욕을 다시 살리려면 시간이 많이 걸립니다.

어떤 습관이든 습득하기에 적절한 시기가 반드시 있습니다. 자립의 적기를 적절히 이용하면서 목표를 달성할 수 있을 때까지 끈기 있게 지켜봐주고 그 열매를 거듭 칭찬해주는 일이야말로 부모가 꼭 챙겨야 할 자립심의 포인트랍니다.

아이의 눈높이에서 돕기

습관을 들일 때 가장 중요한 것은 부모의 상황이나 형편에 맞추어 아이를 재촉하거나 아이에게 터무니없는 목표를 강요함으로써 모처럼 움튼 흥미의 싹을 어른의 눈높이로 싹둑 자르지 않게끔 각별히 조심하는 것입니다. 시간적 여유와 느긋한 마음으로 끈기 있게 지켜봐주고 아이의 마음을 최우선순위로 받아주면서 필요에 따라서는 도움을 줄 수 있는, 말하자면 부모와 아이의 팀워크가 절실히 필요합니다. 부모와 아이의 환상의 팀워크는 좋은 습관을 형성할 뿐만 아니라 아이의 성장을 촉진하는 역할을 합니다.

윗옷 입기

불쾌감을 울음으로 호소하는 신생아 때부터 유아기에 이르기까지 부모는 귀찮아하거나 짜증내지 말고 넉넉한 마음으로 아이를 대하는 일이 무엇보다 중요합니다. 엄마의 따스한 보살핌이 쌓여 훗날 아이의 소중한 습관으로 자리 잡기 때문이지요.
예를 들어 매일매일 아이의 손목 부분을 잡고 손이 소맷부리에 걸리지 않게끔 세심하게 주의를 기울이면서 옷을 입히는 일은 아이가 혼자 힘으로 옷 입는 습관을 갖게 합니다.
성장 과정을 거슬러 올라가면 처음에는 이유도 모른 채 엄마가 옷을 입혀주니까 입지만, 손 움직임이 점점 발달하면서부터는 소매 방향으로 엄마가 손을 이끌어주면 아이가 팔을 뻗쳐서 소매로 손을 집어넣고 통과시키는 동작을 혼자 힘으로 하게 됩니다. 옷 입기가 습관으로 자리매김한다는 사실을 알 수 있지요.

바지 입기

일상생활에서 아이들은 하루에 몇 번이나 바지를 입었다 벗었다 할까요? 아침에 일어나자마자 옷을 갈아입기 시작해서 샤워 후, 옷이 더러워졌을 때 등 대충 헤아려도 대여섯 번에서 많게는 열 번이나 반복하는 행동입니다. 요컨대 생활 속 모든 장면에 등장하는 바지 입기 행동은 적절한 시기에 적당한 방법으로 몸에 익혀야 하는 필수 동작 가운데 하나인 셈이지요.

단추와 지퍼 달린 옷은 유아기 이후로

아이들의 옷을 보면 다양한 디자인이 눈에 들어오지만, 영유아복을 고를 때는 발달 단계에 맞는 옷을 준비해야 합니다. 난생처음 옷 입기를 시도하는 아이에게 자잘한 단추가 촘촘하게 달려 있는 옷을 건네거나 지퍼가 달린 점퍼를 입게 하면 옷 입기에 대한 아이의 의욕이 순식간에 사라지는 것은 당연한 일이겠지요. 의복 습관과 관련해 아이의 자립을 지원할 수 있는 옷을 아이의 성장과 흥미에 맞춰 준비하는 배려가 필요합니다.

아이가 혼자 힘으로 옷 입기를 시도할 때는 ① 단추가 없는 티셔츠 ② 똑딱단추가 붙은 옷 ③ 지퍼가 있는 옷 ④ 단추가 달린 옷의 순서로 준비해주세요. 특히 지퍼 달린 점퍼나 단추 달린 옷은 입기가 복잡하고 손과 눈의 정교한 협응 작업이 필요해 어른의 도움을 받지 않고 입으려면 시간이 많이 걸린다는 사실을 충분히 고려해주세요.

천천히, 여유 있게 지켜보기

호기심과 관심을 가졌다고 해서 바로 척척 해낼 수 있는 사람은 이 세상에 없어요. 제 대로 하지 못해서 초조해하거나 의욕을 잃지 않게끔 아이가 혼자 해낸 일은 아주 사소한 것이라도 듬뿍 칭찬해주세요. 설령 성공하지 못했더라도 응원의 한마디를 전하거나 스킨십으로 격려해주면 다음 행동의 동기 부여로 이어집니다.

일일이 하나하나 가르쳐주는 일도 때로 필요하지만, 몸에 익히는 기술을 습득하는 것은 가만히 아이의 마음을 지원해줌으로써 자립의 속도를 높일 수 있어요. 여유를 갖고 차분히 지켜보는 부모의 태도는 훌륭한 가정훈육의 기틀이 됩니다.

양말과 신발 신기, 모자 쓰기

서양 문화의 영향으로 오늘날은 누구나 양말을 챙겨 신고, 신발로 두 발을 꽁꽁 싸맵니다. 아이의 안전을 위해 신발은 신어야 하지만 가끔은 아이의 건강을 위해 맨발로 흙을 밟게 해 발바닥 감각을 단련해주면 좋겠습니다. 아이의 입장에서 양말 신기와 신발 신기는 매우 복잡한 동작입니다. 의욕을 돋울 수 있게 엄마가 곁에서 조곤조곤 말을 걸어주며 끈기 있게 가르쳐주세요.

양말 신기

양말은 앉아서 신게 합니다. 발부리가 양말의 끝부분까지 들어가기 쉽게 양말 입구의 고무밴드 부분에서부터 양말을 조금씩 잡아당깁니다. 발가락 끝과 양말 끝이 닿았다면 촘촘하게 잡아당긴 양말을 발바닥까지 살살 올립니다. 그다음엔 양말의 뒤꿈치 부분이 좌우로 어그러지지 않게 조심하면서 양말을 빈틈없이 끌어올리며 발뒤꿈치를 넣습니다. 발뒤꿈치가 들어갔다면 양말이 뒤틀리지 않게 손으로 양말을 위로 끌어올리면서 발을 앞으로 쭉 뻗으면 양말 신기는 완성이 됩니다.

아이가 혼자 힘으로 양말을 신으려면 눈과 손, 발의 움직임이 서로 긴밀하게 협조해야 합니다. 그러니 아이가 양말 신기에 익숙해질 때까지 끈기 있게 가르쳐주세요.

신발 신기

신발을 신을 때는 신발 앞축까지 발가락을 깊숙이 넣고, 신발 뒤축을 잡아당기면서 발뒤꿈치를 내립니다. 신발 뒤축에 보조 링을 달면 신발 신기가 한결 수월하겠지요. 왼발과 오른발을 거꾸로 신지 않기 위해서 신발 모양과 발 모양이 딱 맞는지를 구별하는 방법도 알려주세요.

신발을 선택할 때는 아이 스스로 발에 맞는 신발을 신었을 때의 편안함을 맛볼 수 있게 끔 신발 가게에서 다양한 신발을 신어보게 하는 것도 좋습니다(신발 끈 묶기에 필요한 매듭법은 188~189쪽 참조).

외출할 때 모자 쓰기

외출할 때는 모자를 쓰는 습관을 들여주세요. 모자 쓰기는 집 안과 집 밖을 구분해주고 자외선이나 위험에서도 머리를 보호해줍니다. 아울러 실내에 들어가면 모자를 벗어야 한다고 모자 쓰기와 함께 가르쳐주세요.

손 씻기, 얼굴 씻기

어른에 비해 면역력이 약한 영유아의 건강관리를 위해 부모를 비롯한 주위의 어른들은 항상 세심한 주의를 기울여야 합니다. 아이가 질병에 노출되지 않으려면 무엇보다 잘 씻는 것이 중요합니다. 특히 외부와 직접적으로 접촉하는 손과 얼굴은 항상 청결해야 하지요.

깨끗이 손 씻기

아이가 각종 질병에 노출되지 않는 첫 번째 수칙은 손 씻기입니다. 영유아들은 온갖 물건을 손으로 만져보면서 감촉을 확인하고 호기심을 키우므로 아이에게 손 씻는 방법은 정확하게 가르쳐줘야 합니다.

손 씻기 동작을 순서대로 적어보면 다음과 같습니다.

① 수도꼭지 열기 → ② 손에 물 적시기 → ③ 비누칠하기 → ④ 손가락 사이사이 씻기 → ⑤ 손바닥에서 손등, 손목까지 씻기 → ⑥ 손 헹구기 → ⑦ 수도꼭지에 물 끼얹기 → ⑧ 손 닦기

바쁠 때는 위의 단계를 차근차근 밟아가며 손을 씻는 일이 번거롭게 느껴질 수 있어요. 하지만 건강을 지키기 위한 기본 수칙인 만큼 부모가 모범을 보이며 꼼꼼히 알려주세요. 어릴 때 자전거 타는 방법을 몸에 익혀두면 평생 기억하고 자전거를 탈 수 있듯이 어린 시절에 배우고 익힌 좋은 습관은 오래 기억되고 실천에 옮길 수 있습니다.

위에 소개한 손 씻기 방법은 수도꼭지를 틀어서 물이 나오는 사례인데, 센서가 부착된 수도꼭지의 경우 더러운 손으로 수도꼭지를 만지지 않으니까 굳이 수도꼭지에 물을

끼얹어서 뒷정리를 할 필요가 없지요. 수도꼭지를 깨끗이 하는 이유는 다음 이용자를 위한 배려임을 아이에게 꼭 가르쳐주세요.

손을 헹굴 때는 비누기가 남아 있지 않을 때까지 깨끗이 씻어냅니다. 다만 유아는 깨끗한 헹굼의 느낌을 제대로 알지 못하기 때문에 부모가 곁에서 지켜봐야겠지요.

손의 물기는 청결한 손수건이나 수건으로 닦는 것이 중요합니다. 손 씻기에서 마무리 작업까지 꼼꼼하게 신경을 쓰지 않으면 질병 예방에 도움을 주지 못합니다. 깔끔하게 세탁된 손수건과 수건을 마련해서 아이의 건강을 꼭 지켜주세요.

어푸어푸 얼굴 씻기

어른들은 매일 얼굴을 씻는 것을 당연하게 여기지만, 아이들은 세수를 하루의 일과로 생각하지 않습니다. 특별하게 얼굴을 씻지 않아도 아이들의 피부는 반짝반짝 빛이 나니까요. 그렇지만 좌르륵 윤기 넘치는 피부도 제대로 씻지 않으면 가렵거나 푸석해지고 피부 질환이 생기기 쉽습니다. 얼굴을 씻어야 하는 의미를 아직 모르는 아이이지만 세안 방법을 꼭 가르쳐주세요.

얼굴을 씻으려면 먼저 얼굴에 물을 끼얹어야 합니다. 이때 양손에 물을 가득 담아두지 않으면 얼굴에 끼얹을 수 없겠죠. 영유아가 이 일을 어려워하는 이유는 손가락이 가지런히 모아지지 않고 벌어지거나, 양손의 손바닥을 받침접시처럼 만드는 일이 익숙하지 않기 때문입니다. '손바닥 그릇'을 오목하게 만드는 연습은 욕실에서 하면 좋아요.

얼굴에 물을 끼얹는 연습을 할 때 처음에는 물을 무서워하지 않게끔 미지근한 물로 연습시킵니다. 미온수가 얼굴에 찰싹 닿게 뿌려주세요. 조심스럽게 물을 끼얹으면 물을 무서워하지 않지요. 조금 익숙해지면 아이가 혼자 힘으로 얼굴에 물을 끼얹을 수 있게 이끌어줍니다.

재미나게 '손바닥 그릇' 연습하기

'손바닥 그릇'을 만드는 걸 아이들은 힘들어해요. 그럴 땐 욕실에서 연습해주세요.

욕실 이외에도 연습할 수 있는 장소가 있습니다. 바로 놀이터나 바닷가예요. 모래 놀이를 할 때 손바닥에 물을 조심스럽게 담아 오는 일이 있는데, 이때 손바닥 그릇으로 물을 옮기는 친구나 사람들의 모습을 보는 순간 '나도 따라 해야지!' 하며 멋지게 흉내 낼 수 있습니다. 아이들의 모방 능력은 대단하거든요.

형제가 있는 아이는 모방의 대상이 항상 옆에 있기 때문에 의욕도 빨리 샘솟는 것 같습니다. 외동아이는 친구와의 놀이를 염두에 두거나 사촌과의 교류를 적극적으로 도모하면 좋지요. 얼굴에 손바닥으로 물을 끼얹을 수 있으면 혼자 힘으로 세수하는 출발선에 서게 됩니다.

겨울철에는 따뜻한 물로 씻게 하고, 청결을 유지하기 위해서도 수건은 매일 교체해주세요.

이 닦기

'하루에 세 번, 식후 3분 이내, 3분간 칫솔질하기'라는 3·3·3 운동이 예전부터 있어왔을 정도로 치아 건강은 예방이 중요합니다. 특히 영유아기 아이들의 충치를 예방하려면 만 3세까지 불소 도포를 하고, 간식은 하루에 한두 번으로 줄이는 등 부모의 세심한 관심과 주의가 필요하지요.

이 닦기를 습관으로

치아 건강은 신체의 건강을 유지하고 증진하는 데 큰 역할을 합니다. 무엇보다 충치를 예방해야 하는데, 뭐니 뭐니 해도 올바른 이 닦기 습관이 가장 중요하다는 상식을 항상 염두에 두어야 합니다.

젖니의 충치는 간니의 충치와 밀접한 관련이 있기 때문에 어릴 때부터 구강을 청결히 하고 규칙적인 식습관을 몸에 익히는 일이 평생의 치아 건강으로 이어집니다. 식사 시간에는 아이에게 식사 예절을 가르쳐주면서 음식을 꼭꼭 씹어 먹는 것도 충분히 지도해주세요. 고형물을 먹은 후에는 물이나 차 등의 수분을 섭취해서 치아 사이에 음식 찌꺼기가 끼지 않게 합니다. 식후에 입 안을 헹구거나 칫솔질하는 습관을 들임으로써 충치를 예방할 수 있습니다.

치아와 구강 건강을 지키는 일은 아이의 건강한 성장을 돕고 질병이나 감염을 예방하는 데도 크게 도움이 된다는 사실을 꼭 기억해주세요.

간식은 충치의 원인

당류가 많이 함유된 음식이나 음료수를 과다하게 섭취하면 충치가 생길 확률이 높다는 사실은 이미 다양한 역학조사와 연구를 통해 밝혀졌습니다. 영유아는 세 끼 식사만으로는 열량과 영양 보충이 부족하기 때문에 하루에 두 번 정도 간식을 챙겨줘야 합니다. 다만 하루 세 번 이상 간식을 먹거나 시도 때도 없이 군것질을 하는 것은 바람직하지 않습니다.

간식은 시간을 정해서 주고 달달한 과자나 음료수는 가급적 주지 마세요. 추천할 만한 간식으로는 고구마, 감자, 우유, 유제품, 달걀, 섬유질이 많은 과일과 채소입니다. 이온음료의 경우 탈수 예방 효과는 뛰어나지만 충치가 생기기 쉽기 때문에 매일 마시는 일상 음료로는 적합하지 않습니다. 또 어른이 음식물을 이로 잘게 부숴서 아이 입에 넣어주는 것은 충치의 원인이 되는 세균을 아이에게 옮길 수도 있으니 삼가야 합니다.

만 1세 이전의 치아 관리

생후 6개월 전후로 젖니가 나기 시작하며, 아래 앞니가 가장 먼저 나옵니다. 발달 단계상 이유식을 시작하는 시기와도 맞물리기 때문에 모유나 이유식 찌꺼기가 입 안에 남기도 하는데, 깨끗한 거즈나 면봉을 물에 적셔 치아와 잇몸 주위를 깨끗하게 닦아주면 좋겠지요. 아직 칫솔은 사용할 필요가 없답니다.

만 1세 무렵의 칫솔질

첫돌이 지나면 이유식 완성기에 접어듭니다. 음식을 혼자 힘으로 먹고 싶어 하고 식욕이 왕성해지는 시기죠. 숟가락을 잡은 손에 유아용 칫솔을 쥐어줘서 칫솔 감촉에 익숙해지게끔 도와주세요. 이때 칫솔이 위험한 도구로 돌변할 수도 있으니 반드시 옆에서 지켜봐야 합니다.

생후 18개월이 되면 칫솔질을 조금씩 시작합니다. 엄마 아빠가 이 닦는 모습을 보여주고 함께 칫솔질을 하면 이 닦기에 대한 거부감이 줄어듭니다. 아직 혼자 힘으로는 이를 깨끗하게 닦지 못하기 때문에 항상 마무리는 부모가 직접 해주세요.

이를 닦아줄 때는 무릎 위에 아이를 똑바로 눕힌 다음 꼼꼼하게 칫솔질을 합니다. 이때 칫솔을 쥐지 않은 손가락으로 윗입술 안쪽 정중앙선인 상순 소대를 보호해줍니다. 어금니를 닦아줄 때는 엄마의 집게손가락으로 뺨 안쪽을 빵빵하게 부풀려서 칫솔이 들어가기 쉽게 해주세요. 이를 닦을 때 너무 박박 문지르면 잇몸에 상처가 날 수 있으니 조심해야 합니다.

만 2세 이후의 칫솔질

젖니가 완성되는 만 2세 즈음부터는 칫솔질 순서를 정해서 혼자 힘으로 닦는 습관을 들입니다. 하지만 초등학교에 들어가기 전까지는 부모가 꼼꼼하게 칫솔질을 마무리해 줘야 합니다. 아이 키가 충분히 자랐다면 일어선 자세에서 마무리를 도와주세요. 입 안에 물을 머금었다가 뱉어내는 가글하기가 가능해지면 불소가 들어간 치약을 사용해도 좋겠지요.

입 안 헹구기

아이들은 입 안을 물로 헹구는, 일명 '가글하기'를 매우 어려워합니다. 그도 그럴 것이 입 안 가득히 물을 머금고 '가글가글' 소리를 낸 다음에 뱉어내야 하는 아주 복잡한 작업이니까요. 특히 뱉어내는 일이 쉽지 않습니다.

입 안을 헹구는 방법을 아이에게 재미나게 가르쳐주려면 어떻게 해야 할까요? 대체로 아이들은 동어 반복을 좋아하기 때문에 방법을 설명할 때도 '가글가글 푸' 하면서 엄마 아빠가 먼저 모범을 보입니다.

아이가 가글하기에 관심을 보인다면 '도전하기' 단계로 나아갑니다. 먼저 컵에 적당량의 물을 준비한 다음 그 물을 입에 넣고 턱을 약간 올리라고 말해주세요. 이때 대부분의 아이들은 꿀꺽 하고 물을 삼켜버립니다. 목구멍에 물이 가득 차 있는 상황 자체가 아이들에게는 무척 낯선 경험이기 때문이지요. 게다가 지금까지는 "입 안에 음식을 잔뜩 담아두고 있으면 어떻게 해? 꼭꼭 씹어서 꿀꺽 삼켜야지!" 하며 엄마가 소리쳤는데, 이번에는 "물을 꿀꺽 삼키면 절대 안 돼!" 하고 말하니까 아이가 헷갈려 하는 것도 당연하지요.

주위 어른이 본보기를 보이며 반복해서 가르쳐주면 아이가 따라 하면서 조금씩 입 안 헹구기에 익숙해지는데 만 2세에 충분히 할 수 있는 아이가 있는가 하면, 만 4세가 되어도 제대로 못 하는 아이도 있습니다. 그래도 다른 아이와 절대로 비교해서는 안 됩니다. 초조해하지 말고 느긋한 마음으로 아이를 기다려주세요.

가글 방법을 익히는 과정에서 물을 흘리는 바람에 옷이 다 젖을지도 모릅니다. 하지만 성취감을 맛보게 한다는 측면에서 화내기보다는 노력을 칭찬해주세요.

아이의 편의를 고려해 가글 연습 장소 정하기

아이에게 생활습관을 가르칠 때 연습 장소도 고민하게 되지요. 특히 물을 이용해야 한다면 뒤처리가 여간 걱정되는 일이 아닙니다. 하지만 목욕할 때 놀이 삼아 세면대에서 가글하기를 연습한다면 훨씬 재미나게, 훨씬 깔끔하게 배울 수 있지요. 옷을 벗고 목욕을 하니까 옷이 젖을 염려도 없습니다. 엄마와 함께 '개구리 합창 놀이'를 해보면 아이도 신나게 따라 할 것입니다.

다만 일반 가정에서 흔히 볼 수 있는 욕실 세면대의 경우 아이에게는 위치가 너무 높을지도 모릅니다. 따라서 아이의 키를 고려해서 세면대 가까이에 받침대나 의자 등을 미리 준비해주세요. 외출 후에는 반드시 '가글가글 푸' 하며 입 안을 헹굴 수 있게 습관을 들여주면 질병 예방에도 큰 도움이 됩니다.

목욕하기

목욕 시간은 몸과 마음이 모두 편안해질 수 있는 휴식 시간입니다. 하지만 바쁜 현대인은 느긋함과는 동떨어진 방식으로 목욕을 후다닥 해치우는 것 같습니다. 특히 욕조를 사용하지 않고 간단한 샤워로 대신하는 가정도 많습니다. 욕조에 몸을 담그고 아이와 함께 대화를 나누거나 노래를 부르면서 한가로운 시간을 보내는 일, 몸을 깨끗하게 씻으면서 하루의 노곤함을 털어내는 일은 의미 있는 하루 일과가 아닐까요?

몸 닦기

아이들은 신진대사가 활발합니다. 신생아의 경우 무더운 여름철엔 하루에 한 번 목욕해서는 살이 접히는 부위에 땀띠가 생길 수 있으니, 갓난아기일수록 뽀송뽀송하게 목욕시키는 일은 아이의 건강을 위해서도 아주 중요합니다.

더 이상 신생아가 아니라도 첫돌 즈음까지는 엄마가 꼼꼼히 목욕을 시켜주어야 합니다. 한쪽 무릎을 세워 아이를 비스듬하게 앉힌 다음 엄마 몸에 아이를 바짝 밀착시켜서 아이가 편안한 자세를 유지할 수 있게 도와줍니다. 안정된 목욕 자세가 잡혔다면 한 손으로 아이의 목덜미를 받치고 손가락으로 아이의 귀를 지긋이 누르면서 얼굴과 몸을 씻깁니다. 목욕할 때는 아이가 긴장을 풀고 휴식 모드로 바뀌기 때문에 부모도 느긋한 마음으로 말을 걸면서 서로 행복한 목욕 시간을 보내면 좋지요.

만 2~3세가 되면 부모를 흉내 내며 아이가 혼자 힘으로 몸을 씻으려고 합니다. 이때 아이가 즐거운 마음으로 목욕할 수 있게 부모가 곁에서 도와주세요. 꼼꼼하게 씻어야 할 부위는 "마무리는 엄마가!" 하며 정성스럽게 닦아주세요. 특히 겨드랑이, 목, 귀, 귀 뒤쪽, 음부, 엉덩이, 발가락 사이 등 혼자 씻기 어려운 곳은 엄마가 세심하게 마무리를 해줘야 합니다.

머리 감기

갓난아기는 부드러운 손수건으로 엄마가 얼굴을 닦아주지만 만 2~3세가 되면 손에 물을 묻혀서 세수하는 연습을 시도해봅니다. 얼굴에 물을 끼얹어도 놀라지 않는다면 머리를 감을 때 머리 위에서부터 샤워기로 물을 끼얹어줍니다. 처음에는 머리 뒤쪽에만 물이 닿게 하고, 머리 앞쪽은 손으로 얼굴을 가려서 물이 얼굴에 직접 닿지 않게 합니다. 조금씩 익숙해지면 머리 앞쪽도 도전해보세요.

아이가 머리 감기를 싫어하면 엄마가 억지로 밀어붙이지 말고 아이와 교감하면서 조금씩 단계를 밟아갑니다. "샴푸가 흘러요, 눈을 꼬옥 감아요!" 하며 머리 감는 과정을 엄마가 친절하게 알려주면 좋겠지요.

수건으로 물기 닦기

아이가 목욕탕에서 나오기 전에 마른 수건으로 대충 몸의 물기를 닦아준 뒤에 목욕탕에서 나오면 위에서부터 아래로 몸을 꼼꼼하게 닦고 머리는 미리 준비해둔 다른 수건으로 덮어줍니다. 겨드랑이, 배꼽, 음부, 엉덩이 부위는 더 세심하게 닦아주세요.

아이가 혼자 힘으로 몸을 닦을 때는 미리 작고 부드러운 수건을 준비해서 닦기 쉽게 도와줍니다. 몸의 물기를 다 훔쳐냈다면 수건으로 덮어둔 머리카락을 닦습니다. 긴 머리카락은 수건으로 감싼 다음 가볍게 머리카락을 탁탁 두드리면서 물기를 털어줍니다. 두피 쪽은 수건을 대고 가볍게 톡톡 치는 느낌으로 닦아줍니다. 너무 강하게 자극하면 두피에 상처가 날 수 있으니 조심해주세요. 물기를 충분히 털어낸 다음 드라이어로 가볍게 말리면 머리카락도 덜 상하겠지요.

열이나 감기 기운이 있다면

열이 있으면(미열보다 약간 높은 정도) 의사의 지시를 따라야 합니다. 요즘은 정상 체온에서 체온이 조금만 올라가도 목욕을 시키지 않는 부모가 있는데, 개운하게 몸을 씻기는 일도 중요합니다. 다만 미열이 있을 때는 욕조에 머무르는 시간을 줄이고 조금 빨리 목욕을 마무리합니다. 또 목욕을 끝낸 다음에는 수분을 충분히 공급해주세요.

감기 기운이 있으면 며칠이나 목욕을 시키지 않는 부모도 있지만, 아이는 목욕을 하지 않으면 몸이 가렵고 불쾌감을 느끼기 쉽습니다. 아이 몸에 습진이 생겼을 때는 손바닥에 비누를 묻혀서 아주 조심스럽게 몸을 닦아주세요.

안전하게 욕실 사용하기

욕실은 아이의 안전을 위협하는 위험지대이기도 합니다. 장난을 치다가 미끄러져 바닥에 넘어지거나, 욕조에서 잠수하다가 물을 마시는 등 여러 가지 사고가 일어날 수 있습니다. 따라서 초등학교 저학년까지는 부모가 함께 욕실에 머무르며 아이의 안전을 챙겨주세요.

코 풀기

옛날에는 아이들이 코에 대롱대롱 콧물을 매달고 지내고 콧물을 줄줄 흘리면서도 친구들과 신나게 뛰어놀았지요. 하지만 휴지가 생기면서 콧물을 훌쩍거리던 생활에서 콧물을 몸 밖으로 빼내는 변화가 생겨났습니다. 콧물을 훌쩍거리면 보기에 좋지 않을뿐더러 건강에도 좋지 않다고 하니 콧물을 삼키지 말고 제대로 빼내는 방법을 지도해주세요.

안전하게 코 풀기

지금도 나이 지긋한 어르신 가운데는 휴지를 이용하지 않고 코를 푸는 분이 계십니다. 한쪽 콧구멍을 손으로 살며시 누르고 '흥' 하면서, 코를 푼다기보다는 콧물을 저 멀리 내던지는 묘기도 연출합니다. 이렇게 코를 풀면 한쪽 콧구멍에서만 콧물이 나와서 다른 쪽 코도 같은 방법으로 풀게 되지요.

양쪽 콧구멍을 모두 동원해 '흥' 하며 코를 푸는 방법은 고막에 상처를 줄 수 있어서 오히려 코 건강에 해롭습니다. 그러니 어른이 본보기를 보이면서 친절하게 가르쳐주세요. 아이의 한쪽 콧구멍을 살짝 누른 다음 "흥 하며 소리를 내보렴. 그럼 콧물도 따라 나올 테니까" 하고 설명해줍니다. 물론 '흥' 하고 소리를 내도 처음에는 콧물이 제대로 나오지 않겠지요.

코 풀기를 지도할 때 너무 엄격하게 훈육하면 아이가 스트레스를 받아서 코 풀기를 싫어하거나 콧물을 보이지 않으려고 바로바로 삼킬지도 모릅니다. 아이의 마음이 다치지 않게 항상 유념해주세요.

휴지 사용하기

아이 스스로 콧물이 흘러내리는 느낌을 알지 못하면 코를 훌쩍거리는 행동을 거듭 반복하게 되기 때문에 우선 콧물이 나오고 있다는 사실을 일깨워줘야 합니다. 이때 흘러내리는 콧물만 닦지 말고 조심스럽게 코를 푸는 방법도 연습시키세요. 휴지를 동그랗게 뭉쳐서 사용하면 일회용 닦기에 그칠 수 있으니 종이를 네모나게 접어서 사용하는 방법도 가르쳐줍니다.

늘 콧물을 대롱대롱 매달고 다니던 아이가 휴지로 코를 시원하게 푼 뒤의 표정은 참으로 당당합니다. 생애 처음으로 코를 푼 날부터는 휴지와 손수건을 챙기고 다니게끔 도와준다면 더욱 청결한 모습으로 다닐 수 있겠죠?

손수건, 휴지 챙기기

단체생활을 하는 공간이나 야외에서는 휴지나 수건을 찾기 힘들 때가 있습니다. 어린이집이나 유치원에 휴지는 따로 비치되어 있지만, 공동 수건은 위생 면에서 바람직하지 않다는 이유로 개인 소지품으로 지참하게 하는 곳도 많습니다. 따라서 손을 씻고 난 후 바로 물기를 닦을 수 있는 손수건, 입을 닦거나 코를 풀기 위한 휴지를 외출할 때마다 챙기는 습관을 들여주세요. 언뜻 보기에는 사소한 행동이지만, 깨끗한 휴지와 손수건을 몸에 지니고 개인위생을 챙기는 일은 반듯한 생활습관으로 이어집니다.

아이가 유치원에 갈 때도 손수건과 휴지를 챙기게끔 도와주세요. 처음에는 부모가 챙겨주지만 계속 반복하다 보면 아이 스스로 "손수건, 휴지 주세요" 하며 신경을 쓰게 될 테니까요. '오른쪽 주머니에는 손수건, 왼쪽 주머니에는 휴지' 식으로 보관 장소를 정하는 일도 습관을 들이는 데 효과적입니다. 집에 돌아오면 사용한 손수건을 빨래 수거함에 넣어두는 습관도 함께 들입니다. 손수건을 청결하게 빨아 쓰는 소중함도 배울 수 있답니다.

머리 빗기

머리 빗기는 몸가짐을 단정하게 가다듬는 중요한 습관의 하나로, 사회적 자립을 위한 준비 활동으로도 이어집니다. 젖먹이 시절에는 엄마가 머리를 감겨주고 빗겨주지만, 유아기에 접어들어 손을 자유자재로 움직이게 되면 혼자 힘으로도 머리를 빗을 수 있습니다.

머리 빗는 모습 보여주기

먼저 "머리는 이렇게 빗는 거란다" 하며 빗을 쥐는 방법과 머리 빗는 방법을 직접 보여준 다음 아이의 손을 잡고 함께 머리를 빗어봅니다. 아이가 손동작에 익숙해지면 스스로 빗어보게 하고 곁에서 지켜봐주면 좋겠지요. 머리가 긴 여자아이들은 머리를 가지런하게 빗음으로써 먼지를 털어내고 몸가짐을 더 깔끔하게 연출할 수 있습니다.

어린이집, 유치원 등 단체생활을 하게 되면 친구의 머리 모양을 보면서 "나도 저 친구처럼 머리 자르고 싶어" 하며 변신을 시도하기도 합니다. 아이 나름대로 자신에게 어울리는 헤어스타일을 발견해가는 과정이지만, 기본은 '머리 빗기'임을 인지하게 해주세요.

머리 빗기에 적당한 장소

어릴 때부터 머리 빗는 장소를 부모가 확실하게 가르쳐주세요. 버스나 전철 안에서 머리 빗는 사람들이 있는데, 공공장소에서 머리 빗는 일은 썩 아름답게 보이지 않습니다. 게다가 머리카락이 떨어지면 주위 사람들이 불쾌하게 여길지도 모릅니다.

집에서 머리를 빗는다면 욕실이 가장 적당한 장소겠지요. 머리를 빗은 다음에는 세면대나 욕실 바닥에 머리카락이 떨어지지 않았는지 확인하고 뒷정리를 깔끔하게 하도록 알려주세요. 긴 머리의 경우 미용실에서 흔히 볼 수 있는 비닐 케이프(cape)를 두르고 머리를 빗으면 뒤처리가 한결 수월해집니다.

두피를 청결하게

어린이집이나 유치원에서 아이들이 단체생활을 하다 보면 간혹 머릿니에 감염될 때가 있습니다. 아이가 혼자 힘으로 머리를 빗더라도 주기적으로 아이의 두피 상태를 점검해주세요. 단순히 머리 빗기로는 머릿니를 없애지 못하기 때문에 머릿니 제거용 샴푸를 이용해서 머리를 감겨주고 세심하게 관찰해야 합니다. 이부자리는 깔끔하게 세탁하고 베개도 햇볕에 말려서 소독해주세요.

더러워진 옷 갈아입기

유아기는 다방면에 호기심이 넘쳐서 쉴 새 없이 돌아다니는 시기입니다. 밖에서 신나게 뛰어놀다 보면 자신도 모르게 옷이 더러워질 때가 많습니다. 또 밥을 먹다가 옷에 음식을 흘리기도 하지요. 옷이 지저분해지면 어른도 이맛살이 절로 찌푸려지듯 아이도 마찬가지입니다.

아이를 위해 옷 갈아입히기

놀다가 더러워진 옷을 그대로 입게 하면 옷에 잡균이 묻어나서 건강에 해롭고 보기에도 비위생적입니다. 게다가 친구들이 "아이 더러워!" 하며 놀리거나, 더러워진 옷에서 냄새가 날 때는 "아이 냄새나!" 하고 놀려 결과적으로 아이가 마음의 상처를 입을지도 모릅니다.

이때 "아침에 새 옷을 입혀줬는데 그게 뭐니? 좀 얌전하게 놀면 안 돼?" 하며 아이를 혼내서는 안 됩니다. 옛날 엄마들은 지저분해진 옷을 아이가 씩씩하게 뛰어놀았다는 증표로 여겼습니다. 그러니 옷이 더러워지면 '오늘 우리 아이가 밖에서 정말 신나게 뛰어놀았구나!' 하며 대견하게 생각하고 옷을 갈아입히세요. 옷이 더러워졌다고 해서 아이를 다그칠 것이 아니라 지저분한 옷은 깨끗한 옷으로 갈아입어야 한다고 친절하게 가르쳐주세요.

스스로 옷 갈아입기

더러워진 옷을 깨끗한 옷으로 갈아입으면 기분이 한결 상쾌해져서 아이 스스로 옷 갈아입기의 소중함을 깨칠 수 있습니다. 궁극적으로는 아이가 자발적으로 옷을 갈아입게 되죠. 누가 시키지 않아도 깔끔한 옷차림을 갖추게 하려면 옷을 갈아입을 때 "지지했으니까 깨끗한 옷으로 갈아입자" 식으로 말을 건넴으로써 옷이 지저분해지면 깨끗한 옷으로 갈아입어야 한다는 의식을 아이에게 심어주는 일이 중요합니다. 다 갈아입은 다음에는 "기분 좋지? 우리 아들(딸) 멋쟁이(예쁜이)가 되었네" 하며 긍정의 한마디를 꼭 건네주세요.

아이가 더러워진 옷을 갈아입고 싶다고 표현하기 시작하면 새 옷이 보관된 장소를 가르쳐줘서 아이가 혼자 힘으로 옷을 갈아입을 수 있는 환경을 만들어줍니다. 이런 행동이 하나씩 쌓이다 보면 마침내 아이가 알아서 옷을 갈아입게 되지요.

몸가짐 단정히 하기

단정한 몸가짐은 타인에게 불쾌감을 주지 않는 옷차림이나 행동거지를 말합니다. 옷매무새를 반듯하게 가다듬는다는 의미도 있지요. 따라서 멋 내기나 화려한 패션과는 조금 다릅니다. '멋 내기'가 자신을 위한 행동이라면 '단정한 몸가짐은 남에게 민폐를 끼치지 않기 위해 타인을 배려하는 행동이라고 말할 수 있지요.

옷매무새 가다듬기

만 2세 무렵부터는 혼자 힘으로 옷을 입거나 벗으려고 하지만, 온전한 홀로서기는 아직 부족합니다. 옷자락이 밖으로 삐져나오거나 단추를 잘못 채우는 등 서투른 부분이 보이면 일단 완성된 부분까지 칭찬해주고 부족한 부분은 바로잡아주세요. 또 지저분해진 옷을 입은 채 집 안을 돌아다니지 않게끔 옷 갈아입기도 지도합니다.
만 5세가 되면 드디어 혼자 힘으로 옷을 입고 벗을 수 있게 된답니다.

머리 빗기, 손톱 깎기

단정한 몸가짐을 위해 머리를 빗고 손톱을 깎는 일도 매우 중요합니다. 처음으로 머리를 빗을 때는 어른 흉내를 내는 행동부터 시작합니다. 머리를 빗은 후 칭찬해주면 아이들은 신이 나서 머리 빗기를 되풀이합니다. 이 과정에서 머리 빗기가 습관으로 자리 잡는데, 아무래도 마무리는 부모가 도와줘야겠지요.
손톱이 길면 손톱 사이에 세균이 번식하거나 자신이나 타인의 몸에 상처를 낼 수도 있습니다. 하지만 영유아기의 아이들은 혼자 힘으로 손톱을 깎기 힘들기 때문에 손톱이 길어지면 엄마가 조심스럽게 깎아주어야 해요. 만 5세가 되면 아이가 자기 손톱을 직접 깎고 싶어 하는데, 익숙해질 때까지 부모가 곁에서 지켜봐야겠지요.

단정한 몸가짐을 익힐 때까지

아이가 몸가짐을 반듯하게 가다듬는 일에 전혀 관심이 없다면 십중팔구 부모의 무관심이 원인입니다. 엄마 아빠가 항상 아이의 옷매무새에 관심을 갖고 말을 건네주세요. 무슨 일이든지 습관으로 익히려면 많은 시간이 필요합니다. 때에 따라서는 아이를 도와주면서 아이가 스스로 할 수 있을 때까지 끈기 있게 지켜봐야 합니다.

단정한 몸가짐은 하루아침에 익힐 수 있는 행동이 아니라 일상생활에서 아주 조금씩 자라납니다. 부모가 본보기로 항상 반듯한 모습을 보여주면 아이도 자연스레 부모를 보고 따라 할 거예요.

제 5 장

가정생활과
인성교육

—

씻기, 짜기, 닦기

가정에서 다양한 동작을 가르치려면 무엇보다 아이가 관심이 있어야 합니다. 아이가 전혀 흥미를 느끼지 않으면 부모가 억지로 가르치려 해도 동작을 제대로 익히기가 힘들 테니까요. 생활하면서 가장 많이 하는 행동이 '씻기, 짜기, 닦기'일 거예요. 언제 이런 행동을 하는지를 떠올리게 하면서 아이의 관심을 이끌어주세요.

놀면서 모방하고 습득하기

'씻기, 짜기, 닦기' 동작은 생활의 기본 기술이지만, 최근에는 생활양식의 변화로 이런 동작을 제대로 익힌 아이들이 점점 줄어들고 있는 것도 사실입니다. 아주 사소한 동작이나 활동은 신나게 놀듯 흉내 내는 것부터 시작하는 것이 좋아요. 아이의 연령에 따라 다르겠지만, 놀이를 통해 동작을 처음 접하고 모방하고 습득하는 과정이 생활의 기술을 익히는 가장 이상적인 모습입니다. 집 안의 안전한 장소에서 놀며 동작을 익힐 수 있게끔 환경을 마련해주면 더욱 좋겠지요. 놀이 시간 가운데 펼쳐지는 가정훈육은 아이에게 더할 나위 없는 소중한 선물이 됩니다.

아이와 교감하며 즐겁게 이끌어주기

'씻기' 동작이 적용되는 활동으로는 세수하기, 손 씻기, 손수건 빨기, 소지품 씻기, 그릇 씻기, 화장실 청소 등을 꼽을 수 있습니다. 이 가운데 손수건 빨기나 그릇 씻기는 집 안일 돕기의 하나로 아이에게 가르쳐주세요. 처음에는 실수해도 상관없는 작은 장난감이나 그릇을 준비해서 놀이로 즐기며 씻기 동작을 경험하게 합니다.

'짜기' 동작은 무엇을 짜느냐에 따라 구체적인 방법이 조금씩 달라지는데, 대표적인 활동으로는 손수건 짜기, 걸레 짜기, 수건 짜기 등을 꼽을 수 있습니다.

'닦기' 동작은 수건으로 얼굴 닦기나 손 닦기 등 아이가 배우고 익혀야 할 기본 생활의 기술인 만큼 평소 올바른 동작을 아이에게 보여주는 일이 교육의 첫걸음이지요. 이때도 아이가 즐겁고 재미나게 놀이처럼 익힐 수 있도록 이끌어주세요.

영유아기의 놀이는 자유로운 행동에서 출발합니다. 따라서 부모와 자녀가 교감하는 장을 만들고 수건이나 행주를 미리 준비한 다음 씻기, 짜기, 닦기 동작을 아이가 놀면서 따라 하게 이끌어주고 익숙해질 때까지 도와주면 좋습니다.

끈 묶기

생활하다 보면 직접 끈을 묶거나 단단하게 싸매야 할 때가 있습니다. 신발 끈이나 머리끈, 앞치마 끈을 묶거나 보자기로 물건을 싸야 할 때가 그렇지요. 끈으로 조여 묶음으로써 자기 몸에 맞게 하거나, 내용물이 밖으로 쏟아지는 것을 막을 수 있지요. 끈을 제대로 묶지 않으면 다치거나 주위에 민폐를 끼치는 일이 종종 발생하니 아이가 혼자 힘으로 척척 해낼 수 있게 용도에 맞는 매듭 방법을 친절하게 가르쳐주세요.

놀이를 통해 익히기

일상생활뿐만 아니라 놀이 시간에도 묶기 동작은 단골손님처럼 등장합니다. 놀이를 통해 끈이나 리본 묶기를 익힐 수 있게 적극적으로 이끌어주세요. 재미나게 즐기는 가운데 부모가 본보기를 보여주고 반복해서 가르쳐주면 더 쉽게 배울 수 있지요.

아울러 보자기로 싸는 포장법도 알아두면 여러모로 도움이 됩니다(461~463쪽 참조). 네모난 보자기를 펼치고 가운데에 물건을 올려 단단하게 동여매는 동작을 연습합니다. 이때 매듭을 느슨하게 묶거나 반대로 매듭을 단단하게 조여서 잘 풀리지 않게 묶는 매듭의 차이를 아이가 직접 느낄 수 있게 지도해주세요.

옭매듭

옭매듭은 좌우 끈을 교차해서 묶고 아래에서 나오는 끈을 위로 올려 교차시킨 다음, 같은 방법으로 한 번 더 묶는 매듭법입니다(464~465쪽 참조). 아이들도 비교적 쉽게 묶을 수 있는 기본 매듭이라고 할 수 있지요. 두 가닥을 단단하게 묶어야 할 때 사용하면 편리하기 때문에 쓰레기봉투를 동여매거나 줄넘기를 여러 개 이어서 긴 밧줄을 만들려고 할 때 이 방법을 이용합니다.

나비매듭

좌우 끈을 교차해서 묶은 다음 각각의 끈으로 고리를 만들면서 다시 묶으면 나비 날개 모양의 나비매듭이 완성됩니다(아래 그림 참조). 나중에 쉽게 풀고 싶을 때 사용하면 편리한 매듭법으로 운동화 끈이나 앞치마 끈, 체육복 바지의 허리 조절 등 일상생활에서 흔히 활용할 수 있어요.

나비매듭은 혼자 힘으로 할 수 있으려면 시간이 제법 걸립니다. 좌우 손과 손가락을 모두 사용해야 하고, 끈을 잡아당기면서 적당히 힘을 가감해야 하거든요. 또 앞치마는 허리춤에서 뒤로 묶어야 하니까 머릿속에 그리는 이미지와 손의 감각이 성공의 열쇠가 됩니다. 보이는 위치에서 자주 연습하다 보면 보이지 않는 위치에서도 정확하게 묶을 수 있지요.

아이들은 생각대로 잘되지 않으면 화를 내거나 울기도 합니다. 아이가 많이 힘들어하면 찬찬히 설명하면서 도와주세요. 다만 배우기 어렵다는 이유로 끈 대신 고무줄을 달아주거나 매직테이프로 교체하는 일은 아이의 성장에 오히려 방해가 됩니다.

혼자 힘으로 끈을 묶었을 때는 "우와, 정말 애썼구나. 많이 힘들었지? 대단해!" 하며 칭찬을 담뿍 들려주세요. 자신감이 생겨서 매듭 만들기가 더 즐거워질 테니까요.

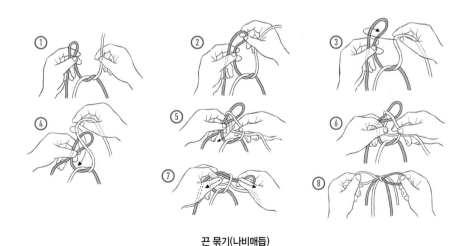

끈 묶기(나비매듭)

연필, 가위, 자 사용하기

연필, 가위, 자는 일상생활에서 익숙하게 쓰이는 학용품이자 평생 활용하는 생활 도구입니다. 어릴 때부터 연필, 가위, 자의 사용법을 알고 있다면 상상하는 것을 표현할 수 있어 생활이 더욱 풍요로워지지요. '연필로 글씨를 쓰게 해야지', '자를 사용하게 해야지' 하는 어른의 판단 기준을 아이에게 강요하지 말고, 아이의 성장과 발달에 맞춰 올바른 사용법을 가르쳐주세요.

연필 사용하기

연필이나 크레용은 아이가 처음으로 손에 쥐는 문구류라고 해도 과언이 아니지요. 처음에는 연필이나 크레용으로 주로 그림을 그리다가, 선을 긋거나 글씨를 쓰는 어려운 작업으로 발전합니다. 이때 자기 식대로 연필을 잡지 않게끔 올바른 사용법을 알려주는 일이 중요합니다(478~480쪽 참조).

영유아기에는 가느다란 연필을 손가락 세 개로 안정감 있게 잡는 일이 어렵기 때문에 조금 통통한 크레용을 이용해서 그림을 그립니다. 처음에는 자유롭게 쥐게 해서 그리기와 끄적거리는 일에 흥미를 느끼게 하고, 크레용을 사용하는 기회를 조금씩 늘려가면서 잡는 방법을 바로잡아주면 됩니다. 연필이나 색연필을 사용할 때도 마찬가지예요. 올바르게 잡는 방법을 익히려면 시간이 많이 필요하기 때문에 마음의 여유를 갖고 끈기 있게 지켜보면서 가르쳐주어야 합니다.

올바른 연필 사용법을 연습할 때는 색칠하기도 크게 도움이 됩니다. 색칠을 할 때는 종이에서 연필 끝을 분리하는 일이 적기 때문에 일단 손에 쥔 모양을 바꾸지 않고 할 수 있습니다. 또 선을 그리는 긴장감에서 벗어나기 때문에 재미나게 몰입할 수 있지요. 색칠하기 전용 그림책을 준비해도 좋고, 부모가 종이에 사각형이나 동그라미 등의 형태를 그린 다음 색칠하게 하는 것도 좋은 방법입니다. 이때 되도록 같은 힘으로 구석구석 색칠할 수 있게 지도해주세요. 손의 힘을 조절함으로써 진하기를 달리할 수 있음을 자연스럽게 익히고, 빈틈을 색칠하기 위해 마지막까지 몰입하면 집중력도 쑥쑥 자라납니다. 왼손으로 종이를 잡는 일과 바른 자세도 함께 가르쳐주면 더욱 좋겠지요.

가위 사용하기

가위는 위아래로 날이 움직이게 손에 쥐어줍니다. 손잡이 아래 구멍에는 집게손가락과 가운뎃손가락을 넣고, 위의 구멍에는 엄지손가락을 넣어서 손가락을 위아래로 움직이는 것이 올바른 사용법입니다(481~482쪽 참조).

아이가 처음 사용하는 가위는 날이 뭉뚝하고 손잡이가 미끄럽지 않은 영유아용 가위가 좋아요. 아이의 성장에 맞춰서 가위의 크기를 달리하고, 오른손잡이용과 왼손잡이용 가위가 따로 있으니 아이가 주로 쓰는 손에 맞는 가위를 준비해주세요.

처음에 가위를 사용할 때는 가위를 들고 자리를 옮길 때 쥐는 방법이나 남에게 가위를 건네는 방법 등 안전하게 사용하기 위한 규칙이나 예절도 가르쳐주세요. 아울러 어른이 옆에 있을 때만 가위를 사용할 수 있다고 확실하게 약속해둡니다.

처음에는 색종이 두께 정도의 종이를 잘라보게 합니다. 가위를 쥐지 않은 손으로 종이를 잡고, 가위의 날을 크게 벌려서 날 끝이 포개질 때까지 힘을 가합니다. 종이가 잘릴 때의 소리나 느낌을 충분히 즐기게 해주세요. 종이를 잡는 손의 위치에도 주의를 기울여서 안전하게 가위를 사용할 수 있게 도와줍니다.

가위로 자르는 감각을 몸에 익혔다면 길게 자르는 방법을 가르쳐주세요. 가위를 들고 자르는 첫 동작은 동일하지만, 날 끝이 포개지기 전에 손의 움직임을 잠시 멈추고 다시 가위 날을 크게 벌려서 자르는 동작을 반복합니다. 천천히 조심스럽게 가위질을 하면 깔끔하게 잘린다는 사실도 일깨워주세요.

자 사용하기

자를 이용해서 길이를 재는 구체적인 방법은 초등학교에서 배웁니다. 그러니 영유아기에는 자를 사용함으로써 선을 곧게 그을 수 있다는 점을 알려주세요. 자로 선을 그을 때는 한쪽 손으로 자를 누르고 다른 손으로 선을 긋게 됩니다(483~484쪽 참조). 놀이를 통해 어디를 눌러야 자가 움직이지 않고 선을 제대로 그을 수 있는지 다양한 경험을 쌓게 해주세요.

처음에는 아이가 손가락 끝에 힘을 제대로 주지 못해 자가 움직일 거예요. 그러니 어른이 옆에서 자를 눌러주세요. 반복해서 연습함으로써 손가락 끝에 힘을 주는 방법을 익히게 되고, 마침내 혼자서도 충분히 자를 이용할 수 있게 된답니다.

종이접기

종이접기는 일상생활에서 자주 접하는 동작으로 손가락의 운동 기능뿐만 아니라 색감 구별, 상상력 표현 등 다양한 감각과 감성을 단련할 수 있습니다. 아이들은 자신의 종이접기 작품을 가족이나 교사에게 선물하는 일에 보람을 느끼기도 합니다. 종이접기는 마음속의 이미지를 구체적인 형태로 만드는 기쁨과 얇은 종이에서 입체적인 모양이 탄생하는 놀라움을 맛볼 수 있다는 점에서 아이의 상상력을 무한대로 펼쳐주는 매우 유익한 놀이이기도 해요.

반으로 접기

종이를 깔끔하게 접기 위해서는 모서리를 맞추고 손에 힘을 주면서 접는 면을 눌러주어야 합니다. 정사각형의 종이를 반으로 접을 때는 종이의 바깥쪽 면과 안쪽 면을 확인한 다음 아래에서 위로 종이를 올려 접게 합니다.

구체적인 방법을 소개한다면, 먼저 아래쪽의 좌우 모서리를 각각 손가락으로 붙잡고 종이 중간 부분을 동그랗게 말면서 위쪽 좌우 모서리와 서로 맞춥니다. 이때 오른쪽과 왼쪽 모서리가 모두 정확하게 일치하는지 눈으로 확인하게 합니다. 모서리가 서로 어긋나지 않게 손가락에 힘을 주고 종이를 누르면서 손바닥을 이용해 종이가 구겨지지 않도록 조심하며 접는 면을 확실하게 접어서 마무리합니다.

영유아들은 손가락의 힘을 가감하는 일이나 오른손과 왼손이 서로 다르게 움직이는 활동을 어려워하니 처음에는 옆에서 도와주세요. 종이 바깥쪽 면과 안쪽 면, 밖으로 접기와 안으로 접기 등의 표현을 어릴 때부터 알아두면 여러모로 편리합니다.

함께 즐기며 감성 키우기

머릿속에 그리던 모양이 실제로 만들어지면 아이들은 기뻐합니다. 이런 기쁨이 최고조에 다다랐을 때 아이에게 말을 곁들이면서 함께 종이접기 놀이를 즐겨주세요. 어른과 함께 종이를 접음으로써 아이는 종이접기의 요령을 조금씩 익혀나갑니다. 또 완성된 작품을 아이에게 보여줌으로써 종이접기에 대한 관심을 높일 수 있습니다. 완성 작품을 가지고 놀거나 집 안에 전시하면서 함께 즐기는 일이 아이의 감성을 살찌운다는 사실, 잊지 마세요.

올바른 자세로 생활하기

어떤 상황에서든 바른 자세의 기본은 등을 꼿꼿하게 펴는 것입니다. 자세가 바르면 다음 동작으로 자연스럽게 이어질 수 있고, 몸가짐이나 자세가 아름다우면 마음도 긍정적으로 바뀌고 주위에서 바라보는 인상도 좋아집니다. 게다가 척추는 뇌로 이어지는 중요한 신경이 지나는 길입니다. 아이의 성장과 발달을 생각해서라도 어릴 때부터 올바른 자세를 몸에 익히게 해주세요.

일어선 자세

양쪽 발바닥을 확실하게 바닥에 닿게 해서 체중을 좌우로 균일하게 싣습니다. 이때 좌우 뒤꿈치는 붙이고 발끝은 조금 벌리거나, 주먹 하나가 들어갈 정도로 양발을 벌리면 안정감 있게 서 있을 수 있지요. 등을 펴 허리로 상체를 지탱하고, 목을 쭉 펴고 얼굴은 정면을 향하는 자세가 좋아요.

목덜미를 곧게 폄으로써 머리를 안정감 있게 떠받칠 수 있고, 오랫동안 정지 상태를 유지할 수도 있습니다. 어깨 힘을 빼고 가슴을 앞으로 약간 내민다는 느낌으로 상체를 펴고 양손은 몸의 옆면으로 편안하게 내립니다. 손가락은 가지런하게 모아줍니다.

앉은 자세

평소 팔꿈치를 괴거나 뭔가에 기대는 버릇이 있으면 몸의 중심을 잡는 감각이 둔해져서 몸 전체의 균형이 깨지고 맙니다. 그래서 앉은 자세가 중요합니다.

의자에 앉을 때는 양쪽 발바닥이 바닥에 닿게 합니다. 의자 바닥면에 엉덩이를 올린 다음 등을 쫙 펴줍니다. 등받이가 있는 의자라도 등받이에 몸을 구부정하게 기대지 않습니다. 또 등이 등받이에 닿더라도 의자에 기대지 말고 꼿꼿하게 앉습니다.

일어선 자세와 마찬가지로 목덜미를 펴고 얼굴은 정면을 향합니다. 어깨 힘을 빼고 양손은 무릎 위에 놓습니다. 오른손과 왼손을 각각의 무릎 위에 얹어도 좋고, 양손을 포개서 깍지를 끼는 것도 좋아요. 이 자세는 글씨를 쓸 때나 책을 읽을 때 기본 자세로 적당합니다.

아이의 성장에 맞춰서 의자나 책상 높이를 적절하게 바꿔주는 센스도 잊지 마세요.

옷 정리하기

아이가 혼자서 옷을 입고 벗을 수 있게 되면 벗은 옷을 그대로 방치하지 않고 깔끔하게 정리하도록 습관을 들여주세요. 더불어 뽀송뽀송 마른 빨래를 정리하는 방법도 알려주세요. 유아기 때 자리 잡은 옷 정리 습관이 평생을 갈 수 있거든요.

벗은 옷 정리하기

코트와 같이 매일 빨지 않아도 되는 옷은 옷걸이에 걸어서 정해진 장소에 정리하고, 빨아야 하는 옷은 세탁하기 쉽게 소매는 가지런히 펴고 양말은 뒤집히지 않게 정돈한 다음 세탁기나 빨랫감 바구니에 넣어두도록 알려주세요.

빨래 개기

세탁한 옷을 아무렇게나 방치해두면 옷이 구겨지거나 지저분해져서 다시 그 옷을 입어야 할 때 기분 좋게 입을 수 없습니다. 세탁한 옷을 단정하게 개면 옷장에 수납하기도 편리하므로 빨래 개기는 깔끔한 생활의 시작점이기도 하지요.
영유아기부터 옷 개는 방법을 흉내 낼 수 있게 아이와 함께 옷 접는 연습을 하세요. 어른처럼 완벽하게 접지 못하겠지만 아이의 의욕을 충분히 칭찬해주고 거듭 반복하면 점점 실력이 나아질 것입니다.

윗옷 개기
① 옷자락을 앞에 놓고 양 소매를 펼칩니다.

② 소매를 한쪽씩 안쪽으로 접습니다.

③ 옷 아랫단의 좌우 양끝 자락을 잡고 옷깃 쪽으로 접습니다.

④ 수납 공간에 따라 한 번 더 접어서 부피를 줄여도 좋습니다.

바지 개기

① 바지를 펼칩니다.

② 양쪽 가랑이가 서로 포개지게 밑단과 몸통을 맞추어 접습니다.

③ 양쪽 밑단을 잡고 허리 쪽으로 반이 되게 접습니다.

④ 수납 공간에 따라 한 번 더 접어서 부피를 줄여도 좋습니다.

뒤집힌 옷 바로 하기

아이가 옷을 뒤집어 입었을 때는 아이 스스로 옷이 뒤집혔다는 사실을 깨닫게 하는 것이 중요합니다. 옷의 문양이 보이지 않거나 태그나 봉제선이 겉으로 드러나는 점을 보여주며 옷이 뒤집혔다는 사실을 일깨워주세요.

윗옷 바로 하기

① 뒤집힌 옷을 펼쳐둡니다.

② 옷 아랫단 쪽에서 옷 안으로 한 손을 넣은 다음 소맷부리까지 팔을 펼쳐 꽉 잡고, 또 다른 한 손은 아랫단을 붙들고 있습니다.

③ 소맷부리를 잡은 채로 손을 아랫단까지 내려 밖으로 끄집어냅니다. 다른 쪽 소매도 똑같은 방식으로 바로잡습니다.

바지 바로 하기

바지는 몸통 쪽에서 손을 넣은 다음 바지 밑단을 잡고 밖으로 끄집어내면 됩니다.

정리정돈 장소 알려주기

옷 정리 방법을 훈육할 때는 아이가 혼자 힘으로 정리할 수 있게끔 어디에, 무엇을, 어떻게 정리해야 하는지를 구체적으로 가르쳐주는 것이 중요합니다. 아이가 어디에 무엇을 넣어야 하는지를 식별할 수 있게 옷의 형태를 그림으로 그려서 옷장에 붙여두거나 아이 전용 서랍장을 정해두는 것도 좋은 방법이지요.

스스로 정리하기를 실천했다면 정리정돈이 습관으로 자리 잡을 수 있게 "우와, 착착 정리했구나. 정말 잘했어!" 하는 칭찬을 항상 들려주세요.

아이가 정리하기를 싫어하면

정리를 귀찮아하거나 싫어하는 아이도 있습니다. 무턱대고 혼내기 전에 아이가 왜 정리하는 것을 싫어하는지 세심하게 관찰합니다. 혼자 힘으로 충분히 정리할 수 있는 나이라면 벗은 옷은 어떻게 해야 하는지 차근차근 설명해주고 구체적인 방법을 가르쳐주며 아이와 함께 정리해보는 것도 바람직한 방법입니다. 그리고 일부분이라도 마무리를 지었다면 정리 습관이 조금씩 몸에 배일 수 있게 칭찬과 격려를 끊임없이 반복해주세요.

머리로는 이해하지만 정리를 하지 않으려고 요리조리 꾀를 부린다면 정리를 싫어하는 이유를 아이에게 직접 물어보고 그 마음을 헤아린 다음 "네 방이 쓰레기통이라면 찜찜하지 않을까? 기분 좋게 지내려면 정리하는 일도 꼭 필요하단다"라며 끊임없이 일깨워주세요.

신발 바르게 신고 벗기

아이가 아장아장 걷기 시작하면 신발을 신게 됩니다. 아이가 아직 어리면 혼자 힘으로 신발을 신기가 어렵겠지만 2~3세가 되면 앉아서 혼자 힘으로 신발을 신고 벗을 수 있습니다. 만 3세가 지나면 일어서서도 신발을 신을 수 있게 되고요. 신발을 바르게 신는 것은 주변 사람에 대한 예의이자 자신의 안전까지 챙길 수 있는 일이니 꼭 방법을 알려주세요.

신발 신기와 신발 벗기

신발을 신을 때는 우선 오른쪽과 왼쪽 신발을 가지런히 놓고 신발 앞코가 바깥쪽을 향하는지를 확인합니다. 그런 다음 발끝부터 발뒤꿈치까지 발을 집어넣고 신발 뒤축을 끌어올려 신습니다.

앉은 자세로 신발을 벗을 때는 신발 뒤축을 손으로 누르면서 뒤꿈치부터 벗습니다. 일어선 자세에서 신발을 벗을 때는 일단 실내를 바라본 상태에서 신발을 벗고, 나갈 때 신기 편하게끔 벗은 신을 가지런하게 돌려놓습니다. 가끔 몸을 돌려 실내가 아닌 출입문을 향한 채 신발을 벗는 사람이 있는데, 실내에 있는 사람 쪽으로 엉덩이가 향하기 때문에 바람직하지 않습니다.

신발을 가지런히 모아두는 이유

신발을 가지런히 정리하는 것은 실외 활동과 실내 활동을 구분 짓는 마음가짐의 표현입니다. 아울러 신발을 벗은 후 가지런하게 모아두면 신발을 신어야 할 때 허둥대지 않고 수월하게 신을 수 있어요. 그러니 벗은 신발을 가지런하게 모아두는 정리정돈 습관을 몸에 익힐 수 있게 지도해주세요.

안전하게 신발 신기

신발 뒤축을 꺾어 신으면 신발이 쉽게 벗겨지거나 넘어질 우려가 있으니 신발 뒤축을 꺾어 신지 않도록 단단히 일러주세요. 또 신발을 신을 때는 끈을 단단하게 묶어야 합니다. 신발 끈이 너무 길면 신발 끈을 밟아 넘어질 수 있고 남에게 밟힐 수도 있기 때문에 조심해야 한답니다.

할아버지, 할머니 공경하기

아이의 존재는 한 가정에 화목과 웃음꽃을 선사합니다. 할머니와 할아버지에게도 아이의 웃음꽃은 힘찬 에너지가 되지요. 부모 세대와 함께 육아를 한다는 것은 아이뿐만 아니라 가족 모두가 행복을 얻는 축복받은 일인지도 모릅니다.

아빠, 엄마와는 다른 할아버지, 할머니의 사랑

오늘날에는 자녀교육에 대한 정보와 지식을 다양한 방법으로 얻을 수 있습니다. 그중에서 아이의 조부모와 육아를 공유하면 가정훈육의 폭이 훨씬 넓어집니다. 예를 들어 아이가 반찬 투정을 할 때 할머니가 직접 만들어주신 전통 요리로 아이의 입맛을 돋울 수도 있고, 그로 인해 아이가 좋아하는 식재료나 메뉴를 새로 발견할 수도 있지요. 또 같은 놀이라도 엄마와 함께하는 놀이와 할아버지와 함께하는 놀이는 구체적인 놀이법이 달라집니다. 울며불며 떼를 쓰던 아이가 할머니의 인자한 목소리와 포용하는 대처법에 울음을 뚝 그치기도 합니다. 핵가족화가 보편적인 가족 형태로 자리 잡은 오늘날에는 이처럼 할아버지, 할머니와의 만남 자체가 아이에겐 소중한 경험이 됩니다.

할아버지, 할머니와 아이와의 관계에서 가장 유념해야 할 부분은 무엇보다 엄마 아빠가 할머니, 할아버지를 공경하는 모습을 자주 보여줘야 한다는 점입니다. 아이는 어른의 말과 행동을 끊임없이 보고 따라 합니다. 가까이 살아도 엄마가 할머니를 공경하지 않으면 아이도 자연스레 할머니를 멀리하겠지요. 반면 멀리 떨어져 지내느라 1년에 몇 번 만나지 않아도 엄마가 할머니 얘기를 들려주고 자주 통화한다면 아이는 조부모의 존재를 아주 친근하게 느낄 수 있습니다. 이런 친근함은 어른을 공경할 줄 아는 마음가짐으로 이어집니다.

형제애 키워주기

요즘에는 형제자매 사이에서 동생을 귀여워하거나 형이나 언니를 존중하는 태도를 보기 어려운 것 같습니다. 아이를 사랑한다는 것은 아이와 함께하고 아이에게 공감하며 마음을 나누는 일입니다. 부모가 조건 없는 사랑을 베풀면 아이의 마음속에는 형제자매를 비롯해 남을 도와주고 보살피는 배려가 싹틉니다.

첫째든 둘째든 똑같이 사랑하기

아이가 동생을 비롯한 형제자매들과 잘 지내게 하고 올바른 정서를 길러주려면 부모가 먼저 자식을 향한 무조건적인 사랑을 보여주어야 합니다.

아이는 부모의 행동을 보고 자랍니다. 아이는 언제나 형이나 언니, 동생의 행동도 주의 깊게 관찰하고 있습니다. 요컨대 아이는 부모와 형제자매를 비롯해 주위 모든 사람들을 보고 배웁니다. 부모가 인자한 마음으로 타인을 대하면 아이도 그 영향을 받습니다. 부모가 아기를 귀여워하고 예뻐하는 모습을 보면 아이도 아기를 예뻐합니다. 그 과정에서 타인을 향한 배려도 자연스레 자라게 됩니다.

형제 관계도 마찬가지입니다. 부모는 첫째가 둘째의 본보기가 될 수 있게 "형이니까", "언니니까" 하는 말을 자주 합니다. 아이에게 책임감을 부여하기 위해서 하는 표현이지만 너무 지나치면 아이에게 부담을 줄 수 있지요. 형제를 차별하지 않고 똑같이 사랑하며 키우는 일이 가장 중요하다는 사실, 꼭 기억해주세요.

집안일 돕기

예전에는 가정에서 아이들이 심부름을 도맡아 했습니다. 하지만 오늘날에는 가치관이 다양해지고 생활방식과 교육방식이 변하면서 아이에게 집안일이나 잔심부름을 시키는 일이 점차 줄어들고 있습니다. 하지만 시대가 변해도 집안일 돕기는 아이를 건전하게 성장시키고 사회생활을 해나가는 데 도움을 주는 훌륭한 가정훈육임이 분명합니다.

집안일 돕기의 효과

① **자립을 향한 첫걸음**　아이들은 집안일을 돕거나 심부름을 할 때 스스로 자신의 일을 빈틈없이 해내려고 노력합니다. 이는 사회인으로 자립하기 위한 첫걸음이 되지요. 또한 부모의 과보호를 줄이고 독립심을 키우는 준비이기도 합니다.

② **가족 구성원으로서의 역할**　집안일을 돕다 보면 자신이 하는 일이 가족에게 도움이 된다는 생각이 싹틉니다. 이는 가족 구성원으로서 역할을 하고 있다는 자부심과 함께 사회성을 키워주는 밑바탕이 되지요.

③ **생활의 기술 습득**　집안일을 도움으로써 의식주와 관련된 다양한 기술과 기능을 몸에 익히고 생활의 지혜와 아이디어를 배울 수 있습니다.

④ **일하는 보람, 긍정적인 자아상의 형성**　누군가를 위해 일하는 기쁨은 뿌듯한 보람과 함께 긍정적인 자아상을 형성합니다. 아울러 타인과의 관계 형성에도 도움이 됩니다.

⑤ **끈기가 쑥쑥**　매일 책임감 있게 행동하려면 끈기가 필요합니다. 요컨대 일상적인 집안일 돕기는 끈기와 참을성을 키워줍니다.

집안일을 시킬 때 유념할 사항들

① **아이가 하고 싶어 할 때가 집안일을 돕게 하는 적기**　만 2~3세가 되면 아이는 부모가 하는 일을 따라 하고 싶어 합니다. 이때 '시간이 걸리니까', '위험하니까' 등의 이유로 아이의 의욕을 받아주지 않으면 훗날 부모가 아무리 잔소리를 해도 아이는 집안일을 돕지 않을 수 있습니다. 그러니 아이가 관심을 보일 때 쉬운 일부터 하나씩 시키세요. 조금이라도 거들었다면 "고마워, 정말 잘해냈구나!" 하며 진심으로 고마워하고 듬뿍 칭찬해줍니다.

② **꾸준히 일관되게 시키기**　부모의 기분에 따라 집안일을 돕게 하거나 돕지 못하게 막아서는 안 됩니다. 끈기는 힘입니다. 끈기는 책임감을 갖게 하고 인내심을 키워줍니다.

③ **진짜 집안일 시키기**　장난감으로 흉내 내기에 그치는 것이 아니라 실제 집안일을 시킴으로써 아이는 위험을 피하는 능력과 다양한 생활의 지혜를 배울 수 있습니다. 아이는 부모의 행동을 하나하나 지켜보며 본보기로 삼아 끊임없이 배우지요. 태어날 때부터 완벽하게 척척 해내는 아이는 단 한 명도 없습니다. 부모가 곁에서 하나씩 가르쳐주고, 가르침이 조금씩 쌓여 아이 몸에 배는 것이지요. 때로는 집안일 돕기가 위험할 수도 있고 엄마 마음을 조마조마하게 할 수도 있습니다. 아이가 한 일을 엄마가 다시 마무리해야 할 때도 많습니다. 이처럼 아이에게 집안일을 돕게 하면 시간도 품도 두 배로 들지만 그 과정에서 아이가 크게 성장한다는 사실을 잊지 마세요.

④ **'고마워'라고 꼭 표현하기**　집안일을 마친 후에 고마운 마음을 언어로 표현하면 아이는 부모에게 도움이 되었다는 사실에 기쁨과 보람을 느끼고 거듭 돕고 싶다는 마음을 갖게 됩니다. 아울러 자신의 존재감을 만끽하지요. 이는 당당한 자신감으로 이어집니다.

매일매일 습관처럼 집안일 돕게 하기

아이는 '체험'을 통해 배우고 성장합니다. 식사 준비와 상차림, 뒷정리, 장보기, 청소, 빨래 등 아이가 다양한 체험을 즐길 수 있게 기회를 마련해주세요. 특히 집안일 돕기를 통해 생활의 기술을 습득하면 아이는 자신감과 독립심은 물론이고 앞으로 살아가는 힘을 얻을 수 있습니다.

우선은 자기 일을 스스로 마무리 짓게 하고 그다음은 엄마 아빠, 마지막에는 가족 모두에게 도움을 주는 일로 단계를 차근차근 높여갑니다. 매일 습관처럼 집안일을 도울 수 있게, 마치 당번처럼 아이에게 믿고 맡기는 것이지요. 생활 현장에서 몸에 익힌 기술과 지혜는 앞으로 사회인으로 살아가는 데 값진 재산이 된답니다.

또한 아이가 집안일을 돕는 동안 부모와 친밀한 유대감을 다지며 가족관계가 더 단단해질 수 있습니다. 조부모에서 부모로, 그리고 아이들에게로 생활의 지혜는 계승되고, 가족문화는 그렇게 전승됩니다.

식사 준비 돕기

대체로 기본 상차림이라고 하면 밥과 국, 반찬을 가장 먼저 떠올립니다. 아울러 상차림에 어울리는 기본 식기류는 밥그릇과 국그릇, 반찬 접시, 수저를 빼놓을 수 없지요. 식사 준비를 할 때 아이가 "저도 하고 싶어요, 저도 도울게요!" 하며 관심을 보인다면 아이와 함께 그릇 챙기기부터 준비해보세요.

그릇 놓는 방법

상을 차리기 전에 가족들이 앉을 자리를 확인한 다음 같이 식사할 인원수를 헤아려서 필요한 밥그릇과 국그릇, 수저를 준비합니다. 수저 받침대를 이용하면 식탁이 좀 더 깔끔하게 정리되고, 식사 도중에도 수저를 가지런하게 둘 수 있지요. 기본 상차림에서 국그릇은 오른쪽에, 밥그릇은 왼쪽에 놓습니다.

상차림 돕기가 끝났다면 "'고마워, 도와줘서!" 하며 인사를 꼭 건네세요. 그러면 아이는 엄마를 도왔다는 사실에 만족감을 느끼고, 그 만족감은 자신감으로 이어집니다.

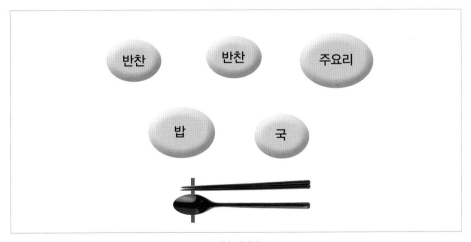

기본 상차림

음식 담은 그릇 옮기기

그릇 놓는 자리가 정해지고 수저를 가지런하게 챙기는 일에 익숙해지면 이번에는 밥을 담은 밥그릇을 식탁까지 가져가게 합니다. 갓 지은 밥은 굉장히 뜨거우니 양손으로 쥐어도 괜찮은지 거듭 확인한 다음에 아이에게 건네고, 그릇을 놓치지 않도록 조심조심 옮겨야 한다고 확실하게 지도해주세요.

국그릇은 그릇 놓기가 충분히 익숙해졌을 때 옮기게 해야 합니다. 처음에는 아주 적은 양을 국그릇에 담아서 건네세요. 아이가 흘리지 않고 그릇을 제자리에 놓았다면 듬뿍 칭찬해주시고요. 만약 국물을 흘리거나 그릇을 놓쳤다면 화상이나 상처를 입지 않았는지 바로 확인하고, 장난을 치거나 주의가 산만해서 그릇을 떨어뜨린 것이라면 그 자리에서 짤막하게 주의를 줍니다.

뒷정리하기

식사를 마친 다음에는 엄마와 아이가 함께 뒷정리를 합니다. 아이가 실수했을 때는 무턱대고 아이를 꾸짖지 말고 스스로 다시 준비하는 방법을 가르쳐주는 것이 훨씬 효과적입니다.

심부름하기

아이의 손을 잡고 장을 보러 가거나 물건을 사러 나가는 것을 하루 일과처럼 하다 보면 아이는 상점에 가는 길을 익히고 돈과 물건을 교환하는 상거래를 익힙니다. 장보기 활동에 익숙해지면 아이의 자립을 생각해서 물건 사오기 심부름을 시키세요. 다만 장보기 심부름을 시키려면 적어도 언어를 이해하고 다른 사람과 소통할 수 있는 만 5세 정도는 되어야겠지요.

안전한 길 미리 알아두기

요즘은 이웃과 왕래가 거의 없습니다. 따라서 아이가 심부름하는 것을 너무 쉽게 생각하지 말고, 안전한 길로 무사히 다녀올 수 있게 지도해야 합니다.

심부름을 시키기 전에 엄마가 아이 손을 잡고 상점을 자주 찾고, 평소 아이와 함께 안전한 길을 확인하면서 다니는 준비가 중요합니다. 만약 걱정된다면 상점에 미리 연락을 해두는 것도 좋아요.

상황을 미리 예측해 챙겨주기

물건을 사는 데 필요한 돈은 큼지막한 목걸이형 지갑이나 사선으로 어깨에 두르는 가방에 넣어줍니다. 물건을 사러 가기 직전에 쇼핑 품목을 적은 종이를 지갑이나 가방 안에 넣어주며 아이에게 한 번 더 확인시킵니다.

처음부터 여러 개의 물건을 사오게 하지 말고, 하나부터 시작하세요. 아직 글자를 깨치지 않은 아이를 위해 간단한 그림을 그려주는 것도 도움이 됩니다. 가게에 도착하면 무엇을 사고 싶은지를 가게 주인에게 똑 부러지게 말해야 한다고 가르쳐줍니다. 타인과의 대화를 통해 사회성과 함께 자립심을 키울 수 있습니다.

믿고 기다리기

육아 경험이 부족한 젊은 엄마 아빠가 특히 첫째를 키울 때는 아이의 성장을 가만히 지켜보거나 기다려주지 못해 모처럼 자라나는 성장의 싹을 자신도 모르게 싹둑 잘라버릴 때가 있습니다. 아이의 자립심을 키워주기 위해서도 좋은 의미에서의 인내심이 필요합니다. 한걸음 떨어져서 아이를 믿고 기다리는 일이 육아에서는 가장 중요하다는 사실, 잊지 마세요.

전화 받기

학교에서는 구체적인 전화 응대법을 가르쳐주지 않기 때문에 가정에서 확실하게 지도해야 합니다. 요즘 젊은이들은 전화 응대를 직장생활의 애로사항으로 꼽을 만큼 힘들어하는데, 어렸을 때부터 전화 받는 연습을 해두면 여러모로 도움이 되지요. 어른과의 전화 통화는 평소 잘 쓰지 않는 존댓말을 연습해보는 시간이 되기도 합니다.

어릴 때부터 연습을

부모의 모든 것을 흉내 내고 싶어 하는 아이들이 가장 원하는 것이 전화기로 상대방과 얘기를 나누는 것입니다. 이런 이유에서 만 2~3세 아이들은 전화벨이 울리면 제일 먼저 달려가서 수화기를 들려고 하지요. 이때 갑작스레 아이가 전화를 받으면 상대방이 놀라거나, 아이가 모르고 개인 정보를 노출할 우려도 있습니다. 따라서 발신자를 확인한 다음 친척이나 가까운 지인의 전화부터 받을 수 있게 지도하는 것이 낫지요.

아이에게 전화 예절을 가르쳐줄 때는 다음과 같이 전화 응대의 구체적인 방법을 반복해서 알려줍니다.

① "네, 저는 ○○○입니다" 하며 확실하면서도 또렷하게 먼저 이름을 밝힙니다.
② 상대방의 이름을 확실하게 묻습니다.
③ 전화를 바꿔주기 전에 "잠시만 기다려주세요" 하며 양해를 구합니다.

전화 받기에 익숙해지면 가족 이외의 사람과도 통화할 수 있게 연습합니다. 만약 전혀 모르는 사람이 전화를 걸어왔다면 바로 부모에게 전화수화기를 전달하라고 단단히 일러둬야겠지요.

한창 존댓말을 배우는 아이라면 '있어요'와 '계셔요'를 구분하는 존댓말 사용법을 전화 통화를 통해 쉽게 익힐 수 있습니다.

아이 혼자 집을 볼 때 전화가 왔다면

아이 혼자 집을 볼 때 전화가 걸려왔다면 위의 전화 응대에 충분히 익숙해지고 나서 전화를 받게 하세요. 만약 아이가 전화를 받는 것에 아직 서투르거나 여전히 불안하다면 아이가 절대로 전화를 받지 않게 해야 합니다. 또 부모의 전화와 다른 전화를 구별할 수 있게 해서 부모의 전화만 받도록 다짐해두면 좋겠지요.

아이가 충분히 대처하더라도 어른이 집에 없다는 사실은 외부로 드러나지 않게 조심해야 합니다. 예를 들어 "지금 엄마 없어요"가 아닌, "지금 화장실에 계셔요" 식으로 집에 보호자가 있는 시늉을 하는 방법을 미리 모색해두는 것이 좋겠지요.

동물 · 식물 기르기

어릴 때 동식물을 직접 보살피며 키우는 일은 아이의 정서를 길러주고 책임감과 과학적 안목도 키울 수 있으니 일석삼조이지요. 하지만 아이가 원해서 동물이나 식물을 기르기 시작해도 도중에 싫증을 내며 돌보지 않는 탓에 엄마가 뒤치다꺼리를 해야 하는 일도 종종 생깁니다. 동물이나 식물을 기른다는 건 살아 있는 생명체를 돌보는 일이라는 사실을 아이에게 충분히 인식시키는 것이 무엇보다 중요하겠지요.

깐깐히 사전조사하기

동물이나 식물을 기르기 전에 사전조사를 확실하게 합니다. 동물이나 식물을 기르려면 어떤 환경이 필요한지, 어떻게 키워야 하는지, 질병 등의 위험은 없는지, 동물의 수명은 어느 정도 되는지를 깐깐하게 살펴봅니다.

애완동물을 기르려면 독특한 냄새나 울음소리, 알레르기 문제도 미리 생각해봐야 합니다. 또 아파트와 같은 공동주택에서 동물을 키울 때는 이웃에게 민폐를 끼치지 않도록 더 조심해야 합니다. 식물은 키우기 전에 아이와 함께 보살피는 방법을 공부해두면 실제 기르기 단계에서도 관심을 갖고 돌볼 수 있습니다.

아이가 기르고 싶어 하는 동물이나 식물이 집에서 키우기에 적합한지를 온가족이 함께 얘기 나누고 구성원 모두의 이해를 구하는 일도 필요합니다. 사전조사와 준비 단계에서 이미 키우기가 시작되는 셈이지요.

아이가 할 일 정해주기

동물이나 식물을 집에 데려오기 전에 아이의 역할을 확실하게 정해주세요. 동물이나 식물을 보살피기 위해 언제, 어떤 일을 할 것인지 아이 스스로 다짐하게 합니다. 할 수 없는 일을 무턱대고 약속해버리면 도중에 포기하는 원인이 되니 충분한 대화를 통해 아이에게 맞는 역할을 정해주세요.

돌보는 일을 게을리 할 때

동식물을 매일 정성스럽게 돌봐주는 일은 아이에게 쉽지 않은 일입니다. 처음에는 기쁜 마음으로 열심히 보살피겠지만 조금씩 싫증을 내며 나 몰라라 할지도 모릅니다.

아이가 게으름을 피우며 자신의 책임을 다하지 않을 때 어른이 대신 책임을 떠맡는 일은 바람직하지 않습니다. 어른이 대신 해주다 보면 아이는 '아하, 내가 안 해도 엄마가 알아서 해주시구나' 하며 안일하게 생각하기 쉽습니다. 더욱이 '관심이 있을 때만 돌봐주면 그만'이라는 자기중심적인 태도를 고집할 수 있습니다.

이렇게 무책임한 상황에서는 생명의 소중함을 배울 수 없어요. 제대로 돌봐주지 않으면 생명체가 죽는다는 사실을 아이에게 거듭 일깨워주면서 스스로 책임을 다할 수 있게 어른은 한 발 뒤로 물러서야 합니다.

예를 들어 화초에 물을 주지 않으면 식물은 바로 시들어버립니다. 바싹 말라비틀어진 식물을 보는 순간 아이는 자신의 무책임한 행동을 반성하게 되지요. 동물도 마찬가지입니다. 동물의 마음을 헤아리며 생각해보는 시간을 마련해주고, 아이가 자신의 역할과 책임을 다할 수 있게 이끌어주세요.

동물이 세상을 떠났을 때

생명이 있는 것은 언젠가 세상을 떠나기 마련입니다. 특히 아끼고 사랑하던 반려동물이 세상을 떠나면 아이는 말할 수 없이 큰 충격을 받습니다. 그렇다고 해서 숨이 멎은 동물을 아이가 보지 못하게 숨기는 일은 전혀 의미가 없습니다. 동물의 상태에 따라 다르겠지만, 생명을 다한 동물을 만져보며 죽음을 느끼는 일도 필요합니다. 게임에서는 절대 실감할 수 없는 죽음의 실체를 진지하게 생각해보고 생명의 소중함을 뼈저리게 느낄 테니까요. '아이가 슬퍼하니까, 그렇게 슬퍼하는 모습을 보는 건 더 가슴이 아프니까'라는 이유로 아이 몰래 어른이 수습하는 것은 굉장히 안타까운 일입니다.

다만 반려동물이 감염성 질환을 앓다가 떠났다면 아이에게 동물을 만져보게 해서는 안 됩니다. 땅에 묻을 때는 허가받은 장소에 구멍을 깊게 파서 묻어주세요.

위생 관리와 알레르기 예방

동물이나 식물을 돌볼 때는 반드시 비누로 손을 씻도록 습관으로 들여주세요. 손 씻기를 통해 불필요한 감염을 피할 수 있어요. 또 아이가 알레르기 질환을 앓고 있다면 알레르기를 유발하는 구체적인 원인물질을 알아내서 아이의 증상이 심해지지 않게끔 배려하시고요.

예체능 교실 다니기

최근에는 입시 준비를 위해서 아주 어릴 때부터 아이에게 예체능 교육을 시키는 부모가 적지 않습니다. 물론 필요한 경우도 있지만 아이가 정말 원하는 수업인지, 아이에게 꼭 필요한 교육인지 진지하게 고민한 다음에 결정을 내려야 합니다.

예체능 교육의 장점과 단점

음악, 미술, 체육, 무용 등 예체능 학원을 다니는 일은 다양한 장점도 있지만 단점도 분명 있습니다. 장점은, 전문 학원에는 여러 아이들이 모이기 때문에 아이들끼리 교류의 장을 마련할 수 있고, 부모들은 부모들끼리 정보 교환의 장으로 활용할 수 있습니다. 단점은, 학원에 오가는 시간만큼 놀이 시간을 빼앗길 수 있고, 아이의 바람이 아닌 부모의 강요에 따라 학원을 다녀야 하는 일도 생기는 것입니다. 특히 육아 경험이 부족한 부모 가운데는 이웃집 엄마의 조언에 따라 사교육을 시키는 일도 있습니다. 물론 아이의 앞날을 생각해 특별한 예술인으로 키우려는 부모도 있을 테지만요.

부모의 기대보다는 아이가 원하는 방향으로

일본 최고의 야구선수인 스즈키 이치로(鈴木一朗, 1973~)는 어린 시절 아버지와 함께 매일 훈련장에 다니면서 지독한 연습을 거듭한 끝에 오늘날 야구 천재가 되었다고 합니다. 어떤 유명한 골프선수도 여섯 살 때부터 아버지를 따라 골프 연습장에 다닌 것을 계기로 골프의 매력에 빠졌다고 합니다. 이처럼 전 세계를 누비며 활약하는 최고의 운동선수들 중에는 어린 시절 부모의 열정과 기대에 부응하며 일류 선수로 성장한 성공담이 많습니다.

하지만 아이에 대한 부모의 기대는 부모의 꿈을 아이에게 강요하는 일인지도 모릅니다. '내 아이도 세계적인 스타가 될 수 있을 거야'라고 기대하기 쉽지만, 실제로 세계무대에서 활약하는 예술인의 삶을 보면 부모의 지원은 물론이고 상상을 초월한 노력과 천부적인 재능이 뒷받침되어야 한다는 녹록치 않은 현실을 깨닫게 됩니다. 예체능 교육은 우선 '하고 싶다', '열심히 하겠다'는 아이의 마음을 부모가 인정해주고 아이의 간절한 바람에 따라 시작하는 것이 가장 바람직합니다.

학원 고르기

영유아기 아이들이 다닐 만한 예체능 학원은 미술학원, 음악학원, 발레 교습소, 수영교실, 태권도학원 등 무궁무진합니다. 아이가 어떤 학원을 다닐지, 무엇을 배울지는 인터넷으로 검색해서 정보를 얻는 방법도 유용하지만 직접 학원을 찾아가서 현장을 체험하는 일도 반드시 필요합니다. 학원의 전체적인 분위기를 파악해서 학원생들끼리 서로 반갑게 인사를 나누고 교사에게 인사를 깍듯하게 잘하는 아이들이 모인 학원이라면 안심할 수 있겠지요. 그도 그럴 것이, 자라나는 아이들의 관점에서 가르치는 학원이라면 창의성은 물론이고 인성도 세심히 지도할 테니까요.

예체능 학원을 선택하기 전에 체험교실을 통해 아이와 함께 부모가 수업을 직접 경험해보는 것도 좋습니다. 다만 '어릴 적에 피아노를 꼭 배우고 싶었는데', '내가 미술을 못했으니까 내 아이만큼은 기죽지 않게 시켜야지' 등 부모의 어린 시절을 아이에게 투영하는 일은 바람직하지 못합니다. 아이의 관심과 흥미를 소중히 여기고 끈기 있게 배울 수 있는지, 부모로서 지지해줄 수 있는지를 신중하게 생각해야 합니다.

즐겁게 오래 다닐 수 있도록 격려하기

아이가 특정 수업에 관심을 보이기 시작하면 부모는 아이의 타고난 기질과 능력을 면밀히 살핀 다음 아이를 지원해주고 격려해줘야 합니다. 이때 부모가 앞장서서 장애물이나 성가신 문제를 해결해줄 필요는 없습니다. 일단 아이의 학원 생활을 곁에서 든든히 지켜봐주세요. 아이가 불평불만을 말하기도 전에 부모가 미리 나선다면 아이의 독립심과 자율성은 자라기 힘듭니다.

부모의 강요에서 시작된 수업이 아닌 스스로 하고자 하는 의욕에서 예체능 수업을 받으면 아이의 마음은 풍요로워져 열심히 노력하게 됩니다. 열심히 노력하는 마음은 끈기로 이어지고, 지속하는 힘은 아이에게 자신감을 선사합니다.

예체능 교육에서 가장 주안점을 두어야 할 부분은 아이가 즐겁게 오래오래 다닐 수 있느냐의 문제입니다. 일주일에 한두 번 정해진 시간에 정해진 규칙에 따라 학원에 다니는 일은 사회성을 기르는 데에도 크게 도움이 되거든요.

혼자서 집 보기

아이를 덩그러니 혼자 남겨두고 보호자가 집을 비우는 일은 형이나 누나가 함께 있다고 하더라도 절대 해서는 안 되는 일입니다. 특히 젖먹이는 어른이 잠시만 한눈을 팔아도 생사의 기로에 설 때가 많습니다. 아이가 좀 더 커도 마찬가지입니다.

아이 혼자 두고 집을 비우지 않는 것이 원칙

만 4~5세가 되면 기본 생활습관이 몸에 붙고 어른의 손이 덜 가기 때문에 혼자 집을 보게 해도 괜찮다고 생각하는 부모가 있을지 모릅니다. 하지만 어른이 집 안에 없으면 외부와 접촉할 일이 생겼을 때 아이 혼자 대처해야 하기 때문에 범죄에 휘말릴 우려가 있습니다.

기본적으로 초등학교 입학 전에는 혼자서 집을 보게 하는 일은 피해주세요. 피치 못할 사정으로 아주 잠깐만 집을 비울 때는 아래의 조치를 단단히 해두고 외출해야 합니다.

① 현관문을 확실히 잠그고 외출합니다.

② 아이가 전화를 받지 않게 하거나, 전화를 받더라도 "지금 엄마가 많이 바쁘셔서 나중에 다시 전화 드린대요" 하며 상대방의 이름과 전화번호를 묻게 합니다. 다만 후자는 대응을 척척 잘할 수 있을 때 시킵니다. 전화를 끊은 후에는 바로 부모 휴대전화로 연락하게 해서 안심할 수 있게 조치합니다.

③ 현관 벨이 울려도 응답하지 않도록 얘기해주세요. 그도 그럴 것이, 방문자에 대한 응대는 전화보다 훨씬 어렵기 때문입니다. 영유아라면 사람이 집에 없는 것처럼 응답을 아예 하지 않는 것이 낫습니다. 다만 전화를 받지 않고 벨소리에도 인기척

이 없으면 빈집털이의 표적이 될 수도 있습니다.

여하튼 외출 시간이 길어질수록 아이가 위험해진다는 사실을 반드시 기억해주세요. 평소 이웃과 인사를 나누며 서로 왕래를 하는 등 다양한 방법으로 지역 주민과 유대감을 다져두면 잠시 외출할 때 이웃의 도움을 받을 수 있습니다. 지역 공동체와 어우러져 아이를 돌보고 키우는 일이 아이의 안전을 지켜줄 수 있다는 점, 잊지 마세요.

집 보기 규칙 정하기

혼자서 집을 볼 수 있는 연령대는 몇 살이라고 딱 잘라서 말하기는 힘들지요. 아이의 발달 정도와 성격을 살펴서 부모와 자녀가 집 보기의 규칙을 함께 정하는 일이 중요합니다. 잠시라도 아이가 집을 잘 보고 있었다면 충분히 칭찬해주세요. 만약 엄마와의 약속을 제대로 지키지 않았더라도 혼자 집을 지켰다는 사실을 인정해주고 격려해준 다음 아이와 함께 규칙을 지키는 것에 대한 대응책을 모색하는 것이 아이의 자신감을 꺾지 않는 방법입니다.

유치원 생활
가이드

의사 표현 또렷이 하기

아이가 자신의 생각과 마음, 감정을 표현할 줄 알면 부모 입장에서 유치원이나 어린이집 생활이 한결 안심이 됩니다. 유치원에서든 가정에서든 자기 생각을 자유롭게 표현하는 훈련을 통해 아이가 말하기에 자신감을 갖고 자신의 마음을 또렷이 전할 수 있게 도와주세요.

생각이나 마음을 말로 표현하지 못해 생기는 일들

유치원에서 사이좋기로 유명한 세 친구가 '몬스터 놀이'를 하며 재미나게 놀고 있었습니다. 잘 노는가 싶었는데 갑자기 티격태격 싸움이 일어났지요. 아이들에게 그 이유를 묻자 A가 느닷없이 화를 냈다고 합니다. A에게 물었더니 엉엉 울기만 할 뿐 아무 말도 하지 못했습니다. 그래서 A가 울음을 그치길 기다렸다가 다시 물었더니 "저는 몬스터가 되기 싫어요. 그런데 그 말을 할 수 없었어요. 그래서 막 화가 났어요" 하며 기어들어가는 목소리로 대답했습니다. 이처럼 유치원에서는 자신의 생각이나 마음을 제대로 표현하지 못해서 친구들과 다투는 일이 종종 있습니다.

유치원에서 지도하기

자신의 생각을 또렷이 표현하는 아이로 키우려면 어떻게 지도해야 할까요? 유치원에서 생활할 때는 교사가 부모나 다름없습니다. 즉 교사는 아이들을 세심하게 관찰해서 놀이 시간이나 생활 현장에서 자신의 생각이나 마음을 언어로 표현할 수 있게 이끌어주지요. 이를테면 아이들끼리 다툼이 생겼을 때 교사는 개입해야 할 적절한 순간을 가늠한 다음 저마다의 사정을 말할 수 있게 여유를 갖고 아이들에게 물어봅니다.

또 아이들이 마음속으로 생각하는 바를 겉으로 드러내서 말할 수 있는 기회를 마련해주는 수업도 합니다. 처음에는 소모둠 놀이나 수업 활동에서 시작합니다. 아이의 관심 분야나 특기를 찾아내서 교사가 적극적으로 다가가기도 합니다. 예를 들어 곤충을 좋아하는 아이라면 잡은 곤충이 어떤 곤충인지, 곤충을 만져본 촉감은 어떤지를 물어보며 표현할 수 있는 기회를 만들어주지요.

유치원에서 아이가 교사에게 자신의 얘기를 편하게 할 수 있으려면 먼저 교사를 믿고 의지하는 신뢰 관계가 구축되어야 합니다. 교사는 건강 상태, 성격, 관심 분야, 친구 관계, 가족 구성원 등 아이에 관한 것을 두루 파악하고 평소 아이와 함께 흥미 있는 대화를 나누며 원활한 소통에 힘써야겠지요. 그렇게 서로 친밀한 관계가 형성되면 아이가 교사에게 조금씩 마음을 열게 될 것입니다.

교사와 학부모의 신뢰 관계도 중요합니다. 부모가 교사를 전적으로 신뢰하면 아이도 마찬가지로 교사를 믿고 따르게 될 테니까요.

가정에서 지도하기

가정에서는 아이가 말할 때 "으응, 그랬구나!" 하며 고개를 끄덕이면서 천천히 들어주세요. 간혹 아이의 말을 중간에 끊으며 엄마가 대신 말해주는 경우도 있는데, 이렇게 엄마가 앞질러 말하다 보면 아이는 말하고 싶은 의욕을 잃어버리고 스스로 생각해서 얘기하려는 노력을 게을리 할지도 모릅니다.

가까운 친척이나 이웃 친구를 자주 만나게 해서 편한 분위기에서 말할 수 있는 기회를 자꾸 만들어주는 것도 좋아요. 친척이나 친구에게 말하다 보면 말하기가 즐거워지고 당당하게 발표할 줄 아는 아이로 자라날 거예요.

몸이 아플 때 바로 알리도록 가르치기

점심시간에 여자아이 둘이 찾아왔습니다. 그중에서 B가 "선생님, A가 배가 많이 아프대요" 하며 친구의 몸 상태를 대신 말해주었습니다. A에게 직접 물어보자 얼버무리며 말을 제대로 하지 못하기에 B에게 물어서 가까스로 대처를 했습니다. 이처럼 교육 현장에 있다 보면 자신의 몸 상태를 말하지 못하는 아이들을 많이 만납니다.

의사 표현을 확실히 해야 하는 경우는 갑자기 몸이 아플 때예요. 몸이 많이 아픈데 아무 말 없이 참고 있으면 어떻게 되는지를 얘기해주고 "유치원에서 몸이 아플 때는 담임선생님이나 다른 반 선생님에게 꼭 얘기해!"라고 알려주세요. 담임교사가 아니더라도 유치원 교사는 모두 몸이 약하거나 불편한 아이들을 발견하면 적절히 대처하도록 되어 있습니다.

교사 입장에서, 만약에 아이가 계속 울먹이며 말을 못 한다면 우선 아이가 마음의 안정을 찾기를 충분히 기다렸다가 그 이후에 아이에게 천천히 물어봐주는 것이 좋아요. 무턱대고 아이를 다그치지 말고 가족 얘기나 좋아하는 놀이, 그림책, 종이접기 등 아이가 흥미를 가질 법한 얘기부터 대화거리로 삼으세요.

교사의 말 따르기

단체생활에서는 아이가 교사의 지시에 따라 행동하는 것이 매우 중요하고 꼭 필요합니다. 영유아기 아이들은 의사결정 능력이나 안전 의식이 어른에 비해 많이 부족하기 때문에 사회규범을 차근차근 알려주고 절제하는 힘을 기르게끔 지도하는 일은 매우 의미 있는 교육입니다.

안전 의식과 감정 조절을 익힐 수 있는 기회

어린아이들은 안전 확보나 행동 예측, 의사결정 능력 등이 아직 미흡한 상태입니다. 줄 맞춰 걷기, 차례 기다리기, 목표 지점까지 전속력으로 달리기, 조용히 하기 등의 기본 행동을 행사나 놀이를 통해 체험하고, 이 기본 행동들은 어른이 되었을 때 공중도덕 지키기, 재해 대피 행동으로 이어져 안전하게 생활하는 기반이 됩니다. 또 이렇게 하면 저렇게 된다는 행동 예측도 할 수 있지요. 하지만 오늘날 많은 부모들이 자유, 자발 등을 양육에서도 중요하게 여기고 있어 교사의 지시에 따르지 않는 아이들이 늘어나고 있습니다.

자기주장이 너무 강하고 어른의 말을 따르지 않는 아이의 경우 가정에서의 양육 방식, 훈육 방법에 문제가 있을지도 모릅니다. 단체생활에서 교사의 지시에 따르는 일은 안전 의식을 높이고 감정을 조절하는 훈련의 시간이 됩니다. 그러니 교사의 말을 잘 따랐을 때는 듬뿍 칭찬해주고, 지시 내용이나 상황에 따라서는 아이의 잘못을 단호하게 일깨워줘야 합니다.

아울러 부모와 교사는 아이보다 먼저 태어나서 생활한 어른으로서 절제와 자기통제력을 실천하는 모습을 본보기로 보여줘야 합니다. 어릴 때 뇌에 새겨진 좋은 경험은 반항기를 보내고 어른이 되었을 때 의외의 장면에서 도움이 될 수 있지요.

교사에게 공손히 인사하기

인사란 인간관계를 부드럽게 하기 위해 사람과 사람이 예의를 갖춰 나누는 말이나 행동을 말합니다. 인사를 통해 서로 관계를 맺고 소통하는 계기도 마련되지요. 하지만 인사 방식에 따라서는 정반대의 결과를 가져오기도 합니다. 아이가 교사에게 공손히 인사를 하도록 가르치는 것은 교사에 대한 존중을 표시하고, 교사가 한 번 더 아이를 살피게 하는 효과도 있습니다.

반듯한 인사의 모범 보이기

인사하는 습관은 어릴 적부터의 가정훈육이 크게 영향을 미칩니다. "인사해" 하고 엄하게 훈육하라는 말이 아닙니다. 부모가 일상생활에서 깍듯하게 인사하는 모습을 보여주는 것이 가장 바람직합니다.

부모가 아이에게, 또 이웃사람에게 밝은 목소리로 인사하면 아이도 부모의 모습을 따라 하며 인사하는 습관이 저절로 몸에 붙겠지요.

강요하지 않기

집에서는 인사를 예쁘게 잘하는데 유치원에서는 부끄러워서 혹은 낯선 장소에서의 긴장감 탓에 인사를 제대로 하지 못하는 아이가 많습니다. 유치원에 등원할 때는 "안녕하세요", 하원할 때는 "안녕히 계세요"라는 인사를 하지 못하는 아이에게 "선생님께 인사하렴. 인사 하나도 제대로 못 하니?" 하며 윽박지르는 부모가 있는데 아이가 인사법을 익히게 하는 데는 별로 도움이 되지 않습니다.

'인사하고 싶다'는 마음 갖게 하기

아이를 다그치거나 윽박지르는 것보다 매일 교사에게 인사하는 엄마의 모습을 보여주는 것이 아이의 인사하는 행동을 쉽게 이끌어낼 수 있습니다. 그도 그럴 것이 아이에게 가장 소중한 엄마가 교사와 인사를 나누고 친하게 얘기 나누는 모습을 보면 아이도 안심하고 교사에게 인사하게 될 테니까요.

유치원 교사는 아이가 인사하고 싶다는 마음을 저절로 가질 수 있게 신뢰를 쌓는 일에 신경 써야 합니다. 환하게 웃는 모습으로 아이들 한 명 한 명과 매일 인사를 나누고, 아이가 먼저 인사를 건네면 진심으로 기쁘게 받아줌으로써 아이가 인사의 의미를 스스로 느낄 수 있게 이끌어주면 좋겠지요.

교사를 도와 심부름하기

집에서도 심부름을 한다면 유치원이나 어린이집에서도 교사를 도와 심부름을 하도록 지도해주세요. 교사와 친구들을 돕는다는 생각에 더욱 즐겁게 유치원 생활을 할 수 있을 거예요.

자기효능감 기르기

자기효능감(self-efficacy)이란, 쉽게 말해서 '나는 그 일을 할 수 있다는 기대와 자신감'을 말합니다. 요컨대 자기 자신에 대한 신뢰감, 자신의 능력에 대한 믿음이라고 말할 수 있지요.

인간이 어떤 행동에 도전할 때 '난 할 수 있다'는 생각, 즉 자기효능감은 매우 중요합니다. 그도 그럴 것이 자기효능감이 높은 사람은 '도전해보자'며 진취적으로 행동하지만, 반대로 자기효능감이 낮은 사람은 '난 안 될 거야, 난 못 할 거야' 하며 포기하는 일이 많으니까요.

영유아기는 어른의 도움이 많이 필요한 시기이지만, 기본 생활습관이 자리 잡으면서 스스로 할 수 있는 일이 하나씩 늘어나는 시기이기도 합니다. 할 수 없는 일, 하지 못했던 일을 조금씩 해나가는 과정에서 '난 할 수 있어!' 하는 자기효능감이 싹트지요.

도움의 기회 만들기

기본 생활습관을 혼자 힘으로 해내는 만 3세 즈음의 아이들은 자신감을 갖고 도전하려는 모습을 자주 보입니다. 또 좋아하는 교사나 친구들을 돕는 일에 큰 기쁨을 느끼지요. 아이의 이런 모습이 보이기 시작하면 아이가 남을 도울 기회를 자주 마련해줘야 합니다. 심부름을 통해 타인에게 도움을 주는 경험을 하면 아이의 자기효능감이 높아지고 다양한 일에 도전하려는 의욕이 샘솟지요.

간단한 심부름부터 시작하기

심부름은 아이가 쉽게 해낼 수 있는 일부터 시작해야 합니다. 갑자기 어려운 일을 시켜서 아이가 자신감을 잃지 않도록 세심하게 배려해주세요.

아이가 심부름을 잘 마쳤을 때는 반드시 "고마워" 하며 인사말을 건넴으로써 아이가 타인에게 도움이 되었다는 기쁨을 스스로 느끼게 하는 것이 중요합니다. 심부름을 강요하는 것이 아니라 스스로 남을 돕고 싶어 하는 마음이 생겨날 수 있게 이끌어주는 센스도 잊지 마시고요.

교사의 말을 부모에게 전하기

말하고 듣는 습관이 어느 정도 자리를 잡으면 교사의 말을 부모에게 전하는 미션을 주세요. 듣기와 말하기를 동시에 해야 하기 때문에 쉽지 않겠지만 간단한 말부터 시작하면서 익숙해지도록 격려해주세요. 더불어 알림장을 유용하게 활용할 수 있도록 차근 차근 지도해주세요.

언어의 발달 단계

다른 사람의 말을 귀담아 듣고 누군가에게 전하려면 어느 정도 언어 발달이 뒷받침되어야 합니다. 영유아기는 언어가 눈에 띄게 발달하는 시기입니다. 생후 2개월부터 "아", "어" 하는 의미 없는 옹알이를 시작하고, 첫돌 즈음에는 "엄마, 맘마" 등 간단한 단어를 기억해서 말합니다. 생후 18개월부터 24개월 무렵에는 "멍멍, 귀여워", "까까, 줘" 식으로 두 단어를 말하면서 아주 빠른 속도로 어휘를 늘려갑니다. 생후 30개월부터 36개월에는 자신의 바람이나 경험, 주위 상황 등에 대해 간단한 문장으로 표현하며, 만 4~5세가 되면 어른과 기본적인 대화를 나눌 수 있게 됩니다.

생활 속 듣기 연습

어린이집이나 유치원에서는 교사의 말을 들어야 하는 상황이 무척 많습니다. 하지만 영유아기 아이들은 말하기보다 듣기를 훨씬 더 어려워합니다. 따라서 생활 속에서 선행되어야 하는 듣기 연습으로는 아이가 말하고자 하는 마음을 소중히 여기면서 아이의 얘기를 충분히 들어주는 일이 우선되어야 합니다. 이런 과정이 거듭되면 아이는 조금씩 남의 얘기에도 관심을 갖고 차분하게 들으려고 합니다. 어린이집이나 유치원에서는 일대일로 교사의 얘기를 듣는 연습을 자주 시키고, 점차 여러 아이들이 함께하는 자리에서 교사의 말을 귀담아 듣는 훈련을 늘려나가세요.

교사의 말을 전할 기회 만들기

교사의 얘기를 귀담아 듣는 일에 익숙해지면 그다음에는 교사의 말을 집에 전할 기회를 마련해주세요. 예를 들어 "모두 로봇을 만들고 싶어 하니까 집에 우유팩이 있는 친구들은 내일 가져오세요" 하며 아이가 관심 있어 하는 놀이에 관한 내용을 간단한 단어로 설명하면 아이도 호기심을 가지고 경청하고, 들은 내용을 부모에게 전하게 됩니다. 처음에는 완벽하게 전하기 힘들 테니 아이가 실수해도 되는 사소한 내용으로 시작하고, 익숙해지면 조금씩 어려운 내용으로 단계를 높여갑니다. 가정에서도 아이가 유치원 생활이나 교사의 말을 전할 수 있는 기회를 종종 마련해주면 아이의 언어 발달에 크게 도움이 됩니다.

알림장 챙기기

아이가 유치원이나 어린이집에 다니면 다양한 종류의 편지글을 접하게 됩니다. 먼저 모든 가정에 보내는 일종의 가정통신문이 있는데 '유치원 소식', '교육 계획안', '식단표', '건강 소식' 등 종류가 참으로 다양합니다. 이들 소식지는 유치원 생활이나 유치원 생활에 필요한 연락 사항, 자녀교육에 관한 정보 등을 가정에 알리는 중요한 역할을 담당합니다. 또 한 가지는 교사가 개별 가정에 보내는 편지, 각 가정에서 유치원으로 보내는 편지를 꼽을 수 있지요. 이는 대개 '알림장'이라는 형태로 부모와 교사가 서로 소식을 공유하는 편지글입니다.

가정과 유치원을 잇는 알림장은 대부분 아이가 중간에서 메신저 역할을 하지요. 하지만 처음부터 아이가 책임감을 가지고 알림장을 집에 가져오고, 또 엄마가 보내는 편지를 유치원에 척척 챙겨 갈 수는 없습니다. 아이가 기본 생활습관을 익히고 혼자 힘으로 자가 할 일을 해낼 수 있는 만 3세 정도가 되면 조금씩 알림장을 챙기는 기회를 만들어주세요.

교사는 먼저 알림장에 아이의 이름을 큼지막하게 써둡니다. 혹시라도 알림장을 잃어버리거나 바닥에 떨어뜨렸을 때 쉽게 찾을 수 있게요. 그리고 아이들에게 알림장을 건네며 "알림장은 소중한 편지니까 집에 가자마자 부모님께 꼭 보여드려요" 하며 확실하게 지도합니다.

처음에는 부모에게 알림장을 보여주지 않은 채 그대로 등원하는 일도 있습니다. 따라서 부모는 아이가 익숙해지기 전까지 직접 유치원 알림장을 확인해야 합니다. 하루하루 경험이 쌓이다 보면 아이는 알림장을 스스로 척척 챙길 수 있게 됩니다.

친구와 놀기

유치원이나 어린이집은 또래의 아이들과 함께 생활하는 공간입니다. 아이들은 단체생활을 하며 친구를 사귀고 함께 노는 즐거움을 경험합니다. 하지만 처음부터 친구들과 재미나게 노는 건 쉬운 일이 아니지요.

놀이 방식의 변화

아이들이 친구가 되어서 서로 사이좋게 지내려면 몇 단계를 거쳐야 합니다. 생후 30개월이 되면 주위 아이들에게 관심을 가지고 또래가 노는 모습을 가만히 지켜봅니다(방관자적 놀이). 만 2세까지는 주로 혼자서 놉니다(혼자놀이). 만 3세가 되면 똑같은 놀이를 같이 하지만 아이들끼리 서로 교류는 없습니다(평행놀이). 만 4세가 되면 드디어 함께 어우러져 노는데 명확한 역할 분담은 아직 없습니다(연합놀이). 만 5세가 되면 친구들과 이미지를 공유하면서 역할 분담을 하고 함께 뛰어놀 수 있습니다(협동놀이). 부모들은 자녀가 친구와 잘 사귀고 사이좋게 재미나게 놀기를 바라지만, 우선은 아이의 발달을 지켜보고 지도하는 것이 중요합니다.

친구에게 다가가도록 돕기

아이가 또래에게 관심을 갖고 함께 놀고 싶어 하는 마음을 자주 내비친다면 또래와 함께 노는 기회를 많이 만들어주세요. 처음에는 '나랑 같이 놀자'라는 말을 못 해서 머뭇거리거나, 또래 집단에 어떻게 끼어야 할지 몰라서 친구들이 싫어하는 행동을 저지르기도 합니다. 이럴 때는 교사가 본보기를 보여주면서 "나도 끼워줘" 하며 또래와 함께 놀 수 있게 이끌어주어야 합니다. 교사의 모습을 보면서 아이는 친구와 어울리는 방법을 조금씩 배워갑니다.

모처럼 "나도 끼워줘" 하며 용기를 냈는데 "싫어!" 하며 상대방이 고개를 내저을 때도 있습니다. 단순히 장난으로 싫다고 하는 경우도 있지만 "놀이에 필요한 앞치마가 없으니까 넌 안 돼!" 식으로 아이들 나름대로 거절의 이유가 명확할 때도 있습니다. 그런 경우에 교사는 아이들을 지켜보면서 또래와 쉽게 어울리지 못하는 아이가 친구들과 함께할 수 있는 방법을 진지하게 모색해야겠지요. 무엇보다 반 친구들이 모두 함께 노는 경험이 중요합니다.

장난감 사이좋게 갖고 놀기

7월의 어느 날, 유치원에 새로운 놀이기구가 들어왔습니다. 며칠 전에 그네의자 부위에 작은 틈이 있는 것을 발견하고는 새로 들인 기구였지요. 이왕 구입하는 것이니까 조금 다른 종류를 주문하고 싶어서 '타잔 로프'라는 대롱대롱 매달리는 유형을 골랐습니다. 새로운 놀이기구에 아이들은 환호했습니다. 예상한 대로였지요.

아이뿐만 아니라 어른도 흥미가 당기는 일, 재미있을 것 같은 관심사에는 열정적으로 몰두합니다. 혼자서 독점하고 싶은 마음도 생기지요. 잠시 지켜보고 있자니 대부분의 아이들은 한 사람씩 차례차례 그네를 타고 있었습니다. 그런데 새내기 유치원생 한 명이 타잔 로프를 독점하며 내려오려고 하지 않았지요. 그러자 뒤에서 차례를 기다리던 몇몇 아이들이 줄을 당기기 시작했습니다.

스스로 규칙을 배우는 아이들

'위험하네, 내가 나설 차례구나!' 하며 가까이 다가가려는 순간, 상급반의 한 아이가 "타잔 로프 놀이는 30까지 세고 나서 다음 사람이 타는 거야. 나도 마찬가지!" 하며 나섰습니다. 그러자 지금까지 뒤엉켜서 지켜보던 아이들이 한 줄로 서며 "하나, 둘" 숫자를 세기 시작했습니다. 타잔 로프를 멋지게 잘 타는 아이에게는 "우와!" 하며 박수를

쳐주고, 떨어질 것 같은 아이에게는 "에이!" 하며 웃음을 건네고, 큰아이는 어린아이를 뒤에서 밀어주기도 했습니다. '내가 나서지 않기를 정말 잘했네!' 하며 입가에는 저절로 미소가 번졌지요. 연령대가 다양한 아이들과 함께 뛰어놀면서 자연스럽게 규칙을 배우는 소중한 시간이었습니다.

'깍두기' 규칙의 따뜻함

혹시 '깍두기'라는 역할을 아시나요? 예전의 놀이에서는 편 가르기 게임을 할 때 이쪽 저쪽 두루 편이 될 수 있는 어린아이를 흔히 깍두기라고 불렀지요. '왕따'와는 전혀 다른 개념입니다. 인원수가 모자라도 힘이 조금 달려도 예전에는 큰아이가 동생들을 돌보며 함께 어우러져 놀았습니다. 시대는 변했지만 단체생활에서 좀 더 나이가 많은 아이가 자기보다 어린 아이에게 생활의 규칙을 전하고, 그것을 서로 소중히 여길 수 있게 어른들이 이끌어주면 좋겠습니다.

친구를 밀거나 때리지 않기

3월이면 유치원 여기저기에서 울음소리와 함께 "엄마 보고 싶어요, 집에 가고 싶어요!"라는 앓는 소리가 가득합니다. 첫 사회생활의 시작이니 혼란스럽겠지요. 부모들 역시 불안합니다. 그래서 아이가 유치원에 다녀올 때마다 "친구가 때렸니? 누가 괴롭혔어?" 하며 걱정하는데, 사실 친구 문제는 상대방의 마음을 헤아리며 인간관계를 맺는 방법을 배울 수 있는 소중한 기회입니다.

싸우면서 자라는 아이들

유치원 생활에 조금씩 적응하면서 주위 친구들이 눈에 들어오기 시작하면 드디어 본격적인 싸움의 막이 오릅니다. 대체로 아이들의 다툼은 "밀었다", "밀쳤다" 등의 티격태격하는 행동에서 시작합니다. 달리 말해 서로 밀거나 치지만 않으면 아이들은 사이좋게 놀기 위한 첫 테이프를 산뜻하게 끊을 수 있습니다.

그런데 산뜻한 첫 출발이 생각보다 쉽지 않은 것 같습니다. 자기 생각을 말로 세련되게 표현하지 못하는 데다 집에서는 자기 마음대로 해도 됐던 일이 유치원에서는 잘되지 않을 때도 많습니다. 그러니 밀치기도 하고 때리고 싶을 때도 있는 것이지요.

조금 지나면 밀치거나 때리는 아이들의 다툼은 서서히 줄어듭니다. "빌려달라고 먼저 말하렴", "끼여들지 않기!"와 같은 교사의 조언을 통해 규칙이 있다는 사실을 알게 되고, 자신의 기분이나 생각을 말로 표현하기도 합니다. 하지만 가장 먼저 배워야 할 것은 상대방의 마음을 헤아리는 배려심이 아닐까요?

누군가 밀치거나 때리면 한쪽에서는 "ㅇㅇ가 때렸어요!" 하고 울며불며 소리를 지릅니다. 또 다른 쪽에서는 "이제 다시는 너랑 놀지 않을 거야!" 하고 입을 쭉 내밀며 자기 기분을 먼저 앞세우기도 합니다. 그런데 또래끼리의 다툼은 많은 것을 배울 수 있는 소중한 기회입니다. 아이 스스로 사랑받고 있음을 충분히 느끼고 단체생활에 씩씩하게 도전할 수 있었으면 합니다.

자신을 마음껏 표현하고 상대방의 아픔도 느낄 줄 아는, 친구들이랑 시간과 공간을 공유하는 기쁨을 아이가 만끽할 수 있게 이끌어주세요.

"고마워", "미안해"라고 말하기

여름방학을 코앞에 두고 1학기를 마무리하는 어느 날이었습니다. 여자아이 A의 울음소리가 크게 들려서 교실로 뛰어가 보았더니 담임교사는 훌쩍거리는 아이를 달래주고 있었고, 그 옆에 남자아이 B가 나란히 서 있었습니다.

사정을 들어보니 A는 B가 갖고 놀던 블록을 발로 밟았고, 뭉개진 블록을 보고 속이 상한 B는 "뭐야!" 하며 고함을 질렀다고 합니다. 고함소리에 깜짝 놀란 A는 울음을 터뜨리고 말았고요. 내일부터 여름방학인데 이렇게 찜찜한 기분으로 헤어지게 할 수는 없다고 판단한 담임교사가 중재에 나섰던 셈이지요. 그런데 "미안해" 하며 씩씩하게 사과한 아이는 B였습니다. A는 "그냥 무서웠어요" 하며 마냥 울먹였습니다.

A를 데리러 온 엄마에게 담임교사는 "저도 어릴 때 '미안해' 하는 말을 제대로 못 했어요. 하지만 아주 조금씩 나아졌지요. 집에 돌아가셔서 아이의 마음을 천천히 들어주세요"라고 귀띔하면서 두 모녀를 배웅했습니다.

그런데 잠시 후 A가 엄마와 함께 유치원으로 되돌아왔습니다. 그리고 B에게 "미안해!"라고 사과하며 악수를 했습니다. 이렇게 해서 1학기의 마지막 시간이 훈훈하게 마무리되었습니다.

가르치기 어려운 한마디

어른의 입장에서 '미안해'는 하기 쉬운 말입니다. 하지만 아이들에게는 가르치기 어려운 인사말이기도 합니다. 단순히 발음할 수 있다고 해서 상황에 맞게 척척 내뱉을 수 있는 말이 아닙니다. 주변 분위기를 감지하고 "미안해"를 연발하는 아이도 있지만, 진심이 담겨 있지 않으면 오히려 듣는 사람에게 반감만 살 따름입니다.

엄마의 손을 잡고 집으로 돌아가면서 과연 A는 엄마와 어떤 얘기를 나누었을까요? 꼭 붙잡은 손의 온기를 느끼지 않았을까요?

아이 혼자서 "미안해"라고 말하지 못할 때는 어른이 함께 말해주는 것도 하나의 방법입니다. 물론 억지로 강요하는 것이 아니라 따스한 응원이 필요하겠지요. A는 뒤에서 지켜보는 담임교사와 세상에서 가장 좋아하는 엄마가 곁에 있었기에 스스럼없이 "미안해" 하고 사과할 수 있었을 거예요. 가까운 시일 내에 분명 혼자 힘으로 "미안해"라는 말을 할 수 있게 되리라 확신합니다. 그 순간의 따스한 미소가 눈가에 떠오르는 듯합니다.

친구의 아픔에 공감하기

타인에 대한 공감은 갓난아기 때부터 존재한다고 합니다. 하지만 단순히 나이를 먹는다고 해서 공감 능력이 저절로 자라는 것은 아닙니다. 적절한 환경이 갖춰지고 공감 능력을 몸에 익히는 노력을 했을 때 타인의 마음을 헤아려 고개를 끄덕일 수 있지요. 상대방의 처지에서 생각하는 일은 타인과 적절히 소통해나갈 때 가능해집니다.

부모가 먼저 공감해주기

아이에게 공감 능력, 특히 상대방의 아픔을 이해하는 능력을 키워주려면 부모가 아이에게 공감해주는 일이 가장 중요합니다. "우리 아가 배고팠구나", "많이 아팠겠구나", "슬프구나" 하며 아이에게 말을 겁니다. 이는 아이의 행동이나 아이가 처한 상황에서 아이의 기분을 상상하고 언어로 표현한 것입니다. 이처럼 부모가 자신의 마음을 헤아려주고 알아주면 아이는 기분이 좋아지고, 역시 자신도 상대방에게 공감하기 위한 방법(말 걸기)을 익혀나갑니다.

초등학교 입학 전에 유치원에서 단체생활을 체험하는 중요한 이유는 아이들끼리 서로 공감하고 협동심을 익히기 위해서입니다. 영유아기에 또래나 형제들과 장난감 쟁탈전을 벌인 아이들은 폭력이 아닌 언어를 매개로 문제를 해결하려고 합니다. 폭력으로 친구의 장난감을 뺏는 일은 사회적으로 용납이 안 된다는 사회규범과, 친구에게 슬픔과 고통을 줄 수 있다는 사실을 체험을 통해 배우기 때문이지요. 간혹 친구를 때린 아이를 훈육할 때 똑같이 아이를 때려서 상대의 고통을 아이에게 알려주려는 부모가 있는데, 아이 관점에서는 '이유가 있으면 때려도 된다'고 잘못 받아들여서 다시 친구를 때리는 행동으로 이어질 가능성이 높습니다. 따라서 부모는 상대방의 아픔을 헤아리는 방법을 고민하면서 훈육을 해야 합니다.

급식 맛있게 먹기

식사는 인간이 생명을 유지하고 활동하는 데 필요한 영양소를 섭취하는 일이지만 단순히 영양분을 섭취하기 위해 음식을 먹지는 않지요. 맛을 음미하면서, 가족이나 친구들과 대화를 나누면서 우리는 식사를 합니다. 유치원이나 어린이집에 다니는 아이들은 점심을 집이 아닌 유치원 혹은 어린이집에서 먹지요. 집밥이 아니어도 맛있게, 친구들과 즐겁게 먹도록 지도해주세요.

먹는 즐거움을 만끽하는 것이 우선

식사 시간에 식탁에 모여 앉은 사람들이 기분 좋게 음식을 먹기 위해서는 서로 식사 예절을 지켜야 합니다. 하지만 영유아에게는 딱딱한 예절부터 가르치려고 하지 말고, 우선 '먹고 싶다'는 의욕을 갖고 먹는 즐거움을 맛보도록 해주면 좋겠습니다. 식사 예절은 모두가 기분 좋게 식사하기 위한 매너인데, 예절을 가르친다는 이유로 식사 시간이 끔찍하게 싫을 정도로 아이를 심하게 다그친다면 그야말로 주객이 뒤바뀌게 되지요.

아이의 눈높이에 맞춰 식사 예절 지도하기

아이가 식사 예절을 받아들일 준비가 충분히 되었다면 조금씩 식탁 예절을 몸에 익히기 시작해야 합니다. 식사를 소중하게 여기면서도 모두 기분 좋게 식사하기 위한 기본 매너를 함께 밥을 먹으면서 가르쳐주세요.

특히 만 3세 정도부터는 친구와 함께 식사할 때 지켜야 할 예절도 가르쳐야 합니다. 급식을 먹을 때 입 안에 음식을 가득 머금은 상태로 재잘거리는 아이들이 많은데, 개중에는 이리저리 돌아다니며 밥을 먹는 아이도 있습니다. 이처럼 식사 예절에 익숙하지 않은 아이들에게는 "입 안에 있는 음식을 다 삼킨 다음에 재미나게 얘기해볼까?", "뱃

속의 밥이 깜짝 놀라니까 밥 먹을 때는 걸어 다니면서 먹으면 안 돼요" 하며 화기애애한 시간을 망치지 않으면서도 알기 쉬운 표현으로 지도합니다.

또 입 주위가 더러워지면 입을 닦고, 음식을 흘리면 바로 주워서 깔끔하게 정리하는 등 깨끗이 먹는 습관도 몸에 익히게끔 도와주세요. 배가 부르면 음식을 갖고 장난치는 아이가 있는데, 식사 시간에는 음식의 소중함을 느끼고 감사하는 마음으로 먹어야 한다고 알려주세요.

유치원 규칙 지키기

유치원이나 어린이집의 규칙은 주위 환경, 교육 내용, 규모 등을 고려해서 해당 유치원에 가장 적합한 방향으로 정해지는데, 구체적인 내용은 유치원마다 차이가 납니다. 우선은 교사들이 규칙의 의미를 살펴보고, 규칙이 필요 이상으로 많은 것은 아닌지 진지하게 고민해야 합니다. 아이들의 성장에 맞춰서 유연하게, 교사가 행동으로 보여주어야 합니다.

규칙의 필요성 이해시키기

규칙은 아이들이 유치원이라는 사회에서 친구들과 안전하면서도 기분 좋게 지내기 위해 필요한 법칙입니다. '교사에게 혼나니까 규칙을 지켜야 한다'가 아니라 '스스로 규칙을 지키는 마음을 기르기 위해 규칙이 필요하다'고 아이들에게 일깨워줬으면 합니다. 무엇보다 아이들 스스로 유치원의 규칙이 왜 필요하고 왜 지켜져야 하는지 그 의미를 이해하는 것이 가장 중요합니다.

차례 지키기

유치원은 단체생활을 하는 공간입니다. 손을 씻을 때, 미끄럼틀을 탈 때 아이들은 줄을 서서 자신의 차례를 기다려야 합니다. 차례를 지키지 않으면 질서가 깨지고 친구들과 사이좋게 생활할 수 없겠지요. 위험한 상황에 처할 수도 있고요.

차분하게 줄을 서서 기다릴 수 있으려면 자기 말고도 그 놀이나 행동을 하고 싶어 하는 친구가 많다는 사실을 깨달아야 합니다. 교사는 "제가 첫 번째로 하고 싶어요", "저도 하고 싶어요" 하는 아이들의 마음을 받아주면서 자신 말고도 다른 친구들이 주위에 많다는 사실을 가르쳐줍니다. 타인의 마음을 헤아리는 배려가 필요한 순간이지요. 교사가 앞장서서 "줄을 서야지!" 하고 명령하는 것이 아니라, 하고 싶은 친구들이 많을 때는 어떻게 대처해야 하는지를 대화를 나눔으로써 차례 지키기의 필요성을 일깨워줄 수 있습니다.

유치원 새내기들에게는 줄을 서면 모두 기분 좋게 어우러져 지낼 수 있다는 내용의 인형극을 만들어서 보여주는 방법도 크게 도움이 됩니다. 친구의 마음을 헤아리기가 아직 버거운 영유아들에게는 이해하기 쉬운 시청각 교육이 필요하지요. 상급반 아이들에게는 어떻게 대처하면 좋은지를 직접 물어보는 것도 좋습니다. 아이들의 특성과 발달에 맞추어 스티커를 붙이게 하거나 서로 토론을 나누게 하는 등 다양한 교육법을 모색하는 일이 중요합니다.

아이들이 차례 지키기의 필요성을 충분히 이해했다면 나란히 줄을 서서 기다리는 선을 그리거나 기다리는 공간을 만드는 등 안전하게 기다릴 수 있는 방법을 활용해보세요.

복도에서 뛰지 않기

아이들은 언제 유치원 복도를 마구 뛰어다닐까요? 화장실에 빨리 가고 싶어서, 빨리 운동장으로 뛰어나가고 싶어서, 술래잡기를 하는데 친구가 뒤쫓아와서 등 이유는 다양합니다. 하지만 교사도 부모도 여간 신경 쓰이는 일이 아닙니다. "복도에서 뛰어다니면 안 돼", "뛰지 말고 걸어 다녀야지" 하고 주의를 주지만 뛰어다니면 안 되는 이유를 헤아리고 걸어 다니기 시작하는 아이는 거의 없거든요. 오히려 반복되는 주의를 아이들은 귀찮아할 뿐입니다. 교사도 같은 말을 되풀이하니까 기분이 좋을 리 없고요. 결과적으로 교사도 아이들도 서로 기분 좋게 생활하기 힘든 이유가 되지요.

안 되는 이유를 구체적으로 알려주기

우선은 왜 복도를 뛰어다니면 안 되는지 그 이유를 아이들에게 구체적으로 설명해줍니다. "맞은편에서 걸어오던 친구와 쿵 부딪혀서 꽈당 넘어질지도 몰라. 서로 부딪힐 때 머리에 커다란 혹이 생길지도 모르고. 심하면 피가 날지도 몰라. 그러면 정말 큰일

나겠지? 우리 머릿속에는 아주아주 중요한 것들이 많이 들어 있으니까 소중하게 지켜 줘야 한단다" 하며 친절하게 설명해주는 것이지요.

조금 과장해서 말하는 것도 효과가 있습니다. 이때 머리에 혹이 생기거나 피가 나면 엄마, 아빠, 교사, 주위 어른들이 얼마나 걱정하고 속상해하는지를 충분히 일깨워주 세요. 안타까워하는 부모의 마음은 분명 아이들의 마음에 전해지기 마련입니다.

경험을 통해 뛰어다니면 안 되는 이유를 배우기도 합니다. 복도에서 뛰다가 넘어졌을 때 상처를 치료해주면서 "뛰어다니면 이렇게 위험한 거란다" 하고 넌지시 알려주면 복 도에서 뛰어다니면 안 되는 이유를 충분히 이해하겠지요.

차분하게 걸어 다니는 아이 칭찬하기

그렇다고 부정적인 금지어만 늘어놓는다면 서로 기분이 좋을 리 없지요. 때에 따라서 는 칭찬을 활용해보는 것도 효과 만점입니다. 유치원에서 뛰어다니는 아이와 걸어 다 니는 아이가 있다면 걸어 다니는 아이에게 다가가서 "참 예쁘게 걸어 다니는구나. 차 분하게 걸어 다니는 모습이 참 멋져!" 하며 듬뿍 칭찬해줍니다. 친구가 칭찬받는 모습 을 보면 뛰어다니던 아이도 자세를 바로잡지요. 교사의 꾸준한 지도가 아이들의 행동 을 바르게 이끌어준답니다.

출입금지 장소에 들어가지 않기

모든 유치원에는 아이들이 절대 들어가면 안 되는 장소가 있기 마련입니다. 안전을 위해 교사들이 미리 확인하고 점검한 뒤에 위험성과 출입금지의 이유를 공유해야 합니다.

유치원의 안전 규칙을 제대로 지키려면 실제 해당 장소에 가서 왜 들어가면 안 되는지 를 아이들과 함께 확인하는 방법도 효과적입니다. 아이들 스스로 위험 상황을 인지하 면 자발적으로 규칙을 지킬 테니까요. 그 밖에 눈에 띄게 표시를 해서 안전을 확보하 는 일도 중요합니다.

교사나 친구의 말에 귀 기울이기

교사나 친구들의 얘기를 귀담아 듣는 일은 친밀한 관계 형성에 반드시 필요한 요소입니다. 이때 경청을 위해서 기분 좋은 긴장감을 불러일으키는 방법을 모색하면 효과적이지요. 구체적인 예를 든다면 바른 자세 유지하기, 말하는 사람의 얼굴을 쳐다보기, 상대방의 말을 이해했으면 고개를 끄덕이거나 호응하는 신호를 보내기를 꼽을 수 있어요. 이런 건강한 긴장감을 익힐 수 있도록 가정에서도 유치원에서도 끊임없이 지도해주세요. 그러려면 아이에게 잔소리하기 전에 부모가 아이의 얘기에 차분히 귀 기울이는 모습을 계속해서 보여주는 것이 도움이 되겠죠?

아이들과 함께하는 규칙

환경이나 보육 방침에 따라 유치원마다 다른 규칙이 존재하기도 합니다. 아이들이 자주적인 생활을 하는 데 정말 필요한 규칙인지 교사들끼리 충분히 의견을 나눠주세요. 정해진 규칙을 지키게끔 가르치는 일도 중요하지만 유치원 구성원들의 양해를 구한 뒤에 '오늘은 특별한 날이니까' 하며 규칙에서 자유로워지는 날이 하루쯤은 있어도 괜찮습니다. 특별한 느낌을 아이들과 공유할 수 있을 테니까요.

유치원 생활에서는 규칙대로 되지 않거나 생각대로 착착 진행되지 않을 때가 더 많습니다. 규칙을 지킬 수 있는 힘을 기르면서 동시에 상황별로 적절하게 대처하는 순발력과 유연성을 두루 갖출 수 있는 생활을 아이들과 함께 만들어나갔으면 합니다.

실내화로 갈아 신기

유치원이나 어린이집에서는 실내에 들어갈 때 신발을 벗고 실내화로 갈아 신어야 합니다. 평소 가정에서 실내화로 갈아 신을 기회가 많았다면 유치원에서도 실내화로 갈아 신는 일이 낯설지 않지요. 반대로 실내화가 익숙하지 않다면 유치원 생활을 할 때 신발을 실외와 실내에서 구별해서 신는다는 사실을 이해시켜주세요.

실내화로 갈아 신어야 하는 이유

유치원에서는 왜 실내화로 갈아 신어야 할까요? 첫 번째 이유는 발바닥을 보호하기 위해서입니다. 유치원에서 활동하다 보면 꽃병이나 뭔가 뾰족한 물건이 깨지거나 떨어질 때가 있습니다. 드물지만 창문이나 시계가 깨지는 바람에 유리조각이 흩어지기도 하지요. 이런 위험에서 발을 보호하기 위해 실내화를 신는 것입니다.

두 번째 이유는 추위로부터 발을 보호하기 위해서입니다. 추운 날 실내화를 신으면 훨씬 더 따스하게 느껴지지요.

실내화로 갈아 신는 일이 아직 익숙하지 않은 아이에게 왜 실내화를 신어야 하는지를 거듭 알려주면 아이도 충분히 이해하고 행동으로 옮기게 됩니다.

알기 쉽게 꾸준히 설명하기

설명하고 지도하는 방법에 따라서 아이들은 더 또렷이 의식하고 실천으로 옮깁니다. 무엇보다 아이들의 눈높이에서 알기 쉽게 전달하는 교육이 효과적이지요. 예를 들어 설명할 내용을 그림으로 그려서 하나하나 순서대로 친절하게 설명해주면 쉽게 이해를 합니다. 실내화를 신지 않아서 다친 아이가 생겼다면 교실에 있는 모든 아이들에게 알리고 주의를 시킵니다. 실내화로 갈아 신어야 하는 이유를 충분히 전달했다면 이후에는 등원할 때 실내화로 갈아 신는지를 확인하고 지도해주세요. 이런 반복학습을 통해 실내화 신기가 습관으로 자리 잡게 됩니다.

매번 똑같은 표현을 반복하는 일은 교사도 아이들도 달갑지 않습니다. 표현이 싫증날 때는 재미나게 전하는 방법을 찾아봅니다. 이를테면 노래 가사를 개사해서 "신었다, 신었다" 하며 실내화 신기를 게임처럼 즐기면 실내화를 신지 않은 아이도 갈아 신기를 의식할 수 있겠지요. 아이들에게는 알기 쉽게 꾸준히 반복해 알려주는 것이 가장 중요하답니다.

공용 물품 소중히 다루기

어디에서든 여럿이 함께 쓰는 물품을 파손하거나 더럽히는 일은 바람직하지 못합니다. 공용 물품 아껴 쓰기는 아이에게 분명히 가르치고 지도해야 할 사항입니다. 하지만 함께 쓰는 물건을 더럽히거나 망가뜨리는 행동은 실제로 모든 유치원에서 흔히 볼 수 있는 일이지요. 왜 아이들은 친구들과 함께 쓰는 물건을 깨끗하게 사용하지 않을까요?

물건을 망가뜨린 이유 살피기

아이들이 유치원에 있는 공용 물품을 더럽히거나 망가뜨리는 경우는 화가 나서 물건을 던지거나, 갖고 놀던 공이 스치는 바람에 물건이 깨지거나, 흙 놀이를 하다가 벽을 더럽히거나, 그림 그리기에 집중하다가 실수로 책상이나 바닥에 낙서하는 일 등 다양한 상황에서 벌어집니다. 이런 행동에는 저마다의 이유가 있지요. 그래서 아이에게 구체적인 이유를 묻지 않은 채 막무가내로 화를 내고 몰아세우는 것은 바람직하지 못합니다.

"장난감을 부수면 안 된다고 했잖아!" 하며 감정적으로 화를 내는 것도 아이에게 아무런 도움이 되지 않습니다. 왜 그런 행동을 했는지 차분히 살펴보는 과정이 반드시 필요합니다. 물건을 망가뜨린 행동 전후로 아이의 움직임이나 기분 변화를 세밀하게 관찰해보면 그 이유를 짐작할 수 있어요. 이유를 물어보고 아이의 얘기를 충분히 들어준 다음에 공용 물품을 왜 소중하게 다루어야 하는지를 친절하게 가르쳐주면 됩니다. 단순히 말로 전하는 것이 아니라 그림을 그리며 설명하면 아이들도 상상하며 이해하기 쉬울 테지요.

한편 아이와 얘기를 나누는 장소도 매우 중요합니다. 소란한 교실 한복판에서 얘기를 나누면 마음이 산만해져서 교사의 말이 아이의 머릿속에 들어가지 않아요. 아이를 지도할 때는 조용한 장소에서 차분하면서도 다정하게 설명해주세요.

개인 문제가 아닌 반 전체의 문제

이후에는 아이들을 모두 불러 모아놓고 교실에서 얘기를 나눕니다. 이때 교사가 일방적으로 말하는 것이 아니라 아이들 스스로 생각해볼 수 있는 시간을 마련하고 반 전체의 문제로 인식하게 이끌어주면 더 좋아요. 아울러 교실 환경을 좀 더 효율적으로 정비하는 일도 필요하지 않을까 싶습니다.

사용한 공용 물품 정리하기

장난감이나 교구를 사용한 뒤에 정리하는 것도 공용 물품을 소중히 다루는 방법의 하나입니다. 물품을 정리하는 습관을 들이려면 아이가 정리하는 장소와 정리 방법을 제대로 알아야 합니다. 어떤 장소에 어떤 방식으로 몇 개씩 정리하면 좋은지를 그림이나 사진 등으로 표시해두면 쉽게 파악하고 정리도 한결 수월해집니다.

'놀고 난 다음에는 정리한다'는 사실을 몇 번이고 되풀이해서 설명해줘야 합니다. 완벽하게 정리정돈을 하는 것보다 아이 스스로 정리하는 습관을 갖게 하는 것이 더 중요하거든요. 정리 습관을 위해서는 어른이 구체적인 정리법의 본보기를 보여줍니다. 이때 말로 표현하면서 차근차근 일러주세요. "이 장난감은 여기에 넣어두는 거란다" 식으로 확인시키면서 작은 장난감이나 사소한 부품이라도 일단 잃어버리면 영영 갖고 놀 수 없다는 사실을 충분히 전합니다. 가정에서 정리정돈 시간을 마련해 온 가족이 함께 정리하면 효과 만점이랍니다.

친구들이 쓰고 필요할 때 쉽게 꺼내서 사용할 수 있으려면 평소에 정리해두어야 한다는 사실을 아이 스스로 깨닫게 하는 일도 중요합니다.

어릴 때부터 정리하는 습관 들이기

초등학생이 되면 혼자 힘으로 책상 정리와 방 청소를 하고 주위를 정리정돈하면서 하루의 수업 준비를 스스로 챙겨야 합니다. 이때 정리하는 습관이 자리 잡혀 있지 않으면 사용하고 난 뒤에 그대로 방치해서 물건을 잃어버리는 원인이 됩니다. 이를 예방하기 위해서도 어릴 때부터 정리하는 습관을 몸에 익혀주는 것이 좋겠지요.

가정에서는 정리를 소홀히 한 탓에 물건을 잃어버리면 자업자득에 그치지만, 유치원에서는 모든 아이들이 갖고 노는 장난감을 잃어버리게 됩니다. 정리하기는 반드시 익혀야 하는 매우 소중한 습관이라는 사실, 잊지 마세요.

내 물건, 남의 물건 구분하기

아이가 어릴수록 자신의 물건과 남의 물건을 제대로 구별하지 못합니다. 게다가 유치원 생활에 쓰이는 도구나 소지품은 아이마다 비슷합니다. 그래서 자기 것과 친구 것을 혼동할 때도 있지요. 또 영유아들은 친구가 갖고 있으면 자신도 사용해보고 싶어 하지요. 우선은 이런 아이의 마음을 헤아려주어야 합니다.

자신의 물건에 표시하기

먼저 자신의 물건이 어떤 것인지 정확하게 알게 해야 합니다. 똑같은 물건 가운데 자기 것을 찾아내려면 어른도 헷갈립니다. 어린아이들은 자신의 학용품을 찾는 일이 번거로워서 친구 것을 사용하는 경우도 있지요. 따라서 자기 물건을 단박에 알아볼 수 있게 해줘야 합니다.

아직 글자를 깨치지 않은 유아라면 아이가 좋아하는 캐릭터 스티커나 그림을 준비해서 개인 소지품과 장난감에 붙여주면 자신의 물건과 타인의 물건을 구별하게 되고 찾을 때 힌트가 됩니다. 글자를 깨친 아이라면 초등학교 저학년까지는 자신의 물건에 이름을 써두면 좋지요.

개인 물품을 사물함에 정리할 때는 무엇이 들어 있어야 하는지를 미리 기록해두면 좋아요. 깔끔하게 정리된 모범 사진이 있다면 사물함과 사진을 번갈아 확인하며 놀이 감각으로 뒷정리에 몰입할 수 있을지도 모릅니다. 또 크레용이나 그림 도구 등을 항상 챙기는 습관을 들이면 용량이 줄었을 때 새 것을 미리 준비할 수 있지요.

또한 여럿이 함께 쓰는 공용 물품과 마찬가지로 개인 물품도 사용이 끝났으면 제자리에 두는 습관을 가정에서도 유치원에서도 반복해서 훈련시켜주세요. 물건을 원래 위치에 정리해두지 않으면 없어져도 잘 모르고, 정작 필요할 때 보이지 않아서 당황하기도 합니다.

매 순간 뒷정리를 깔끔하게 하면 다음 사람이 이용하기 쉽고 급하게 필요할 때 쉽게 찾을 수 있다는 점을 기회가 닿을 때마다 아이에게 일깨워주면 좋겠지요. 마구 어지르는 나쁜 습관이 몸에 배기 전에 스스로 정리하는 좋은 습관을 익힐 수 있게 어른이 적절히 지도하고 이끌어주세요.

빌려 쓰고 다시 돌려주는 경험하기

어릴 때부터 다른 사람의 물건을 빌려주고 빌려 쓰는 경험을 하면 남의 물건에 함부로 손대지 않는 배려로 이어집니다. "빌려줄래?", "좋아!" 하는 단순한 교류를 통해 심각한 다툼을 미리 방지할 수 있습니다. 또 누구에게 빌려서 누구에게 되돌려줘야 하는지, 누구에게 빌려줘서 언제까지 받아야 하는지를 가정에서도 실천해두면 빌릴 때나 빌려줄 때 상대방에게 자신의 언어로 당당하게 표현할 수 있고 약속을 지키는 훈련이 되기도 합니다.

영유아기에 물건을 빌리고 돌려주는 매너를 확실하게 익히지 않으면 어른이 되었을 때 칠칠치 못한 사람, 신뢰할 수 없는 사람으로 비쳐질지도 모릅니다.

유치원 버스 타고 내리기

대체로 유치원 버스를 이용할 때 아이들은 시끌벅적 떠들며 달뜬 상태가 됩니다. 자칫 대형 사고로 이어지는 일도 있으니, 안전 사고를 예방하기 위해서라도 부모는 물론 아이도 버스 이용 규칙을 지킬 수 있게 각별히 유념해주세요.

버스를 기다릴 때

유치원 버스가 올 때까지 아이들은 정해진 장소에서 기다립니다. 이때 어떻게 기다리느냐가 매우 중요합니다. 아이는 유치원에 간다는 생각으로 마음이 설렙니다. 그렇기에 부모가 아이 손을 꼭 잡고 일상적인 대화나 오늘의 유치원 일정, 어제 즐거웠던 일 등을 얘기 나누며 유치원 버스를 차분히 기다립니다.

등원하는 아이가 여러 명 있을 때 대기 장소에서 아이들끼리 서로 뒤엉켜 뛰어다니고 엄마들은 수다 삼매경에 빠져 있는 장면을 종종 볼 수 있는데, 사고로 이어질 수 있으므로 조심해야 합니다. 아이들끼리 놀면서 버스를 기다릴 때는 어른들이 확실하게 지켜보는 가운데 놀게 하고, 버스가 보이기 시작하면 놀이를 멈추고 부모와 자녀가 서로 손을 잡고 버스를 기다립니다. 버스가 도착할 때 아이가 갑자기 뛰어나가는 바람에, 혹은 버스에서 내린 후 후다닥 뛰어가다가 사고를 당하는 사례도 적지 않습니다.

버스에 타고 내릴 때

유치원 버스에는 아이들의 승하차를 보조하는 교사가 반드시 동승합니다. 교사가 버스 문을 여는 모습을 확인한 다음에 버스에 가까이 다가갑니다. 이때 보행자나 자전거가 지나다닐 수도 있기 때문에 교사는 물론이고 부모도 아이를 주의시키고 좌우를 살편 후 부모가 직접 아이를 교사의 손에 건넵니다. 버스에서 내릴 때는 반대로 부모가 버스 문까지 다가가서 교사의 손에서 아이를 건네받습니다.

승차할 때는 "안녕하세요? 잘 부탁드립니다", 하차할 때는 "감사합니다, 조심해서 가세요" 하며 교사와 부모가 인사를 나누는 일은 아이에게 훌륭한 본보기가 됩니다. 많은 사람들이 자신을 돌봐주고 있다는 사실을 아이 스스로 깨닫는 기회도 되기 때문에 교사는 물론이고 운전기사와도 밝고 환하게 인사를 나누세요.

유치원 화장실 이용하기

유치원 화장실은 가정의 화장실과 달리 많은 사람들이 함께 사용하는 공용 화장실입니다. 매일 사용하는 곳인데 화장실이 더러우면 볼일도 보고 싶지 않겠지요. 자신뿐만 아니라 다음에 사용할 친구를 위해서도 깨끗이 사용해야 한다는 사실을 분명하게 가르쳐줘야 합니다.

다른 사람을 위한 배려, 나를 위한 위생

다음 사람이 사용한다는 점에 생각이 미치면 화장실을 깨끗이 이용하게 되지요. 남자아이는 쉬가 바닥에 튀지 않도록 변기에 바짝 다가서서 오줌을 눕니다. 여자아이가 양변기를 이용할 때는 변기에 깊숙이 걸터앉아서 볼일을 보고, 화변기를 이용할 때는 조금 앞으로 쪼그리고 앉아서 볼일을 봅니다.

대변을 볼 때는 변이 휴지에 묻어나지 않을 때까지 닦아서 더 이상 묻어나지 않을 때 속옷을 입습니다. 여자아이는 대변 균이 생식기로 들어가지 않게끔 앞에서 뒤쪽을 향해 닦아야 한다는 사실도 꼭 가르쳐주세요.

휴지를 돌돌 말아서 사용하는 아이가 많은데, 엉덩이를 닦기 쉽게 휴지를 네모꼴로 편편하게 만드는 방법을 일러주세요.

화장실을 이용한 후에는 반드시 물을 내려야 합니다. 한 번에 깨끗하게 내려가지 않았다면 다시 물을 내립니다. 화장실 휴지를 사용하고 나서는 휴지가 치렁치렁 바닥까지 늘어지게 방치하는 것이 아니라 짧게 정리해두는 습관도 가르쳐줍니다. 화장실뿐만 아니라 공공장소에서는 스스로 뒤처리를 깔끔하게 할 수 있게끔 어른이 모범을 보이면서 거듭 연습시키세요.

화변기를 만났다면

유치원 화장실은 양변기가 대부분이지만, 초등학교나 공원에는 화변기가 설치된 곳도 있습니다. 가족 나들이에서 화변기를 만났다면 어른이 함께 화장실에 들어가서 화변기 사용법을 설명해주세요. 간혹 쭈그리고 앉아서 볼일을 볼 때 다리 힘이 약한 아이는 넘어지는 일도 있으니 각별히 조심해주세요.

공공장소에서
지켜야 할 예절교육

편의점, 마트에서 예절 지키기

편의점이나 대형 마트에는 어른도 눈이 휘둥그레질 만큼 다양한 상품이 진열되어 있습니다. 특히 대형 마트는 소비자를 사로잡는 진열 방식으로 구매욕구를 자극합니다. 어른은 눈높이가 높기 때문에 진열대 아래쪽은 잘 보이지 않지만, 키가 작은 아이들은 진열대 아래부터 위로 올려다보기 때문에 어른보다 훨씬 많은 제품을 한눈에 보게 되지요. 부모는 이와 같은 아이의 눈높이를 생각해서 편의점이나 마트에서의 예절을 지도해주세요.

사회질서와 규칙 익히기

편의점이나 대형 마트에서 물건을 훔치는 어른들의 얘기가 뉴스를 통해 심심찮게 전해집니다. 아이들의 경우는 훔칠 의도는 없더라도 마음에 드는 장난감을 만지작거리다가 훼손하거나 심지어 갖고 싶은 물건을 함부로 가져가는 일이 있습니다. 혹 내 아이가 그런 행동을 하려고 한다면, 아직은 그런 적이 없지만 그런 행동을 하지 않게끔 미리 예방하고 싶다면 우선은 아이가 사회질서와 규칙을 분명히 의식할 수 있게 이끌어주세요.

상점에서 파는 물건이나 남의 물건을 함부로 가져가는 일은 절대로 해서는 안 되는 범죄라는 사실을 어릴 때부터 아이의 머릿속에 새겨줘야 합니다. '들키지만 않으면 괜찮아'라고 생각하는 청소년이나 어른이 엄연히 존재하는 만큼 물건을 빼앗긴 사람이 얼마나 난처해할지를 충분히 일깨워주세요. 어린 시절부터 사회질서와 규칙을 몸에 익히는 일은 매우 중요하고 꼭 필요합니다.

참을성과 인내 배우기

대형 마트에서는 장난감을 사달라고 울며불며 떼쓰는 아이와 절대 안 된다고 소리치는 엄마가 서로 실랑이하는 장면을 흔히 볼 수 있습니다. 이처럼 자신의 욕구를 거침 없이 표현하는 아이들의 모습은 미숙한 자기조절과 자기중심적인 성향의 표현으로 결국 타인에게 민폐를 끼칩니다. 그런 경우에는 다양한 상황에서 아이가 참고 견디는 마음을 경험할 수 있게 이끌어주세요.

예를 들어 먹고 싶은 간식은 정해진 시간에 정해진 양만큼 먹는다고 약속했다면 아이가 이 약속을 지킬 수 있게 부모가 도와줘야 합니다. 저녁을 깨작거리는 바람에 잠들기 직전에 "엄마 배고파, 간식 주세요!" 하고 아이가 부탁하더라도 "간식은 정해진 시간에만 먹기로 했잖아. 아침에 일어나자마자 맛있는 아침밥을 먹자!" 하며 아이가 참아낼 수 있게 지도해주세요. 참을성과 인내를 배움으로써 자제력과 극기를 키울 수 있답니다.

병원에서 예절 지키기

병원은 몸이 아픈 사람들이 치료를 받기 위해 찾는 곳이지요. 하지만 특별한 질병이나 상처가 없어도 예방주사를 맞거나 건강검진을 받으려고 병원을 찾기도 합니다. 다양한 사람들이 모이는 만큼 예절이 필요한 곳이지요.

병원은 공공장소

요즘 병원에 가보면 아이들이 병원 대기실에서 뛰어다니거나 장난감을 갖고 놀면서 소리를 지르는 등 주위 사람들의 이맛살을 찌푸리게 하는 장면을 종종 볼 수 있습니다. 이때 "조용히 해" 한마디만 하고 아이의 행동에는 크게 신경 쓰지 않는 부모도 있는 것 같습니다. 병원에 따라서는 아이들을 위한 놀이방을 갖춘 곳도 있는데, 그 놀이방에서도 너무 떠들어서 주위에 민폐를 끼치는 일도 많습니다. 여하튼 병원은 타인에게 불쾌감을 줘서는 안 되는 공공장소입니다. 소리를 지르며 뛰어다니는 운동장이 아니라는 점을 꼭 기억하세요.

끈기 있게 반복하며 구체적으로 가르치기

여러 사람들이 모이는 공공장소에서는 예절교육을 더 구체적으로 반복해서 가르쳐줘야 합니다. 이때 아이가 자신이 아닌 주위 사람들에게도 관심을 가질 수 있게 설명해주면 도움이 됩니다.

먼저 병원을 방문하기 전에 집에서부터 "병원에서는 조용히 해야 한다. 절대로 아픈 사람들을 불편하게 하면 안 되는 거야!" 하고 설명한 뒤에 아이와 확실하게 약속하고 병원으로 향합니다. 아이가 많이 아파서 병원을 찾는다면 떠들거나 뛰어다니며 소란을 피우지 않을 테지만 부모를 따라 병원에 갔을 때, 말하자면 아이가 아프지 않을 때는 병원에서 떠들면 왜 안 되는지를 충분히 설명해줍니다. "네가 많이 아플 때 형아가 옆에 와서 마구 괴롭히면 정말 싫겠지?" 하며 아픈 사람의 마음을 헤아리게 하고, "병원에서 뛰어다니다가 몸이 불편하신 할머니랑 쾅 부딪치면 어떻게 될까?" 식으로 상대방의 처지를 생각할 수 있게끔 충분히 얘기해주세요.

병원 입구에서도 한 번 더 다짐을 받아둡니다. 이처럼 끈기 있게 되풀이해서 기회가 닿을 때마다 아이에게 가르쳐주세요. 일상생활에서도 타인에게 불쾌감을 주는 장면은 어떤 상황인지 두루 생각해볼 수 있는 시간을 마련해주면 좋겠지요.

아무리 가르치고 설명해도 아이의 발달은 여전히 진행형입니다. 만약 아이가 타인에게 민폐를 끼쳤다면 아이의 손을 잡고 함께 가서 깍듯하게 사과해야 합니다. 부모가 함께 사과함으로써 아이는 자신의 잘못을 또렷이 뉘우치고, 타인에게 불쾌감을 주면 반드시 사과해야 한다는 사실을 온전히 이해하게 된답니다.

도서관에서 예절 지키기

공공장소 가운데 특히 조용히 해야 하는 곳을 꼽는다면 미술관, 병원, 영화관, 박물관, 도서관 등이 대표적이지요. 이들 장소는 아이에게 예절교육을 시키기에 아주 적절한 공간입니다. 이처럼 조용히 해야 하는 장소에서는 구체적으로, 끈기 있게 예절을 가르쳐주세요.

도서관은 책을 보는 장소

예절교육을 위해서는 주위 사람들의 존재를 의식하게 해야 합니다. 다른 사람에게 도움을 받았다면 "감사합니다" 하고 바로 인사하고, 뭔가 잘못이나 실수를 저질렀다면 "죄송합니다" 하고 바로 사과하도록 알려줌으로써 인간은 서로 영향을 주고받고 함께 도우며 생활한다는 사실을 일깨워줍니다. 바로 이런 가르침을 통해 아이는 타인을 의식하고 공공장소에서 차분하게 지내는 기본기를 탄탄히 다질 수 있습니다.

공용 물품을 아끼는 마음

공용 물품은 여러 사람이 함께 사용하는 물건입니다. 하지만 안타깝게도 여럿이 보는 공용 서적에 낙서를 하거나 책장을 찢는 등 훼손하는 사람들이 많습니다. 공용 물품을 훼손하는 주된 이유는, 물건을 망가뜨리거나 잃어버리더라도 바로 새 것을 쉽게 손에 넣을 수 있다는 생각 때문입니다.

먼저 자신의 물품을 소중히 여기고 아끼는 마음을 길러주세요. 이를 위해서는 일상생활에서 물건을 소중히 다루는 부모의 모습을 아이에게 본보기로 보여주고, 아울러 물건을 아끼는 아이의 마음을 소중히 여겨줘야겠지요. 연령대에 맞춰 소지품 관리를 아이에게 직접 맡기면 자기 물건에 이름을 쓰고, 자신의 것이라는 소유감을 품게 되고, 조심해서 다루는 과정을 통해 조금씩 물건을 아끼는 마음을 익혀나갑니다.

물건을 잃어버렸을 때는 꼭 되찾는 습관을 들여주세요. 유치원에 가지고 간 개인 소지품을 까먹지 않고 집에 챙겨오는 연습을 시키면 좋겠지요. 처음에는 친구의 물건을 가져오거나 부주의로 잃어버릴지도 모릅니다. 그러니 아이의 행동 하나하나에 주의를 기울이며 세심하게 신경을 써주면 물건을 잃어버리기 전에 적절하게 대처할 수 있고, 그때그때 상황에 맞게 지도할 수도 있습니다. 그렇게 주의하다 보면 아이는 물건을 소중히 여기는 마음을 더욱 돈독하게 키울 수 있지요. 또 자신의 소지품뿐만 아니라 공용 물품을 아끼는 마음도 쑥쑥 자라납니다.

호텔에서 예절 지키기

호텔, 리조트, 콘도미니엄 등 평소와는 다른 장소에 머무르는 경험은 아이에게 호기심을 선사할 뿐만 아니라 약간의 긴장감을 주기도 합니다. 아이의 복잡 미묘한 감정을 헤아리면서도 다양한 목적으로 호텔을 찾는 사람들이 모두 쾌적하게 지낼 수 있도록 배려해야 한다는 사실을 충분히 전해주세요.

사적인 공간과 공용 공간 구분하기

호텔에서 객실은 개인적인 공간이지만, 객실 문을 나오는 순간 공공장소로 바뀝니다. 물론 가정에서도 현관문을 나서면 공용 공간지만, 숙박 시설의 경우 개인적인 공간과 여럿이 함께하는 공간의 차이가 더 명확하기 때문에 공공예절을 가르치기에 아주 좋은 장소입니다.

사적인 공간에서는 격식을 차리지 않은 편안한 차림이라도 상관없지만, 공공장소에서는 타인에게 불쾌감을 주는 옷차림은 삼가야겠지요. 이를테면 호텔 객실에서는 파자마 차림이라도 전혀 문제되지 않지만, 목욕가운 차림으로 호텔 로비를 활보하는 일은 분명 매너에 어긋나는 행동입니다. 목욕가운이나 슬리퍼는 객실에서 편안하게 휴식을 취할 때 착용하는 옷이기 때문이지요. 다만 호텔 사우나나 수영장을 이용할 때 호텔에 따라서는 목욕가운 차림을 허용하는 곳도 있으니 미리 확인하세요.

호텔 객실에 있는 욕조를 이용할 때는 물이 욕조 밖으로 튀지 않게 조심해야 합니다. 샤워커튼은 욕조 안쪽으로 쳐야 물이 밖으로 새지 않지요. 여러 사람이 함께하는 대중탕을 이용할 때는 먼저 몸을 깨끗하게 씻은 다음 탕에 들어갈 수 있게 확실하게 가르쳐주세요. 물론 탕 안에서 수영을 하거나 사우나에서 뛰는 일은 타인에게 민폐를 끼치는 행동이자 넘어지면 다칠 위험도 있으니 아이의 행동을 단호하게 제지해야 합니다.

전철, 버스에서 예절 지키기

전철이나 버스를 타는 일은 아이들의 호기심을 크게 자극합니다. 비단 탈것에 대한 관심을 떠나서 어딘가 외출한다는 사실에 아이들의 마음은 설렘으로 가득 차지요. 그래서인지 전철이나 버스에 올라타는 순간 흥분해서 떠들거나 소란스럽게 뛰어다니는 아이들이 꼭 있습니다. 그러나 이러한 행동들은 분명 다른 승객을 불편하게 합니다.

공공예절은 다른 승객에 대한 배려

전철이나 버스 같은 대중교통을 이용할 때 가장 중요한 것은 다른 승객을 배려해 행동하는 마음입니다. 다른 승객을 배려하는 행동으로는 ① 소리치지 않기 ② 함부로 뛰어다니지 않기 ③ 승하차 시에 앞사람을 밀치지 않고 조금 여유를 두고 뒤따라가기 ④ 내 무거운 짐이나 큰 배낭이 다른 사람을 치지는 않는지 주의 깊게 살피기 등을 꼽을 수 있지요.

대중교통은 여러 사람이 이용하는 수단이므로 모두가 쾌적하게 지낼 수 있도록 아이에게 공공예절을 확실하게 가르쳐야 합니다. 다만 "조용히 해!"라고 소리를 치는 식으로 단순히 아이의 행동을 제지하는 것이 아니라 "다른 사람이 너 때문에 불편하면 안 되겠지? 그러니까 조금만 조용히 하자꾸나" 하며 아이가 이해할 수 있는 표현으로 예의를 지켜야 하는 이유까지 설명해줘야 합니다.

또 노인이나 임산부, 장애인에게 자리를 양보하는 모습을 직접 보여주거나 아이에게 양보할 기회를 마련해주는 일도 필요합니다. 이는 타인에 대한 배려심을 표현하는 것이 얼마나 소중한지와 더불어 구체적인 방법을 아이에게 전달할 수 있는 좋은 기회가 되지요.

사적인 장소와 공적인 장소 구별하기

다른 승객을 배려하는 행동으로는 ⑤ 좌석이 아닌 장소에 아무렇게나 앉지 않기 ⑥ 지저분한 몸가짐이나 타인에게 불쾌감을 주는 옷차림 피하기 ⑦ 음식물 섭취 자제하기 등도 있습니다. 대중교통에서의 에티켓 교육은 사적인 장소와 공공장소를 구별하고, 타인에게 민폐를 끼치지 않도록 스스로 행동을 삼가는 예절교육의 기회가 되기도 합니다. "우리 집이라면 괜찮겠지만 여기는 다른 사람들도 함께 이용하는 장소잖아. 많은 사람들이 같이 있는 곳이니까 더 조심해야겠지" 하며 친절하게 전해주세요.

놀이공원에서 예절 지키기

놀이공원은 아이들이 좋아하는 최고의 놀이터지요. 열광하는 만큼 아이들은 필요 이상으로 흥분하며 평소와 달리 실수도 많이 합니다. 한편으로 놀이동산은 누구나 신나게 즐기러 온, 모두의 나들이 장소입니다. 그런 만큼 자신도 재미나게 놀면서 다른 사람에게 민폐를 끼치지 않는 매너를 가르쳐줘야 합니다. 아울러 미아 방지와 사고 방지를 위해 지켜야 할 규칙을 또렷이 전달하는 일도 매우 중요하지요.

다른 사람과 부딪혔을 때

"다른 친구들도 많으니까 조용히 소곤소곤 얘기하자. 여기에서 엄마 아빠를 잃어버리면 큰일 나겠지? 또 형아들과 부딪힐지도 모르니까 마구 뛰어다니지 말고, 엄마 아빠 손을 꼭 잡으렴" 하며 친절하게 구체적으로 가르쳐주세요. 실제로 다른 이용객과 부딪혔을 때는 아이에게만 사과를 시키지 말고 "저희 아이가 모르고 그만 부딪혔네요. 정말 죄송합니다" 하며 엄마가 직접 사과하는 모습을 보여주세요.

줄을 서서 한참 기다려야 할 때

휴일이나 방학 때 놀이동산에 가보면 인기 있는 놀이기구를 타려고 사람들이 길게 줄을 서 있습니다. 30분은 기본이고, 심지어 1시간 이상 꼼짝없이 서서 기다려야 할 때도 있는데, 긴 시간 동안 어린아이가 얌전히 기다리기란 절대 쉬운 일이 아닙니다. 에너지가 넘치는 아이들은 조용히 기다리지 못하고 뛰어다니거나 소리를 지르는 등 다른 이용객들의 눈살을 찌푸리게 하기 쉽습니다.

물론 소란을 피우는 아이의 행동을 그대로 내버려두는 일도 바람직하지 않지만, 그 자리에서 부모가 고함치며 심하게 훈육하는 일도 주위 사람들에게 불쾌감을 줄 수 있습니다. 따라서 놀이공원에서 다른 사람에게 민폐를 끼치지 않으면서 아이를 적절하게 통제하려면 평소에 부모의 말을 잘 따르는 습관을 아이에게 들여줘야겠지요. 아울러 아이가 좋아하는 사탕이나 과자 등을 준비하거나 조용히 기다릴 수 있는 놀이나 게임을 마련하는 등 기다리는 시간이 지루하지 않게 아이디어를 짜내는 지혜도 반드시 필요합니다.

미아가 되는 것을 방지하려면

아이가 자유롭게 걷고 뛰어다니기 시작하면 어딜 가든 눈에서 아이를 떼놓으면 안 됩니다. 우리 아이가 미아가 되는 것은 상상만 해도 끔찍한 일이지요.

아이의 시야 이해하기

미아 사고를 막기 위해서는 우선 아이의 좁은 시야를 이해해야 합니다. 만 5세 아이라도 평균 신장은 1미터 남짓밖에 되지 않습니다. 많은 사람들이 붐비는 장소에서 아이가 길을 잃고 헤매다 보면 어른도 아이를 찾기 힘든데 아이는 말할 것도 없겠지요. 아이의 눈높이에서 보면 자기보다 훨씬 키 큰 사람들이 시야를 가리고 있기 때문에 부모의 모습을 찾기가 더 어렵습니다. 이처럼 부모는 항상 아이의 시야가 좁다는 사실을 숙지하고 있어야 합니다.

외출할 땐 반드시 손잡기

아이가 충분히 혼자 행동할 수 있더라도 만 4세 즈음까지는 외출할 때 반드시 아이의 손을 잡고 다녀야 합니다. 특히 대형 마트나 백화점에는 아이의 시선을 사로잡는 장난감이나 게임 체험 코너가 있어서 부모가 잠시 방심한 틈을 타서 자신이 가보고 싶은 장소로 향하지만 아이가 문득 정신을 차렸을 때는 엄마 얼굴이 보이지 않는 상황에 맞닥뜨립니다. 또 처음 가는 장소의 경우 설레는 마음에 여기저기 두리번거리게 되지요. 따라서 부모는 반드시 아이의 손을 잡고, 아이에게 시선을 고정하세요.

아이의 행동에 집중하기

그렇다고 언제까지 아이 손을 잡고 다닐 수는 없겠지요. 아이의 홀로서기를 방해할 테니까요. 아이가 당당하게 혼자 행동할 수 있는 시기가 되면 부모는 아이가 지금 무엇을 하고 있는지, 근처에 있는지 등 아이의 행동 하나하나에 신경을 써야 합니다. 아이가 어느 정도 약속이나 규칙을 이해한다면 자주 방문하는 장소에서 위험한 곳은 어디인지, 길을 잃으면 어떻게 해야 하는지, 엄마를 찾기 위해 어디로 가야 하는지 등을 끊임없이 반복해서 설명해주세요.

혹시라도 아이가 길을 잃었을 때 대처할 수 있으려면 자신의 이름, 부모의 연락처 정도는 항상 기억하고 있어야 합니다. 처음 방문하는 장소라도 유사시에 도움을 받을 수 있는 경찰관이나 행사 관계자 등에 대해 확실하게 가르쳐줌으로써 실종 사고를 미리 막을 수 있습니다.

건강과 안전을 위한
생활교육

—

아플 때 아프다고 말하기

아이가 자신의 몸 상태, 건강 상태를 다른 사람에게 말하려면 언어와 사고 능력이 어느 정도 발달되어야 합니다. 즉 신체 부위를 이해하고 언어로 표현할 수 있어야 하고, 스스로 어디가 불편한지를 파악한 후 컨디션 난조를 의미하는 단어(아프다, 거북하다, 불편하다 등)를 사용해 구체적으로 표현할 수 있어야 하지요. 마음놓고 말할 수 있는 주변 환경과 분위기도 중요합니다.

몸 상태와 단어 연결 짓기

영유아기에는 아이가 내는 소리나 움직임에 부모가 적극적으로 응답하고 관심을 보이는 일이 특히 중요한데, 주위 어른들이 호응해주면 아이가 단어의 의미를 더 빨리 이해할 수 있습니다. 영유아가 신체 부위(눈, 입, 코, 귀)를 이해하는 시기는 생후 18개월부터입니다. 두 단어를 말하기 시작하는 만 2세 전후에서 만 6세 즈음까지, 하루에 평균 여섯 단어, 많을 때는 열 개의 단어를 새롭게 기억해나갑니다.

하지만 '아프다'처럼 건강 상태를 표현하는 단어는 의미를 온전히 이해하기 어려울 때가 많아서 아이가 해당 상황을 직접 경험했을 때 경험과 단어를 연결해주는 지도가 필요합니다. 몸 상태를 바로바로 정확하게 표현할 수 있으려면 적어도 초등학교에 입학할 때까지는 기다려야겠지요.

심하게 보채면서 말로 표현하지 못할 때

영아기에는 아이의 상태를 항상 세심하게 관찰해서 떼를 쓰거나 기분이 나쁘거나 눈물을 자주 보이는 것 같은 이상 징후를 빨리 발견해야 합니다. 아이가 심하게 보채면 체온을 재보고 "어디 아픈 거 아냐? 아픈 곳에 손을 갖다대보렴!" 하고 "열이 좀 있네,

불편하겠구나, 기분이 별로야? 많이 아팠겠다" 식으로 아이의 눈높이와 동작, 표정에 유념해서 아이가 표현하기 어려운 부분을 대신 말해주면서 대처해야 합니다. 부모와 아이가 서로 소통하고 얘기를 나누는 과정에서 아이는 조금씩 언어를 이해하고 자신의 입으로 표현하게 됩니다.

다만 평소에 부모가 병원과 관련해서 무턱대고 아이에게 공포감을 심어주는 표현, 이를테면 "너 그렇게 엄마 말 안 들으면 의사선생님한테 가서 불주사 놔달라고 할 거야!" 식의 겁주기는 바람직하지 않습니다. 아이가 지레 겁을 먹고 아파도 아프다고 솔직하게 말하지 못할 테니까요.

약 먹기

의사가 처방해주는 약에는 시럽, 가루약, 알약, 캡슐 등 여러 가지 형태가 있습니다. 영유아 약의 경우 아이의 체중에 따라 복용량을 조절할 수 있는 가루약이나 물약이 많고, 아이들이 먹기 좋게 단맛이 가미된 약도 흔히 접할 수 있습니다.

복용 방법

유아기에는 일상생활에서 혼자 힘으로 할 수 있는 일이 늘어나면서 성취감이나 만족감을 자주 느끼고, 이런 긍정적인 감정은 자신감으로 이어져 건강한 정신이 길러집니다. 약을 먹일 때도 '병이 나으려면 약을 제때 먹어야 한다'는 사실을 아이가 이해할 수 있게 설명해주면 아이의 자립심을 키워주고 좀 더 수월하게 약을 먹일 수 있어요.

아이가 약을 먹지 않을 때는 형이나 언니가 약을 먹는 모습을 보여주면 따라 먹기도 합니다. 아이 스스로 약을 잘 먹었다면 듬뿍 칭찬해줌으로써 성취감을 맛보게 하면 앞으로 약을 더 잘 챙겨먹겠지요.

기본적인 복용법은, 약국에서 주는 작은 계량컵에 약을 덜어서 입에 넣어주는 방법과 숟가락으로 약을 조금씩 입 안으로 깊숙하게 넣어주는 방법이 있습니다. 아이의 혀끝에 약을 얹어두면 그대로 뱉어내므로 조심하세요.

약병 뚜껑에 약을 덜어서 먹이거나, 약 용기에 입을 대고 복용하게 하는 일은 위생 면에서 바람직하지 않아요. 또 코를 세게 잡고 입을 벌리게 한 후 약을 입 안으로 쑤셔 넣거나 억지로 입에 넣어주면 곧바로 토하거나 아이에게 공포감을 심어줄 수 있으니 이런 강압적인 행동은 피해주세요.

약을 먹지 않으려고 할 때

아이가 약을 거부하는 이유는 몸 상태가 좋지 않거나, 억지로 부모가 약을 강요해서 등의 원인을 생각해볼 수 있습니다. 약의 형태가 아이에게 맞지 않을 때도 아이가 약 먹기를 거부할 수 있으니 의사와 충분히 상담해주세요.

아이가 약을 거부할 때의 대처법으로는 다음과 같은 방법이 있습니다.

① 소량의 물에 갠 가루약을 엄마 손가락에 묻힌 다음 아이의 뺨 안쪽에 조심스럽게 발라줍니다.

② 주스나 우유에 약을 섞어서 먹입니다.

③ 좋아하는 음식을 한 번에 먹을 수 있는 분량으로 준비한 다음 약과 함께 먹입니다. 다만 아이가 약을 먹지 않는다고 약을 밥에 섞어서 주면 식사까지 거부할 수 있으니 유념해주세요.

④ 차가운 음식(셔벗이나 아이스크림)과 약을 섞어서 줍니다.

⑤ 약을 1회분씩 젤리 상태로 만듭니다(달달한 주스와 우무로 약 젤리를 만들고, 우무가 조금 식으면 약을 넣어서 젤리 상태로 만듭니다).

건강한 자세 익히기

아이의 발육과 발달 측면에서 말하자면, 서 있을 때도 앉아 있을 때도 앞으로 구부정하게 굽은 자세나 어깨를 뒤로 심하게 젖힌 자세는 정상적인 신체 발달을 방해합니다. 특히 구부정한 자세는 내장에 부담을 주고 혈액순환을 저해하기 때문에 한창 자라나는 아이들에게는 좋지 않아요.

바른 자세 익히기

성장 초기부터 올바른 자세를 익힌다면 아이가 더 건강하게 자랄 수 있어요. 최근에는 올바른 자세를 갖춤으로써 뇌 활동이 활발해진다는 연구 결과도 나오고 있습니다.

그렇다면 어떤 자세가 바른 자세일까요?

간단하게 구별한다면 뒤에서 봤을 때는 등이 쫙 펴진 상태이고, 옆에서 봤을 때는 척추가 살짝 S자를 그리는 모양새가 바람직합니다.

이와 같은 바른 자세를 만들려면 배꼽 아래에 힘을 주고, 좌우 어깨뼈가 등의 중심으로 다가간다는 느낌으로 가슴을 활짝 펼칩니다. 의자에 앉을 때는 어깨를 등받이에 기댄 채 엉덩이를 앞으로 쭉 내밀어서 앉지 않도록 지도해주세요.

부모 먼저 바르게 자세 잡기

아이에게 바른 자세를 가르치려면 어떻게 해야 할까요? 적어도 다음에 소개하는 두 가지 사항은 유념해야 합니다.

먼저 부모가 아이의 발달 단계를 꿰뚫고 있어야 합니다. 영유아는 서기, 걷기, 앉기 단계를 거친 지 얼마 되지 않았습니다. 아직 신경계 발달과 근육 발달도 미숙하지요.

그러니 바른 자세를 오랜 시간 동안 유지하기란 쉽지 않습니다. 처음 올바른 자세를 가르칠 때는 '5초 정도 자세 유지하기'에서 시작해 조금씩 시간을 늘리며 여유 있는 마음으로 기다려주세요.

아울러 부모도 항상 건강한 자세를 의식하며 아이의 본보기가 될 수 있어야 합니다. 아이는 바른 자세를 익히려고 열심히 노력하는데 정작 모범이 되어야 할 부모의 자세가 나쁘다면 바른 자세를 갖추고 싶은 아이의 마음이 싹 달아나지 않을까요?

횡단보도 건너기

아이가 건널목을 건너는 일은 어른들 눈높이에서 보면 위험천만한 행동이지만 아이에게는 그저 길을 건너는 행동일 뿐입니다. 그도 그럴 것이 어른은 주위의 상황이나 교통 법규, 규칙 등을 판단하고 이해한 다음에 횡단보도를 건너지만 아이들은 아직 그런 세세한 부분까지 주의를 살피지 못하기 때문이지요.

아이들이 조심하지 않는 이유

유아기는 뇌신경계의 발달이 완성된 단계가 아니라 한창 발달하고 있는 시기입니다. 어른은 몇 가지 주의사항을 동시에 이해하고 행동할 수 있지만, 아이들은 오직 한 가지만 이해하고 행동으로 옮길 수 있습니다. 일방통행 도로에서 길을 건널 때는 차가 오는 한 방향만 살펴도 길을 건널 수 있지만, 양방향 도로라면 한쪽에서 오는 차를 주의하더라도 반대 방향에서 오는 차를 보지 못하면 안전하게 길을 건널 수 없습니다.

아이들은 동시에 두 가지 이상의 일을 생각하고 행동하는 일이 쉽지 않아서 길을 건널 때 반대 방향에서 오는 차를 시야에서 놓칠 때가 많습니다. 특히 어린아이가 혼자서 횡단보도를 건너고 싶어 할 때는 맞은편에 관심을 끄는 무엇인가가 있기 때문인데, 평소보다 주의가 산만해져서 훨씬 위험할 수 있습니다.

발달 단계를 고려해 반복적으로 가르치기

어떻게 하면 아이들이 주위 상황을 판단해서 안전하게 길을 건널 수 있을까요? 횡단보도를 무사히 건너려면 아이가 여러 가지 주의사항을 판단하고 이해할 수 있을 때까지 하나하나 반복해서 가르쳐줘야겠지요. 물론 신경계의 발달이 아직 부족하다는 사실을 이해하고 성숙해질 때까지는 반드시 아이와 함께 행동해야 합니다.

아이의 발달 단계에 따라 역할극을 해보는 것도 좋아요. 골목 건널목에서 시작해서 상황을 판단하기엔 다소 복잡한 횡단보도로 천천히 단계를 높여갑니다. 또 아이가 혼자서 건너지 못하더라도 주위의 안전을 항상 살피며 행동하도록 지도해주세요.

물론 부모가 먼저 모범을 보여야 합니다. 그리고 아이가 차근차근 행동할 수 있게 인내심을 갖고 너그러운 미소로 지켜봐주세요.

자전거 타기

빠른 아이들은 만 4세가 넘으면 보조바퀴를 떼고 자전거를 타고, 늦어도 초등학교 1~2학년이 되면 대부분의 아이들이 자전거를 혼자 탈 수 있게 됩니다. 만약 보조바퀴를 달고 탄다면 더 쉽게 자전거를 탈 수 있지요. 하지만 보조바퀴를 떼어내는 순간 좌우 균형을 잡기가 어려워져서 자전거는 뒤뚱 흔들리고 맙니다.

안전하게 자전거를 타려면

자전거는 속도가 빠를수록 안정감 있게 달리고, 천천히 탈수록 불안정해지는 특징이 있습니다. 따라서 보조바퀴가 있든 없든 안정되게 자전거를 타려면 균형을 잡으면서 어느 정도 속도를 내야 합니다.

아이들의 균형감각은 신경계와 근육계의 발달에 좌우됩니다. 유아의 경우 아직은 발달하는 과정에 있기 때문에 보조바퀴 없이 자전거를 타려면 다소 시간이 걸리기 마련입니다.

자전거 타는 방법 함께 연습하기

자전거를 탈 수 있다는 것과 자전거를 타고 거리를 활보하는 일은 전혀 다른 문제입니다. 자전거를 타기 전에 교통 규칙이나 예절을 익히고, 주변이 안전한지 확인하고, 자전거를 타는 동안에는 신속하게 상황 판단을 해야 합니다. 걷는 동안에는 상황을 판단하는 데 문제가 없지만 이동 속도가 빠른 자전거를 타고 있을 때는 판단을 바로바로 못할 때가 많습니다. 그러니 교통 규칙이나 예절을 이해한 뒤에 자전거를 타야 하지요. 우선은 신호등이 없는 공원이나 공터 등지에서 자전거를 조작하며 충분히 연습하게 해주세요. 특히 브레이크 조작은 도로에서 안전하게 자전거를 타기 위해 꼭 필요한 기술입니다. 놀이를 통해 브레이크 조작에 익숙해질 수 있도록 이끌어주세요.

자전거 조작을 완벽하게 익혔다면 도로로 나가 부모가 아이 앞에서 달리면서 어떤 상황이 안전하고 어떤 상황이 위험한지를 아이가 이해할 수 있게 가르쳐줍니다. 아울러 자전거를 탈 때 지켜야 하는 규칙도 본보기를 보여주세요. 부모가 제대로 모범을 보여주면 아이는 자연스럽게 판단하고 이해하면서 교통 예절을 몸에 익힙니다.

안전하게 지하철 타기

지하철은 불특정 다수가 이용하는 대중교통 수단으로 이용객 대부분이 어른입니다. 유아와 함께 지하철을 이용할 때는 다른 승객에게 불쾌감을 주지 않도록 지도하고, 아이도 안전하게 이용할 수 있도록 여러모로 신경을 써야 합니다.

반드시 아이 손을 잡기

지하철을 타고 내릴 때는 항상 조심해야 한다고 아이에게 일러둡니다. 특히 어린아이들은 승강장 아래로 발이 빠지거나 지하철 문에 손이 낄 수도 있으니 반드시 아이의 손을 잡고 안전사고에 유념하며 지하철을 이용합니다. 에스컬레이터를 이용할 때는 뛰거나 걷지 말고 제자리에 서서 아이 손을 꼭 잡아주세요. 아이가 지하철역에서 장난을 치며 뛰어다닌다면 따끔하게 주의를 주고요.

전철 안에서는 다른 승객들에게 불쾌감을 주지 않도록 배려해야 하는 것은 물론이고 발차, 정차, 가속, 감속, 커브길 등에서는 차량이 심하게 흔들릴 수 있기 때문에 손잡이나 부모의 손을 항상 잡고 있으라고 가르쳐주세요.

출퇴근 시간대에는 아이와 지하철을 타는 일은 되도록 피하는 것이 좋아요. 아울러 복잡한 전철에 유모차를 갖고 탈 때는 유모차를 깔끔하게 접어서 이용하는 매너도 잊지 마세요.

아이를 잃어버린다면

유동 인구가 많은 도심에서는 지하철이 가장 친숙한 이동 수단이기 때문에 많은 사람들이 즐겨 이용합니다. 특히 출퇴근 시간에는 수많은 승객들로 발 디딜 틈조차 없습니다. 혼잡한 지하철에서는 아이의 손을 꼭 잡는 등 대책을 세우지 않으면 아이를 잃어버릴지도 모릅니다.

아이에게는 부모 손을 놓지 말고 항상 같이 다녀야 한다는 사실을 분명히 가르쳐주세요. 만약 부모 손을 놓쳐서 길을 잃었다면 ① 제자리에 그냥 있기(멈추기) ② 생각하기 ③ 역무원에게 도움 요청하기의 순서로 행동하도록 평소에 꼭 가르쳐주세요. 지하철역에서는 도움을 요청하기에 가장 믿을 만한 사람이 역무원입니다. 그러니 역무원 아저씨에게 사실을 알리고, 자신의 이름과 간단한 개인 정보를 말할 수 있도록 사전에 충분히 연습시킵니다.

또 아이의 판단으로 지하철을 타지 말고, 미아가 된 시점에서 부모나 역무원을 기다릴 수 있게끔 지도해주세요.

위험한 장소에 가지 않기

아이 혼자 위험한 장소에서 놀다가 심하게 상처를 입거나 목숨을 잃는 안전사고가 급증하고 있어 참으로 안타깝습니다. 사고 유형을 자세히 살펴보면 아이가 사고 장소를 위험하다고 인지하지 못했거나, 위험한 줄 알면서 호기심에 끌려서 행동하다가 그만 사고를 당하는 일이 대부분인 것 같습니다.

아이의 눈높이 파악하기

아이가 혼자서 뛰어놀 수 있게 되면 아이의 행동범위가 무한대로 펼쳐집니다. 또 아이들은 키가 작고 시야가 좁지만 자신의 눈높이에서 보이는 모든 것들에 엄청난 관심과 흥미를 갖고 있습니다. 실제 아이의 눈높이(지면에서 80~90센티미터 정도의 높이)에서 동네를 걸어보세요. 온갖 사물이 흩어져 있어서 어른의 눈높이로 보는 것 이상으로 다양한 장면이 시야에 들어옵니다. 게다가 영유아기는 세상 모든 것에 호기심이 샘솟는 시기로, 일단 아이가 무언가에 관심이 꽂히면 시야가 좁아지기 때문에 주위 사물이나 상황을 주의 깊게 살피지 못합니다.

위험 지대는 멀리하기

장소 자체는 위험하지 않지만, 주변 상황이 위험 지대로 돌변하는 일도 흔히 있습니다. '출입 금지'와 같이 위험한 장소임을 표시한 안내문은 아이의 눈높이보다 높은 곳에 걸려 있을 때가 많습니다. 특히 안내 표지판이 없는 용수로, 강이나 연못 등의 물가에서 아이만 놀게 하는 일은 매우 위험합니다.

부모는 안전을 위해 아이의 행동범위는 물론이고, 더 확장해서 위험 장소를 미리 광범위하게 파악해두어야 합니다. 위험한 곳에는 가까이 가지 않는 것이 안전교육의 기본이지만, 항상 다닐 수밖에 없는 집 근처의 장소라면 어떻게 주의하고 행동해야 하는지를 아이에게 거듭 가르쳐주세요. 물가뿐만 아니라 일반 도로도 마찬가지입니다. 차가 많이 다니는 교차로는 항상 위험하다는 사실과, 그런 곳에서는 어떻게 행동해야 하는지(반드시 부모의 손 잡기 등)를 일깨워줘야 합니다.

부모의 이름과 집 주소 외우기

아이가 길을 잃었을 때 자신의 이름과 부모 이름, 집 주소를 외우고 있으면 보호자에게 연락할 수 있어서 크게 도움이 됩니다. 그렇다면 안전교육에 중요한 이름 외우기는 어떻게 아이에게 가르쳐야 할까요?

엄마 아빠의 이름 알려주기

평소에 연습시키는 일이 가장 중요해요. 아이는 자신의 부모를 "아빠, 엄마"라고 부릅니다. 만 2세까지는 엄마 아빠에게도 이름이 있다는 사실을 의식하는 아이가 그리 많지는 않습니다. 이때 억지로 이름을 기억하게 할 필요는 없겠지만 적당한 시기에 "엄마 이름은 ○○○야" 하고 알려주면 자연스럽게 기억하지요.

부모 이름을 외웠다면 "만약에 나들이 갔을 때 엄마 아빠가 보이지 않으면 '엄마 아빠가 보이지 않아요, 도와주세요. 제 이름은 △△△입니다. 엄마 이름은 ○○○입니다' 하고 예쁘게 말할 수 있어야 한단다" 하며 미리 연습하도록 이끌어주세요.

우리 동네 이름 알려주기

아이의 발달 상황에 따라 다르지만 가능하다면 이 시기에 주소도 말할 수 있게 지도해주세요. 상세 주소까지는 어렵겠지만 길을 잃었을 때 "어디에 살아?" 하고 물으면 "ㅁㅁ동"이라고 대답할 수는 있어야겠지요.

필요할 때만 말하도록 지도하기

다만 부모 이름과 주소를 말하는 일이 반대로 위험을 초래할 수도 있습니다. 유괴 등에 악용될 수도 있거든요. 따라서 모르는 사람에게 함부로 개인 정보를 알려줘서는 절대 안 되고, 정말로 필요할 때 믿을 수 있는 사람에게만 말해야 한다는 사실을 아이에게 단단히 일러줘야 합니다.

무엇보다 아이가 길을 잃지 않도록 부모가 각별히 주의해야겠죠?

2부

아동기(7~13세)의
가정훈육

아동기(7~13세)를 맞이하는
부모의 마음가짐

—

칭찬과 꾸중의 기본 공식

부모들은 가정에서 가르친 내용을 아이가 제대로 실천했을 때는 듬뿍 칭찬해주고, 어설프게 실천했거나 지키지 못했을 때는 꾸짖게 되지요. 아이를 가르치고 지도할 때 칭찬과 꾸중은 가정훈육의 기본이 될 정도로 중요한 훈육법입니다. 칭찬과 꾸지람을 통해 아이는 부모의 가르침을 서서히 자신의 것으로 익혀나갑니다.

의욕은 살리고, 서툰 행동은 바로잡고

칭찬과 꾸중을 잘하면 아이의 행동을 긍정적인 방향으로 변화시킬 수 있지만, 칭찬하는 방법과 꾸중하는 방법이 잘못되면 아이가 올바른 예의범절을 몸에 익히기는커녕 부모의 가르침을 받아들일 의욕이 사라그라들고 혼란에 빠지기 쉽습니다.

이를테면 잠자리에 들기 전에 옷을 가지런하게 개놓는 습관을 들일 때 "제가 해볼게요!" 하며 아이가 관심을 보이면 "그러렴" 하고 부모는 시킵니다. 그런데 아이가 옷을 개놓은 모양새가 엄마의 마음에 들지 않는다고 해서 "넌 그것 하나 제대로 못하니?" 식으로 다그치면 아이는 실망하며 의욕을 잃고 말겠지요. 오히려 "귀찮아, 나 안 해!" 하며 거부할지도 모릅니다.

아이의 행동이 서투르거나 완벽하지 않을 때는 다짜고짜 혼내지 말고 일단 스스로 하려는 마음을 인정해줘야 합니다. 제대로 옷을 정리하지 못했더라도 조금이나마 잘한 부분을 찾아내 칭찬해주는 것이지요. 그런 다음에 정확한 방법을 다시 가르쳐주고 아이와 함께 옷을 정리해봅니다. 이 과정이 반복되면 아이는 혼자 힘으로 해보려고 노력하게 되고 서서히 능숙해지면서 성장하겠지요.

한편 부모의 기분에 따라 아이를 칭찬하거나 꾸짖어서는 절대 안 됩니다. 아이가 좋은 습관을 몸에 익히기는커녕 옳고 그름의 판단 기준 자체가 흔들리기 때문에 아이의 머릿속은 혼란스러워집니다.

야단칠 때는 부분을, 칭찬할 때는 전체를

아이는 실수나 실패를 반복하면서 자란다는 사실을 인식하고 눈앞에 있는 아이를 있는 그대로 받아들이는 것이 효과적으로 칭찬하고 꾸중하는 방법입니다. 그럼 칭찬과 꾸지람의 좋은 실례를 들어볼까요?

아이가 물건을 훔친 것을 알고 엄마가 아이를 향해 "어머나, 어떤 손이 물건을 남몰래 잡은 거야? 한번 손을 내밀어보렴" 하고 물었습니다. 그러자 아이는 슬그머니 오른손을 내밀었습니다. 엄마는 아이의 오른손을 붙잡으며 이렇게 말했습니다.

"넌 정말 착한 아이인데, 이 손이 나빴네. 두 번 다시 그런 행동을 하지 않게끔 이 손을 많이 야단쳐야겠구나. 오른손, 너 정말 나빴어!"

이후로 아이는 오른손을 볼 때마다 자신의 잘못을 떠올렸지요. 그럼 아이가 자발적으로 현관을 청소했을 때 부모는 어떻게 반응해야 할까요?

"넌 정말 착한 아이구나. 누가 시키지 않아도 이렇게 혼자 힘으로 청소도 깨끗이 하고 말이야."

그리고는 아이의 머리를 쓰다듬으며 듬뿍 칭찬해주면 좋지요.

'넌 정말 나쁜 애야' 식으로 아이의 인격을 부정하는 꾸지람은 아이의 마음에 깊은 상처를 남깁니다. 아이 스스로도 부정적인 기분에서 빠져나오기 힘들지요. 하지만 위의 사례와 같이 인격이 아닌 신체의 일부분만 부정하는 것은 아이의 무거운 마음을 한결 가볍게 덜어주면서 다음부터는 스스로 조심해야겠다는 반성을 할 수 있게 합니다. 반대로 아주 사소한 일이라도 인격을 긍정적으로 인정받는 칭찬은 기분이 좋아지고, 다음에도 더 열심히 노력해야겠다는 적극적인 마음이 샘솟습니다.

요컨대 '야단칠 때는 부분을, 칭찬할 때는 전체를', 이것이 칭찬과 꾸중의 기본 공식이랍니다.

발달 단계와 아이의 상태를 고려해 칭찬하기

아이는 칭찬을 먹고 자란다는 말이 있습니다. 다만 아이의 발달 단계와 현재 상태를 정확하게 파악한 다음에 '내 아이'에게 맞는 칭찬을 해줘야 합니다. 구체적인 단어 선택도 아이의 연령에 따라 달라집니다. 예를 들면 초등학교 1학년 아이가 식사 후에 식기를 정리했을 때 인격적으로 칭찬해주는 일은 자연스러운 칭찬법입니다. 하지만 초등학교 6학년 아이라면 사정이 다릅니다. 예를 들어 식사 후 뒷정리를 했을 때 "고마워" 하고 가볍게 인사만 해도 충분하지만, 아이가 직접 요리를 만들었을 때는 "우리 아들, 멋진 요리사야!"라는 엄마의 칭찬이 고학년 아이에게는 더 솔깃하게 들릴지도 모릅니다.

다만 칭찬만으로 아이를 키울 수는 없겠지요? 따끔하게 혼내야 할 때도 분명 있습니다. 엄격한 훈육이 필요한 때라도 부모가 소리를 지르며 화를 내는 감정적인 훈육은 효과적이지 않습니다. 왜 그런 행동을 해서는 안 되는지 차분한 목소리로 알려주면서 아이가 행동을 바로잡을 수 있게끔 이끌어줘야 합니다. 또 아이를 혼낼 때는 똑같은 잘못을 거듭 되풀이해서 야단치면 안 됩니다. 특히 지난 일까지 들춰내서 다그치면 아이가 무척 싫어하니 조심해주세요. 아울러 아이를 궁지에 몰아넣는 말투도 피해야 합니다. 한 번 더 도전할 수 있는 여지를 남겨두고 꾸중해야 행동이 바뀝니다. 아이가 다시 도전해서 잘해냈을 때는 듬뿍 칭찬해주시고요.

칭찬과 꾸지람을 동전의 양면처럼 활용하는 교육이 훈육에서 가장 효과적이라는 사실, 잊지 마세요.

일관된 훈육 방침

오늘날은 아이를 키우는 일이 매우 어렵고 힘든 시대라고 말할 수 있어요. 가치관이 다양해지면서 사회규범이 변화한 것도 한 이유이지요. 더욱이 예전에는 지역 어른들이 아이들 교육에 동참했지만, 요즘은 공동체의식이 희박해지면서 울타리 교육이 제 기능을 다하지 못하고 있습니다. 결과적으로 아이의 훈육은 가정에서 전담한다고 해도 과언이 아니지요. 그런데 부모끼리도 가치관이 다를 땐 무엇을 기준으로 삼고 아이를 가르쳐야 할까요?

아동기라서 특별히 신경 써야 할 일들

가정훈육은 영유아기를 거쳐 아동기에도 지속적으로 이뤄집니다. 칫솔질을 예로 든다면, 영유아기에는 엄마의 무릎 위에 아이를 앉혀놓고 조심스럽게 이를 닦아주면서 아이 스스로 칫솔질을 연습하게끔 이끌어줍니다. 아동기에도 이 닦기 습관은 꾸준히 지속되지만, 아이가 초등학교 고학년이 되면 슬슬 게으름을 피우며 이를 제대로 닦지 않으려고 합니다. 따라서 아동기에는 영구치를 유지하고 질병을 예방하는 데 있어 이 닦기가 얼마나 중요한지를 충분히 가르쳐주고, 아이가 의식적으로 이를 닦을 수 있게 지도해야 합니다.

아이가 바람직한 행동을 익혔더라도 좋은 습관으로 온전히 자리 잡으려면 아이 스스로 행동의 의미를 충분히 이해하고 의식적으로 숙지하는 일이 중요합니다. 이와 같은 과정을 통해 가정훈육이 유지되고 강화될뿐더러 아이가 자라서 훗날 부모가 되었을 때 어릴 적 자신이 받은 가정훈육을 자녀에게 똑같이 전해줄 수 있지요. 요컨대 아동기의 가정훈육은 가정 문화의 계승 측면에서도 아주 중요합니다.

일관된 훈육이 필요할 때

부모이기 이전에 한 인간이기에 부부가 서로 다른 가치관을 품고 다르게 생각할 때도 있지요. 하지만 엄마 아빠의 가르침이 제각각이라면 아이는 누구의 말을 따라야 하는지 혼란스럽습니다. 아동기 가정훈육의 중요성을 생각한다면 부부가 일관된 가치관으로 훈육을 하는 것이 중요합니다.

예를 들어 게임과 관련해 훈육을 할 때 엄마는 "숙제를 끝내고 나서 게임을 해야 한다"고 엄포를 놓고, 아빠는 "게임을 하고 나서 숙제를 해도 된다"고 느슨하게 말한다면 아이는 누구의 말을 따라야 할지 몰라 합니다. 일관되지 않은 부모의 훈육에 따라 아이의 습관도 뒤죽박죽 뒤엉킬 수 있지요. 따라서 훈육 방법이나 내용에 대해 엄마와 아빠가 서로 충분히 얘기를 나누고 일관되게 대처해야 합니다. 아이가 누구의 말을 듣더라도 같은 행동을 할 수 있게끔 이끌어주는 것이 올바른 훈육의 기본입니다.

아이 자신도 아동기에 접어들면 마치 부모를 시험하듯이 이것저것 물어보고 조목조목 따지기도 합니다. 예를 들어 "민수는 아직 수학학원에 안 다녀", "다른 애들은 스마트폰을 다 갖고 있단 말이야"와 같이 말하며 자신에게 유리한 쪽으로 얘기를 합니다. 이때 부모의 훈육 방침이 확고하다면 "옆집은 옆집이고, 우리 집은 우리 집이야" 하며 의연하게 대응할 수 있지요. 이런 이유에서 일관된 훈육 방침은 반드시 필요하고 또 중요합니다.

잘 모를 때는 상담을

자녀교육과 관련해서 부부가 길을 잃고 괴로워할 때도 있습니다. 만약 아이 문제로 골머리를 앓고 있다면 담임교사와 상담해보는 것도 좋은 방법입니다. 학교에서는 어떻게 지도하고 있는지를 확인한 다음에 학교 방침과 훈육의 방향을 일치시키면 부모로서 마음이 한결 가벼워지지요. 그리고 아이도 적응하기가 훨씬 수월해집니다.

고민하는 자녀 문제가 학교생활과는 상관없는 내용이라면 비슷한 환경의 다른 가정과 의논해보는 것도 좋습니다. 어쩌면 다른 가정에서도 비슷한 걱정거리를 품고 있을 수 있거든요. 지속적으로 유대감을 갖고 도움을 받을 수 있는 친정부모와 시부모 등 어르신들에게 물어보는 것도 좋아요. 우리가 생각하지 못한 지혜와 힌트를 얻을 수도 있거든요.

이처럼 아이를 키울 때는 혼자서 끙끙 앓지 말고 다양한 사람들의 지혜를 활용해보세요. 주위의 사람들과 의논하고 상담하는 과정에서 우리 가족에게 맞는 훈육의 방향이 잡힐 수도 있지요.

아이를 가르치고 이끌어줄 때는 누구나 시행착오를 겪습니다. 혹시라도 도중에 훈육의 방침을 바꿔야 한다면 아이에게 찬찬히 설명해주고 충분히 이해시킨 다음에 좀 더 나은 방향을 찾아 바꾸면 됩니다. 아동기 아이들은 어른보다 훨씬 사고가 유연하기 때문에 크게 걱정하지 않아도 됩니다. 단지 부모의 의연한 마음가짐이 필요할 뿐이지요.

"우리 애는 절대~"의 함정

아이가 나쁜 행동을 저질렀다는 얘기를 들어도 '설마 우리 애가? 말도 안 돼. 그럴 리 없어!' 하며 고개를 가로젓는 부모들이 있습니다. 아이를 철석같이 믿는 부모일수록 자녀의 잘못된 행동을 인정하기 힘들어하지요. 나중에 아이의 잘못이 명백하게 밝혀졌을 때는 아이에게 배신당했다며 심한 충격을 받기도 합니다.

넓어지는 행동범위, 좁아지는 시야

아이는 성장하면서 행동범위가 넓어지고 집 안보다 집 바깥에서 생활하는 시간이 늘어납니다. 반면 부모는 자녀의 행동과 말씨를 주로 집에서 접하기 때문에 아무래도 아이에 대한 시야가 좁을 수밖에 없습니다. 그러한 현실을 인정하고 부모는 아이와 관련된 정보를 얻기 위해 주변까지 살피는 노력을 기울여야겠지요.

유아기에는 집에 돌아오면 유치원에 있었던 일이나 친구와 놀았던 일을 미주알고주알 얘기하지만, 초등학교에 들어가고 학년이 올라갈수록 입을 닫는 아이가 많습니다. 특히 나쁜 짓을 저질렀거나 실수했을 때는 혼날까 두려워서 솔직하게 털어놓으려고 하지 않지요. 그러니 아이의 실패나 실수에 발끈하지 마세요. 아이는 다양한 경험을 통해 옳고 그름의 판단을 조금씩 깨쳐가므로 실수나 실패도 소중한 경험이라는 사실을 느끼게 해줘야 숨기는 일이 줄어듭니다.

거짓말을 하거나 일부분만 말하는 아이들

아동기에는 자신의 행동을 정당화하려고 거짓말을 할 때도 있습니다. 그러니 자녀의 성격을 정확하게 인지하고 장점과 단점을 객관적으로 파악하는 일이 아주 중요합니다. 아울러 평소 사소한 일이라도 아이의 행동이 어떻게 변화하는지를 세심하게 살피고, 좋은 면은 칭찬해주고 잘못된 행동은 확실하게 지적해서 바로잡아줘야 합니다.

또한 거짓말을 하지 않더라도 일부분만 말하기 때문에 사건의 전체를 파악하지 못할 때가 많습니다. 따라서 아이의 얘기를 듣다가 의문점이 생기면 바로 되물어보고, 아이가 전체적인 그림을 그리면서 말할 수 있게 이끌어줘야 합니다. 아이들은 자신이 전달하려는 내용을 온전히 이해하지 못할 때도 있어서 스스로 사건을 오해하기도 합니다. 그러니 '난 틀리지 않았다, 잘못하지 않았다'고 왜곡된 믿음을 가질 수 있지요.

스스럼없이 말할 수 있는 환경을

아이가 부모를 향해 스스럼없이 솔직하게 말할 수 있으려면 어떤 일이라도 편안하게 얘기할 수 있는 집안 환경을 만드는 것이 가장 중요합니다. 훈훈한 대화가 오가는 가정을 만들기 위해서는 아이를 사랑으로 대하고 따스하게 보듬어주며 마음의 끈을 돈독하게 다져야겠지요. 신뢰 속에서 부모를 믿고 따르며 생각하는 마음이 생긴다면 아이는 자연스럽게 속내를 털어놓을 수 있습니다.

행동을 바로잡기 위해서 아이를 타이를 때는 감정적으로 다그치는 것이 아니라, 왜 그런 행동을 했는지에 대해 아이의 얘기를 충분히 들어주세요. 아이의 말을 귀담아 듣지 않고 사건의 전후 맥락을 살피지도 않으면서 일방적으로 아이를 몰아붙이면 아이는 불만을 품고 반발심만 키우게 됩니다. 이쯤 되면 훈육의 의미가 전혀 없겠지요. 자신의 잘못을 진심으로 뉘우치게 하는 꾸지람이 무엇보다 중요합니다.

부모와 자녀가 서로 신뢰하고 끈끈한 유대감으로 결속된 가정에서 속 깊은 아이가 자라난다는 사실, 꼭 기억하세요.

감사의 마음 기르기

동물을 보면 나 홀로 생활하는 종과 무리를 이뤄 생활하는 종이 있습니다. 이 가운데 인간은 가족이라는 집단을 기본 단위로 사회를 형성하고 생활합니다. 다양한 사람과의 관계 속에서 서로 도움을 주고받으며 규칙을 몸에 익히고 더불어 사는 방법을 배웁니다. 인간이라는 존재는 혼자 살 수 없는 사회적 동물인 셈이지요.

서로 도움을 주고받는 사회적 존재

주위를 조금만 둘러봐도 가족, 이웃 등 많은 사람들의 도움을 받으며 살아간다는 사실을 알 수 있습니다. 인간은 수많은 사람들의 보살핌과 도움으로 성장하고, 마침내 주위 사람들에게 도움을 줄 수 있는 자리에 우뚝 서게 됩니다. 이런 역사가 되풀이되는 가운데 인류는 번영해왔습니다. 당장 눈에 보이지 않겠지만 많은 사람들의 노고 덕분에 우리가 행복하게 지내고 있다는 사실을 아이가 느낄 수 있게 지도해주세요.

지역 부모들과 연대하기

예전에는 이웃에 사는 엄마들이 한자리에 모여서 아이들이나 학교, 지역사회의 다양한 사건사고를 화제에 올리며 얘기꽃을 피웠습니다. 여럿이 모이는 자리에서 정보를 교환하고 서로 이해하고 신뢰를 돈독히 하며 자녀교육의 안목을 높이고 교육의 역량을 키웠죠. 동네마다 바른 말 하는 어른이 있어서 아이들의 못된 장난이나 나쁜 행동을 바로잡아주고 때로는 넉넉한 마음으로 감싸주면서 아이들을 올바르게 이끌어주었습니다.
아이의 몸과 마음이 건강하게 자라는 일은 이 세상 모든 부모의 간절한 바람입니다.

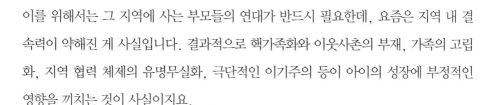

이를 위해서는 그 지역에 사는 부모들의 연대가 반드시 필요한데, 요즘은 지역 내 결속력이 약해진 게 사실입니다. 결과적으로 핵가족화와 이웃사촌의 부재, 가족의 고립화, 지역 협력 체제의 유명무실화, 극단적인 이기주의 등이 아이의 성장에 부정적인 영향을 끼치는 것이 사실이지요.

배운 것을 실천으로 이끄는 가르침

어느 전철역 게시판에서 다음과 같은 캠페인 문구를 발견했습니다.
'모두 쾌적하게 전철을 이용할 수 있도록 공공예절을 지켜주세요. 큰 소리로 떠들지 않아요! 떠들썩하게 통화하지 않아요! 좌석을 나 홀로 점령하지 않아요!'
이 문구는 전철에서 반드시 하지 말아야 하는 행동으로, 대중교통을 이용할 때 당연히 지켜야 할 예절입니다. 하지만 기본 상식을 지키지 않는 사람이 적지 않자 일부러 게시판에 큼지막하게 걸어놓은 것이지요.
가정훈육은 특별한 것을 아이에게 가르치는 것이 아닙니다. 인간으로서 당연히 지켜야 할 도리를, 당연하게 할 수 있는 실천력과 마음가짐, 예절, 도덕을 아이가 몸에 익히게끔 도와주는 일입니다. 그리고 너그러운 마음을 키워주는 일입니다. 아이의 마음은 가르쳐주지 않으면 자라지 않습니다. 일상생활에서 예의범절을 배우고 실천을 되풀이함으로써 아이의 마음이 무럭무럭 자라지요.

감사의 말은 마음을 이어주는 사랑의 다리

감사의 마음은 사회를 만들어 집단으로 생활하는 인간에게 꼭 필요한 감정으로, 양심을 기르는 근본이자 인간의 마음과 마음을 잇는 사랑의 다리가 되기도 합니다. '맛있는 음식을 만들어주셔서 감사합니다', '늘 친절하게 대해줘서 고마워요'와 같은 감사의 마음은 인간이라면 누구나 가슴에 품기 마련이지요.
또 목이 마르면 바로 갈증을 해소해주는 물을 마실 수 있고, 생활에 필요한 전기를 가정에서 손쉽게 사용할 수 있는 것 역시 분명 많은 사람들이 열심히 일해준 덕분입니다. 눈에 보이지는 않지만, 우리는 서로가 서로에게 도움을 주고 있습니다. 사람들에게 받은 보살핌이나 친절에 대해 "네 덕분이야", "고마워" 하는 감사의 마음을 품을 수 있다면 그 사람은 분명 행복한 인생을 살고 있다고 말할 수 있습니다.

가정에서도 엄마와 아들이, 혹은 아빠와 딸이 서로 "고마워" 하는 인사를 자주 나누고 "잘 먹겠습니다", "잘 먹었습니다" 하며 기회가 닿을 때마다 감사의 인사를 주고받아 보세요. 서로에게 고마움을 느낄 수 있고, 인사를 건네는 사람도 고맙다는 인사를 듣는 사람도 모두 마음이 따스해지고 부드러워져서 행복을 만끽할 수 있어요. 더 나아가 주변 이웃에게, 사회에 감사하는 마음이 길러질 수 있답니다.

아이는 부모를 비추는 거울

아이는 태어날 때부터 자신을 돌봐주는 부모를 사랑하고 부모의 일거수일투족을 관심 있게 바라봅니다. 엄마 아빠와 함께 생활하는 가운데 말과 행동, 태도를 배우고 이를 무의식적으로 따라 하지요. 어른이 미처 깨닫지 못하는 동안 부모와 똑같은 붕어빵 자녀로 자라납니다.

배움의 첫단계는 흉내 내기

엄마 아빠가 아무리 듣기 좋은 말을 해도 아이는 부모를 항상 예리한 눈초리로 지켜보고 있습니다. 따라서 부모의 말을 듣고 자라기보다 부모의 행동을 보고 배운다는 표현이 훨씬 더 정확하지요. 배움의 일차적인 단계는 '행동을 보고 똑같이 흉내 내기'라고 할 수 있습니다.

이를테면 엄마가 채소를 싫어하면 아이도 채소를 싫어할 확률이 높습니다. 부모의 말씨가 거칠면 아이의 말씨도 거칠기 쉽습니다. 집 안이 항상 정리정돈되어 청결하다면 깨끗한 환경을 좋아하는 아이로 자라납니다. 아침에 일어났을 때 밝은 목소리로 "안녕히 주무셨어요!" 하고 인사를 나누는 가정에서 자라면 인사를 저절로 몸에 익히게 되겠지요. 이렇게 체득한 생활습관은 성격으로 이어집니다. 좋은 생활습관은 좋은 성격을 만들고, 나쁜 생활습관은 나쁜 성격을 만들기 쉽습니다.

나의 모습 되돌아보기

간혹 아이를 훌륭하게 키우고 싶다는 욕심에 자신의 이상향을 아이에게 강요할 때가 있습니다. 정작 자신의 어린 시절은 까맣게 잊어버리고 아이에게 이것저것 무리한 주문을 하기도 합니다. 만약 욕심이 앞선다면 부모로서 자신의 모습과 생활습관을 한 번 쯤 되돌아봐주세요.

부모가 아이에게 해줄 수 있는 최고의 교육은 아이에게 좋은 본보기, 바람직한 모범을 보여주는 일입니다. '아이는 부모를 비추는 거울'이라는 말이 있듯이 부모와 자녀는 서로가 서로를 비추는 거울임을 잊지 않았으면 합니다.

필요한 교육은 철저하게

부모와 자녀가 사이좋게 지내는 일은 당연하고 또 바람직하지만, 부모와 자식은 절대 친구 사이가 아닙니다. 서로를 배려하고 신뢰하는 관계입니다. 부모는 아이를 한 사람의 인간으로서 인정하고 존중해줘야 하며, 아이는 부모를 가장 사랑하는 사람으로 소중하게 여기고 공경하는 마음을 가져야 합니다. 보살펴주는 부모, 보살핌을 받는 자녀의 관계여야 하지요.

훈육에는 많은 정성과 노력, 시간이 필요한 반면 종착역이나 골인 지점이 없습니다. 아이의 성장에 맞추어 필요한 훈육이 잇달아 생겨날 따름이지요. 부모가 시키는 대로 행동하는 아이로 만드는 일은 어쩌면 달성하기 쉬운 일인지도 모릅니다. 하지만 부모의 말에 무조건 복종하는 아이는 타인의 지시나 명령이 없으면 아무것도 하지 못하는 얼치기 인간이 되고 맙니다. 인간의 기본 생활방식을 익히지 못하고 마음도 자라지 않습니다. 무기력, 무책임, 감동을 모르는 인간으로 살아갈 수밖에 없지요.

부모는 자녀의 성장을 꿰뚫어보면서 '자상함과 엄격함'을 바탕으로 필요한 것들을 철저하게 가르쳐줘야 합니다. 아이가 필요한 교육을 몸에 익혀서 행동하고 일상생활에서 실천할 수 있을 때까지 훈련시키며 거듭 지도하는 일이 매우 중요합니다. 이런 반복 과정을 통해 인간이 갖추어야 할 생활방식을 배우고 예절과 도덕을 몸에 익히면 아이의 마음도 무럭무럭 자라나겠지요.

부모의 바른 생활이 최고의 가정훈육

훈육할 때는 아이의 성장을 확실하게 파악해서 '초조해하지 않고 서두르지 않고 포기하지 않고 무리 없이 낭비 없이 기복 없이' 해야 합니다. 무엇보다 중요한 것은 '부모의 바른 생활이 최고의 가정훈육'이라는 사실입니다. 아무쪼록 아이와 함께 배우고 아이와 함께 자라는 부모가 되길 간절히 바랍니다.

훈육의 적기 놓치지 않기

아이가 걷고 말을 알아들을 나이가 되면 좋은 버릇을 들이겠다며 생활 교육과 훈육을 시작하는 부모들이 있습니다. 그러나 가정훈육에도 적합한 시기와 발달 단계에 맞는 방법이 있습니다.

훈육의 포인트를 잘못 짚은 엄마

어느 날 초등학교 6학년 학생의 엄마가 학교로 전화를 걸어 자기 아이의 담임교사를 찾았습니다. 수업 중이라서 지금은 연결할 수 없으니 메모해드리겠다고 하자 "담임선생님께 직접 말씀드리고 싶은데…" 하며 말을 이어나갔습니다. 사정을 들어보니 아이가 매일 준비물을 까먹고 학교에 가는 바람에 속상한데 아무리 말해도 나아지지 않고 오늘 아침에도 준비물을 잊어서 방금 학교에 전해주고 왔다고 했습니다. 그런 아이의 행동을 담임교사가 확실하게 바로잡아주면 좋겠는데 몇 번이나 부탁했지만 제대로 신경을 써주지 않는다며 볼멘소리도 했습니다.

쉬는 시간에 그 아이를 불러서 자초지종을 들어보니 아니나 다를까 아침에 제 시간에 일어나지 못해서 세수는 물론 이도 닦지 않고 등교하는 일이 다반사였으며, 아침을 거르고 학교에 오는 날이 부지기수고, 밤에는 TV을 보느라 늦게까지 자지 않는다고 했습니다.

초등학교 고학년이 되어서도 기본 생활습관을 익히지 못하고 뒤죽박죽 생활한다면 준비물을 까먹는 일은 당연할 테고, 교사에게 꾸중을 듣는다고 해서 쉽게 고쳐질 리도 없습니다. 늦었지만 위기의식을 느끼고 아이의 자립심을 키워주고 싶어서 상담을 요청한 엄마의 마음은 충분히 이해가 가지만 가정훈육의 포인트를 잘못 짚은 것 같아 안타까웠습니다.

아이를 단련해야 할 시기

'쇠는 뜨거울 때 두드려라'는 말이 있습니다. 쇠를 단련해서 물건을 만들려면 쇠를 아주 뜨겁게 달궈서 유연하게 녹인 다음 식기 전에 망치로 두드리며 모양을 만들어야 합니다. 이런 과정을 몇 차례나 거듭하고 되풀이하면 염두에 두었던 형태가 나타나지요.

가정훈육은 쇠가 '뜨거울 때'에 해당하는 아동기가 가장 중요합니다. 앞으로 사회생활을 영위할 아이에게 가르쳐야 할 것을 가르쳐야 하는 최적의 시기에 철저히 가르침으로써 어엿한 어른으로 키워가는 교육이 초등학생 시기에 반드시 이뤄져야 합니다. 과보호나 과잉간섭, 방임이나 타인에게 무조건 위탁하는 것으로는 아이가 제대로 자라지 못합니다. 따스함과 엄격함, 사랑으로 가득한 부모의 그늘이야말로 아이를 올곧게 키울 가장 좋은 장소입니다. 쇠가 뜨거울 때 단련하는 현명한 부모가 되시리라 믿습니다.

아이와 함께 성숙해진다

우리는 자식을 낳아 기르는 과정에서 '엄마 마음을 조금이나마 알 것 같다', '부모님께 정말 감사드린다'며 부모의 은혜를 말과 행동으로 정성스럽게 표현합니다. 자신이 부모 자리에 섰을 때 비로소 깨닫게 되는 일이 참 많기 때문이지요.

저마다 다른 아이들

초등학교 1학년 아이들이 키우고 있는 나팔꽃 화분이 교정에 가지런히 놓여 있습니다. 나팔꽃은 버팀목에 덩굴을 휘감으며 매일매일 조금씩 자라났습니다. 이미 작은 꽃망울을 피운 나팔꽃도 있습니다. 화분 주위에는 물뿌리개를 손에 쥔 아이들이 매일 아침마다 찾아와서 자신의 화분 앞에 쭈그리고 앉아 잎을 세거나 덩굴 길이를 관찰하거나 나팔꽃에 변화가 없는지를 진지한 눈초리로 바라봅니다. 한 아이가 달뜬 목소리로 외쳤습니다.

"내 나팔꽃은 이만큼 자랐다!"

그리고 아이들의 기분 좋은 대화가 이어졌습니다.

"어머나, 좋겠다."

"응, 기분 무지 좋아!"

"꽃잎은?"

"아직. 그래도 물을 열심히 주고 있으니까 금방 나올 거야."

저마다의 나팔꽃을 상상하며 정성스럽게 물을 주는 아이들의 모습을 보고 있자니 절로 미소가 번졌습니다. 그리고 매일 나팔꽃을 세심하게 관찰하고 돌보는 아이들의 모습과 자녀의 건강한 성장을 간절히 바라며 가정훈육에 힘쓰는 부모의 모습이 자연스럽게 포개졌습니다.

사람은 얼굴 생김새와 성격이 모두 다릅니다. 열 명이 모이면 열 가지의 개성이 돋보이기에 개개인의 특성을 고려한 맞춤 접촉이 필요합니다. 아이들도 마찬가지입니다. 그러니 10인 10색의 교육법이 필요하겠지요.

내 아이를 제대로 파악하기

자녀교육, 훈육의 기본은 '내 아이'를 제대로 아는 일입니다. 나팔꽃이 자라는 과정을 아침마다 진지한 눈빛으로 관찰하는 아이들처럼 자녀의 성장을 온전히 파악하고 그때그때 적합한 훈육을 확실하게 하는 일이 무엇보다 중요합니다. 그리고 아이가 한 사람의 인간으로 자신감과 자주성을 갖고 행동하면서 생활력의 기초를 다지도록 도와주어야 합니다. 이를 위해서는 아이의 발달을 예리하게 포착해서 필요한 교육을 아이에게 적합한 방식으로 지도하는 일이 선행되어야겠지요.

롤모델로서의 자각과 실천

인간은 많이 부족한 모습으로 이 세상에 나오기 때문에 인간답게 성장하기 위해서는 또 다른 인간의 보살핌이 반드시 필요합니다. 그래서 부모가 자녀를 양육하는 일이 아이의 발달에 매우 중요합니다. 하지만 아이는 부모의 생각대로 행동하지도 않고 자라지도 않지요. 마음대로 되지 않기에 힘들고 괴로울 때도 많습니다. 반면에 성장의 기쁨과 보람을 만끽하기도 합니다.

아이는 늘 가까이에 있는 부모를 자신의 롤모델로 삼습니다. 그렇기에 부모는 아이의 롤모델이자 양육자라는 사실을 항상 자각해야 합니다. 아이에게 예의범절과 사회성을 가르쳐주고 어엿한 인간으로 자립시키기 위해서는 부모 자신도 아이에게 무엇을 가르치고 어떻게 훈육해야 하는지를 끊임없이 고민하고 또 실천해야 합니다. 이런 자각과 행동이 부모 자신을 성숙하게 이끕니다.

힘에 부칠 땐 주위에 SOS를

아이를 키우는 것은 인간과 인간의 관계 맺기라고도 말할 수 있습니다. 가족이 늘어나고 아이가 성장함에 따라 부모도 아이도 인간관계는 더 복잡해집니다. 관계 맺기가 복잡해질수록 다양한 문제가 생겨날 수밖에 없습니다.

아이가 어려움에 직면했을 때 힘들어하는 아이를 보는 부모도 무척 가슴이 아립니다. 하지만 아이를 곁에서 항상 지켜봐주고, 부모 스스로도 양육 방식과 친자 관계를 진지하게 되돌아보면서 아이와 함께 장애물을 극복해나가야 하지요.

양육으로 괴롭거나 힘들 때 자신을 나무라지 말고 학교나 상담기관, 같은 처지의 학부모들, 경험이 많은 연장자에게 상담을 청하면 여러모로 도움이 됩니다. 양육에서는 바로바로 정답을 낼 수 없습니다. 여러 문제들을 하나씩 극복하고 해결해나가는 과정에서 우리 가족에게 맞는 방법이 찾아지고 아이와 함께 부모도 쑥쑥 자라는 것이지요.

아이의 성격과
가정훈육

—

무기력한 아이

기력, 즉 에너지가 있느냐 없느냐는 아이의 사회적인 자립과도 연결되는 매우 중요한 문제입니다. 무기력한 상태가 지속되면 '은둔형 외톨이'의 원인이 되기도 합니다.

아이들이 무기력에 빠지는 이유

무기력과 관련해 미국의 저명한 심리학자인 마틴 셀리그먼(Martin Seligman)이 한 흥미로운 실험을 잠시 소개하겠습니다. 개를 두 집단으로 나누어 한 집단은 자신의 노력으로 전기 자극을 피할 수 있게 하고, 다른 집단은 묶어놓아 고통을 피할 수 없게 한 상태에서 실험을 진행했습니다. 그런데 묶여 있던 개들의 경우 아무리 발버둥을 쳐도 소용없다는 사실을 인지하고부터는 점점 아무것도 하지 않았습니다. 무기력한 상태가 학습된 것이지요.

태어날 때부터 무기력한 아이는 이 세상에 없습니다. 실험에서도 알 수 있듯이, 아무리 노력해도 인정받지 못하거나 좌절이 지속되면 자신의 능력으로 극복할 수 있는 상황에서도 스스로를 포기하는 무력감에 빠질 확률이 높습니다.

의욕적으로 인생을 사는 아이들

몇 명의 초등학교 3학년 학생들이 공터에서 흩어져 있던 폐자재를 이용해 기지를 만들어 신나게 놀았습니다. 그런데 어느 날 땅 관리자가 학교로 전화를 걸어 공터를 원래대로 해놓으라고 엄포를 놓았습니다. 아이들은 담임교사와 함께 깔끔하게 공터를 정리했고, 담임교사는 이 상황을 학부모들에게 설명했습니다.

그런데 아이들 가운데 A가 엄마 아빠에게 "그 땅, 우리가 사면 안 돼요?" 하며 진지하게 제안했다고 합니다. 그리고 6학년이 되자마자 시청에 찾아가서는 기지 놀이를 할 수 있는 공원을 조성해달라고 부탁하기도 했습니다. 허무맹랑한 행동 같지만 상황에 굴복하지 않고 원하는 것을 이루려는 아이의 의욕을 엿볼 수 있지요.

아이들이 이처럼 의욕적으로 행동할 수 있었던 데는 아이들의 마음을 헤아려주고 응원해준 부모와 담임교사의 노력이 있었습니다.

인정받을수록 커지는 에너지

인간은 남에게 인정을 받을 때 의욕을 키우고 자신감도 자랍니다. 학교에서 만든 미술 작품을 집에 가지고 갔을 때 "우와, 멋진 작품이구나!" 하며 부모에게 칭찬을 받은 아이는 다음에 더 멋진 작품을 만들기 위해 힘씁니다. 그리고 무의식중에 '멋지다'가 그 아이의 지향점이 됩니다. "어머, 재미있네!" 하며 박수를 받은 아이는 더 큰 박수를 받기 위해 참신한 아이디어를 짜내겠지요.

하나의 작품에 대해 다양한 감상이 존재한다는 사실을 아이가 깨치는 일도 매우 의미 있습니다. 내 아이의 작품을 인정해주었듯, 옆집 아이의 작품도 장점을 인정해주세요. 그런 부모의 모습을 본 아이는 더 큰 자신감과 무언가를 이루고자 하는 의욕, 타인에 대한 신뢰를 가슴에 새기고 에너지가 넘치는 아이로 자라날 수 있지요.

좀처럼 감동하지 않는 아이

아이들은 감동의 달인입니다. 아이들을 보육하고 지도하는 어른들은 '이렇게 사소한 일에도 아이들은 감동하는구나!' 하며 오히려 자주 감동받는다고 말합니다. 그런데 현실에서는 잘 웃지 않는 아이, 감동을 모르는 아이도 분명 존재합니다. 아동 학대에 노출된 아이들이 그렇지요.

웃는 얼굴은 감동의 원천

아동 보호시설에 맡겨진 피해아동 가운데는 밥을 손으로 집어먹는 아이, 음식을 지나 치게 많이 먹는 아이가 적지 않다고 합니다. 언제 가혹행위가 있을지, 언제 밥을 먹게 될지 모른다는 생각이 아이의 머릿속에서 떠나지 않기 때문입니다. 실제로 가정폭력 이나 학대가 심한 환경에서 자란 아이는 감정이나 생각을 만끽할 기회가 없었기에 감 동하지 못하는 경우가 많아요.

아이들을 치유하는 키워드는 '안심'과 '안정감'입니다. 보호시설 담당자는 아이가 안심 하고 지내는 데 주안점을 두고 충분히 시간을 가지고 웃는 얼굴로 다가간다고 합니다. '이 사람이라면 믿을 수 있어' 하고 안도할 수 있을 때 아이는 비로소 자신의 마음을 표 현하기 때문이지요.

이와 같은 사실에서 우리가 짐작할 수 있는 것은 아이가 자신의 감정을 느끼고 스스럼 없이 표현하려면 마음의 밑바탕에 안정감이 든든히 받쳐주어야 한다는 점입니다. 그 러기 위해서는 웃는 얼굴로 교감해야 하지요. 만약 아이가 좀처럼 감동하지 않는다면 그동안 웃는 얼굴로 아이를 대했는지를 부모 스스로 돌이켜봐야 합니다.

문화 활동으로 작은 감동 쌓기

'까꿍 놀이'의 기쁨에서 감동이 시작된다면 아이의 발달 단계에 맞춰 책을 읽거나 좋은 음악을 듣고 감정을 느끼는 식으로 감동의 질을 조금씩 높여가야 합니다. 아울러 작은 감동을 차곡차곡 쌓아가는 일도 중요합니다. 어린아이와 손을 잡고 산책하던 엄마가 길가에 핀 꽃을 발견하고 "우와, 예쁘다!" 하며 감탄사를 연발한다면 아이도 꽃을 그윽하게 바라보겠지요.

아이들은 밝은 것, 아름다운 것을 좋아합니다. 동시에 자극적인 일에도 호기심을 갖습니다. 따라서 어른이 선별해서 아이와 함께 아름다운 문화, 신나는 스포츠를 즐겨야 합니다. 그리고 문화 활동에서 얻은 즐거움과 감동을 부모 먼저 스스럼없이 표현해보세요. 분명 그 감동이 또 다른 감동을 부를 거예요.

책임감이 부족한 아이

"저 애는 약속을 잘 지키지 않아!" 하며 어른들이 혀를 찰 때가 간혹 있습니다. 하지만 이 말은 한창 자라나는 아이에게 해서는 안 될 부적절한 표현입니다. 차라리 "저 아이는 아직 약속을 잘 지키지 못하는 것뿐이야!"라고 말하는 것이 훨씬 바람직합니다. 그렇다면 아이가 약속을 소중히 여기도록 하려면 어떻게 해야 할까요?

타인과의 유대감을 소중히 여기기

중학교에 갓 입학한 아이 셋이 상담실을 찾아왔습니다. 그 아이들이 상담실을 찾은 이유는 이러했습니다.

"저희들 얘기는 아니고요. 같은 초등학교에 다녔던 A라는 친구 때문에 왔어요. 그 친구가 같은 반 친구들에게 따돌림을 당하는 것 같은데, 어떻게 하면 좋을까요?"

그 아이들은 초등학교 때 담임교사로부터 "자기 일처럼 친구의 일도 소중하게 생각해야 한다"는 얘기를 자주 들어 친구의 문제를 그냥 지나칠 수 없다고 했습니다. 다행히 아이들의 상담을 계기로 문제는 원만하게 해결되었습니다. 유대감을 형성한 초등학교 담임교사의 가르침을 소중히 여기고 실천에 옮긴 결과였지요. 사실 아이들은 '혹시 괜한 행동은 아닐까, 지나친 참견은 아닐까?' 하며 상담실을 찾기까지 고민도 많이 했다고 합니다.

'책임감이 부족한 아이'라는 주제와 다소 동떨어진 얘기 같지만, '믿고 신뢰하는 사람과의 약속을 지키는' 아이들의 마음을 헤아린다면 한번 새겨봄직한 일화입니다.

확실한 약속과 강화

심리학에서 말하는 '강화(reinforcement)'는 자극과 반응의 연결고리를 단단히 해서 바람직한 행동을 정착시킨다는 뜻입니다. 강화에는 간식 등의 '물질적 강화'와 칭찬 등의 '사회적 강화'가 있습니다. 그러면 강화는 언제 어떻게 사용할 수 있을까요?

예를 들어 신발 정리 습관을 정착시키는 상황에서 "집에 오면 신발을 가지런하게 벗어두는 거야, 약속!" 하며 약속이라는 사실을 분명히 전달합니다. 만일 아이가 약속을 지키지 못하면 처음부터 약속을 지키지 못했다고 다짜고짜 혼내서는 안 되고 "엄마하고 분명히 약속했잖아. 다음에는 꼭 지켜주렴" 하며 아이에게 다시 한 번 약속을 확인시킵니다. 그리고 약속을 잘 지켰다면 그 행동이 정착되도록 강화해야겠지요. "참 잘했어요. 약속을 잘 지켜줘서 엄마는 무지 기뻐" 하며 듬뿍 칭찬해줍니다. 이런 칭찬이 차곡차곡 쌓이면 자신의 행동에 책임질 줄 아는 아이로 자라날 수 있답니다.

집에서만 큰소리치는 아이

'밝고 씩씩하게 친구들과 잘 어울리는 아이'는 이 세상 모든 부모의 바람이지요. 하지만 주위를 둘러보면 그렇게 완벽한 아이는 드문 것 같습니다. 학부모 모임이나 엄마들의 모임에서 얘기를 들어보면 집에서는 더할 나위 없이 해맑은 수다쟁이인데 밖에만 나가면 말수가 줄어드는, 말하자면 집에서만 큰소리치는 아이 때문에 고민하는 엄마들이 꼭 있더군요.

우리 집 수다쟁이

아이가 가장 편하게 생각하고 안정감을 느끼는 장소가 어디인지를 물어보세요. 만약 "우리 집"이라고 대답한다면 시사하는 바가 아주 큽니다. 아이에게 '우리 집'은 '나를 이해해주고 때로 어리광을 피워도 받아주는 곳'이라는 의미니까요. 그런데 '우리 집'에 사는 부모가 먼저 "옆집 아이는 친구도 척척 잘 사귀는데 넌 집에서만 큰소리치니?" 하고 윽박지르면 아이는 좀처럼 집을 나서지 못합니다. 자신감을 잃었기 때문이지요. 친구 사귀기의 출발점은 '집 안에서 밝고 씩씩한 수다쟁이'입니다.

또한 아이의 손을 잡고 공원에 도착하자마자 "친구들이랑 놀아야지!" 하며 등을 떠미는 일은 아이를 거친 폭풍우가 휘몰아치는 바다 한가운데로 내모는 꼴입니다. 너무 부끄러운 나머지 엄마 뒤로 숨는 아이도 많은데, 이때 엄마가 먼저 초조해하고 질책해서는 안 됩니다. 폭풍우 한가운데에서 자신을 보호하는 신중함도 중요한 만큼 아이가 또래와 잘 어울리지 못할 때는 '신중한 성격이고, 위험에서 자신을 잘 지키는 아이'라고 이해해주세요.

실패도 실수도 두려움 없이

매사에 침착하면서도 신중한 성격은 개성으로 볼 수 있습니다. 그런 성격은 항상 멀리 내다보고 실패를 되풀이하지 않는다는 장점이 있지요. 아울러 실패에서 배우는 경험도 중요하니 아이가 마음놓고 편안하게 실패하고 실수할 수 있는 환경을 만들어줄 필요도 있습니다.

수업시간에 손을 잘 들지 않는 아이는 실수를 하거나 오답을 말하는 것을 두려워하는 경향이 있습니다. 그런 아이들을 위해 '교실은 실수하는 장소입니다!'라는 게시물을 걸어둔 교실도 있습니다. 도전하지 않으면 실패도 없습니다. 실패했더라도 "정말 열심히 했구나!" 하는 한마디가 다음에도 도전할 수 있게 합니다. 이는 '집에서만 큰소리치는 아이'에서 한 걸음 더 나아간 성장이지요.

쉽게 상처받는 아이

아이가 규칙을 어기거나 나쁜 행동을 저지르면 어른이 주의를 주면서 바르게 지도하는 것은 당연한 일입니다. 그런데 어른이 자신을 혼내거나 자신의 요구를 받아주지 않으면 바로 상처를 받는 아이들이 있습니다. 그런 아이들은 친구와 사소한 의견 충돌이 있거나 "오늘은 같이 못 놀아!" 하는 말 한마디에 크게 상처를 받기도 합니다.

과잉보호로 키운 아이들

수업 시간에 친구와 장난을 치다가 꾸중을 듣고 집에 오더니 "어제 선생님한테 혼났어. 나 내일 학교에 안 갈 거야!" 하며 등교를 거부하는 사례가 종종 있습니다.

사소한 일에 토라지거나 상처받는 아이를 자세히 살펴보면 어릴 때부터 지나치게 과잉보호를 받은 탓에 참을성이 부족하고, 스스로 경험하기도 전에 넘치게 받아 부족함을 모르는 경우도 많은 것 같습니다. 그렇다 보니 주변 사람들이 뭐든지 챙겨주고 베풀어주는 것을 당연하게 여깁니다. 자신감이 부족한 자기 자신을 잘 알기에 직접 목표를 세우고 도전하려고 하지도 않습니다.

스스로 생각하고 스스로 행동하기

용기 있고 자기 할 일은 스스로 할 줄 아는 아이로 키우고 싶다면 묻기도 전에 답을 가르쳐주는 것이 아니라 어떻게 하면 좋은지를 스스로 생각해서 답을 낼 수 있게 이끌어주세요. 또 자신의 마음을 언어로 표현할 수 있게 지도합니다. 말로 표현하지 못할 때는 선택지를 제시하고, 스스로 선택해서 구체적인 언어로 대답하게 합니다. 그러려면 단순히 고개를 끄덕이는 것으로 대답을 대신하거나 "그거" 하며 소극적으로 답할 때는 절대 아이의 부탁을 들어주지 않아야 하지요.

다양한 체험으로 자신감 키우기

다양한 체험의 장을 마련해주는 것도 좋은 방법입니다. 이때 어른이 앞장서서 해주는 것이 아니라 아이 스스로 기획하고 실천할 수 있게 이끌어주는 것이지요. 당장 해내지 못하더라도 혹은 실패하더라도 격려해주고 지켜봐줘야 합니다.

온갖 장애물을 경험하고 극복함으로써 아이는 자신감을 가질 수 있습니다. 제대로 완성한 일은 확실하게 인정해주고 넘치게 칭찬해주세요. 이런 과정을 거듭 경험함으로써 아이의 마음도 쑥쑥 자라날 수 있습니다.

아이가 상처받기 쉽다고 해서 훈육을 기피해서는 안 됩니다. 규칙을 지키는 일, 해서는 안 되는 행동을 똑 부러지게 가르쳐주는 것도 잊지 마세요.

따돌림받는 아이

부모에게서 또래로 관심의 대상이 옮겨가는 아동기에 같은 반 친구들에게 따돌림을 당하는 것보다 더한 공포는 없겠지요. 하지만 왕따를 당하고 있다고 부모나 교사에게 스스럼없이 털어놓는 아이는 거의 없습니다. 오히려 친구들의 따돌림 행위를 놀이의 하나라고 속이지요. 그 이유는 어른에게 말하면 친구의 괴롭힘이 더 심해질까봐 두려워서라고 합니다.

따스하게 받아주고 면밀히 관찰하고

아이가 왕따 상담을 한다면 고백한 용기를 칭찬해주고, '역시 엄마한테 털어놓기를 잘했어!' 하며 안심할 수 있게끔 아이의 마음을 따스하게 받아줍니다. 아울러 왕따 문제는 결코 용인해서는 안 되는 범죄임을 아이에게 각인시키고, 아이가 더 이상 괴롭힘을 당하지 않게 하기 위해 부모가 이성적이면서도 적극적으로 대처해야 합니다.

아이가 말로 다 표현하지 못하는 일도 있기 때문에 사실을 정확하고 진지하게 읽어내는 통찰력도 필요합니다. 겉으로는 사이좋게 지내는 것처럼 보여도 어른이 보지 않는 곳에서 왕따가 더욱 심해지는 사례도 있습니다. 그렇기에 학교와 가정이 힘을 모아 아주 작은 변화도 놓치지 않게끔 아이를 면밀하게 살펴야 합니다. 상담 요청이 없더라도 평소 아이의 행동에 유념하면서 이상한 분위기가 느껴지면 아이에게 먼저 다가가는 배려가 중요합니다.

정작 친구를 괴롭히는 아이는 자신의 행동이 상대방에게 얼마나 큰 고통과 상처를 주는지를 모를 때가 많은 것 같습니다. 인간의 존엄성이 얼마나 중요한지, 우리는 모두 얼마나 소중한 존재인지를 전하는 인성교육도 동반되어야 합니다. 어떤 이유에서든 다른 사람을 힘들게 하는 일은 나쁜 일이며, 안 되는 건 안 되고 나쁜 건 나쁜 것이다라고 단호하게 가르치세요.

안심할 수 있는 환경 만들기

왕따를 당하는 아이에게 "네가 그렇게 약하게 구니까 아이들이 널 무시하는 거야. 너한테도 책임이 있어!" 식으로 말하는 것은 마음이 아픈 아이를 벼랑 끝으로 내모는 행위입니다. 왕따의 원인을 찾아내도 하루아침에 해결하기 힘든 경우가 더 많습니다. 또 강하게 맞서는 일이 문제를 더 심하게 만들 때도 있으니 피할 줄도 알아야 합니다. 아이가 안심할 수 있는 환경을 만들기 위해 학교와 가정에서 지속적으로 관심을 갖고 적극적으로 대처하는 일이 무엇보다 중요합니다.

작은 일에도 의존하는 아이

아이는 부모에게 의지하면서 조금씩 자립의 길로 향합니다. 따라서 부모는 아이의 발달 단계에 맞춰 홀로서기를 적극적으로 도와야 합니다. 그러려면 물고기를 직접 잡아서 아이 입에 넣어주는 부모가 아닌, 아이에게 물고기 잡는 법을 가르쳐주는 부모가 되어야 합니다.

스스로 하는 습관

혹시 "엄마, 물!" 하고 아이가 부탁했을 때 말이 떨어지기가 무섭게 "우리 아들, 여기물!" 하고 건네지 않나요? 이런 일이 되풀이되면 아이의 의존심은 강해지고 반대로 자립심은 자라지 않습니다.

아이에게 자립심을 키워주고 싶다면 하나에서 열까지 모두 챙겨주는 것이 아니라 초등학교 1학년 때부터, 아니 더 어릴 때부터 아이가 할 수 있는 일은 스스로 해내는 습관을 길러줘야 합니다. 아이는 다양한 경험을 통해 성취감과 좌절감을 맛보면서 서서히 자립하고 눈부시게 성장하거든요.

아이의 의견에 귀 기울이기

가족의 이해와 끈끈한 정을 느낄 수 있는 절호의 기회는 온 식구가 함께하는 단란한 저녁 시간이겠지요. 저녁식사를 함께 하면서 일터에서 있었던 일, 이웃집 얘기, 학교생활 등 평범한 일상을 가벼운 마음으로 말하다 보면 가족들의 고민이나 고통, 기쁨이나 즐거움, 가치관이나 인생관, 부모의 바람, 자녀의 바람을 알 수 있고 문제에 대처하는 방식과 사고법을 배우고 익힐 수 있습니다.

초등학교 시절에 아이들은 호기심이 왕성해서 다양한 일에 흥미를 갖고 의욕을 드러냅니다. 따라서 온 가족이 함께 대화를 하다가 "정말 그렇구나!" 하며 공감할 때도 있지만 "왜?" 하며 의문을 품거나 "그건 아니지!" 하며 반론을 제기할 때도 많습니다. 이처럼 아이가 반대 의견을 말할 때는 "넌 아직 어려서 몰라" 또는 "철이 없어서" 식의 표현은 절대 하지 말아야 합니다. 오히려 반론의 이유에 귀를 기울이며 "어머, 그런 점까지 생각했구나!" 하고 칭찬해주고 "이렇게 생각해보면 어떨까?" 하며 친절하게 이끌어주는 것이 바람직하지요.

가족들의 얘기를 들으면서 아이는 시야를 넓히고 의문점을 해소하고 자신이 반론한 내용을 다시 생각함으로써 올바른 인식을 갖게 됩니다. 또 어떻게 하면 좋은지를 진지하게 생각해보고, 결과적으로 자신감 있게 행동하게 됩니다.

모범 답안을 제시하기보다는 해결책 암시하기

아이는 스스로 하고 싶은 일을 무사히 마무리하면 어른에게 인정받고 칭찬받고 싶어 합니다. 자신의 노력을 부모나 교사가 인정해주기를 바라는 것이지요. 따라서 아이의 의욕을 소중히 여기고, 성공하지 않아도 "안타까워라. 조금만 더 하면 되겠구나" 하고 격려해주는 일이 다음의 도전으로 이어지게 하는 비법입니다. 성공하면 "우와, 정말 잘했구나!" 하며 바로바로 칭찬해줍니다. 이런 과정을 통해 아이는 부모가 자신을 지켜봐주고 있다고 믿어 안심하게 되고, '하면 할 수 있다'는 자신감이 샘솟아서 점차 스스로 생각하고 행동하게 됩니다.

또 아이가 고민거리를 상담할 때 바로 모범 답안을 알려주는 것이 아니라 "너는 어떻게 하고 싶어? 네 마음은 어때?" 하고 물으면서 해결의 실마리나 절차를 암시해줍니다. 그러면 해결책을 아이 스스로 생각하게 되고 조금씩 혼자 힘으로 판단하고 결정 내리는 일이 늘어납니다.

친구 사귀기에 서툰 아이

"저는 친구라고 생각하는데요. 그 아이는 저를 진짜 친구라고 생각하는지는 잘 모르겠어요" 하며 고민을 털어놓는 아이들이 많습니다. 그런 아이들은 대부분 친구와 게임을 같이 하지만 서로 얘기를 나누는 일은 거의 없다고 합니다. 같은 시간을 공유하더라도 각자 게임만 즐기고 함께하는 방법을 익히지 않는다면 서로 소통하고 서로를 이해하는 일은 불가능하겠지요.

자신의 마음을 표현하기

"친구인지 아닌지 잘 모르겠어요!", "친구를 사귀기가 너무 힘들어요" 하며 고민하는 아이에게 "넌 그 친구를 어떻게 생각하는데?" 혹은 "누구랑 친구 하고 싶어?"라고 물어보면 제대로 대답하지 못하는 아이가 많습니다. 자신의 마음을 자기도 잘 모르기 때문이지요. 그럴 때는 친구를 사귀기 전에 아이가 자신의 마음이나 감정을 이해하고 언어로 표현하는 연습부터 시켜야 합니다.

물론 처음부터 능수능란하게 언어로 표현하기는 힘들 테니 아이의 기분을 살피며 "기분이 좋구나", "화가 났구나", "정말 같이 놀고 싶은가 보구나"처럼 아이의 마음 상태를 부모가 대신 표현하면서 말을 걸어보세요. "엄마는 이게 좋은데, 넌 어때?" 하며 직접 물어보거나, 선택지를 제시하고 자신의 마음과 가까운 것을 고르게 하는 훈련도 효과적입니다. 요컨대 어른이 정해주는 것이 아니라, 아이에게 자신의 마음을 어떻게 표현할지를 결정하게 하는 셈이지요.

칭찬과 인정으로 자존감을 쑥쑥

자신의 기분이나 마음 상태, 감정을 제대로 표현하지 못하는 아이는 대체로 자존감이 낮은 경우가 많습니다. 그런 아이들일수록 장점뿐만 아니라 단점과 결점까지 스스로 인정하고 또 남에게 인정받는 일이 무엇보다 중요합니다. 자존감을 키우기 위해서는 "I am OK, You are OK" 하며 자신의 소중함과 타인의 소중함을 두루 인정하고 모든 일을 긍정적으로 받아들이는 연습을 해야 합니다.

형제끼리 혹은 부모와 자녀가 서로 좋은 점을 찾아내서 칭찬해주세요. 상대방의 착한 행동이나 자신이 기쁘다고 느낀 단어, 행동을 타인에게 전달하는 연습을 하는 것이지요. 칭찬이 거듭 쌓일수록 자신을 인정해주는 사람이 있다는 사실에 안심하며, 그런 마음의 여유가 자신감으로 이어질 테니까요.

고자질하는 아이

고자질은 타인의 나쁜 행동이나 비밀, 실수를 누군가에게 일러바치는 일이므로 대개 바람직하지 못한 행동입니다. 만약 화젯거리의 주인공이 그 사실을 알게 되면 서로 관계가 나빠지겠지요. 다만 도둑질이나 불장난 등 범죄를 목격했을 때 자신의 안전을 지키기 위해 입을 굳게 닫아버리는 일도 있는데, 범죄를 부모나 경찰관 혹은 가까운 어른들에게 알리는 것은 고자질에 해당하지 않는다고 아이에게 확실히 알려주세요.

"착한 아이로 돋보이고 싶어요"

아이가 미주알고주알 무엇이든 부모에게 고해바치는 이유는 나쁜 행동을 저지른 사람을 밝히면 상대적으로 자신이 착한 아이로 보일 것이라고 믿기 때문입니다. 말하자면 자신을 돋보이게 하려고 어른에게 쪼르르 달려가는 셈이지요. 아이의 고자질이 심하다 싶으면 아이를 있는 그대로 인정해주고 마음놓고 생활할 수 있게 도와주세요.

그렇다고 해서 아이의 어리광을 전적으로 받아주는 것은 바람직하지 못합니다. 나쁜 일을 하면 따끔하게 혼내고 착한 일을 하면 넘치게 칭찬해줍니다. 야단을 치더라도 '넌 정말 소중한 아이야'라는 느낌을 아이가 받을 수 있게끔 따스하게 보듬어주세요. 형제자매가 있다면 잘하는 아이와 비교해서 나무라거나, "넌 정말 안 되겠구나" 식으로 아이의 자존심에 상처를 주는 말을 하는 것은 결코 좋은 결과를 얻지 못합니다.

해결책을 찾도록 도와주기

어려운 상황에 처했을 때 어떻게 대처하면 좋을지 몰라서 도움을 요청하기 위해 고자질을 하는 경우도 있습니다. "친구에게 장난감을 빼앗겼어요", "친구가 욕을 해요", "친구가 같이 놀아주지 않아요" 등은 어른이 보기에 대수롭지 않은 일이지만 대체로 겁이 많거나 수줍음을 많이 타는 아이들은 심각한 문제로 받아들이기도 합니다.

아이가 버거워하는 상황에 맞닥뜨렸을 때 초등학교 저학년이라면 어떤 말을 하면 좋은지를 가르쳐주고 아이와 함께 반복해서 연습합니다. 학년이 올라감에 따라 어떻게 대처했어야 하는지, 어떻게 말해야 했는지를 아이 스스로 구체적으로 떠올려보게 하고 아이가 좀처럼 방법을 찾아내지 못하면 가르쳐줘도 괜찮습니다. 마음과 행동이 균형을 이루며 조금씩 개선해나가면 될 테니까요.

책임을 미루는 아이

빨아야 할 체육복을 세탁 바구니에 넣어두지 않고는 "엄마, 체육복 왜 안 빨았어?" 하며 화를 내거나, 아침에 늦게 일어나서 아침밥을 못 먹게 되면 "아침에 빨리 깨워줬어야지" 하며 엄마에게 화풀이하는 것은 자신이 책임져야 할 일을 부모에게 떠넘기는 경우이지요.

오냐오냐하는 엄마, 버르장머리 없는 아이

대체로 책임을 회피하는 아이들은 어릴 적부터 버릇없이 자라났을 확률이 높고, 부모는 자신의 부탁을 뭐든지 다 들어주는 사람이라고 생각합니다. 실제로 부모도 아이가 말하는 것을 뭐든지 다 들어주는, 이른바 아이에게 꼼짝 못하는 '오냐오냐' 유형에 가깝지요. 준비물을 챙기지 못했을 때나 아침에 늦게 일어났을 때 되레 엄마에게 화를 내는 아이라면 부모가 혼내도 꼼짝하지 않습니다. 그도 그럴 것이, 아이 입장에서는 지금까지 부모가 자신의 어리광을 항상 받아주었는데, 이제 와서 자신을 혼내는 행동이 이해되지 않아 어리둥절해하며 변명을 늘어놓는 것이지요.

반대로 엄마는 '초등학교에 들어갔으면 자기 일은 자기가 알아서 척척 해야지. 마냥 어린애처럼 챙겨달라고 하면 어떡해?'라며 속상해할지도 모릅니다. 그런데 자기 일은 자기가 알아서 하게끔 유아기 때부터 엄하게 훈육해왔나요? 이 경우엔 부모와 아이 중에서 누구의 책임이 더 클까요?

아이의 자립을 지원하는 부모 되기

더 늦기 전에 부모와 자녀가 함께 지난 일을 반성하고 바람직하지 못한 일은 바로잡으려고 노력해야 합니다. 그리고 아이의 앞날을 생각해서 더 이상 어리광을 받아주지 말아야 합니다. 그렇게 해서 아이가 자신의 어리광이 받아들여지지 않는 현실을 직시한다면 부모에게 화를 내거나 서운한 감정을 느끼지 않겠지요.

부모도 아이도 하루아침에 좋은 변화를 기대하기는 어렵습니다. 부모의 단호한 대처로 아이의 버릇이 바로잡히면 좋겠지만, 제대로 고쳐지지 않을 때는 아이가 쉽게 실천할 수 있는 일을 약속하거나 부탁하세요. 그것을 아이가 제대로 해내면 "고마워" 하면서 조금씩 아이 스스로 해낼 수 있게 이끌어줘야 합니다. 쉽게 나아지지는 않겠지만, 그럼에도 불구하고 아이의 자립을 지원하는 일이 진정한 부모의 역할이자 사랑이라는 사실을 마음에 새기고 훈육에 힘써주길 간절히 바랍니다.

핑계가 많은 아이

자기가 잘못한 일인데도 갖은 핑계를 대며 잘못하지 않았다고 말하는 아이들이 있습니다. 정말 그 핑계처럼 정당한 이유가 있는 걸까요? 아니면 자기가 잘못한 걸 인정하지 않는 걸까요, 자기 잘못을 모르는 걸까요? 이런 아이들은 어떻게 훈육해야 할까요?

핑계 대고 억지 부리고……

약속한 시간에 귀가하지 않아서 주의를 주면 "시계가 없어서 몇 시인지 몰랐어요", 우유를 마신 다음에 컵을 씻으라고 말하면 "한 잔 더 마시려고 놔둔걸요", 아침에 늦게 일어났다고 야단치면 "엄마 아빠가 밤새 떠들어서 잠을 제대로 못 잤잖아요!" 하며 그럴싸하게 변명하는 아이들이 있습니다. 또 학교에서 공놀이를 하고 나서 뒷정리를 하지 않아 교사가 주의를 주면 "당번이 치우기로 했어요" 식으로 핑계를 대거나 억지를 부리는 아이도 있습니다. 나름대로 온갖 지혜를 짜내서 "난 아무 잘못도 없어요" 하며 상황을 모면하려는 셈이지요.

만약 엄하게 꾸짖어도 "죄송합니다"라고 용서를 구하지 않는다면 아이는 자신의 잘못을 모르고 있는지도 모릅니다. 어쩌면 '내가 이렇게 둘러댔으니까 엄마도 선생님도 뭐라고 하시지는 않겠지?!' 하며 철석같이 믿고 있는지도 모르고요.

상대방의 마음을 헤아릴 수 있게 이끌어주기

아이가 자신이 책임져야 할 상황에서 자꾸만 핑계를 대며 요리조리 빠져나가려고 할 때 '요것 봐라!' 하며 아이를 능가하는 능수능란한 말솜씨로 아이를 꼼짝 못하게 하는 부모도 있지만, 대부분의 가정에서는 "그렇게 말도 안 되는 억지를 부리면 못써!" 하고 충고하는 정도에서 그칩니다. 그런데 말도 안 되는 변명을 늘어놓는 아이에게 "반대로 엄마 마음을 한번 생각해보렴. 지금 엄마 기분이 어떨 것 같아?" 하며 부드럽게 타이르는 방법은 어떨까요?

친구와 다툴 때 막무가내로 "네가 잘못했잖아, 네가 나빠!" 하며 생떼를 쓰거나, 친구를 괴롭히며 따돌리다가 "저 애는 다른 친구의 말을 듣지 않고 제멋대로 행동해서 그렇게 하지 못하게 막았을 뿐이에요" 하며 적반하장으로 큰소리치는 아이에게 따끔하게 주의를 줬는데도 계속해서 억지를 부리거나 친구를 괴롭힌다면 상대방의 처지에서 생각해보도록 이끌어주세요.

"괴롭힘을 당하는 친구는 지금 기분이 어떨까? 만약에 누군가가 널 때리고 괴롭힌다면 넌 기분이 어떨 것 같아?"

아울러 본인은 괴롭힘을 당한 경험이 없는지, 자신의 마음을 아무도 몰라줘서 억울한 적은 없는지에 대해 진솔하게 얘기를 나눠봅니다. 요컨대 "나쁜 행동이 사라질 때까지 엄마가 항상 곁에서 지켜봐주고 응원해줄게" 하며 엇나간 아이의 마음을 어루만져주며 교감한다면 아이의 마음이 풀어지면서 상대방의 마음을 헤아릴 여유가 생길 거예요.

부모 앞에서만 착한 아이

부모가 보고 있을 때는 깔끔하게 정리정돈을 잘하지만, 정작 교실에서는 쓰레기를 함부로 버리며 뒷정리를 하지 않는 아이들이 있습니다. 부모가 항상 윽박지르거나 야단치기 때문에 부모 앞에서만 착한 아이가 되는 것이지요.

언제 어디서든 바르게 행동하도록

부모 앞에서만 착하게 행동한다는 사실을 알지만 특별히 나쁜 짓을 저지르지 않기 때문에 크게 신경 쓰지 않는 부모가 있습니다. 가끔은 어른도 남들이 볼 때만 규칙을 지키고 예의바르게 행동하니까요. 하지만 엄마가 보지 않는 곳에서도 바르게 행동하는 아이로 키우려면 "엄마가 돌아올 때까지 장난감을 정리하고 빨래를 개두면 엄마가 무지 기쁠 것 같아" 하는 마음을 또렷이 전하고, 아이가 이를 실천에 옮기면 "정말 고마워!" 하며 듬뿍 칭찬해주세요. 굳이 어른이 시키지 않아도 서서히 자신의 의지로 행동할 수 있게끔 "아무도 모르게 착하고 예의바르게 행동하는 아이가 진짜 멋쟁이!" 식으로 거듭 일깨워주는 가르침도 효과적이지요.

엄한 부모 앞에서는 아주 조용하고 차분하지만 학교 수업 시간에 심하게 떠드는 아이들은 부모가 확실하게 주의를 주면 행동을 고치기도 합니다.

소란을 주도하는 아이라면

어른이 아무리 야단을 쳐도 수업 시간에 계속해서 떠들고 심하게 소란을 피우는 아이들이 있습니다. 그런 아이들은 수업이 시작되면 조용히 해야 한다는 규칙을 잘 알면서도 전혀 개의치 않고 행동하기 때문에 행동이 쉽게 고쳐지지 않습니다.

단체생활에서 주변 분위기에 휩쓸려 떠드는 아이라면 소란을 주도하는 학생과 거리를 두게 한 다음 반성하게 하고 꾸준히 지켜봐줌으로써 행동을 개선할 수 있습니다. 다만 학급 분위기를 주도해서 떠드는 아이라면 행동을 바로잡기가 굉장히 어렵습니다. 이 때 부모마저 아이를 어떻게 바로잡아야 하는지 몰라서 손을 놓고 있다면 어지간해서는 똑같은 상황이 되풀이되기 십상입니다. 이는 교실 붕괴로 이어질 수도 있기 때문에 부모와 교사가 연대를 하거나, 경우에 따라서는 전문가(카운슬러)와 상담을 하고 담임교사와 학급 친구들이 협력하는 등 다각도로 해결책을 모색하고 현명하게 대처해야 합니다.

아울러 아이의 심리 상태와 성격, 개인 사정 등을 꼼꼼히 관찰해서 문제행동의 원인을 살피고, 아이와 함께 진지하게 얘기를 나누면서 아이가 실천할 수 있는 행동을 하나씩 약속하고, 그 약속을 지킬 수 있도록 아낌없이 지원해줍니다. 요컨대 너무 조급하게 생각하지 말고, 가정과 학교가 아이의 미래를 함께 고민하며 참된 사랑으로 끈기 있게 보살펴주는 일이 가장 중요합니다.

얕은꾀를 부리는 아이

칭찬받기 위해 어른 앞에서만 착하게 행동하는 아이, 타인을 지나치게 의식하는 아이, 나쁜 일을 저질렀을 때 친구에게 슬쩍 책임을 떠넘기는 아이를 주위에서 한 번쯤은 본 적이 있을 테지요. 그런 아이들은 자신의 의지와 지혜를 총동원해서 자신을 지키고 손해 보지 않으려고 얕은꾀를 부리는 아이라고 할 수 있습니다.

아이의 이중생활

어른의 세계에서도 요령 피우는 사람을 심심찮게 볼 수 있는데, 잔꾀 쓰는 사람을 좋아할 이는 없지요. 마찬가지로 지나치게 꾀를 부리며 자기 것만 챙기는 아이를 친구들은 싫어하기 마련입니다.

어쩌면 타인에게 혐오감을 줄 정도로 심하지 않다면 발 빠른 '꾀'는 사회생활에서 필요한 처세인지도 모릅니다. 타고난 기질이나 성격과도 관련이 있어서 잔꾀를 흉내 내려고 해도 따라 하지 못하는 사람도 많고요.

문제는 부모나 교사 앞에서는 친구들에게 친절하고 솔선수범해서 착하게 행동하지만, 또래끼리 혹은 아무도 보지 않는 곳에서는 백팔십도로 돌변하는 아이입니다. 이런 유형의 아이에게는 명명백백 나쁜 행동을 저지르지 않는 한 뭐라고 말하기도 쉽지 않습니다. 하지만 이중적인 모습은 성실성 측면에서도 바로잡아야 할 부분이기 때문에 걱정이 되는 것도 사실입니다.

야단치기보다 장점을 인정하기

타인, 특히 어른의 칭찬을 지나치게 의식하는 아이는 인정받고 싶은 욕구가 강하기 때문에 좋은 싹을 짓밟지 않는 것이 중요해요. 단점을 들춰내고 감정적으로 혼내기보다 장점을 칭찬해주고 인정해주세요.

"누가 보지 않아도 착하게 행동한다면 모두가 너의 진심을 알아주니 모두에게 사랑받을 수 있단다. 만약 어른이 보는 앞에서만 잘한다면 너의 좋은 면이 보이지 않을뿐더러 친구들이 너를 그저 꾀만 부리는 아이라고 생각할 거야. 그러면 친구들은 물론이고 어른들도 널 믿지 못하고 싫어할지도 몰라."

이렇게 아이에게 넌지시 귀띔해주면서 반성할 일은 반성하도록 유도하고, 진솔한 아이로 자라날 수 있게 따스한 시선으로 지켜봐주어야 합니다.

다만 이런 조언은 부모가 자녀에게 직접 건넬 때는 별 마찰이 없지만, 부모가 아닌 제삼자가 조언하기란 쉽지 않습니다. 더군다나 자녀의 이런 성향을 부모가 전혀 모르고 있다면 말을 꺼내기가 더 어렵겠지요.

"어머, 무슨 말씀이세요. 우리 애는 잘못한 거 없어요, 얼마나 착한 아이인데요. 괜한 간섭 마세요."

이렇게 부모가 언짢아할 수도 있으니 교사나 다른 어른들은 유념해주세요.

화를 버럭 내는 아이

아이가 버럭 화를 잘 낸다며 힘들어하는 엄마들이 있는데, 아이의 화내는 행동 뒤에는 어떤 마음이 있는지 생각해본 적이 있나요? 어른도 화내는 데는 다 이유가 있듯이 아이들도 버럭 화를 내는 데는 분명한 이유가 있습니다.

마음에 상처받는 아이

"버럭 화를 내는 아들 때문에 너무 힘들어요" 하며 한 엄마가 상담하러 왔기에 구체적으로 아이가 왜 화냈는지를 물어보았습니다. 그러자 그 엄마는 이렇게 말했습니다.

"다 마른 빨래를 걷어서 거실에 뒀더니 아이가 웬일인지 차곡차곡 옷을 개더라고요. 그런데 삐죽빼죽 영 시원찮게 개서 제가 조용히 다시 옷을 정리했어요. 그랬더니 버럭 화를 내면서 이미 정리된 옷을 막 던지는 거예요."

이때 아이가 화를 낸 이유는 무엇일까요?

아이는 엄마가 기뻐하는 모습을 보고 싶어서 모처럼 엄마를 도와드리려고 했겠지요. 그런데 엄마가 기뻐하기는커녕 자신이 접어둔 옷을 다시 개고 있더라는 거죠. 애써 노력한 자신의 행동이 의미 없이 외면되었다는 생각에 분노를 느꼈던 거고요.

대체로 열심히 노력한 행동을 인정받지 못할 때 우리는 억울함을 느끼고 울컥 화가 치솟습니다. 자신이 최선을 다했는데 칭찬도 못 듣고 인정도 받지 못하면 서운함을 넘어서 분노를 느끼게 되지요. 아이도 어른도 자신이 애쓴 부분을 인정받지 못하고 부정당하면 마음에 상처를 받습니다. 이런 일이 거듭 되풀이되면 '버럭 화내는 아이, 감정 조절 능력이 부족한 아이'로 자라나게 됩니다. 마음의 상처가 깊을 때는 폭력으로 과격하게 표현하기도 합니다.

아이의 마음과 노력을 인정하기

처음부터 어떤 일이든 척척 해내는 아이는 이 세상에 없습니다. 배우면서 흉내를 내면서 다양한 경험을 통해 조금씩 익혀나갑니다. 아이에게 심부름을 시키면 오히려 번거로울 때가 더 많아서 아무것도 시키지 않는다는 부모도 있지만, 집안일을 경험하지 않으면 아이의 자립은 기대할 수 없습니다. "빨리 좀 해!", "그게 아니라 이렇게 해야지" 하며 아이의 마음을 헤아리지 않고 항상 부모의 형편에 맞춰 아이를 몰아세우면 서운함과 억울함을 넘어 분노를 조절하지 못하게 됩니다.

우선은 결과가 아닌 아이의 마음과 노력을 인정해주세요. "고마워, 정말 열심히 했구나!" 하며 친절하게 포근하게 칭찬해주세요. 그러면 '엄마가 나를 인정해주고 있구나. 내 마음을 알아주는구나!' 하는 신뢰감이 쌓여 긍정적이고 감정 조절을 잘하는 아이로 무럭무럭 자랄 테니까요.

반항하는 아이

아이가 성장하면서 반항기는 몇 차례 찾아옵니다. 아이에 따라 구체적인 시기와 정도는 차이가 있지만, 반항기는 비로소 자기주장을 시작하는 시기이자 반드시 거쳐야 할 발달 과정입니다. 그러므로 이 시기에는 '내 아이가 건강하게 잘 자라고 있구나!' 하며 긍정적으로 받아들이는 부모의 자세가 무엇보다 중요하고 필요합니다.

반항기 이해하기

반항기는 3단계로 나눌 수 있습니다. 먼저 만 3세 즈음에 '1차 반항기'를 맞이합니다. 영유아기의 어느 날, 갑자기 아이가 떼쟁이가 되는 바람에 무척 힘들어했던 기억이 있지요? 초등학교 3~4학년 무렵에는 엄마 말에 꼬박꼬박 토를 달기 시작하는 '중간 반항기'가 찾아옵니다. 부모나 교사의 말을 고분고분 따르지 않고 의문을 제기하며, 자신의 생각과 의지를 말대답의 형태로 표출하지요.

초등학교 6학년 즈음해서는 본격적인 '2차 반항기'가 시작됩니다. 이 시기에는 신체 발달이 두드러져서 어른에 가까운 몸을 갖게 되지요. 또 몸과 마음의 변화를 거치면서 가족이나 친구 문제로 심각하게 고민도 합니다. 다양한 갈등을 경험하면서 자신이 어떻게 대처해야 하는지 몰라서 굉장히 혼란스러워하고요. 그 영향으로 "몰라", "좀 조용히 해줘!" 하며 시니컬한 표정을 짓기도 하지요.

아이를 믿고 기다리기

아이들이 성장하면서 사물을 객관적으로 바라보고 자신의 의지로 부모에게서 독립하려는 주체성을 갖는 것은 반드시 필요하고 또 중요한 문제입니다. 다만 생각의 깊이가 아직 부족하고, 여전히 자기중심적인 측면도 많습니다. 그렇다고 해서 반항적으로 행동한다는 이유로 심하게 야단치거나 강압적으로 말대답을 금지시키는 일은 아이의 자립을 저해하고 왜곡된 성장의 원인이 될 수 있지요. 해도 되는 일, 해서는 안 되는 일, 반드시 해야 할 일 등의 사회성을 가르치는 중요한 시기이기 때문에 아이에게 올바른 가치관을 심어주기 위해서는 부모가 일관된 자세로 의연하게 대처하는 것이 가장 중요합니다.

아이의 성장을 따스하게 지켜보면서, 때로는 내 아이를 전적으로 믿고 기다리면서 친절한 대화, 균형 잡힌 대처법을 염두에 둔 여유로운 훈육이 반항하는 아이를 부드럽게 이끌어줄 수 있습니다.

산만한 아이

아이들이 의지가 생기고 스스로 움직일 수 있게 되면서 부산스럽게 행동하는 경우가 많습니다. 그런 아이들 중에서 특히 산만한 아이들을 보면 ADHD가 아닐까 걱정도 되지요. 그러나 행동이 산만하다고 해서 무조건 ADHD로 의심하는 것은 괜한 걱정에 불과합니다. 아이들의 특성을 이해하고 나면 "아, 그래서 그렇구나" 하고 무릎을 탁 치게 될 거예요.

몰두하고 집중하는 힘 키우기

아동기 아이들은 다양한 사물에 흥미와 관심을 느끼면서 눈에 들어오는 사물로 재빨리 관심의 초점을 옮기는 경향이 뚜렷합니다. 따라서 산만하고 집중력이 없어 보이기 쉬운데, 그러한 특징은 '항상 새로운 것을 추구한다'는 의미로 봐도 무방합니다.

아동기 아이들의 집중력은 그 아이가 정말로 좋아하는 것을 발견해 몰두할 때 여실히 드러납니다. 물론 좋아하는 것이 공부보다는 게임일 때가 훨씬 많지만, 아이 스스로 흥미와 관심을 높이면서 자신에게 과제를 부여할 때 차분하게 몰입하는 힘을 키울 수 있습니다. 그리고 다양한 경험을 두루 하면서 감정을 조절하게 되고, 지금 당장 해야 할 일에 집중하는 힘을 서서히 익혀나갑니다.

지나치게 혼내면 오히려 역효과

"이것 좀 빨리 해, 언제까지 그러고 있을 거야?" 하는 잔소리가 이어지면 아이 스스로 생각해서 행동할 기회가 줄어들고 욕구 불만이 커지면서 산만한 행동이 더 늘어나게 됩니다. 그러나 실컷 놀고 난 아이가 일단 공부에 재미를 붙이면 놀라울 정도의 집중력을 발휘합니다.

아이가 집중할 수 있는 환경은 저마다 다릅니다. 조용한 방에서 집중을 잘하는 아이가 있는가 하면, 반대로 조금 소란스러운 장소에서 집중을 더 잘하는 아이도 있습니다. 요컨대 부모는 초조해하지 말고 아이 스스로 판단할 수 있게끔 가만히 지켜봐주고, 아이가 원하는 환경을 스스로 선택할 수 있게끔 곁에서 도와주면 됩니다.

상담센터 활용하기

간혹 지나치게 산만한 아이도 있습니다. 뭔가에 호기심을 갖고 행동한다기보다는, 그저 아무런 목적 없이 돌아다니거나 다른 사람과 호흡을 맞춰서 하는 대화를 무척 버거워하는 아이도 있습니다. 아이의 문제행동을 어떻게 바로잡아줘야 하는지 막막하고 불안할 때는 지역 내의 상담센터를 활용하거나 전문기관의 도움을 받는 것이 좋지요. 내 아이에게 맞는 훈육 방법과 환경 등 아무래도 실질적인 조언을 많이 들을 수 있을 테니까요.

자주 거짓말하는 아이

많은 부모들이 아이가 거짓말하는 것을 아주 싫어합니다. 세 살 버릇 여든까지 간다는데, 거짓말하는 버릇도 충분히 여든까지 갈 수 있는 여지가 있어서인지도 모릅니다. 그렇다면 아이의 거짓말이 점점 늘어날 때 어떻게 하는 것이 좋을까요?

거짓말의 속내 읽기

아이가 아무렇지도 않게 내뱉는 거짓말에는 다양한 종류가 있습니다. 예를 들어 학원에 가기 싫을 때 "엄마, 배가 너무 아파요!" 식으로 거짓말하는 아이가 있습니다. 힘든 현실을 피하려고 하는 거짓말인데, 이럴 때는 왜 학원에 가기 싫은지 심리적인 문제를 아이와 함께 풀어가야겠지요. 진짜 통증을 느낄 때도 있기 때문에 세심한 관찰과 주의가 필요합니다.

관심을 끌기 위한 거짓말도 있습니다. 바로 '꾸며낸 얘기' 같은 거짓말입니다. 자신의 얘기에 집중해주기를 바라는 마음에서, 혹은 '이렇게 되고 싶다'는 상상에서 진실과 다르게 말하곤 합니다. 열심히 상상의 나래를 펼치는 동안 거짓말은 부풀어 풍선껌처럼 커지고 듣고 있는 어른도 거짓말임을 눈치 채지만, 정작 아이는 상상의 세계에 푹 빠져 있습니다.

한편 솔직하게 참말을 하면 혼날 것 같아서 거짓말을 할 때도 있습니다. 이런 상황에서 아이를 추궁하면 남의 탓으로 돌리면서 거짓말이 눈덩이처럼 불어나기도 합니다. 초등학교 고학년이 되면 거짓말이 좀 더 정교해지기 때문에 주의해야겠지요.

아이의 진심을 느긋하게 들어주기

아이가 거짓말했다는 사실을 알게 되었을 때 "거짓말쟁이, 거짓말하는 아이가 제일 싫어!" 하고 공격을 퍼부으며 나쁜 아이로 몰아세우는 일은 절대 하지 말아야 합니다. 아이는 엄마에게 혼날수록 무섭고 두려워서 진실을 털어놓기가 힘들어지고, 부모의 사랑을 되찾기 위해 더 심하게 더 자주 거짓말을 할 수 있기 때문이지요.

물론 '거짓말은 안 된다'는 사실을 아이가 자각하도록 부모가 이끌어주는 일도 중요합니다. 때로는 감정을 실어서 거짓말은 옳지 않다고 호소하는 일도 필요하지만, 거짓말의 종류를 간파하고 아이의 진심을 느긋하게 들어주는 것이 거짓말에 대처하는 기본 자세입니다. 평소 아이와 교감을 나누고 사소한 일이라도 서로 얘기하는 신뢰관계를 만드는 일도 거짓말을 줄이는 데 효과적입니다.

부모는 아이의 거짓말을 빨리 인지해야 합니다. 거짓말을 묵인하는 것이 아니라, 아이 스스로 솔직하게 고백한 용기를 칭찬해주면서 앞으로 어떻게 하면 좋은지를 함께 생각하는 시간을 마련해주세요.

인내심이 부족한 아이

어마어마한 경쟁을 뚫고 입사했지만 사소한 일을 참지 못하고 사표를 던지는 어른이 많은 것 같습니다. 요즘 초등학교에서는 아이들에게 참을성을 길러주는 일이 중요한 교육 목표로 대두되고 있습니다. 그만큼 끈기가 부족한 아이들이 많다는 반증이 겠지요.

인내심의 종류

인내심이란 감정이나 욕구대로 행동하지 않고 끈기 있게 참고 견디는 마음을 말합니다. 인내를 구별하면 '게임을 좀 더 하고 싶지만 엄마랑 약속한 시간이 됐으니 컴퓨터 전원을 껐다'와 같이 하고 싶은 욕구를 억누르는 인내와, '공부하기 싫지만 꾹 참고서 열심히 공부했다'는 식으로 하고 싶지 않은 욕구'를 누르고 행동으로 드러내는 인내가 있습니다. 아동의 발달 과정에서 본다면 일반적으로 전자의 인내를 먼저 실천하고, 이후 후자의 인내도 행동으로 옮길 수 있게 됩니다. 또 사회 경험을 통해 아이는 참을성과 끈기를 조금씩 배워갑니다.

작은 성공 경험을 차곡차곡 쌓기

수업 시간에 가만히 앉아 있지 못하고 함부로 돌아다니거나 교실 밖으로 뛰쳐나가는 아이에게 자리에 조용히 앉아 있으면 칭찬 스티커를 주기로 약속했습니다. 처음에는 5분, 그다음에는 10분으로 시간을 조금씩 늘렸더니 마침내 수업 시간 내내 얌전히 앉아서 수업을 듣는 아이가 되었지요. 이처럼 인내심을 몸에 익히기 위해서는 작은 성공 체험을 차곡차곡 쌓아가는 일이 효과적입니다.

부모는 자녀의 발달 수준에 맞는 쉬운 과제부터 시작해서, 과제를 성공하면 듬뿍 칭찬해주고 더 어려운 과제에 도전할 수 있게 격려해주면서 '나도 할 수 있다'는 경험을 아이가 자주 맛볼 수 있게 이끌어주어야 합니다. 작은 성공 체험이 긍정적인 자아상으로 이어지고, 두루두루 인내심을 발휘할 수 있는 아이로 자라나게 할 테니까요.

수영교실이나 다양한 연령대의 축구교실 등 운동을 통해 인내심을 경험하게 하는 일도 효과 만점입니다.

외모를 지나치게 꾸미는 아이

요즘은 초등학교에서도 화장하는 아이들을 쉽게 만날 수 있습니다. 그만큼 외모에 신경 쓰는 아이가 많다는 뜻이지요. 그런데 아이의 외모 치장을 어느 선까지 허용해야 할까요? 아이가 원하는 대로 해주는 게 좋을까요?

학교생활에 어울리는 옷차림

유명 브랜드의 옷을 입고 값비싼 운동화를 신은 남자아이, 노랑머리에 귀걸이를 한 여자아이 등 요란한 옷차림으로 등교하는 초등학생들이 늘어나고 있습니다. TV이나 인터넷의 영향을 받아서, 혹은 교칙이 엄격한 중학교에 비해 상대적으로 제약을 덜 받는 초등학교 때 맘껏 꾸미고 싶어서 그러는 것이겠지요. 그런가 하면 화려한 옷차림과 요란한 화장을 부추기는 부모도 있는 것 같습니다.

하지만 학교는 배움의 장소이기 때문에 학생에게 어울리는 옷차림과 몸가짐이 있기 마련입니다. 이는 수업 효율을 높일 뿐만 아니라 안전을 확보하고 원만한 친구관계를 이어가는 데 영향을 미칩니다. 아이가 학교에서 신나게 뛰어놀고 열심히 공부하기를 바란다면 학교생활에 어울리도록 좀 더 세심하게 아이의 옷차림에 신경 써주세요.

자존감 키워주기

지도교사에게 지적받을 만큼 요란하게 꾸미고 다니는 문제학생이라도 그 아이만의 장점을 구체적이고 지속적으로 칭찬해주면 문제행동을 일으키지 않을뿐더러 성실하게 학교생활을 해나가는 사례가 많습니다. '나는 이 세상에 둘도 없는 소중한 존재다'라고 생각할 수 있는 마음가짐을 자아존중감(self-esteem, 자존감)이라고 하는데, 대체로 자존감이 높은 아이는 화려한 옷차림이나 진한 화장 등으로 자신을 돋보이려고 하지 않습니다.

따라서 가정에서도 아이의 장점을 찾아내서 그 장점을 구체적으로 일깨워주고 저마다의 개성과 장점, 좋은 점을 더 나은 방향으로 발휘할 수 있도록 이끌어주는 일이 중요합니다. '관심을 가지면 좋은 점이 보인다'는 말이 있듯이 부모가 아이에게 관심을 갖고 사랑으로 대하는 일이 아이의 높은 자존감으로 이어질 수 있답니다.

뒷정리를 하지 않는 아이

놀이든 학습이든 마친 뒤에 사용한 물건들을 깔끔하게 정돈하는 습관은 매우 중요합니다. 특히 아동기 아이들에게 정리정돈을 가르치는 것은 '다 사용한 것을 원래 자리로 되돌려놓는 습관 들이기'와 '물건을 소중히 여기는 마음 갖기'라는 두 가지 측면에서 의미 있는 교육이지요.

놀이를 통해 정리법 익히기

아이들마다 개인차는 있지만, 대체로 첫돌이 지나면서 조금씩 정리정돈을 할 수 있게 됩니다. 그런데 최근에는 어린이집이나 유치원에서 자신이 갖고 놀던 장난감을 정리하지 않는 아이들이 부쩍 늘고 있다고 합니다. 초등학교에서도 자신의 학용품을 정리하지 못하거나 뒷정리를 하지 않는 아동이 점점 늘고 있습니다.

아이들은 새로움에 대한 흥미와 관심이 커서 장난감을 자꾸 바꿔서 놀려고 합니다. 이렇게 새로운 장난감을 찾는 일 자체는 문제가 되지 않지만, 다른 장난감을 찾기 전에 반드시 갖고 놀던 장난감을 정리하게 함으로써 정리 습관을 들이는 가정훈육은 반드시 필요합니다.

하지만 처음부터 혼자서 척척 정리정돈을 잘하는 아이는 없어요. 정리하는 습관을 들이려면 아주 어릴 때부터 "우리 아들, 엄마랑 정리 게임 해볼까!" 하며 아이와 함께 장난감을 정리하면서 방법을 친절하게 가르쳐줘야 합니다. 또 항상 같은 곳에 같은 종류의 물건을 정리하는 약속이나 장난감을 넣어두는 상자를 미리 마련해주는 준비도 필요하겠지요.

신발을 정리하는 습관부터

초등학교에 갓 입학한 아이에게 가장 주안점을 두는 교육 목표를 꼽는다면 '규칙 지키기'를 들 수 있습니다. 그도 그럴 것이 학교에 잘 적응하려면 무엇보다 학교가 정한 규칙을 제대로 지켜야 하니까요. 규칙 지키기의 하나로 아이들에게 '정리정돈하기'를 강조하는데, 특히 초등학교 1학년 교실에서는 '벗은 신발 정리하기'부터 확실하게 실천할 수 있도록 지도하고 있습니다.

따라서 가정에서도 신발을 가지런하게 벗어두는 아이디어의 하나로, 현관 바닥에 신발 스티커를 붙여두고 아이 스스로 신발을 벗은 후 스티커 위에 신발을 모아두게끔 이끌어주면 좋겠지요. 아이가 제대로 실천했을 때는 듬뿍 칭찬해줌으로써 정리정돈에 대한 의욕을 키워줄 수 있습니다.

자만하는 아이

자신감이란 '자신의 능력이나 가치를 확신하는 것', '자신의 옳음을 믿고 의심하지 않는 마음'이라고 정의할 수 있으며, 아이가 학습이나 새로운 일에 적극적으로 도전하거나 풍요로운 인생을 영위하는 데 중요한 요소입니다. 그런데 자신감이 지나치게 넘치는 상태, 이른바 자만심에 빠져서 친구들을 무시하거나 다른 사람의 장점을 인정하지 않을 때도 있습니다.

자신을 온전히 이해하고 남을 존중하기

자신감이 넘치는 사람들은 왜곡된 자긍심 탓에 자신의 잘못이나 실패를 있는 그대로 받아들이지 못하고 패배의 원인을 상대방이나 사회 탓으로 돌리기도 합니다. 아이들의 경우에 이런 일이 이어지다 보면 친구 관계에서 크고 작은 다툼이 끊이지 않지요. 아동기 아이들 중에는 자만심에 사로잡혔던 아이가 주위 친구들과 티격태격하는 과정에서 자만심을 내려놓고 겸손한 모습으로 변해가는 일이 많습니다. 아이가 지나치게 고집이 세고 자신을 내세운다면 다양한 친구들과 자주 만날 수 있게끔 기회를 마련해주고 친구와 다툰 후의 불편한 감정, 화해했을 때의 기쁨을 많이 경험하게 해주세요.

한편 사회생활을 할 때 자신을 정확히 아는 일은 매우 중요합니다. 특히 아이의 삐뚤어진 자신감을 바로잡아줄 때는 자신을 온전히 이해하고, 있는 그대로의 자기를 받아들이는 훈련이 효과적입니다. 부모는 자녀에게 장점을 항상 얘기해주고, 주위 친구들의 장점도 찾아내서 자녀에게 꼭 전해주세요. 누구에게나 장점과 좋은 점, 훌륭한 점이 있다는 사실을 충분히 알려주면 자기 자신을 포함해 모든 사람을 소중한 가치를 지닌 존재로 존중할 수 있게 됩니다. 바로 이런 가르침이 친구를 무시하고 깔보는 유아독존 행동을 바로잡을 수 있게 이끌어줍니다.

사회성을 길러주는
가정훈육

—

정리정돈하기

정리정돈은 물건을 구별해서 원래 있던 장소에 수납하는 일부터 시작합니다. 방이나 활동 장소에 물건을 너저분하게 두지 않고 수납 공간에 깔끔하게 넣어두거나 보기 좋게 차곡차곡 쌓아두거나 원위치로 되돌려놓는 것이지요. 아이가 자기 물건을 정리해야 하는 곳을 꼽는다면 책장, 책상, 장난감 상자 등이 있겠지요.

함께 정리하며 방법 알려주기

"빨리 치워!" 하고 엄마가 아무리 소리쳐도 꿈쩍도 하지 않는 것이 아이들입니다. 깔끔하게 정리하고 싶지만 구체적인 방법을 모르는 아이도 많습니다. 따라서 아이에게만 무작정 치우라고 시키지 말고 부모가 아이와 함께 정리함으로써 아이가 부모의 정리법을 보고 흉내 낼 수 있게 해주세요.

아이와 함께 청소할 때는 아이를 혼내거나 윽박지르지 말고, 아이의 얼굴을 보면서 부드럽게 말을 걸어주세요. 정리 순서와 방법을 또렷한 단어로 가르쳐주고 시간 내에 마무리할 수 있게 이끌어줍니다. 이런 과정을 하루하루 되풀이하면 습관으로 자리 잡을 수 있습니다.

익숙해지기까지 반복 경험하기

갓난아기가 처음 말을 배울 때는 귀로 들려오는 단어가 어떤 의미인지 눈으로 확인한 다음 말과 일치하는 행동을 기억해나갑니다. 더욱이 아기가 '맘마, 엄마, 아빠'라는 단어를 말하려면 같은 단어를 약 5만 번은 들어야 비로소 입 밖으로 말을 내뱉을 수 있다고 합니다.

마찬가지로 '정리정돈하기'라는 단어를 듣고 실제로 행동으로 옮기기까지는 물리적인 시간이 필요합니다. 그러나 바쁘게 살아가는 부모 입장에서는 아무래도 시간을 마련하기가 어렵겠지요. 그래서 부모들은 '정리정돈은 좀 더 자라면 저절로 하겠지!' 하며 쉽게 생각하는지도 모릅니다.

하지만 초등학교에 입학하기 전에 장난감 정리와 식사 후 그릇 정리를 부모와 함께 해보는 경험이 아이에게는 꼭 필요합니다. 이 시기를 놓치면 '세 살 버릇 여든까지 간다'는 속담이 현실이 될 수밖에 없으니까요. 아무쪼록 가르쳐야 할 시기에 확실하게 가르쳐주어야 합니다.

칭찬은 필수

"초등학교 2학년생인 아이가 정리라는 걸 도통 모르는데 어떻게 하면 좋을까요?" 하며 어떤 엄마가 조심스럽게 말을 꺼냈습니다. 틈만 나면 정리하라고, 청소하라고 아이를 다그쳤다고 합니다. 하지만 자초지종을 들어보니 아이에게 정리하라고 야단치면서 정작 구체적인 정리법은 가르쳐주지 않았고, 아이 얼굴을 보지 않고 목소리만 높였던 것 같았습니다. 그래서 그 엄마에게 이렇게 전해주었지요.

"아주 조금이라도 나아졌거나 자진해서 정리를 하려고 하면 조금 과하다 싶을 정도로 듬뿍 칭찬해주세요."

기뻐하는 부모의 표정을 보고 기분 좋은 칭찬을 들으면 아이는 기꺼이 방을 정리하고 물건을 정돈하려고 합니다. 많이 부족하더라도 엄마 아빠가 웃는 얼굴로 "한 번만 더 챙겨보면 어떨까?" 하고 부드럽게 이끌어주면 아이는 열심히 꼼꼼하게 더 잘하려고 할 테지요. 이때 부모가 함께한다면 아이는 정리 방법을 쉽게 익힐 수 있습니다. 그리고 정리가 끝났을 때는 "우와, 정말 깔끔하게 잘했구나!"라며 환하게 칭찬해주는 한마디도 잊어서는 안 됩니다. 부모가 보여주는 부드러운 미소는 아이에게 안정감과 안도감을 선사할 테니까요.

끈기 있게 지켜봐주기

부모의 정리 습관을 보고 자란 아이는 물건을 정리해야 하는 이유를 저절로 깨칩니다. 또 물건이 너저분하게 흩어져 있으면 지나다니기가 불편하고 장난감에 걸려 꽈당 넘어지는 일을 직접 경험하면서 아이는 정리정돈의 의미를 몸으로 이해하게 됩니다.

최근에는 부모나 조부모의 과잉보호, 간섭 등으로 아이들의 의존심이 날로 늘고 있습니다. 예컨대 청소 도중에 "이제 그만할래. 너무 힘들어!" 하며 아이가 힘든 표정을 지으면 어른이 바로 달려와서 도와주거나 아이 대신 정리해주는 가정이 많은 것 같습니다. 또 부모의 행동을 아이가 직접 보고 흉내 내는 기회도 점점 줄어들고 있습니다. 그러나 과잉보호하고 싶은 마음을 줄이고 가정에서 사용하고 난 물건을 같이 정리하는 일을 습관처럼 반복한다면 정리정돈 습관도 들이고 부모와 자녀가 함께하는 계기도 마련할 수 있어서 두루 효과적이지요.

자신의 물건을 스스로 정리하는 습관은 타인에게 민폐를 끼치지 않으면서 안전한 공간을 확보하고 물품의 사용법을 효율적으로 가르쳐줍니다. 아이들이 좋은 습관을 익힐 수 있을 때까지 초조해하지 말고 끈기 있게 지켜봐주세요. 아이들은 칭찬을 먹으면서 쑥쑥 자란다는 사실도 잊지 마시고요.

규칙과 질서 지키기

요즘은 바깥나들이를 할 때 대중교통보다는 자가용을 이용하는 가정이 많습니다. 그 영향으로 전철이나 버스에서는 조용히 해야 한다는 상식적인 규칙마저 모르는 아이들이 많은 것 같습니다. 아무래도 자가용을 이용할 때는 아이가 떠들어도 부모가 가볍게 주의를 주는 정도에서 그칠 테니까요.

공공장소에서의 규칙 체험하기

자가용이 보편화된 오늘날, 아이들이 대중교통을 체험하는 일은 점점 줄어들 수밖에 없지요. 그렇기에 더더욱 승차 시에는 줄을 서야 하고 타고 내릴 때는 질서 있게 행동해야 한다는 사실을 아이가 직접 느낄 수 있도록 현장 체험의 기회를 늘려야 합니다.

아울러 여럿이 함께 이용하는 공공장소는 주변 사람을 배려해 조용히 하고 주위 사람들에게 불쾌감을 줘서도 안 되는 공간입니다. 초등학생도 충분히 즐길 수 있는 공공장소인 미술관, 도서관, 박물관의 경우 '조용히!'라는 안내문이 버젓이 붙어 있지만 큰소리로 떠들거나 뛰어다니며 소란을 피우는 아이도 있습니다. 도서관에서는 조용히 독서하고, 예술품을 감상할 때는 입을 닫고 마음으로 느끼는 일을 아이가 규칙으로 이해하고 지킬 수 있게끔 똑 부러지게 가르쳐야 합니다.

아이들이 규칙과 질서를 제대로 지키기를 바란다면 먼저 왜 규칙이 필요한지를 충분히 설명해주고 이해시키는 과정이 필요합니다. 그리고 규칙을 지켜야 하는 장소에 직접 가서 체험하게 하면 아이 스스로 목소리의 크기를 조절하거나 차분하게 걸어 다니며 어떻게 행동해야 하는지를 고민할 수 있습니다. 이렇게 아이가 다양한 장소를 직접 경험하면 규칙의 존재와 의의를 실감할 수 있지요.

규칙과 질서는 하나의 약속

아이들이 부모와 함께 물건을 사는 장소라고 하면 대형 마트나 슈퍼마켓이 가장 먼저 떠오릅니다. 그런데 마트에 가보면 아이가 소리를 지르며 뛰어다니는 광경을 자주 접할 수 있습니다. 반면에 아이가 부모의 손을 잡고 소곤소곤 얘기를 나누면서 물건을 같이 고르는 모습은 보는 이로 하여금 절로 미소 짓게 합니다. 이렇게 부모와 자녀가 손을 잡고 걷는 일은 아이를 뛰지 않게 하는 하나의 약속으로 이어집니다. 또 엄마가 물건을 카트에 담는 모습을 아이는 세심하게 지켜보는데, 이처럼 부모의 행동을 관찰하는 일이 아이에게는 때와 장소에 적합한 규칙을 몸에 익히는 계기가 될 수 있지요.

특히 때와 장소에 맞는 규칙과 질서 지키기는 아동기 아이들의 사회성 발달에 아주 중요합니다. 따라서 어떤 규칙을 언제 어디서 지켜야 하는지를 실제로 체험할 수 있는 기회를 자주 마련해주세요.

사회성을 높이는 훌륭한 습관

학교에서 아이들과 함께 지내다 보면 "성태가 줄을 서지 않고 몰래 끼여들었어요", "성환이가 복도에서 뛰었어요" 하며 담임교사를 다급하게 찾는 일이 자주 있습니다. 교사가 그곳으로 가서 왜 규칙을 지키지 않았느냐고 아이에게 물어보면 난처한 표정을 짓거나 고개를 푹 숙이고 침묵으로 일관합니다.

아이들에게 왜 규칙을 지켜야 하는지를 친절하면서도 확실하게 설명해줄 필요가 있습니다. 구체적으로 설명하고 이해시키려면 시간과 품이 들겠지만 '규칙 지키기'의 이유와 의의를 가르치는 일은 매우 중요합니다.

"규칙을 지켜야지!" 하고 아무리 주의를 줘도 아이들 귀에는 귀찮은 잔소리로 들리기 일쑤입니다. 또 주의를 준 어른은 '아이에게 말했으니까 내가 할 일은 다한 거야' 하며 안일하게 생각하기 십상이고요. 그러니 "만약 규칙을 제대로 지키지 않으면 네가 다치거나 친구들에게 불쾌감과 불편을 주거나 죽을 수도 있어"라고 아이에게 분명히 가르쳐줘야 합니다. 이때 규칙의 중요성은 바로 그 자리에서 가르쳐야 효과가 있습니다. 시간이 지나서 지난 일을 끄집어내 얘기하면 아이는 기억하지 못하거나 어떤 규칙인지 제대로 이해하지 못하지요.

아이는 어른의 친절한 설명을 들으면서 규칙 지키기를 조금씩 익혀나갑니다. 초등학교 때 사회생활의 기초 체력을 단단히 다지기 위해서라도 더 늦기 전에 다양한 체험을 통해 규칙을 실천할 수 있게끔 이끌어주세요. 다양한 장소에서 맛본 경험을 바탕으로 매일매일 말과 행동이 쌓인 결과는 사회성을 높여주는 훌륭한 습관으로 자리 잡습니다. 아무쪼록 여유 있는 마음과 넉넉한 웃음으로 아이가 규칙을 내면화할 수 있을 때까지 끈기 있게 지켜봐주시기를 간절히 바랍니다.

줄을 서서 차례 지키기

초등학교에 입학하면서 차례대로, 순서대로 해야 할 일이 많아집니다. 이를테면 교실에서는 이름 가나다순, 신장순 등 이미 정해진 순서에 따라 활동하는 식이지요. 하지만 사회에서는 필요에 따라 줄을 서서 자신의 차례를 기다려야 합니다. 전철을 탈 때, 화장실을 이용할 때, 슈퍼마켓 계산대에서 물건값을 치를 때 등 여러 상황에서 줄을 서서 기다리는 광경을 쉽게 볼 수 있습니다. 아이들은 공원에서 미끄럼틀이나 그네를 타려면 줄을 서서 자기 차례를 기다려야겠지요. 이처럼 줄을 서서 순서를 기다리는 일은 여러 사람들이 함께 이용할 때 혼란을 줄이고 효율적으로 목적을 달성하기 위해 반드시 필요한 사회질서입니다.

줄을 서서 차례를 기다리는 일은 만 2세 무렵부터 조금씩 경험할 수 있습니다. 어릴 때부터 공원이나 놀이 장소에 아이와 함께 머물면서 줄 서기를 직접 체험할 수 있도록 이끌어주면 아이의 사회성 발달에 크게 도움이 됩니다. 이때 단순히 질서를 지키고 줄을 서게 하는 것이 아니라, 무엇을 위해서 왜 줄을 서야 하는지를 또렷이 확인시켜주세요. 표를 끊으려면 줄을 서서 기다려야 하고, 물건을 구입하려면 계산대 앞에서 차례를 지켜야 한다고 아이에게 친절히 설명하면서 줄 서기를 실천합니다.

대형 마트의 경우 소량 물품 계산대가 따로 마련된 곳도 있으니 용도에 맞게 줄을 서고, 어디가 어떤 줄인지를 제대로 구분하기 어려울 때는 맨 뒷줄에 서 있는 사람에게 다가가서 "티켓을 끊으려면 이 줄에 서는 게 맞나요?" 하고 구체적으로 물어보는 지혜도 알려줍니다. 많은 사람들로 붐빌 때는 대기 시간이 어느 정도 걸리는지를 관련 담당자에게 물어본 다음에 계속 기다릴지 가늠하고, 노인이나 몸이 불편한 사람이 있으면 순서를 양보하는 미덕도 가르쳐야겠지요.

무엇보다 어른이 본보기를 보이며 줄을 서서 차례를 지키는 일이 아이의 질서의식으로 이어집니다. 순서를 기다리는 사회규칙을 지킴으로써 자신도 주위 사람도 기분 좋게 생활할 수 있다는 사실을 아이 스스로 깨칠 수 있게 자주 체험하게 해주세요.

다른 사람에게 양보하기

'양보'라는 단어를 사전에서 찾아보면 ①물건, 자리, 차례 같은 것을 남에게 먼저 내주는 것 ②남을 위해 자신의 이익을 희생하는 것 ③자신의 주장을 굽히고 남의 의견을 따르는 것 등의 의미가 등장합니다. 양보만 잘 지도해도 아이들의 사회성이 쑥쑥 크겠지요?

남에게 먼저 내준다는 것

맛있는 음식이 있으면 아이에게 아낌없이 주고 싶은 것이 바로 부모 마음이지요. 이런 부모의 사랑을 만끽하며 자란 아이는 자기보다 어린 동생에게 기꺼이 자신의 물건을 내주려고 합니다. 더욱이 형이나 누나답게 의젓하게 행동했을 때 "우와, 정말 착한 어린이구나! 역시 형은 다르구나!" 하는 칭찬을 듣는다면 남에게 양보하는 일이 기분 좋은 유쾌한 감정으로 이어지기 때문에 좀 더 쉽게 양보를 몸에 익힐 수 있지요.

양보하기와 기다리기

아이가 공원 놀이터에서 난생처음 놀기 시작할 때 처음으로 또래와의 교류도 시작됩니다. 예를 들어 놀이터 모래밭에서 양동이 하나에 아이들이 차례차례 모래를 담으며 모래 놀이를 한다면 다른 아이가 모래를 담을 때는 자신의 차례를 가만히 기다려야 합니다. 요컨대 친구와 같이 놀려면 서로 기다려주는 양보가 필요하다는 사실을 경험하는 셈이지요. 이처럼 양보하기와 기다리기는 서로 떼려야 뗄 수 없는 관계입니다.

일상생활에서 양보해야 하는 상황을 떠올려보면 고속도로 화장실에서 줄을 서서 기다릴 때 다급한 표정을 지으며 안절부절못하는 사람에게, 마트 계산대 앞에서 줄을 서서 기다릴 때 달랑 아이스크림 하나를 계산하기 위해 서 있는 어린아이에게, 혼잡한 전철에서 서 있는 할아버지와 할머니에게 자리를 비켜주는 장면 등을 예로 들 수 있습니다. 양보하기를 실천하면 도움 받은 사람은 물론이고 양보한 사람도, 주위에서 그 광경을 지켜보던 사람도 모두 흐뭇하게 미소를 지을 테지요.

배려하는 마음 실천하기

주위 사람들의 마음을 헤아리거나 생각하는 배려가 없으면 양보하기는 실천할 수 없겠지요. 또 배려하는 마음이 있어도 행동으로 옮기지 않으면 양보를 실천하지 못합니다. 게다가 양보할 때는 "할머니, 앉으세요. 먼저 쓰세요!" 하는 말이, 양보를 받았을 때는 "정말 고맙습니다!" 하는 인사말이 반드시 필요합니다. 따뜻한 말 한마디를 주거니 받거니 함으로써 양보라는 미덕이 더 빛난다는 사실, 잊지 마세요.

참는 법 배우기

부모 입장에서, 간절히 갖고 싶어 하던 장난감을 손에 넣고 환하게 웃는 아이 얼굴을 보면 자꾸만 사주고 싶어지지요. 또한 물자가 풍요롭다 보니 아이가 원하는 것을 챙겨주는 일이 예전보다는 훨씬 수월해졌습니다. 그래서 자녀가 원하는 것을 바로바로 사주는 부모도 많고요. 하지만 아이를 망치는 가장 쉬운 방법은 아이가 원하는 것을 뭐든지 들어주는 것입니다.

부모 먼저 참아내기

참을성을 키워주는 일이 중요하다는 사실을 알고 있어도 막상 아이가 심하게 떼를 쓰며 보채거나 막무가내로 요구하면 "이번이 마지막이야!" 하며 아이의 바람을 들어주게 되지요. 하지만 이런 양육 방식은 훈육의 일관성 면에서도 결코 바람직하지 않습니다. 부모가 먼저 참고 견뎌내야 합니다. 부모가 떼쓰는 아이를 참아내지 못하면 아이는 '내가 원하는 것이 생겼을 때 무조건 억지를 쓰면 통한다'고 배워서 요구의 수준만 점점 높여갈 따름입니다. 또 아이의 바람을 뭐든지 다 들어주다 보면 물건을 사는 일이 너무나 당연시되어 참고 기다렸다가 원하는 것을 손에 넣었을 때의 만족감이나 성취감을 맛볼 수도 없겠지요.

잘 참는 아이가 강인한 아이

갖고 싶은 것이 생겼을 때 꾹 참고 견뎌내는 일은 '내 마음대로 내가 원하는 대로 되지 않을 때도 있다'는 세상의 진리를 깨닫게 합니다. 아울러 자신의 부족한 부분, 타인의 마음이나 행동 등을 두루 살피면서 참아내야 하는 상황을 곰곰이 생각하게 합니다. 바로 이런 결핍의 시간이 자기중심적인 사고를 바로잡고, 대화와 협력의 중요성을 깨치는 자각으로 이끌어줍니다. 자신이 원하는 것을 이루기 위해서는 참을 줄도 알아야 하고 다른 사람과 협동하면서 열심히 노력해야 하는 필요성을 배우는 것이지요. 온힘을 쏟은 후에 원하는 바를 손에 넣었을 때 비로소 성취감을 맛볼 수 있다는 사실도 깨닫습니다.

아이가 조금씩 홀로서기를 하기 위해서도 참을성은 반드시 필요합니다. 참아내는 법을 몸에 익히는 일은 강인한 아이로 자라는 데 큰 힘이 된다는 사실, 잊지 마세요.

용돈 사용하기

요즘은 초등학교 저학년 아이들도 돈을 갖고 다닙니다. 엄마 아빠는 물론이고 할머니와 할아버지에게 용돈을 받아서 지갑이 두툼한 아이도 있고요. 하지만 아무리 자기 돈이라고 해도 흥청망청 써버리는 일은 아이에게 나쁜 영향을 끼칩니다. 돈 때문에 친구 사이가 나빠질 수도 있지요. 적어도 아동기에는 용돈 사용법을 제대로 가르쳐줘야 합니다.

계획적으로 쓰기

정해진 용돈이 아닌 큰돈을 쓸 때는 부모의 허락을 받게 합니다. 아이가 간절히 원해도 값비싼 물건이라면 바로 사주지 말고 좀 더 깊이 생각하게 하세요. 인내심을 발휘하는 동안 갖고 싶은 욕구가 사그라들기도 하니까요.

"내 돈이니까 내 맘대로 쓸 거야!" 하며 소리치는 아이도 있습니다. 그럴 때는 "네가 열심히 노력해서 번 돈은 아니잖니? 그리고 할머니 할아버지가 용돈을 주시면 엄마한테 꼭 알려줘야 한다. 그래야 엄마가 할머니께 고맙다는 인사를 드릴 수 있을 테니 말이야" 하고 말해줌으로써 엄밀하게 따지면 어른들에게 받은 용돈은 자신의 돈이 아님을 일깨워줍니다. 아울러 "이다음에 커서 네가 당당하게 일한 대가로 받은 돈은 네가 맘대로 써도 된단다" 하고 덧붙인다면 아이의 독립심까지 키워줄 수 있지요.

경제관념 바로잡기

아이가 용돈을 계획적으로 쓰는 방법을 익히면 욕구를 스스로 조절하는 법도 배울 수 있습니다. 반대로 돈을 함부로 쓰다 보면 또래끼리 돈을 사이에 두고 다툼이 생겨서 친구 사이가 어그러질 뿐만 아니라 심하면 엄마들 싸움으로 번지기도 합니다. 또 길거리에서 이것저것 군것질하는 버릇은 보기에도 좋지 않고 건강에도 좋지 않지요.

아이들은 종종 "ㅇㅇ도 샀단 말이야" 하며 변명을 늘어놓곤 합니다. 비단 돈 문제뿐만 아니라 아이들이 이런 핑계를 대며 부모의 허락을 구할 때는 "옆집은 옆집이고, 우리 집은 우리 집이야!" 하며 단호한 목소리로 대처해주세요. 가정의 방침에 따르게 하는 훈육은 아이의 경제관념을 바로잡는 데도 도움이 된답니다.

책임감 있게 행동하기

아동기는 책임감과 독립심이 커지는 시기입니다. 아이가 올바르게 책임감을 키우려면 어떻게 이끌어주는 게 좋을까요? 엄마 아빠는 어떻게 부모로서의 책임감을 행동을 옮겨야 할까요?

아이의 책임감

부모에게는 자녀의 생명을 소중히 여기며 위험한 상황으로부터 보호해야 할 보호자로서의 책임이 있습니다. 상황에 따라 책임의 경중은 있겠지만 아이가 성인으로 자립할 때까지 부모가 자녀의 행동에 책임을 지는 것은 당연한 일이지요.

물론 아이도 성장할수록 자신의 행동에 책임을 져야 하는 범위가 늘어납니다. 영아기에는 누구나 자신이 하고 싶은 대로 행동하고 좋은 일, 나쁜 일의 판단도 제대로 내리지 못하지만 조금씩 자라면서 남에게 민폐를 끼치거나 상처를 주는 일, 선악의 판단 기준 등이 서서히 마음속에 자리 잡지요.

몸과 마음이 성장하고 발달함에 따라 아이 나름대로 자신이 한 행동에 책임을 지게 하는 일은 매우 중요합니다. 아이 스스로 자신의 행동을 반성하며 잘못을 깨끗이 인정하고 "미안해" 하며 진심으로 사과할 수 있게 이끌어주세요. 잘못을 인정하고 뉘우치는 일은 아이의 마음을 토실토실 살찌웁니다.

부모의 책임감

아이들은 어른에게 혼나지 않으려고 자기변호를 할 때가 많습니다. 처음부터 자신이 나빴다고 순순히 인정하는 경우는 아주 드뭅니다. 간혹 아이의 변명을 곧이곧대로 믿는 바람에 상대방 아이가 나쁘고 학교가 잘못했다고 목소리를 높이는 부모도 있습니다. 물론 나중에 사건의 전말을 알고 나서는 고개를 숙일 따름이지만요. 따라서 아이의 얘기를 들을 때는 아이의 처지나 심정을 충분히 살핀 다음에 부모로서의 책임을 다해주셨으면 합니다.

책임 회피나 책임 전가는 금물입니다. 아이는 실패하고 좌절하면서 자라나기 마련이라며 느긋하게 생각하고 책임을 회피하거나 남의 탓으로 돌리지 말고, 아이와 함께 원인을 곱씹어보고 책임을 지고 반성을 함으로써 부모와 자녀가 함께 성장할 수 있는 계기가 되었으면 합니다. 내 아이가 저지른 일에 대한 책임은 모두 부모인 나에게 있다는 사실을 항상 가슴에 새겨두었으면 합니다.

아이의 외출

아이가 부모와 떨어져서 친구와 어울리거나 집 밖에서 다양한 체험을 하는 것은 매우 의미 있는 일입니다. 하지만 아이가 외출한다고 하면 부모 입장에서는 이것저것 신경이 쓰이지요. 교통사고나 아동 유괴 등 상상도 하기 싫은 사건사고를 걱정하고 대비해야 하니까요.

외출 허락 전, 미리 약속해둘 사항들

아이의 안전을 확보하려면 외출을 허락하기 전에 어떤 약속을 해야 하는지 미리 생각해서 정해둡니다. 이때 약속거리는 부모가 일방적으로 결정해서는 안 됩니다. 아이의 안전을 우선으로 하고, 대화를 통해 약속이 필요하다는 사실을 아이에게 충분히 이해시켜야 합니다. 각 가정의 특수한 사정도 고려해서 정하면 더 좋겠지요.

그리고 적어도 행선지, 귀가 예정 시간, 함께 노는 친구들, 외출 목적 정도는 정확하게 파악하고 있어야 합니다.

아이의 친구 파악하기

아이가 놀러 가기 전에 어디에 가는지, 누구와 가는지, 몇 시까지 귀가하는지를 반드시 물어보세요. 아이는 외출하기 전에 부모에게 반드시 말하는 습관을 들입니다. 부모는 자녀가 어떤 친구와 어울리는지, 어떻게 관계를 맺고 있는지(반 친구, 학원 친구 등)를 파악하고 있어야겠지요. 만약 아이가 친구 집으로 초대받아 간다면 바로 답례 전화를 넣어서 엄마들끼리 돈독하게 지내는 관계 맺기도 필요합니다.

위험한 장소엔 절대 가지 않기

요즘은 오락실 대신 PC방이 동네 곳곳에 있지만, 불량 청소년들이 자주 모이는 장소라면 아이들이 특히 조심해야겠지요. 위험한 곳에 출입해서는 안 된다는 사실을 어렸을 때부터 끊임없이 일깨워주세요.

외출 직전, 약속 사항 재확인하기

외출을 허락했더라도 외출 당일에 한 번 더 아이에게 다짐을 받아두어야 합니다. 아이는 친구와 놀러간다는 기쁨으로 마음이 들떠 있어서 부모와의 약속을 까맣게 잊고 있을지도 모릅니다. 어쩌면 허락을 받기 위해 마지못해 부모와의 약속에 응했을지도 모르고요. 만약 안전사고가 염려되는 상황이나 외출의 의미가 없다고 여겨지는 등 부모로서 허락해서는 안 된다고 판단되면 단호하게 외출을 금지하고, 그 이유를 친절하게 설명하면서 아이를 이해시켜야 합니다. 그 경우에 "친구는 집에서 허락해줬는데, 왜 우리 집은 안 되는 거야?" 하며 아이가 강하게 불만을 토로할지도 모릅니다. 이럴 때는 부모의 확고한 의사를 밝히고 안 되는 이유를 더 친절한 목소리로 알려줘야겠지요. 아이와 함께 외출하는 친구의 부모와도 연락해서 구체적인 사정을 미리 파악해두는 일도 중요합니다.

또 밖에서 사고를 당했을 때 바로 연락을 받을 수 있도록 비상 연락망 등을 미리 마련해두세요. 약속한 사항을 아이가 지키지 못했을 때의 책임 문제와 관련해서도 외출 전에 얘기해두면 좋겠지요. 약속은 사회생활에서 꼭 필요한 규칙으로, 규칙은 반드시 지켜야 한다는 당위성을 아이에게 거듭 가르쳐주세요.

시간 약속 지키기

친구와의 약속 시간을 맞추는 것은 상대방이 기다리지 않게끔 배려하는 일입니다. 자신에게 소중한 시간이기에 상대방에게도 귀중한 시간이라는 사실을 어릴 때부터 아이에게 가르쳐주세요. 또 시간을 지키는 일은 자신을 통제하는 행동이자 자기조절을 통해 강인한 의지력이 싹트는 행동입니다. 이는 스스로 생활계획표를 짤 수 있고 시간을 관리할 수 있음을 의미합니다. "8시에 학교 운동장에서 기다릴게", "오후 3시에 전철역에서 만나!" 등 일상생활에서 흔히 경험하는 사소한 시간 약속이 신용과 신뢰로 이어지는 일도 많습니다.

시간관념을 길러주려면 아이에게 시간을 지키라고 다그치기 전에 부모가 먼저 엄격하게 시간을 관리하는 모습을 보여주는 것이 중요합니다. 교실에서 자주 지각하는 아이에게 "왜 늦었니?" 하고 물어보면 "엄마가 늦잠을 잤어요", "어젯밤에 너무 늦게 자서 아침에 일어나기 힘들었어요" 하며 얼버무리곤 합니다. 결국 부모가 시간 관리를 소홀히 한 탓에 밤늦게까지 아이가 자지 않아도, 밤늦게 야식을 먹거나 TV를 시청해도, 게임기를 오랫동안 붙들고 있어도 엄격하게 훈육하지 못하니까 아이의 시간관념이 느슨해질 수밖에 없지요. 이런 상황에서는 시간관념을 몸에 익히지 못할뿐더러 시간을 지켜야 한다는 의지조차 샘솟지 않습니다.

가정에서 시간을 지키는 규칙은 아이의 생활리듬을 잡아주는 중요한 교육이기도 합니다. 식사 시간과 취침 시간, 기상 시간을 제대로 지킴으로써 생활리듬을 몸에 익히고 시간관념을 키울 수 있습니다. 이는 시간 약속을 잘 지키는 바른 습관의 토대가 됩니다. 물론 매순간 정해진 시간대로 착착 진행될 수는 없겠지만, 시간에 늘 쫓기는 생활보다 아이가 여유를 갖고 생활하도록 좀 더 신경을 써주세요.

우정을 소중히 여기기

'우정'이란 친구를 아끼고 위하는 마음으로, 서로 호감을 갖고 신뢰하는 친구끼리 나누는 따스한 정을 말합니다. 우정이라는 끈으로 이어진 진정한 친구가 있다면 괴로울 때 마음을 열고 얘기할 수 있고, 친구가 곁에 있어주는 것만으로도 위로를 받을 수 있습니다. 또 기쁨을 함께할 때 그 기쁨을 두 배 세 배로 부풀려주는 것도 바로 친구이지요.

친구를 사귀지 못하는 요즘 아이들

요즘은 소중한 친구를 쉽게 사귀지 못하는 아이가 많은 것 같습니다. 그런 아이들 중 대부분은 어릴 때부터 혼자 놀았거나 게임을 해서 혼자 놀기에 익숙한 아이, 또래와 어울려서 노는 경험이 부족한 아이, 형제자매가 없는 외동아이 등 놀이 방법과 생활환경이 친구 관계에 영향을 끼치고 있습니다. 사정이 이렇다 보니 학교 수업시간에 친구 만들기와 의사소통의 방법을 가르치기도 합니다. 또래와의 관계를 통해 사회성을 배우는 일도 많아서 돈독한 우정 쌓기는 아이의 인생을 풍요롭게 이끌어줍니다. 오죽하면 깊은 우정으로 이어진 친구는 '인생의 보물'이라고 할까요.

밝고 씩씩하게 키우기

아이에게 우정을 쌓는 힘을 키워주고 싶다면 가정에서 온 가족이 모여 대화를 자주 나누고 스킨십을 하면서 놀거나 즐거움을 공유하는 기쁨을 맛볼 수 있게 이끌어주세요. 또 놀이터나 공원에서 즐기는 실외 놀이나 또래 놀이를 경험하게 하면 아이들끼리 자연스럽게 서로 접촉하고 어우러져 놀게 됩니다. 그러나 친구를 사귀게 하려고 억지로 또래 집단으로 등을 떠밀면 아이는 엄청난 스트레스를 받지요.

유유상종이라는 말이 있듯이 비슷한 아이들끼리 모이기 마련입니다. 내 아이를 밝고 씩씩하게 키우면 주위에 밝고 씩씩한 친구들이 저절로 모입니다. 오래오래 우정을 나눌 수 있는 '베스트 프렌드'를 사귈 수 있게 여유를 가지고 곁에서 지켜봐주세요.

다툼과 화해

대체로 아이들의 '티격태격'은 아주 사소한 감정이나 의견 충돌에서 출발해 언어 혹은 힘으로 부딪치는 다툼으로 번질 때가 많습니다. 의사소통에서 문제가 생겨 다툼이 되는 경우도 있지요. 모든 아이가 똑같이 생각하고 똑같이 행동할 수는 없습니다. 생각이 다르면 자연스레 다툼이 일어나기 마련이지요.

다툼의 시작

"교실에서 싸움이 났어요!" 하는 연락을 받고 교실로 부랴부랴 뛰어가서 보니 A와 B가 서로 목소리를 높이며 옥신각신하다가 A가 손을 들어 B를 때리려고 하고 있었습니다. 가까스로 아이들을 떼어놓고 자초지종을 들어보니 A는 "B가 내 신발주머니를 발로 찼어요" 하고 씩씩거리며 말했습니다. 반면에 B는 "책상 사이를 지나가다가 부딪히는 바람에 신발주머니가 바닥에 떨어졌어요" 하고 억울하다는 듯이 항변했습니다. 주위 아이들도 "부딪혀서 떨어졌어요" 하며 입을 모아 말하기에 다시 A에게 물었더니 "어쩌면 부딪혀서 바닥에 떨어졌을지도…" 하며 말꼬리를 흐렸습니다.

그래서 B에게는 "'신발주머니를 떨어뜨려서 미안해' 하고 말할까?"라고 조언하고, A에게는 "'소리치며 때리려고 해서 미안해' 하고 말할까?" 하고 조언하며 서로가 서로에게 사과하라고 지도했습니다. 두 아이들은 그 자리에서 상대방에게 사과하고 진심어린 용서를 구했으며, 서로의 용서를 받아들이고 마음의 앙금을 털어냈습니다. 얼마 후 두 아이는 언제 다퉜냐는 듯 운동장에서 신나게 뛰어놀았습니다.

화해하는 방법 가르치기

외동아이가 늘어나면서 싸움을 어떻게 멈추고 어떻게 화해해야 하는지를 모르는 아이들이 많은 것 같습니다. 아이가 학교에서 친구들과 자주 다툰다면 무엇 때문에 다투는지를 생각하게 하고 무엇이 잘못되었는지를 가르쳐줘야 해요. 어른도 그렇듯이 아이들도 친구와 티격태격 싸움을 하면 자신도 모르게 흥분하게 되고 감정 조절이 잘되지 않습니다. 정서가 불안정한 상태에서는 아무리 잘잘못을 설명해도 아이 귀에 들어오지 않지요. 따라서 요동치는 아이의 마음이 가라앉기를 잠시 기다렸다가 잘못을 훈계하고 바람직한 화해 방법(상대방의 얼굴을 보고 "미안해" 하며 진심으로 사과하는 일)을 차근차근 일깨워주세요.

요즘은 과잉보호 탓에 부모가 대신 상대 아이에게 사과하는 일이 많다고 합니다. 그 방법은 좋지 않습니다. 그러니 아이가 친구와 싸웠을 때는 상대의 마음을 헤아리면서 직접 사과하고 화해할 수 있도록 이끌어주세요.

왕따의 징후 관찰하기

대체로 초등학교 저학년까지는 자신의 하루 일과를 엄마에게 미주알고주알 말해주는 편입니다. 아이의 얘기 가운데 '혹시 왕따로 이어지지 않을까?' 하는 내용이 있다면 바로 그때가 훈육의 기회입니다. 초기 단계에서 발견하면 왕따는 막을 수 있습니다.

또 문제행동을 일삼는 친구와 어울리거나 위험한 놀이를 즐기려고 한다면 "절대 해서는 안 돼"라고 단호하게 일러줘야겠지요.

지금까지 친구 사귀기와 관련해 몇 가지 주의사항을 소개했지만 가장 염려되는 부분은 친구 없이 항상 혼자 노는 아이입니다. 만약 아이가 늘 혼자 지낸다면 담임교사나 전문가에게 하루라도 빨리 상담을 받아야 합니다.

친구와 놀러 다니기

친구와 함께하는 놀이는 만족감을 주고 스트레스가 해소되는 등 이로운 점이 한둘이 아니지요. 특히 여럿이 놀면 타인과 지내는 방법을 배울 수 있습니다. 아이가 친구와 놀러 다닐 때 조심해야 할 점을 간추려보면 다음과 같습니다.

실외 놀이

살을 에는 듯한 겨울 추위에도 아랑곳하지 않고 골목마다 아이들의 웃음소리가 넘쳐나던 시절이 있었습니다. 하지만 오늘날에는 놀이터에서도 뛰어노는 아이들을 구경하기가 어려운 것 같습니다. 모처럼 아이가 바깥에서 놀면 조심해야 할 것 투성이지요. 실외 놀이를 대비해 다음의 세 가지 사항은 확실하게 지도해주세요.

자전거 탈 때 규칙 지키기

초등학생들이 즐기는 실외 놀이라고 하면 자전거 타기를 가장 먼저 떠올릴 수 있지요. 실제로 초등학생의 교통사고 발생률이 높은 이유는 자전거 때문이라고 합니다. 대부분 규칙 위반으로 사고가 일어나지요. 물론 학교에서도 교통안전을 철저하게 지도하지만 방과 후의 생활까지 담임교사가 파악하기란 사실상 불가능합니다. 그래서 더욱 부모의 관심과 지도가 필요합니다.

아이와 함께 자전거를 타면서 자전거 탈 때의 규칙을 가르치고, 그 규칙을 제대로 지키는지 꼼꼼하게 확인해주세요. 학년이 올라가면 자전거 안전교육을 하기에는 너무 늦을지도 모릅니다. 처음 자전거를 탈 때부터 거듭 반복해서 규칙을 일깨워주세요. 안전모를 쓰게 하는 주의사항도 잊지 마시고요.

쓰레기를 함부로 버리지 않기

어릴 적부터 아버지는 저에게 항상 이렇게 주의를 주셨습니다.

"밖에서 놀 때 쓰레기를 함부로 버리면 안 된단다."

거듭되는 아버지의 훈계에 저는 뾰로통한 목소리로 "다들 아무 데나 버리는 걸요. 그리고 쓰레기통이 없는 곳에선 어떻게 해요?" 하며 반항했습니다. 그러면 아버지는 차분한 목소리로 "껌을 씹을 때 껌 종이는 주머니에 넣어두었다가 나중에 껌을 버릴 때 사용하면 될 테고, 쓰레기통이 보이면 그때 버리면 되는 거지!" 하며 몇 번이고 가르쳐주셨습니다. 아버지의 가르침 덕분에 휴지 조각 하나도 아무 데나 버리지 않는 어른이 되었습니다.

깔끔하게 뒷정리하기

체육 시간에 축구를 하다가 종이 울리면 순식간에 사라지는 아이들이 있습니다. 뒷정리를 하지 않으려고 냅다 도망치는 것이지요. 분명 이런 아이들은 방과 후 놀이에서도 뒷정리를 하지 않아 친구들이 대신 해주곤 하지요. 놀이가 끝난 다음에는 뒷정리까지 깔끔하게 하는 매너 좋은 아이가 될 수 있게끔 지도해주셨으면 합니다.

친구네 집에서 실내 놀이

실외 놀이가 줄어드는 것과는 반대로, 요즘 아이들은 실내에서 지내는 시간이 훨씬 많습니다. 게다가 비 오는 날이나 미세먼지가 심한 날처럼 여건상 실내에서 놀아야 할 때도 분명 있습니다. 집 안에서 놀아도 친구와 함께하면 소통 능력을 키울 수 있지만, 게임기만 갖고 논다면 사회성을 기르기엔 한계가 있지요.

아이가 친구네 집으로 놀러간다면 아래의 방문 예절을 익힐 수 있게 지도해주세요.

① 집 앞에서 노크나 벨(때에 따라서는 '친구야 놀자' 하고 친구 이름 부르기) 등으로 방문을 알리고, 친구의 허락을 받은 다음에 집 안으로 들어갑니다.

② 집 안에 계신 어른들에게 인사합니다.

③ 신발을 가지런하게 벗어둡니다.

④ 친구 부모님의 말씀을 잘 따릅니다. 예를 들어 놀이 장소 이외의 물건에 손대지 않고, 다른 방에 함부로 들어가지 않습니다.

⑤ 가지고 논 장난감이나 쓰레기를 깔끔하게 정리합니다.

⑥ 간식을 주시면 감사의 인사를 전한 뒤에 먹고, 필요에 따라 뒷정리를 돕습니다.

⑦ 집에 돌아갈 때는 어른들에게 인사를 드리고, 너무 오랫동안 친구 집에 머물지 않습니다.

이는 당연히 지켜야 할 기본 에티켓으로, 평소 아이에게 확실히 가르쳐주고 친구네 집을 방문하기 전에 확인시켜주세요.

친구네 집에서 돌아와서

아이가 귀가하면 친구네 집에서 재미있게 놀았는지, 무슨 일은 없었는지를 다정하게 물어보면서 방문 상황을 살핍니다. 친구네 집에 놀러갔을 때 장난감을 망가뜨렸거나 작은 다툼이 있었거나 뭔가 문제가 생겼다면 곧바로 친구네 부모에게 연락해서 구체적인 상황을 인지한 후 필요에 따라서는 죄송하다고 깍듯하게 사과해야겠지요.

'감사합니다, 고맙습니다!' 하는 인사말을 들으면 누구나 기분이 좋아집니다. 아이가 귀가한 후에는 친구 집에 전화를 걸어 "어머님이 간식을 만들어주셔서 맛나게 먹었다고 하네요"라는 아이의 얘기를 곁들이면서 고마운 마음을 또렷이 전해주세요. 엄마들끼리의 원만한 관계가 아이를 더 건전하고 건강하게 키워준답니다.

우리 집에서 실내 놀이

모처럼 우리 집에 아이의 친구가 놀러 온다면 그 친구가 소외감을 느끼지 않도록 친절하게 응대하는 일도 중요합니다. 예를 들면 친구 앞에서 아파트 평수나 가구, 가족 자랑은 피해야겠지요. 또 놀러온 친구가 하품을 하며 졸아도 싫은 내색은 하지 말아야 하지요. 오히려 친구에게 주스나 과자를 건네고 게임을 권하는 마음의 여유가 필요합니다. 공기놀이, 윷놀이와 같은 전통 놀이는 물론 장기, 실뜨기, 종이접기 등 머리와 손을 두루 활용하는 놀이를 아이들에게 가르쳐주고 함께 해보면 소중한 추억거리가 하나 더 생기겠지요.

빌리고 빌려주기

아이들이 학교에서 생활하다 보면 학용품이나 놀이감 등을 빌리고 빌려줄 일이 생깁니다. 이때 내 것이라고 안 빌려주는 아이가 있는가 하면, 빌려달라는 말도 없이 친구의 물건을 가져다 쓰는 아이도 있지요.

기분 좋게 빌리고 돌려주기

연필이나 지우개를 잠시 빌리고 싶을 때는 친구에게 "빌려줄래?" 하며 물어보고 친구의 허락을 받은 다음에 사용하는 것이 예의이지요. 다 쓴 다음에는 곧바로 친구에게 되돌려줘야 합니다. 다시 돌려줄 때는 "고마워"라는 인사도 잊지 않게끔 지도해주세요. 만일 빌린 휴지나 그림물감을 많이 사용했다면 새것으로 돌려주어야 합니다.

교실에서 잠시 빌리는 것이 아니라 빌린 물건을 집에 가지고 간다거나 며칠 동안 빌리는 일은 다툼의 원인이 될 수도 있기 때문에 기본적으로는 하지 않는 것이 바람직합니다. 그럼에도 불구하고 친구가 허락한다면 우정이 돈독하다는 의미겠지요. 이렇게 나를 믿어준 친구의 물건을 약속한 날짜에 되돌려주지 않는다거나 흠집을 낸 상태로 돌려준다면 상대방은 기분이 좋을 리 없겠지요.

만약 자녀가 친구에게 물건을 빌렸다면 '알아서 하겠지!' 하며 뒷짐 지고 있지 말고 부모가 직접 챙겨야 합니다. "네 물건이 소중하듯 친구 물건도 소중히 다루어야 한단다. 그리고 약속 날짜에는 반드시 돌려줘야 해, 알았지?" 하며 분명히 알려주세요.

서로 나눠 쓰면 안 되는 것들

손수건, 마스크, 체육복 등은 위생상 서로 빌리고 빌려줘서는 안 됩니다. 돈도 마찬가지이지요. 어쩔 수 없이 친구에게 돈을 빌려야 한다면 누구에게 얼마를 빌렸는지 확실하게 기억해두고 부모에게 그 사실을 전하도록 지도해주세요. 빌려준 친구 역시 친구에게 돈을 빌려줬다는 사실을 부모에게 알리는 것이 바람직합니다.

거절할 줄 아는 용기

친구가 아무리 빌려달라고 부탁해도 정말 소중히 여기는 기념품이나 바로 사용할 물건 등 빌려주기가 곤란한 물건이 있지요. 이렇게 난처한 상황에서는 "미안해!" 하며 거절하는 용기도 필요합니다. 친구의 부탁은 무엇이든 들어줘야 한다고 생각하지 말고, 거절하는 이유를 솔직하게 전하며 세련되게 거절하는 방법을 알려주세요.

TV 보기, 음악 듣기

초등학교에 입학하면서 아이들은 친구들과 TV 프로그램이나 음악을 공유합니다. 처음부터 TV 보기를 좋아하거나 음악을 좋아하는 경우도 있지만, 친구들과 친해지기 위해 TV 프로그램이나 음악을 찾아서 보고 듣기도 합니다. TV 시청이나 음악 감상은 잘만 활용하면 아이에게 좋은 취미가 될 수 있으니 현명하게 지도해주세요.

TV 덜 보기

아이들에게 생기는 문제 중에서 사회문제로 인식될 만큼 심각한 문제의 배후에는 다양한 원인이 얽히고설켜 있지만 TV, 인터넷 동영상 등 비현실적인 영상에 대한 부적절한 접촉도 영향을 끼치리라 여겨집니다. 무엇보다 TV 시청 시간이 길어질수록 부모와 직접 얼굴을 맞대고 정을 나누는 시간은 그만큼 줄어든다는 점을 아셔야 합니다.

수업 시간보다 훨씬 긴 TV 시청 시간

TV는 재미와 편의성을 우리에게 선사했습니다. 전 세계 곳곳의 영상이나 음성을 실시간으로 접할 수 있고, TV를 통해 흥미진진한 시간을 보낼 수도 있습니다. 하지만 아이들이 보기에는 부적절한 영상이 있고, 자칫하면 부모가 없을 때 아이가 우연이라도 그런 영상을 접할 수도 있습니다. 아이들이 자극적인 영상물을 접하면 후천성 발달 장애, 의사소통 장애, 인격 장애로 이어지고 사회성의 부족으로 등교 거부, 은둔형 외톨이, 심지어 반사회적 행동을 야기할 수도 있습니다.

하루 평균 TV 시청 시간이 2~3시간 정도 되는 아이들이 수두룩할지도 모릅니다. 그런데 초등학교 수업 시간은 하루 5시간에서 6시간 정도로, 1년 동안 초등학교 1학년 학생이 782시간, 3학년생 학생이 910시간, 초등학교 고학년 학생이 945시간 정도의 수업을 받고 있습니다. 한편 TV 시청 시간이 매일 2.5시간 지속된다면 1년 동안의 시청 시간은 912시간이라는 수치가 나옵니다. 만약 하루에 3시간 시청한다면 1,095이라는 어마어마한 시간이 나오고요. 수업 시간보다 TV를 보는 시간이 더 많다는 사실이 놀랍지 않으신가요?

TV 시청 규칙 만들기

영상 매체와의 과도한 접촉은 아이의 두뇌 계발을 저해할 수 있습니다. 따라서 TV 시청 시간을 줄이는 규칙을 만들어서 효율적으로 규제해줘야 합니다. 이 정도의 확고한 각오가 없다면 아이는 부모 눈을 피해서 TV나 게임 중독에 빠지기 쉬워요.

① 아이 방에 TV, 게임기, 컴퓨터를 두지 않습니다.
② 식사 중에 TV를 시청하지 않습니다.
③ 시청 시간을 지키게 합니다(TV는 하루 1시간, 게임은 하루 15분 이내로). 약속을 지키지 않았을 때는 일주일 동안 TV 시청 금지 혹은 게임 금지를 제안하고 아이가 도전할 수 있게 격려해줍니다.

음악 듣기

초등학교 고학년일수록 음악을 좋아하는 아이들이 많습니다. 여럿이 함께 듣는 음악보다는 자신이 원하는 음악을 이어폰이나 헤드폰을 끼고 즐기지요.

진화하는 휴대용 음악 재생기

1979년 일본 소니(Sony)사에서 출시한 카세트테이프 플레이어인 '워크맨(Walkman)'이 등장하면서 때와 장소에 관계없이 어디서나 음악을 즐기는 문화가 정착되었습니다. 말하자면 걸어 다니면서 음악을 들을 수 있는, 진정한 의미에서의 휴대용 음악 재생기가 탄생한 셈이지요. 이후 휴대용 음악 재생기는 변화를 거듭해서 미국 애플

(Apple)사의 '아이팟(iPod)'으로 대표되는 MP3 플레이어가 인기를 이어갔습니다. 더 이상 카세트테이프나 CD를 갖고 다니지 않아도 자신이 좋아하는 음악을 몇 십 곡, 아니 몇 백 곡씩 저장해두고 아무 데서나 들을 수 있다는 점에서 그 편리함은 이루 말할 수 없습니다. 최근에는 스마트폰으로 더 쉽게 음악을 즐기게 되었습니다.

휴대용 음악 기기를 구입할 때 유의점

디지털 음악 파일을 매체로 사용하는 휴대용 디지털 음악 재생기는 주로 고등학생이나 대학생이 선호하지만 초등학교 고학년 아이들도 고가의 MP3 플레이어를 사달라고 부모를 조르는 경우가 있는 것 같습니다. 하지만 초등학생이 쓸 음악 기기를 구입할 때는 이용 목적을 확실하게 구분해서 어떤 기기를 구입할 것인지, 무엇을 들을 것인지에 대해 충분히 대화를 나눈 뒤에 현명하게 선택해야겠지요.

음악을 들을 때 유의점

① 붐비는 전철이나 도서관 등 공공장소에서 음악을 들을 때는 타인에게 불쾌감을 주지 않도록 각별히 조심해야 합니다.

② 스마트폰을 보면서 한 손으로 운전하는 일도 위험하지만, 자전거를 타면서 이어폰을 끼고 음악을 듣다 보면 주위 소리가 들리지 않아서 매우 위험합니다.

③ 공부할 때는 음악을 끄고 공부에만 집중하게 지도해주세요. 혹시 아이가 딴짓을 하면서 공부하는 것은 아닌지를 살피는 세심한 관심도 필요하답니다.

스마트폰, 인터넷, 게임기 이용하기

부모들을 고민에 빠지게 하고, 동시에 아이들을 혼나게 만드는 IT 3종 세트가 있습니다. 바로 스마트폰, 게임기, 인터넷이지요. 현실적으로 안 하게 할 수 없으니 아이와 의논해 적정 이용법을 찾아야겠지요.

스마트폰 사용하기

휴대전화, 특히 스마트폰은 굉장히 편리한 기기이지만 아이에게는 위험한 도구이기도 합니다. 실제로 '아동기 아이들에게 과연 스마트폰이 필요할까?'라는 문제와 관련해서 여러 분야의 전문가들이 다양한 견해를 펼치고 있고요. 부모는 스마트폰을 아이 손에 쥐어주기 전에 반드시 편리성과 위험성을 두루 생각해보고 신중하게 결정해야 합니다. 물론 아이에게는 스마트폰만큼 매력적인 장난감도 없어서 "친구들도 갖고 있단 말이야. 나만 없다고!" 하며 사달라고 조르는 아이도 많습니다. 아이가 심하게 떼를 쓰기 전에 스마트폰과 관련해서 양육 방침을 미리 정해두는 게 좋겠지요.

스마트폰 사용에 대한 약속

스마트폰을 사용하도록 허락했더라도 아무런 제재 없이 아이 손에 넘겨줘서는 안 됩니다. 아이에게 스마트폰의 위험성을 충분히 설명하고 올바른 사용법을 지도해야 합니다. 스마트폰은 '손 안의 컴퓨터'로, 마음만 먹으면 언제든지 인터넷 접속이 가능하기 때문에 자칫 유해 사이트에 노출되거나 모르는 사람과 연결될 수도 있습니다. 이런 스마트폰의 특징을 정확하게 알려주고 현명하게 대처할 수 있게 가르쳐줘야겠지요. 아울러 스마트폰을 구입할 때부터 유해 사이트를 차단하거나, 애초 스마트폰이 아닌 통화와 문자 메시지 기능만 되는 휴대전화를 구입하는 방법도 있지요.

스마트폰을 사주기 전에는 아이와 충분히 대화를 나누고 구체적인 약속을 정합니다. 만약 약속을 지키지 않았을 때는 스마트폰 사용을 금지시키고 아이도 이 규정을 따를 수 있도록 사전에 충분히 얘기해둡니다.

또 통신 요금을 비롯해 아이의 스마트폰 사용 이력을 주기적으로 확인하는 등 지속적인 관심과 지도가 반드시 필요합니다. 스마트폰은 편리하지만 깐깐하게 관리하지 않으면 내 아이를 망치는 위험천만한 도구로 돌변한다는 점, 항상 기억해두세요.

통화 예절 지키며 사용하기

스마트폰을 사용할 때는 통화 예절을 지키는 일도 중요합니다. 늦은 밤에 통화를 한다거나 지나치게 장시간 통화하는 일이 없게끔 지도해주세요. 또 버스나 전철, 도서관 등에서는 매너 모드로 바꾸고, 통화 목소리를 작게 해서 다른 사람에게 불쾌감을 주지 않도록 바른 예절을 가르쳐야 합니다.

스마트폰 사용에서도 부모의 본보기가 아이에게는 가장 훌륭한 교육이 됩니다. 아이 손에 스마트폰을 쥐어주기 전에 부모의 굳은 각오가 필요하다는 점, 잊지 마세요.

게임기 갖고 놀기

일본의 한 조사 보고서에 따르면 만 3~9세 아이가 있는 가정의 전자게임기 보급률은 72.9%, 만 10~14세 아이가 있는 가정의 게임기 보급률은 무려 97%나 된다고 합니다. 대부분의 초등학생이 게임기를 이용하고 있다는 결과이지요.

게임기 이용 규칙 만들기

게임에 빠져 지내다 보면 뇌의 피로(만성피로)가 누적되어 의욕이 떨어지고 감정을 통제하는 힘을 상실하게 됩니다. 또 집단 괴롭힘이나 학교 부적응 등의 문제행동에 영향을 끼칠 수 있으며, 반사회적인 사건으로 이어질 우려도 있습니다. 따라서 게임과 접촉하는 시간을 제한하는 훈육이 반드시 필요합니다. 이때 아이와 대화를 나누며 협의를 통해 게임 시간을 결정한다는 안일한 생각은 버리고, 부모가 게임 이용 규칙을 정해서 엄격하게 규제해야 합니다. 예를 들면 '거실에서, 주 3회, 30분 이내' 등으로 단호하게 대처해주세요.

게임중독의 증상과 예방

부모와 약속한 시간이 되어도 아이가 게임을 멈추지 않고, 게임기의 전원을 끄려고 하면 울거나 심하게 화를 내면서 난폭해진다면 게임중독이 의심됩니다. 그럴 때는 의사의 진단을 받아보는 것이 바람직합니다.

게임 시간을 엄격하게 제한하고 게임을 전혀 하지 않는 날을 마련하면 게임중독을 예방할 수 있습니다. 이때 가정은 물론이고 학급, 학년, 학교, 지역사회에서 '게임을 하지 않는 날'을 기획하고 실천에 옮기는 방법을 모색한다면 효과가 더 크겠지요.

인터넷 사용하기

20세기 말부터 21세기 초에 걸쳐 가장 두드러진 과학의 발달을 꼽는다면 단연코 정보 분야, 특히 인터넷의 발달이겠지요. 인터넷은 전화나 우편 등의 통신 수단과는 비교도 할 수 없을 정도로 비용이 저렴하고, 세계 어디와도 쉽게 연결할 수 있습니다. 최근에는 스마트폰의 발달로 언제 어디서나 인터넷 연결이 가능해져서 초등학생들도 손쉽게 인터넷을 이용할 수 있게 되었지요. 인터넷의 유용성은 굳이 설명할 필요가 없을 정도로 많은 사람들이 공감할 텐데요. 반면에 인터넷의 함정도 강조되고 있습니다.

IT 혁명의 은밀한 함정

인터넷 사회에서는 아이들이 은밀한 함정에 빠질 위험이 매우 높습니다. 그도 그럴 것이 인터넷은 어른들의 욕구 발산 창구로 종종 악용되기도 하는데, 아동기 아이들이 인터넷을 통해 폭력물이나 성인물에 쉽게 노출될 수 있기 때문이지요.

또 인터넷은 아이가 직접 범죄 행위에 가담하도록 조장하기도 합니다. 최근 이메일을 이용한 기업 협박이나 댓글 사기 사건의 범인이 청소년, 심지어 초등학생이었다는 충격적인 뉴스가 심심찮게 보도되고 있습니다. 아이들이 자기 방에 있는 컴퓨터를 이용해 장난삼아 재미삼아 범죄를 저지르기 때문이지요.

한편 SNS를 통해 다양한 사람들과 정보를 공유할 때 아이가 범죄의 표적이 될 수도 있으므로 개인정보는 함부로 공개해서는 안 된다고 확실히 지도해주세요.

인터넷 이용 시간 제한하기

인터넷의 오남용을 막기 위해서는 아이의 인터넷 사용 정도와 용도를 정확하게 파악하고, 유해 사이트 차단 프로그램을 이용해서 아이가 안전하게 인터넷을 활용할 수 있도록 각별히 신경을 써야 합니다. 아울러 인터넷 중독을 사전에 예방하기 위해서라도 인터넷 접속 시간을 제한하는 규칙을 정해주세요. 만약 이를 지키지 않았을 때는 '3일 동안 인터넷 사용 금지' 등의 벌칙도 만들어둡니다.

인터넷 이용에 관해서만큼은 부모가 "안 되는 것은 절대 안 돼!" 하고 엄하게 규제할 필요가 있습니다. 학교와 관련 기관 등에서 건전한 인터넷 활용을 위한 지침서도 제공하니 좀 더 철저하게 공부하고 세심하게 지도해주세요.

책 읽기

전 연령대가 책을 멀리하는 것이 현실이지만, 초등학생들은 비교적 책을 가까이 하는 것 같습니다. 그 이유는 대부분의 초등학교에서 실시하는 '아침 독서'나 '책 읽기 운동' 등의 효과도 있을 테고, 독서 교육에 열중하는 부모도 많기 때문이지요. 독서는 풍부한 감성과 창의적인 사고력을 길러주는 등 교육적인 효과가 다양한 연구 결과를 통해 속속 밝혀지고 있습니다.

책 읽는 가정 만들기

가정에서의 독서 환경이 책 읽는 습관을 만들어줍니다. 특히 아빠가 책을 자주 읽어주면 아이는 독서광이 될 확률이 높아진다고 합니다. 요즘에는 책을 소리 내서 읽어주는 초등학교가 많은데, 교육 현장에서 보면 '책 읽어주기 시간'에 저학년은 물론이고 고학년 아이들도 뜨겁게 호응하는 모습을 확인할 수 있습니다. '이제 다 컸으니까' 하며 외면하지 말고 고학년이 되어도 책 읽어주는 시간을 따로 마련해주세요.

부모와 자녀가 함께 책 읽는 시간을 매일 갖는 것도 중요합니다. 아이가 책을 읽는다면 듬뿍 칭찬해주세요. 칭찬을 받고 기분이 좋아지면 독서가 어느새 습관으로 자리 잡을 수 있을 테니까요.

좋은 책은 적극 추천하기

초등학교 고학년이 되면 부모와 함께 도서관을 찾는 일도 줄어들지요. 하지만 좋은 책이라고 생각한다면 아이의 연령대와 상관없이 적극 추천해주셨으면 합니다. 저의 경우 초등학교 때 아빠가 추천해준 《플랜더스의 개》를 읽고 눈물을 흘렸고, 《15소년 표류기》에서 진한 인간애를 맛보았던 기억이 아직도 선명합니다.

책 내용을 아이에게 살짝 들려주면서 흥미를 이끌어내는 방법도 좋습니다. 예를 들어 "빵 한 조각을 훔치고 오랫동안 감옥에 갇혀 지내야 했던 장 발장의 마음은 어땠을까?" 하며 아이에게 물었을 때 "장 발장이 누구야?" 하고 아이가 되묻는다면 넌지시 《장 발장》 책을 내미는 식이지요.

간혹 아이가 지루하다며 멀리 하는 책도 있습니다. 그럴 때는 30쪽 정도라도 읽고서 그래도 재미가 없다면 다른 책을 읽어도 된다는 규칙을 정해두면 다양한 분야의 책을 접하는 데 도움이 되지요.

인사는 공손히, 대답은 또렷하게

인사하기와 대답하기는 인간관계를 맺고 꾸려가는 데 꼭 필요한 기본 예절입니다. 상대방의 눈을 보고 공손하게 인사하고 또렷하게 대답할 수 있다면 친구들과 서로를 이해하고 마음을 나누면서 친하게 지낼 수 있지요.

예절 지키기

여럿이 함께 모여 사는 사회에서는 예절을 지키며 행동함으로써 모두 기분 좋게 생활할 수 있습니다. 불과 얼마 전까지만 해도 부모, 조부모, 이웃사촌 등 주위 어른들이 예의범절을 가르치고 아이들은 가정훈육을 통해 자연스럽게 예절을 배우고 익혔습니다. 그런데 핵가족화가 급속히 진행되고 개인주의가 우선시되면서 아이들에게 바른 몸가짐을 가르치는 어른들이 줄었고, 아이도 지적당하는 일 자체를 기피하게 되었습니다. 예절 지키기는 아이들이 꼭 배워야 할 사회규범인데도 말이죠.

모든 출발은 가정에서부터

예절은 올바른 언어 사용에서 시작됩니다. 그래서인지 영유아기부터 자녀의 언어 사용에 대해 훈육하는 가정이 많은데, 초등학생이 되고 나서도 충분히 바로잡아줄 수 있습니다. 공손하게 인사해야 하는 이유를 아이 스스로 이해하고 실천할 수 있기 때문이지요.

아이의 하루 생활은 가정에서 시작됩니다. 따라서 가족끼리 "안녕히 주무셨어요?", "잘 먹겠습니다", "잘 먹었습니다", "다녀오겠습니다", "다녀왔습니다", "고마워요",

"죄송해요"와 같은 인사말을 나누는 것은 물론 감사하거나 미안한 마음을 반드시 말로 표현해주세요. 또 누군가 자기 이름을 부르면 "네" 하고 밝게 대답하는 것은 기본적인 언어 예절입니다. 아이 스스로 잘못했다고 생각했을 때 "죄송해요" 하고 망설임 없이 말하면 솔직하게 표현한 점은 칭찬해주고 잘못된 행동만 혼내야 합니다. 그리고 다음부터는 어떻게 행동해야 하는지를 차분하게 타일러주면 되겠지요.

인사할 때는 상대방의 얼굴이나 눈을 보고, 상대방이 들을 수 있게 힘찬 목소리로 말하는 것이 기본입니다. 매일 반복하다 보면 아이들은 조금씩 예절을 몸에 익혀나갑니다. 그러니 아이가 인사를 건네면 어른도 환하게 대답해주는 본보기를 보여주세요. 아이가 먼저 예쁘게 인사하면 듬뿍 칭찬해주는 일도 잊지 마시고요.

상황에 따라 달라지는 인사말

초등학교에 들어가면 아이의 생활 반경이 넓어집니다. 따라서 학교에서 교사를 만났을 때나 집 밖에서 이웃 어른을 만났을 때도 깍듯하게 인사할 수 있게 지도합니다. 아울러 "안녕하세요", "고맙습니다"라는 기본 인사말은 물론이고 "죄송합니다", "실례하겠습니다"와 같은 인사말은 상황에 맞게 사용할 수 있도록 가르쳐주세요. 학교에서도 공손하게 인사하는 법을 지도하고 있으니 가정에서도 인사 예절을 거듭 가르쳐주면 시너지 효과가 크겠지요.

선생님이나 이웃 어른들에게 "인사성이 정말 바른 아이구나" 하고 칭찬을 들으면 아이는 두 배로 기뻐합니다. 부모에게 받는 칭찬과는 또 다른 느낌으로, 그 기쁨은 자신감으로도 이어집니다. 인사는 예의범절의 형식에 가깝지만, 마음이 담기지 않으면 상대방에게 인사말이 오롯이 전해지지 않는다는 진실도 아이에게 꼭 가르쳐주세요.

"안녕하세요"

상쾌한 하루의 출발은 인사에서 시작된다고 해도 과언이 아니지요. 인사할 때는 공손한 인사말은 물론 인사 방법도 중요합니다.

아침 등교 시간에 "선생님, 안녕하세요!" 하며 매번 고개를 숙여 예쁘게 인사하는 아이가 있었습니다. 그 아이에게 "어머나, 예쁘게 인사하는 방법을 누가 가르쳐주었을까?" 하고 물었더니 아이는 할머니에게 배웠다며 환하게 대답했습니다. 대답하는 아이의 표정에서 건강한 자신감을 읽을 수 있었답니다.

"잘 먹겠습니다" "잘 먹었습니다"

급식 시간에 "잘 먹겠습니다!"라는 씩씩한 목소리가 들려옵니다. 이처럼 기분 좋은 인사말은 즐거운 식사 시간으로 이어집니다. 하지만 다리를 덜덜 떨거나 다리를 꼬고 밥을 먹는 아이, 책상에 턱을 괴고 먹는 아이, 이리저리 돌아다니면서 먹는 아이, 입 안에 음식을 가득 넣은 채 목청껏 떠드는 아이 등 식사 예절을 제대로 익히지 못한 아이가 많은 것 같습니다. 식사를 마친 후 식판에는 반찬이 너저분하게 붙어 있고 수저가 뿔뿔이 흩어져 있는 모습도 흔히 볼 수 있습니다.

생활 속에서 예의 가르치기

예의범절은 하루하루 기분 좋게 생활하기 위한 몸가짐이자 마음가짐이지요. 앞에서 소개한 인사와 식사 예절은 예의범절의 일부분에 지나지 않습니다. 예절은 아이와 함께 생활하면서 끊임없이 가르치고 자연스럽게 보여줘야 합니다. 훌륭한 본보기가 없으면 예절 자체를 이해하기 힘들 때도 많지요. 따라서 가정에서 어른이 먼저 예의를 갖추어서 행동하고 왜 예의를 갖추어야 하는지를 설명해주면 아이는 바른 예절을 익히고 실천으로 옮길 수 있답니다.

존댓말 쓰기

인사말과 마찬가지로 상대방에 따라 말씨가 달라지는 어법도 가정에서 가르쳐야 할 언어 예절입니다. 그중에서 존댓말은 타인에 대한 존경심과 마음을 공손하게 전하려는 배려심의 표현이지요. 초등학생이 되면 존댓말을 적절하게 사용할 수 있도록 친절하게 가르쳐주세요.

바른 말, 고운 말 배우기

초등학교에 들어가면 1학년 때부터 상황에 따라 '~습니다', '~입니다'로 공손하게 말하는 어법을 배웁니다. 친구들 앞에서 자기소개를 하거나 조회나 종례를 진행할 때도 존댓말을 사용합니다.

처음에는 교사가 구체적인 표현을 하나씩 가르쳐줍니다. 예를 들어 "저는 서지후입니다. 좋아하는 음식은 카레덮밥입니다. 지금부터 발표를 시작하겠습니다" 식으로 존댓말을 반복해서 연습하면 자연스레 말하게 됩니다. 엉성한 유아어로 말하던 아이들이 어법에 맞는 바른 말, 고운 말을 배워나가는 셈이지요.

어른과 인사 나누기

가정에서는 부모가 조부모에게 얘기할 때나 이웃 어른이나 교사에게 말할 때 존댓말로 얘기하는 모습을 아이에게 보여줄 수 있습니다. 아이도 어른들에게는 존댓말을 써야 합니다. 아이가 아직 어려서 윗어른에게 말을 높여야 한다는 사실을 가늠하지 못한다면 부모가 먼저 "예쁘게 인사드리세요", "공손하게 말씀드려야지요" 하며 높임말을 사용하라고 아이에게 미리 알려주면 좋겠지요. 어른과 함께하는 자리에서 "안녕하세요?", "감사합니다", "죄송합니다" 등의 인사말 정도는 먼저 건넬 수 있도록 충분히 연습시키세요.

격식을 차려 말하기

초등학교 고학년이 되면 일상생활에서 자주 쓰이는 격식 차린 높임말을 배우고 익숙하게 사용할 수 있게끔 지속적으로 훈련합니다. 예를 들어 '할아버지가 밥을 먹었어요'를 '할아버지께서 진지를 잡수셨어요'로, '할머니한테 물어보았어요'를 '할머니께 여쭈어보았어요'로, '선생님은 교실에 있어요'를 '선생님께서는 교실에 계십니다'로 표현하도록 지도하면 되지요.

실제로 웃어른과 대화할 기회가 생기면 격식 차린 표현에 도전할 수 있게끔 이끌어주세요. 아이는 존댓말을 자유자재로 구사함으로써 어른들에게 칭찬을 듣는 기쁨을 맛보고, 아이도 자신이 의젓한 어린이임을 자랑스러워할 수 있답니다.

상황에 맞는 말 쓰기

사회생활을 할 때 상대와 상황에 따라 적절한 존댓말을 쓰지 않으면 창피 당하기 일쑤이지요. 그런데 존댓말을 구사하는 능력은 어느 날 갑자기 생기는 것이 아닙니다. 어릴 때부터 상황에 맞게 바른 말, 고운 말을 쓰는 언어 습관이 중요하지요.

특히 요즘은 친구끼리 대화를 나눌 때 옆에서 듣기 거북할 정도로 거칠게 말하는 아이들이 많은 것 같습니다. 친구든 친구가 아니든 험악한 말씨는 인간관계 자체를 망가뜨릴 수 있습니다. 아이의 성장과 함께 공손한 말씨는 물론이고, 때와 장소에 따라 달라지는 존댓말의 정확한 쓰임을 좀 더 신경 써서 가르쳐주세요.

공손하며 정확한 표현 보여주기

아이에게 고운 말을 가르쳐주려면 무엇보다 부모가 본보기를 보여줘야 합니다. 부부끼리는 스스럼없이 서로 반말을 쓰더라도 손님이 오셨을 때나 전화 응대에서는 공손한 말씨를 사용합니다. 때와 장소에 따라 달라지는 부모의 말투를 접하면서 아이는 언어를 구분해서 사용하는 방법을 조금씩 배워나갑니다.

부모와 자녀 사이에서도 "네" 하며 공손하게 대답할 수 있게 지도하고, "죄송해요" 등의 정확한 표현을 가르쳐주세요. "어" 또는 "미안" 식의 부정확한 말버릇을 인정해서는 안 됩니다.

이 밖에도 대화 가운데 제삼자가 화제로 등장할 때는 상대가 그 자리에 없더라도 존댓말을 사용해야 합니다. 요컨대 그때그때 상황에 맞는 적절한 말씨를 아이에게 구체적으로 설명해주는 가르침이 필요하지요.

교사와 함께 연습하기

최근에는 교실에서 담임교사에게 마치 친구에게 말하듯 반말을 하는 아이도 있다고 합니다. 아이에게 부모 다음으로 가장 가까운 어른은 학교 교사겠지요. 학교에서도 올바른 언어생활을 지도하지만, 가정에서도 교사와 얘기를 나눌 때는 반드시 공손한 말씨를 써야 한다고 가르쳐주었으면 합니다. 교사는 아이들의 표현이 엉성할 때 어법에 맞게 바로잡아주기 때문에 바른 말, 고운 말을 배우는 훌륭한 연습 상대가 될 수 있습니다.

학교와 가정에서 갈고닦은 언어 예절은 집에 손님이 왔을 때나 전화 응대에서 고스란히 드러납니다. 아이가 공손한 말씨를 정확하게 구사했을 때는 "우와~ 우리 딸, 입만 예쁜 게 아니라 말도 참 예쁘게 잘하는구나!" 하며 구체적으로 칭찬해주세요.

공손한 말씨로 부탁하기

일상생활에서 누군가에게 무엇인가를 부탁해야 하는 상황은 아이들도 수없이 경험합니다. 부탁하는 대상은 가까운 가족이나 친구가 대부분이겠지요. 하지만 '가까운 사이일수록 예의를 갖춰라'는 말이 있듯이 마음을 표현하기 위해서는 공손한 말씨나 태도가 중요하다는 사실을 아이에게 이해시키고 구체적인 방법을 가르쳐줘야 합니다.

물건을 빌리거나 돌려줄 때

형제자매 사이나 부모와 자녀 사이라도 "○○ 좀 빌려줘!" 하고 상대방에게 똑 부러지게 표현하고 "좋아. 먼저 써" 하며 상대방이 허락했을 때 물건을 사용할 수 있다고 가르쳐줍니다. 또 빌린 물건을 되돌려줄 때는 "정말 고마워. 많이 도움 됐어"와 같은 감사 인사도 잊지 않게끔 일러주세요. 가정에서 이런 대화를 자연스럽게 나누다 보면 학교에서 친구들끼리 물건을 빌릴 때 다툼 없이 기분 좋게 빌릴 수 있습니다.

아울러 물건을 되돌려줄 때는 물건을 양손에 소중하게 쥐고 상대방의 눈을 보며 웃는 얼굴로 건네는 공손한 자세도 중요합니다. 또 빌린 물건은 가급적 원래 상태로 되돌려줘야 한다고 가르쳐주세요. 미술용 도구는 깨끗하게 닦아서 돌려주고, 손수건은 깔끔하게 빨아서 돌려주는 배려는 부모가 먼저 신경 써야 할 부분입니다.

도움을 요청할 때

아무래도 혼자 하기에 힘이 달리거나 버거운 일은 누군가에게 도움을 요청하기 마련이지요. 하지만 남에게 도움을 요청할 때는 단순히 물건을 빌릴 때보다 훨씬 더 조심스럽게 상대방의 형편을 살피며 적절한 시기를 가늠해야 합니다. 그도 그럴 것이, 갑자기 "이것 좀 해줘" 하고 부탁하면 바로 거절당하기 쉬울 테니까요. 또 친구가 다른 일에 집중하고 있거나 바쁘게 행동할 때는 부탁을 들어주기가 어렵겠지요.

남에게 부탁할 때는 왜 도움이 필요한지 그 이유를 반드시 상대방에게 알기 쉽게 설명해줘야 합니다. 부탁하는 이유를 알게 되면 상대방은 "그렇다면 내가 도와줄게!" 하며 흔쾌히 응하거나, "미안해. 나도 바빠서 지금 당장은 어려울 것 같은데. 하지만 한 시간 후에는 괜찮을 것 같아" 하며 거절하는 사정을 솔직하게 말해주겠지요.

'미안하지만 ~해서 그러는데 좀 도와줄 수 없을까?', '죄송하지만 ~해서요, 부탁 좀 드려도 될까요?' 식으로 이유를 곁들이는 표현법과 상대방에게 다가가서 정중하게 부탁하는 몸가짐을 차근차근 설명해줍니다. 상대방의 시간과 힘을 빌리는 것에 대한 미안함과 고마움을 담아서 공손하게 부탁하고, 일을 마치면 감사 인사도 잊어서는 안 되겠지요.

자기소개하기

처음 만나는 사람에게 스스럼없이 자신을 소개하고, 친구에게 자신의 생각과 경험을 솔직하게 말할 수 있다면 '나'를 이해해 주고 응원해주는 사람이 주위에 점점 늘어나겠지요. 학교에서 원만한 친구관계를 맺기 위해서도 자신을 진솔하게 표현하는 일은 중요합니다.

자기소개를 잘하려면

교실에서 아이들이 자기소개를 하는 모습을 보면 대체로 자신의 이름을 먼저 밝히고, 좋아하는 취미나 특기를 몇 마디 더 곁들이는 선에서 그칩니다. 자기소개를 잘하려면 아이 나름대로 '나는 어떤 사람인가?'를 먼저 인식해야 합니다. 내가 좋아하는 음식은 ○○, 좋아하는 놀이는 ㅁㅁ, 좋아하는 캐릭터는 △△라고 똑 부러지게 말할 수 있어야 자기소개도 막힘없이 할 수 있겠지요.

평소 가정에서 다양한 주제를 화젯거리로 삼아서 가족들과 대화를 나누면 아이가 자신의 취향을 확실하게 파악할 수 있게 됩니다. 이때 딱 하나로 정하지 말고 좋아하는 캐릭터가 두 개라도 괜찮고, 취미가 거듭 바뀌어도 괜찮다고 전해주면 아이는 여유 있게 생각할 수 있겠지요.

또 '좋아하는', '잘하는'의 반대말로 '싫어하는', '못하는' 것을 고민해보는 시간도 마련해주세요. 못하는 것은 그 사람의 약점이자 단점이지만, 듣는 사람은 상대방의 약점을 들으면 오히려 친근감을 느낄지도 모르니까요.

솔직하게 또박또박 말하려면

간단히 자기소개를 하거나 좀 더 진지한 고민거리를 말하는 등 누군가에게 자신을 드러내고 표현해야 할 때 사람들은 주춤하게 됩니다. '내가 이런 말을 하면 친구들이 비웃지 않을까? 바보라고 생각하면 어쩌지?' 하며 괜스레 걱정하지요. 이렇게 걱정하는 이유는 남에게 비웃음을 당하거나 예상 밖의 반응을 경험한 적이 있기 때문입니다.

아이가 "저는요~" 하고 자기 얘기를 시작하면 부모는 아이의 얘기를 끝까지 귀담아 들어주어야 합니다. 부모가 잘 들어주면 아이는 스스로 말하기에 자신감을 가집니다. 또 "엄마, 물!" 하고 단어만 나열할 때는 "엄마는 물이 아니란다" 하며 그 자리에서 꼬집어주세요. 이렇게 조금씩 바로잡아주면 말하기가 서툰 아이라도 조리 있게 말하는 방법을 서서히 익혀나갑니다.

무슨 말을 어떻게 해야 할지 잘 모를 때는 말하는 순서를 종이에 적어보게 하는 것도 좋은 방법입니다. 가끔 엄마가 나서서 "이런 말을 하고 싶었던 거지?" 하며 아이의 대변인을 자청하기도 하는데, 이는 절대 해서는 안 되는 행동입니다. 아이의 말하기 실력이 자라기는커녕 의존심만 키울 따름입니다. 아이가 혼자 힘으로 자신을 표현할 수 있게끔 끈기 있게 지켜보고 응원해주세요. 아이가 아주 사소한 일이라도 자기 의사를 언어로 분명히 밝혔을 때는 넘치게 칭찬해주고요. "그게 좋았구나. 네가 하고 싶은 걸 반드시 이룰 수 있을 거야, 꼭!" 식으로 뜨겁게 공감해주면 아이는 마음을 열고 자신을 솔직하게 표현하는 자신감을 키울 수 있겠지요.

부모가 먼저 아이의 진술한 마음을 소중히 여기고 응원해준다면 사춘기가 찾아와도 아이와 좋은 관계를 이어나갈 수 있습니다. 아이 스스로도 훌륭한 청중을 자청함으로써 친구들의 신뢰를 얻고 원만한 인간관계를 꾸려나가는 데 크게 도움이 된답니다.

전화 걸기, 전화 받기

요즘은 개인 휴대전화의 보급으로 집 전화를 이용하는 가정이 줄고 있습니다. 하지만 이다음에 아이가 커서 사회생활을 할 때는 유선 전화를 사용하게 되지요. 따라서 전화 예절은 가정에서 꼭 가르쳐야 할 훈육거리입니다.

전화를 걸 때

아이에게 전화를 거는 기본적인 방법을 가르쳐줍니다. 구체적으로 예를 들면, 전화번호를 잘못 누르지 않도록 조심해서 전화를 거는 일, 상대방이 전화를 받았을 때 먼저 자신의 이름을 밝히는 일, 만약 전화번호를 잘못 눌렀을 때는 "죄송합니다. 제가 번호를 잘못 누른 것 같아요" 하며 정중하게 사과하는 대처법을 차근차근 설명해줘야겠지요. 너무 오래 통화하지 않게끔 '용건만 간단히' 하는 전화 예절도 가르쳐주세요.

아이에게 설명하면서 가르치는 훈육도 중요하지만, 아이는 부모가 전화를 걸고 받는 모습을 지켜보면서 전화로 대화할 때 어떻게 해야 하는지를 흉내 내며 배웁니다. 다른 가정훈육도 마찬가지겠지만, 전화 응대의 경우 부모가 먼저 통화 에티켓을 지키는 것이 아이의 예절교육에 가장 효과적입니다. 아이가 보는 앞에서 장시간 통화를 하면 아이도 똑같이 길게 통화한다는 사실, 잊지 마세요.

전화를 받을 때

전화를 받을 때의 응대 방법과 기본 예절을 알려주세요. 이를테면 수화기를 들자마자 "네, ○○○입니다" 하며 먼저 자신의 이름을 또렷이 밝힙니다. 전화를 건 사람이 친구일 때는 그대로 통화하면 되겠지요. 다른 가족에게 걸려온 전화라면 "잠시만 기다려 주세요" 하고 공손하게 말한 다음, 그 가족을 부릅니다. 만약 찾는 가족이 집에 없다면 용건을 메모해두게 합니다. 아이를 위해서도 전화기 가까이에 메모지와 필기도구를 마련해두면 좋겠지요.

최근에는 수상한 전화나 판매 홍보 전화도 많이 걸려옵니다. 특히 금융사기 전화인 '보이스 피싱(voice phishing)'은 사회문제로 대두될 정도로 피해가 심각합니다. 따라서 발신자가 명확하지 않은 전화가 걸려왔을 때는 바로 어른에게 알리라고 확실히 지도하세요. 부모가 집에 없을 때 전화가 걸려오면 "엄마가 화장실에 계셔서요. 메모 남겨주시면 전화하신대요" 식으로 집 안에 어른이 없다는 사실을 밝히지 말고 전화를 바로 끊게 하는 요령이 필요할지도 모릅니다.

요컨대 수상한 전화가 걸려왔을 때 아이가 허둥대지 않도록 미리 응대 방법을 정확하게 익혀두는 사전 연습이 가장 중요하답니다.

관찰한 것 묘사하기

학교 수업을 마치고 귀가한 아이에게 "오늘 학교에서 어땠어?" 하고 물어보면 아이는 "재밌었어!" 혹은 "그냥 그랬어!" 하며 단답형으로 대답하는 일이 대부분입니다. 아이들 입장에서는 눈으로 본 것을 말로 설명하는 일이 어려운 과제거든요. 만약 아이와 좀 더 길게 대화하기를 바란다면 "점심 때 급식은 뭐가 나왔어?"처럼 구체적으로 물어보는 것이 좋아요.

다양한 관점을 일깨워주기

초등학교에서는 여러 장소로 체험학습을 자주 나갑니다. 이때 교사는 어떤 점을 주의 깊게 봐야 하는지 관찰의 방향성을 가르쳐줍니다. 또 포인트를 잊지 않게끔 견학 안내문을 만들어서 아이가 작성할 수 있게 지도합니다.

학교의 관찰 수업은 가정에서도 충분히 참고할 수 있어요. 아이와 항상 함께하는 부모는 학교 수업 이상으로 아이에게 다양한 관점을 자세히 가르쳐줄 수 있습니다. 또 아이와 함께 외출할 때는 "새가 날아오르는 모습을 보고 느낌을 얘기해보렴" 식으로 주목해야 할 포인트를 일깨워주면서 아이가 직접 설명할 기회를 마련해주면 좋겠지요. 산책 시간에 아이에게 보고 느낀 점을 물어보면 어른과는 전혀 다른 참신한 발상을 쏟아낼지도 모릅니다. 더불어 아이의 대답 덕분에 웃음꽃이 만발한 한때를 보내게 될 것입니다.

메모하는 습관 들이기

인상적인 경험이나 기억에 남는 추억을 얘기할 때는 누구나 말할 거리가 넘치겠지만, 평범한 일상을 재미나면서도 조리 있게 말하기란 쉽지 않지요. 따라서 어릴 때부터 아이가 눈으로 본 것을 순서대로 떠올리며 말하는 연습을 자주 시키면 아이의 발표력에 크게 도움이 됩니다.

설명하기 쉽게 머릿속에 떠오른 감상을 메모하는 습관을 들이는 것도 효과적입니다. 특히 메모 습관은 언어생활에 국한하지 않고 여러 면에서 도움이 되는 훌륭한 습관입니다. 마음에 남는 핵심을 글로 적어두면 보고 들은 바를 설명하는 동안에도 생생하게 생각나서 더 자세히 묘사할 수 있겠지요.

어른이 되어서도 메모 습관은 꼭 필요합니다. 처음부터 너무 거창하게 생각하지 말고, 항목 나열 등의 간단한 메모부터 아이에게 가르쳐주면 충분하답니다.

주의 깊게 듣기

요즘 아이든 어른이든 남의 말 듣지 않는 것 같습니다. 대화를 나눌 때 또박또박 표현하는 것도 중요하지만 상대방의 말을 주의 깊게 듣는 것이 더 중요하지요. 듣지 않고 내가 하고 싶은 말만 한다면 진정한 대화라고 할 수 없어요.

바람직한 인간관계의 시작

얘기를 들을 때는 상대방의 눈을 보면서 귀담아 듣는 경청이 중요합니다. 상대의 눈을 보려면 자기 몸이 상대방을 향해 있어야겠지요. 게다가 얘기를 들으면서 맞장구를 치면 상대방에게 좋은 인상을 줄 수 있습니다. 가정에서는 부모가 먼저 아이와 눈높이를 맞추면서 말하고 아이의 얘기를 들어주는 습관이 아이의 말하기와 듣기 교육에 가장 효과적이랍니다.

상대방의 목소리가 잘 들리지 않을 때는 "죄송하지만, 다시 한 번 말씀해주시겠어요?" 하고 되묻는 일도 필요하겠지요. 상대방의 눈을 보고 귀를 기울여 듣는 경청 습관이 자리 잡으면 수업시간에 교사의 얘기도 귀담아 들을 수 있습니다. 아울러 바람직한 인간관계는 타인의 얘기를 경청하는 일에서 시작된다는 사실을 아이 스스로 배울 수 있답니다.

기본 생활습관을
익히는 가정훈육

—

식사 준비 돕기

요즘은 편의점이나 패스트푸드점에서도 간단하게 식사를 해결할 수 있습니다. 그러나 간편식이나 인스턴트식품만 고집하다 보면 각종 생활습관병에 걸리기 쉽고, 부모와 자녀의 돈독한 정을 나누는 시간이 부족해져서 아이의 마음 건강에도 나쁜 영향을 끼치고 맙니다. 식사 시간은 가정훈육의 원점이며, 집밥은 아이를 건강하게 키우는 핵심 요소임을 아이가 깨닫게 해주세요.

저학년 아이의 식사 준비 돕기

학교에 따라 구체적인 프로그램은 다르겠지만, 대체로 초등학교 저학년 아이들은 체험학습의 하나로 고구마나 감자 등 농산물을 재배하는 현장을 견학합니다. 요즘은 주말 농장이나 텃밭 가꾸기를 꾸려나가는 가정도 많은데, 직접 키운 채소를 조리해서 먹는 체험을 통해 아이들은 식재료의 명칭을 익히고, 채소의 모양이나 색, 감촉, 맛을 오감으로 만끽할 수 있지요. 이처럼 자연과 함께하는 경험은 아이들에게 창의력과 집중력, 상황을 계획적으로 추진하는 능력을 키워줍니다. 게다가 음식 만들기에 대한 호기심을 자극해서 부엌에 머무르는 시간도 늘려줍니다.

바로 아이가 관심을 보일 때야말로 집안일을 가르치는 적기입니다. 장바구니를 들고 아이와 함께 시장에 가서 식품 이름을 비롯해 현명한 구매 방법을 가르쳐주면 좋겠지요. 가끔은 쇼핑 목록이 적힌 메모지를 건네주면서 아이에게 장보기 심부름을 시키는 일도 적극 추천하고 싶습니다.

본격적으로 아이가 식사 준비를 돕기 시작할 때는 어린이용 앞치마와 머릿수건을 마련해두고, 조리에 앞서 올바른 손 씻기와 청결한 몸가짐 등 기본 위생에 신경 쓸 수 있게 이끌어주세요. 구체적인 조리법과 관련해서는 콩나물 다듬기, 옥수수 껍질 벗기기, 달걀 깨기 등의 재료 손질은 물론이고 밀가루 반죽하기, 만두 빚기, 샐러드 버무

리기, 주먹밥 만들기 등 안전하면서도 간단한 활동부터 시작해 부엌칼 사용법 등 수준
을 조금씩 높여가는 것이 바람직합니다.

식사 후 뒷정리는 아이에게 모두 맡기지 말고 남은 반찬을 정리하는 방법, 식기를 안
전하게 나르는 방법, 남은 음식을 냉장고에 보관하는 방법, 식기나 조리 도구를 깨끗
하게 씻는 방법 등을 친절하게 설명해줌으로써 아이가 차근차근 집안일을 익힐 수 있
게 도와주세요. 때로는 어른이 다시 정리해야 하는 번거로움도 있겠지만, 귀찮게 여기
지 말고 반복해서 가르치다 보면 정리정돈하는 방법을 익히고 말끔히 뒷정리했을 때
의 상쾌함도 느낄 수 있습니다. 집안일을 마치면 아이가 성취감을 만끽할 수 있도록
듬뿍 칭찬해주세요.

고학년 아이의 식사 준비 돕기

고학년으로 올라가면 교과 활동의 하나로 가정 기본 요리를 배웁니다. 아이가 학교에
서 배운 내용을 토대로 식사 준비를 함께 하면 가족의 구성원으로서 책임감과 의무감
을 느끼고, 가족 간의 돈독한 정을 나누는 데도 크게 도움이 됩니다.

그런데 최근에는 학원 다니느라 바쁘니까, 공부할 시간을 뺏기니까 등의 이유로 오히
려 엄마가 아이에게 집안일을 시키지 않는 가정이 많은 것 같습니다. 그러나 "지금 저
녁하려고 하니까 채소 좀 다듬어주렴" 하며 식사 준비에 아이를 적극적으로 참여시키
는 일이 아이가 자신의 역할을 자각하는데 무엇보다 중요합니다.

요리와 관련해서는 음식의 맛과 조리의 기본을 정확하게 가르쳐주세요.

① **건강한 상차림**　밥과 반찬의 영양 균형
② **안전한 재료 선별**　제철 식재료, 신선도 구분법과 식품 표시의 이해
③ **씻기**　잎채소, 뿌리채소, 생선 등의 식품 종류나 오염 정도에 따른 세척 방법
④ **썰기**　통째 썰기, 깍둑썰기 등 음식의 종류와 조리법에 따른 썰기 방법
⑤ **조리법, 간 맞추기**　데치기, 볶기, 삶기 등의 조리 방법과 조미료를 넣는 순서

밥하기, 국 끓이기, 달걀 부치기, 채소 볶기, 샐러드 등의 기본 요리를 온 가족이 함께 만들면서 아이에게도 만드는 방법을 가르쳐주세요. 식사 준비는 가족의 유대감을 굳게 다지는 소중한 시간입니다. 게다가 집안일을 잘 돕는 아이는 매사 의욕적으로 도전하고 자립심도 강합니다.

그릇을 씻은 후 정리하기까지가 식사 시간에 속합니다. 고학년이 되었다고 해서 설거지를 아이에게 전적으로 맡기지 말고 함께 마무리해주세요. 환경을 생각해 종이타월로 기름기를 제거한 후 적당량의 물에 소량의 세제를 풀어 설거지하는 방법도 구체적으로 설명해줘야 합니다. 세제 덜 쓰기와 물 아껴 쓰기, 쓰레기 줄이기와 쓰레기 분리수거도 가르쳐서 어릴 때부터 습관으로 익힐 수 있게 도와주세요.

깨끗하게 먹기

초등학교 급식 시간에 보면 급식 당번으로서 해야 할 일을 제대로 하지 못하는 아이, 젓가락질이 서툰 아이, 쨍그랑 식판 소리를 내며 요란스럽게 먹는 아이, 심하게 떠들며 먹는 아이 등 식사 예절을 지키지 못하는 아이들이 제법 있습니다. 본디 식사 예절은 가정에서 충분히 훈육해야 하는 기본 예절입니다.

가정에서 시작하는 식사 예절

식사 시간에 지켜야 할 기본 규칙과 예절은 아이와 함께 밥을 먹으면서 어른이 훌륭한 본보기를 보여주는 것이 가장 효과적입니다. 식사 중에는 자리에서 일어나지 않으며, 식탁에 팔꿈치를 괴지 않은 바른 자세로 등을 곧게 펴고 앉아서 먹고, 소리 내서 먹지 않고, 입 안에 음식물을 가득 넣은 채 말하지 않으며, 수저를 올바르게 쥐고 음식을 남기지 않는 것이 식사의 기본 예절이지요.

밥그릇과 국그릇을 반대로 놓고 주먹손으로 젓가락질을 하며 질질 흘리면서 먹는 모습을 보고 있으면 '깨끗하게 먹기'는 식기와 수저의 정확한 사용법에서 시작된다는 사실을 다시금 깨닫게 됩니다(올바른 젓가락질은 417~419쪽 참조).

젓가락질은 어릴 때부터 바르게 배우기

아름다운 젓가락질은 음식을 먹기 쉽게 도와주고 상대방에게 깔끔한 인상을 주지만, 반대로 젓가락질이 서투르면 음식을 흘리면서 먹고 타인에게 불쾌한 인상을 남기기 쉽습니다.

요즘은 젓가락질을 예의에 어긋나게 하는 아이들이 많습니다. 구체적인 예를 든다면 마치 포크처럼 음식을 폭 찔러서 먹는 젓가락질, '무엇을 먹을까요?' 게임이라도 하듯 음식 위에서 젓가락을 이리저리 왔다갔다 휘두르는 일, 젓가락을 이용해 그릇을 자기 앞으로 잡아당기는 일명 '당겨요 젓가락질', 젓가락으로 사람을 가리키는 일, 국물을 뚝뚝 흘리면서 반찬을 옮기는 행위, 젓가락으로 식탁을 두드리는 행동 등은 반드시 삼가야 하는 젓가락 사용법입니다.

일단 잘못된 방법에 길들여지면 좀처럼 바로잡기 힘들기 때문에 어릴 때부터 바르게 가르치고 제대로 익히는 것이 가장 중요하답니다.

맛있게 먹기 위한 조건

아직 맛에 대한 경험이 많지 않은 아이들의 경우 익숙하지 않은 맛은 맛이 없다고 고개를 가로젓지만 매일 조금씩 먹다 보면 맛있다고 느끼게 됩니다. 식사 시간에 맛있게 먹으려면 단순히 허기를 채우는 것이 아니라 먹는 즐거움, 함께하는 사람, 요리를 만드는 기쁨, 화기애애한 식탁 분위기, 규칙적인 생활, 적당한 운동, 여유로운 시간이 뒷받침되어야겠지요.

가족이 함께하는 시간

최근에는 핵가족화와 생활방식의 다양화로 온 가족이 둘러앉아 오순도순 식사를 하는 단란한 가정을 구경하기가 힘든 것 같습니다. 혼자 밥을 먹는 '혼밥' 초등학생이 증가하고, 같은 식탁에서 식사를 하더라도 대화 없이 각자 스마트폰만 쳐다보는 안타까운 장면도 자주 접합니다. 아무쪼록 온 가족이 맛있게, 행복하게 식사하는 시간이 늘어날 수 있게 부모가 좀 더 배려해주세요.

고마운 마음과 함께하는 시간

밥을 먹기 전에는 "잘 먹겠습니다"라고 말하고, 밥을 먹고 나서는 "잘 먹었습니다"라고 인사하는 식사 예절을 가르쳐주세요. 인사말을 가르치기 전에 음식 재료에 대한 고마운 마음과 완성된 음식이 만들어지기까지 많은 사람들의 수고가 있었음을 떠올리며 "잘 먹겠습니다", "잘 먹었습니다"라고 고마운 마음을 표현하는 식사 인사말의 의미를 설명해주면 아이들은 감사의 인사를 잊지 않겠지요.

식사 시간에 고마운 마음과 함께한다는 것은 음식을 소중히 여기며, 가리지 않고, 남기지 않고 맛있게 먹는다는 뜻입니다. 예를 들어 가족들이 뷔페식당을 찾았을 때 그릇이 넘칠 정도로 음식을 가득 담아 와서 결국 반도 먹지 않고 아까운 음식을 버리게 된다면 따끔하게 혼을 내야 합니다. 학교 급식 시간에도 적당한 양을 가늠해서 음식을 남기지 않을 수 있게 분명히 가르쳐야겠지요. 이 세상에는 음식이 없어서 먹고 싶어도 먹지 못하는 아이들이 존재한다는 사실을 일깨워주고, 고마운 마음을 행동으로 실천하는 아이로 키워주세요.

아침 챙겨 먹기

우리의 몸은 생체시계라는 시스템을 갖추고 있어서 낮과 밤의 24시간 주기에 맞춰 수면이나 혈압, 호르몬 분비 등의 변화를 규칙적으로 반복합니다. 몸의 리듬을 균형 있게 유지하는 데 있어 식사 시간이 중요한데, 특히 아침식사는 생체시계와 밀접한 관련이 있습니다.

아침식사의 중요성

근육은 에너지원이 떨어지면 지방을 분해해서 에너지로 대체할 수 있지만, 뇌는 혈액 속의 포도당이 없으면 에너지를 낼 수 없습니다. 혈액 속의 포도당을 늘리는 길은 식사뿐이지요.

아침식사를 거르면 몸은 움직여도 뇌는 움직이지 않지만 아침을 먹으면 에너지가 원활하게 보급되어서 집중력, 기억력이 높아지고 학습 능력도 쑥쑥 올라갑니다. 특히 성장기 아이들은 하루 세 끼 식사를 거르지 않고 챙겨 먹을 수 있게 신경을 써주세요.

아침식사를 챙기는 비결

밤늦게까지 깨어 있지 않고, 일찍 자고 일찍 일어나는 규칙적인 생활리듬이 가장 중요합니다. 학교 숙제와 준비물을 미리 챙겨두고 TV 시청이나 게임 시간을 제한함으로써 빨리 자고 빨리 일어나서 여유롭게 아침을 먹을 수 있는 시간을 확보해주세요. 될 수 있으면 아이도 아침식사 준비를 거들게 하면 좋겠지요.

성장기 아이의 아침 식단

아침 식단으로는 밥, 국, 반찬, 우유 등이 이상적입니다. 전날 했던 요리를 응용해서 빠른 시간 안에 영양의 균형이 잡힌 식사를 만들어주세요. 예를 들면 저녁식사 때 남은 돈가스를 이용해 돈가스덮밥을 만들거나, 냉장고에 있는 채소를 활용해 볶음밥을 준비해도 좋겠지요. 우유, 멸치, 치즈 등 칼슘이 많이 들어 있어 뼈와 치아를 튼튼히 해주는 식품은 바쁜 아침에 챙겨 먹기 좋은 음식입니다.

아침밥을 먹을 시간이 없다고 해서 건너뛰거나 과자 등으로 대충 때우는 일이 습관화 되면 아이의 성장에 나쁜 영향을 끼칩니다. 주먹밥과 건더기가 많은 된장국, 귤, 우유 정도면 아침식사로 충분합니다.

각 가정의 형편에 따라 온 가족이 둘러앉아서 아침밥을 먹기는 힘들겠지만, 적어도 아이가 식사할 때는 곁에 앉아서 하루 일정을 아이와 함께 얘기 나누고 학교를 보내면 더 할 나위 없이 좋겠지요.

편식하지 않기

가정에서 아이가 좋아하는 음식만 식탁에 올리느라 "우리 애는 편식을 몰라요" 하고 자신 있게 말하지만 정작 학교에서는 편식 문제로 개별 지도가 필요한 아이들이 많습니다. 사실 극단적인 편식이 아니라면 크게 걱정할 필요는 없습니다. 아이가 특정 음식을 싫어하더라도 비슷한 영양 성분의 다른 식품을 챙겨 먹는다면 영양 불균형은 크게 문제 되지 않을 테니까요.

편식을 극복하는 엄마의 아이디어

아이들의 미각이나 식욕은 하루가 다르게 변합니다. 영유아기에는 쳐다보지도 않던 반찬을 성장하면서 먹게 되는 경우도 많습니다. 그렇더라도 아이들이 가장 많이 가리는 음식은 단연코 채소이지요. 당근, 양파, 토마토, 피망, 가지 등이 싫어하는 채소로 손꼽히는 것 같습니다.

당근은 아이들이 좋아하는 미트볼이나 햄버그 안에 살짝 끼워 넣고, 피망은 고추잡채처럼 아이들이 좋아하는 돼지고기와 함께 요리하고, 가지는 여름철 카레 요리에 넣어주는 식으로 엄마의 아이디어에 따라 아이가 맛있게 먹을 수도 있습니다. 아이가 좋아하는 음식만 식탁에 올리다 보면 맛을 체험하는 폭이 좁아져서 음식을 가려 먹게 되고, 결과적으로 편식하는 아이로 자라기 쉽습니다. 어릴 때부터 다양한 음식 재료를 접하게 하는 엄마의 배려가 아이의 식습관을 바로잡아줍니다.

아이의 미각 발달을 위해서도 여러 가지 채소를 맛보게 해주세요. 텃밭이나 주말 농장 등을 이용해서 채소를 가꾸고, 직접 키운 채소를 요리해서 가족과 함께 먹는 경험도 편식을 줄이는 계기가 될 수 있습니다.

원만한 인간관계를 위한 도전

음식을 가리지 않고 골고루 먹는 습관은 아이의 건강을 위해 꼭 필요한 일이지요. 아울러 어른이 되어 사회생활을 할 때도 "저는 이거 못 먹는데요" 하며 당근을 골라낸다면 매너가 아니겠지요. 식사 시간은 인간관계를 돈독하게 만들어주는 시간으로 즐거운 공간을 선사해줍니다. 편식하지 않는 아이는 누구와도 두루 잘 어울리고, 어떤 일이든 의욕적으로 도전한다는 사실을 꼭 기억해주세요.

올바른 젓가락 사용법

주로 동양에서 사용되는 젓가락은 옛 선조들의 지혜가 담겨 있는 자랑스러운 식생활 문화입니다. 올바른 젓가락질은 손이나 손가락에 불필요한 힘이 들어가지 않으면서 음식을 쉽게 집어먹을 수 있도록 이끌어줍니다. 세련된 동작으로 음식을 우아하게 먹을 수 있게 도와주는 훌륭한 젓가락 문화를 자녀에게 꼭 전해주세요.

젓가락의 효용성

젓가락의 사용 방식은 나라마다 조금씩 다르지만, 동양의 음식 문화를 더욱 풍요롭게 해주는 도구임에 분명합니다. 게다가 젓가락질은 정교한 손동작으로 집중력을 향상시키고 두뇌 발달을 촉진한다고 하니 어릴 때부터 올바른 젓가락 사용법을 가르쳐주면 여러모로 도움이 되지요.

젓가락 바르게 잡는 법

젓가락을 제대로 쥐려면 먼저 그림과 같이 엄지손가락으로 두 개의 젓가락을 가볍게 눌러 잡습니다. 이때 가운뎃손가락으로 위쪽 젓가락을 지탱하고, 넷째 손가락으로 아래쪽 젓가락을 지탱합니다. 그리고 젓가락을 가볍게 쥐면서 젓가락 끝을 가지런히 맞춥니다.

올바른 젓가락질

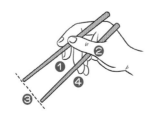
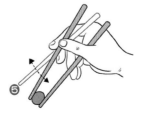

❶ 젓가락은 엄지손가락, 집게손가락, 가운뎃손가락으로 가볍게 쥡니다. 이때 가운뎃손가락으로 위쪽 젓가락을 지탱합니다.

❷ 엄지손가락으로 두 개의 젓가락을 가볍게 눌러 잡습니다.

❸ 젓가락 끝을 가지런히 맞춥니다.

❹ 젓가락을 가볍게 잡고 넷째 손가락으로 아래쪽 젓가락을 지탱합니다.

❺ 위쪽 젓가락만 움직이고 아래쪽 젓가락은 고정합니다.

젓가락 한 벌로 음식을 젓가락 사이에 끼우는 동작 이외에도 집기, 풀기, 자르기, 떼어내기, 섞기, 누르기, 말기 등의 다양한 동작을 실행할 수 있습니다.

젓가락 한 벌로 할 수 있는 일

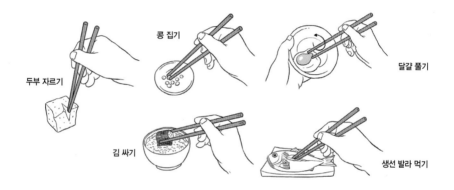

두부 자르기

콩 집기

달걀 풀기

김 싸기

생선 발라 먹기

예의에 어긋나는 젓가락질

젓가락으로 음식 휘젓기

젓가락을 허로 핥기

젓가락으로 그릇 끌기

주먹손으로 젓가락 잡기

밥에 젓가락을 찔러 세우기

한편 식사 예절에서 피해야 할 젓가락질도 있으니 조심해야 합니다. 예를 들면 집기 어려운 음식을 젓가락으로 콕 찔러 먹는 일, 젓가락 끝을 혀로 핥는 행위, 젓가락으로 음식을 휘저어 찾는 행동 등은 피해야겠지요.

부모 먼저 올바르게 젓가락질하기

예전에는 어린아이들도 능숙하게 젓가락을 사용했는데, 요즘은 어른이 되어서도 젓가락질에 서툰 사람이 꽤 많은 것 같습니다. 젓가락질은 늦으면 늦을수록 더 배우기 힘들기 때문에 적어도 초등학교 입학 전에는 아이에게 올바른 젓가락 사용법을 가르쳐주면 좋습니다. 이때 단 한 번의 교육으로는 젓가락질을 손에 익히지 못합니다. 하지만 여유를 갖고 거듭 가르쳐주면 정확한 사용법을 확실히 익힐 수 있지요.

매일 끈기 있게 가르치는 것이 가장 중요합니다. 말로만 주의를 줄 것이 아니라, 손가락의 위치와 움직이는 방법을 부모가 직접 손동작으로 보여주면서 아이의 동작을 바로잡아줘야 합니다. 그러려면 아이에게 젓가락질을 가르치기 전에 부모 스스로 자신의 젓가락 사용법을 확인할 필요가 있겠지요. 요컨대 부모가 먼저 정확하게 젓가락질하는 모습을 보여주는 것이 아이의 습관에 좋은 영향을 끼친다는 사실, 잊지 마세요.

일찍 자고 일찍 일어나기

아동기 아이들의 생활리듬은 등교 시간을 기준으로 맞추는 것이 가장 바람직합니다. 초등학교에 입학한 날부터 6년 동안은 학교생활을 중심으로 일상이 꾸려지기 때문이지요.

등교 시간 1시간 전에는 일어나기

아침에는 적어도 등교하기 한 시간 전에는 깨어 있어야 하지요. 즉 등교 시간이 아침 9시라면 늦어도 8시에는 일어나야 합니다.

1교시 수업 시간에 맞추어 뇌가 활발하게 활동하려면 일찍 일어나서 몸과 마음을 적극적으로 깨우는 활동이 필요합니다. 잠에서 깨어나는 순간, 뇌가 몸과 마음에 신호를 보내고 하루를 활기차게 보내기 위한 준비를 시작할 테니까요.

일찌감치 일어나서 뇌를 깨우면서 여유 있게 등교 채비를 할 수 있도록 아이를 지도해 주세요. 아침을 상쾌하게 맞이하면 학교생활이 훨씬 즐겁고 하루를 보람차게 보낼 수 있답니다. 학습 의욕도 높아지지요.

아침에 몸과 마음 깨우기

일찍 자고 일찍 일어나는 습관을 들일 때 '일찍 일어나기'부터 실천에 옮기는 것이 효과적입니다. 아침 햇살이 아이의 방에 환하게 비치도록 해서 아침에 저절로 눈이 떠지게 하면 좋겠지요. 또 아침을 챙겨 먹는 일도 몸을 깨우는 데 도움이 됩니다. 일단 아침에 일찍 일어나는 습관이 자리를 잡으면 일찍 자는 습관은 쉽게 실천할 수 있습니다. 아침 시간을 활용해서 간단한 집안일을 시키는 방법도 아침 기상에 효과 만점이랍니다.

자는 시간, 일어나는 시간은 항상 일정하게

아무래도 고학년이 되면 공부 시간이 늘어나고 다니는 학원도 많아져서 그만큼 수면 시간이 줄어들기 쉽습니다. 그러므로 갑자기 수면 시간을 줄이기보다는 깨어 있는 시간을 잘 활용해서 매일 같은 시간에 잠자리에 들도록 해주세요. 어쩌다 취침 시간이 늦어졌더라도 다음 날 아침에는 평소와 같은 시간에 일어나게끔 신경을 써서 기상과 취침 시간의 리듬이 일정하게 유지될 수 있게 항상 지켜봐주세요.

비단 아동기뿐만 아니라 아이가 성인이 될 때까지는 어른이 아이 스케줄에 맞추어 바람직한 생활리듬을 솔선수범해서 보여주는 것이 아이가 일찍 자는 습관을 들이는 지름길이지 않을까 싶습니다.

수면 시간 확보하기

아동기의 생활 주기는 하루 24시간을 크게 셋으로 나누어서 생각할 수 있습니다. 학교에서 지내는 시간, 수면 시간, 나머지 시간은 쉬는 시간 내지 다른 목적을 이루기 위해 활동하는 시간입니다. 성장 발달과 함께 수면 시간을 줄여서 공부하거나 해야 할 일에 좀 더 집중해야 할 때도 있겠지만, 낮 시간을 효율적으로 관리해서 밤에는 충분히 잠을 잘 수 있게 배려해주세요.

규칙적인 생활리듬 만들기

먼저 하루의 생활을 리듬감 있게 규칙적으로 구분 짓는 습관을 들여주세요. 영유아기에 습득한 기본 생활습관에 맞추어 기상부터 취침까지의 시간을 일정한 리듬에 따라 보냄으로써 정해진 시간에 편안한 수면을 취할 수 있지요. 또 매일 일정한 시간에 하는 식사도 규칙적인 생활에 크게 도움이 됩니다. 늦어도 저녁 8시까지는 저녁식사를 마칠 수 있게 계획표를 짜면 취침 시간도 자연스레 앞당겨지겠지요.

낮 시간엔 뇌를 맘껏 사용하기

그다음으로 중요한 것이 깨어 있는 동안의 시간 관리입니다. 규칙적인 생활리듬이 몸에 갖추어지면 뇌가 그 리듬에 따라 신호를 보내게 됩니다. 그리고 자연스레 몸이 생활리듬을 따라서 움직입니다. 따라서 아이가 깨어 있는 시간대에 온몸을 힘껏 움직이고 뇌를 맘껏 사용할 수 있게 이끌어주세요. 기분 좋은 피로감을 느낄 만큼 하루를 충실하게 보내면 낮의 피로를 풀기 위해서 밤에는 뇌가 충분히 쉴 테니까요.

수면은 '렘수면(REM Sleep)'과 '논렘수면(Non-Rem Sleep)'으로 나눌 수 있습니다. 야간 수면은 어느 정도 길게 이어지는 시간대를 확보함으로써 뇌가 쉴 수 있는 깊은 수면인 논렘수면을 확실하게 취할 수 있습니다. 낮에는 몸을 움직이는 운동을 하고, 다양한 생각을 하는 활동으로 뇌를 활성화시키는 일이 성장기 아이들에게는 특히 중요합니다.

혼자 힘으로 일어나는 습관 들이기

숙면과 자율 기상

혼자 힘으로 일어난다는 것은 수면 시간이 충분하다는 증거입니다. 일정한 아침 시간에 눈이 떠진다면 상쾌하게 하루를 맞이할 수 있고, 씩씩하게 등교해서 활기찬 학교생활을 즐길 수 있습니다. 반대로 자율 기상이 어려운 아이는 수면 부족 상태로 일어나 찌뿌드드하고 하루 종일 몸도 마음도 무겁기 십상입니다. 따라서 자율 기상이 가능하려면 아이가 만족할 만한 수면 시간을 충분히 확보하는 것이 무엇보다 필요하지요.

호기심과 의욕이 넘치는 생활

누구나 하고 싶은 일이 있으면 그 호기심을 향해 저절로 몸이 따라가게 되지요. 아침에 깨우려면 한바탕 전쟁을 치러야 하는 아이인데 소풍 가는 날과 휴일이면 깨우기도 전에 일어나서 엄마를 깜짝 놀라게 했다는 사연을 전해 들었습니다. 의욕적인 생활이 자율 기상에 지대한 영향을 끼친다는 사실을 단적으로 보여주는 사례이지요.

그런 만큼 특별한 날은 물론이고 매일 거듭되는 일상생활에서도 아이가 호기심을 가지고 의욕적으로 학교생활을 꾸려나갈 수 있도록 든든한 지원군이 되어주었으면 합니다. 규칙적으로 생활하면서 희망을 품고 하루하루를 알차게 보낸다면 몸은 자율 기상할 준비를 조금씩 하게 됩니다.

이부자리 정리하기

요즘은 이부자리 대신 침대를 쓰는 경우가 많지요. 그래서 이부자리 정리를 할 일이 없다고 생각할 수도 있지만, 침대 생활을 하더라도 밤새 헝클어진 잠자리를 정리하는 일은 반드시 해야 합니다. 아이가 아침에 일어나자마자 이불을 개고 침대 위를 깔끔하게 정돈해놓을 수 있도록 확실하게 가르쳐주세요.

변화하는 생활양식

예전에는 좌식 생활이 일반적인 주거 형태였습니다. 방에는 침구를 수납해두는 옷장이 구비되어 있어서 시간에 맞춰 옷장에서 이불을 꺼내거나 다시 개어 넣음으로써 방을 효율적으로 활용했습니다. 잠자리에 들 때는 요를 깔고 몸을 눕혀 휴식을 취하고, 아침에 일어나면 사용한 이부자리를 다시 접어서 옷장에 넣어두는 동작이 꽤 오랫동안 이어져 내려온 셈이지요.

하지만 요즘은 주거 형태가 서양식으로 바뀌다 보니 요를 깔고 방바닥에서 잠자기보다는 시트가 덮인 침대를 사용하는 가정이 늘었습니다. 생활양식의 변화와 함께 이부자리를 펴고 다시 정리해두는 부지런한 습관도 훨씬 줄어든 것 같습니다.

취침 시간과 활동 시간을 구분 짓기

아이가 규칙적인 생활을 몸에 익히려면 취침 시간과 활동 시간을 명확하게 구분할 줄 알아야 합니다. 몸과 마음이 건강한 생활을 하기 위해서 생활리듬에 맞추어 똑 부러지게 시간을 관리할 수 있도록 좀 더 관심을 가져주세요.

하루의 정리정돈 습관은 이부자리 정리에서 출발합니다. 하루 종일 이불을 개지 않고 펼쳐놓거나, 아침에 침대에서 몸만 가까스로 빠져나가는 생활을 지속한다면 흐트러진 생활환경이 상쾌한 하루의 시작을 방해할지도 모릅니다. 아침 기상과 함께 이부자리를 깔끔하게 정리하는 습관을 들여주세요.

이불을 정리하는 효율적 방법

이불을 개는 방법 가운데 가장 무난하게 접을 수 있는 3단 접기를 소개하면, 이불을 세로로 3등분해서 한 쪽씩 접은 다음 가로로 4등분해서 반씩 안쪽으로 접은 후 마주 접기로 마무리하면 3단 접기가 완성됩니다. 아이에게 구체적인 방법을 하나씩 설명해주면서 조금씩 혼자 힘으로 이불을 정리할 수 있게 이끌어주세요.

규칙적으로 배변하기

아이가 학교에 다니기 시작하면 배변하는 것이 하나의 아침 숙제가 되어버립니다. 그런데 배변이 불규칙해지면 하루종일 아이는 불안해서 친구와 제대로 놀지도 못하고 수업에 집중하지도 못할지 모릅니다. 아이가 아침 일찍 일어나서 여유롭게 식사를 하고 배변을 할 수 있도록 도와주세요.

규칙적인 배변의 비결

배변은 항문을 통해 변을 몸 밖으로 내보내는 생리작용으로, 다음의 세 가지 신경 반사가 강할 때 가장 활발하게 이뤄진다고 합니다.

① **위·대장 반사**　음식물을 섭취하면 위가 팽창하면서 그 자극이 자율신경을 통해 대장(큰창자)에 전달되고, 그 결과 대장 운동이 활발해지면서 변의를 느낍니다.

② **자세·대장 반사**　누워 있던 사람이 자리에서 일어나면 그 자극이 대장 운동을 촉발합니다.

③ **시각 반사**　맛있는 음식을 보면 입 안에 침이 분비되면서 동시에 대장 운동이 활발해집니다.

아침에 눈을 뜨면 기지개를 활짝 켜면서 자리에서 일어나 시원한 물이나 우유를 천천히 마시며 내장을 깨우고, 느긋한 마음으로 밥을 꼭꼭 씹어 먹습니다. 아침식사 후 후식을 먹을 때 즈음이면 위의 세 가지 신경 반사가 활발해집니다. 변의가 느껴지면 참지 말고 바로 화장실로 갑니다. 이 과정에서 규칙적인 배변 활동이 습관으로 자리 잡습니다.

온 가족의 아침 습관

하루의 리듬을 만드는 식사, 수면, 배변은 서로 밀접하게 연결되어 있습니다. 특히 균형 잡힌 생체리듬을 위해서는 아침식사를 꼭 챙겨 먹어야 하고, 규칙적으로 배변을 하려면 일찍 자고 일찍 일어나는 수면 습관이 중요하다는 사실을 아이에게 충분히 설명해주세요. 요컨대 "아침을 먹지 않고 학교에 가면 뇌가 움직이지 않아서 수업 내용을 제대로 이해할 수 없어", "배가 고프면 만사가 귀찮아지니까 쉬는 시간에 친구들이랑 신나게 뛰어놀 수 없어", "아침식사를 거르면 장이 씽씽 쌩쌩 움직이지 않아서 배가 아프기 쉬워"처럼 적절한 사례를 상황에 맞게, 아이가 이해할 수 있게 친절하게 들려줍니다.

부모도 아침식사를 준비하는 일은 가족의 건강을 위해 꼭 필요하다는 사실을 떠올리며 '아침 일찍 일어나기'를 실천해주세요. 아무쪼록 여유를 갖고 화장실에 가는 생활습관을 온 가족이 함께 만들어가기를 바랍니다.

화장실 깨끗이 사용하기

화장실을 깨끗이 쓰지 않으면 지저분해질 뿐만 아니라 세균이 득실득실한 불결한 장소가 되고 맙니다. 아이를 위해서, 그리고 뒷사람을 위해서 화장실을 깨끗하게 사용할 수 있도록 지도해주세요.

다음 사람을 위한 작은 배려

"만약에 앞사람이 더럽게 사용한 화장실을 네가 모르고 들어갔다면 기분이 어떨까?" 하며 아이에게 물어봅니다. 분명 "싫어요, 더러워요" 하는 대답이 돌아오겠지요. 이처럼 아이 스스로 깨끗하고 청결한 화장실이 좋다고 느낀다면 집에서도 밖에서도 다음 사람이 기분 좋게 사용할 수 있도록 배려하는 마음이 중요하다는 사실을 쉽게 이해할 수 있겠지요. 또 평소에 화장실을 청결하게 이용하면 청소할 때 시간과 품이 한결 줄어든다는 점도 일깨워주세요.

화장실 사용 규칙 정하기

먼저 가족회의를 열어서 화장실을 깨끗이 사용하기 위한 규칙을 만들어요. 이 규칙을 충분히 이해했다면 온 가족이 모인 자리에서 화장실이 더러워졌을 때 어떻게 대처할 것인지를 선언하게 합니다. 스스로 선언한 것은 지켜야 한다는 심리가 작동하지요. 아이가 화장실을 깨끗이 쓰려고 노력했다면 말과 몸짓으로 듬뿍 칭찬해주세요. "화장실을 깨끗이 써줘서 정말 고마워"라는 부모의 칭찬 한마디에 아이는 성취감과 만족감을 느낍니다. 만약 규칙을 제대로 지키지 않았더라도 바로 혼내지 말고 깨끗한 화장실을 머릿속에 떠올리게 해주세요. 그리고 가족들이 서로 배려해서 깨끗이 사용하면 모두 기분 좋게 지낼 수 있다는 사실을 친절하게 설명해줍니다.

화장실을 청결하게 사용하는 습관이 온전히 자리 잡을 때까지 아이의 화장실 사용법을 세심하게 지켜봐주세요.

사용 후에 뒤처리하기

아이가 할 수 있는 범위에서 화장실을 깨끗이 청소하게 하는 것도 효과적입니다. 남자아이의 경우 변기 주위에 소변이 튀지 않게 조심해서 소변을 눠야 한다고 꼭 가르쳐주세요. 변기가 더러워졌다면 다음 사람을 위해 휴지로 깨끗이 닦아야겠지요. 마찬가지로 여자아이도 소변이 변기에 남아 있지는 않은지, 초등학교 고학년이라면 생리혈이 변기에 묻지는 않았는지를 확인하고 휴지로 뒤처리를 깔끔하게 하고 나오도록 가르칩니다. 장마철이나 여름에는 뒤처리를 더 꼼꼼하게 해야겠지요. 손을 씻은 후에는 세면대와 욕실 바닥 주위로 물이 튀었는지를 확인하고 깨끗이 닦게 합니다.

화장실이 항상 깨끗한 상태를 유지하려면 화장실을 이용할 때 '내가 화장실을 더럽힐지도 모른다'는 긴장감을 갖는 것이 중요합니다. 화장실이 늘 청결해야 하는 이유를 아이에게 충분히 설명해주고, 좋은 습관을 평생 실천할 수 있게 도와주세요.

매일매일 화장실 청소하기

화장실이 더러워지기 전에 청소를 하면 항상 화장실이 청결하겠지요. 화장실은 모든 가족이 함께 쓰는 공간이므로 엄마 혹은 아빠만 청소하는 것이 아니라 가족들이 역할을 분담해서 청소하자고 제안해보세요. 화장실 청소를 습관처럼 하려면 대강의 청소법을 가르친 후에 긴장감이 풀어지기 시작하는 3일차를 기준으로 화장실 청소 상태를 확인하는 것이 효과적입니다.

아이가 깨끗하게 청소를 마쳤다면 고마움과 기쁜 마음을 담아서 "고마워, 정말 수고했어!"라는 칭찬을 잊지 말고 꼭 들려주세요. 부모의 칭찬 한마디가 아이의 의욕을 샘솟게 할 테니까요.

화장실 청소 방법은 더러워진 변기 주위로 화장실용 세제를 뿌린 후 2~3분 정도 기다렸다가 청소 솔로 변기 안쪽과 테두리를 닦습니다. 솔이 제대로 닿지 않는 틈새는 못 쓰는 칫솔을 이용해 꼼꼼하게 닦습니다. 마찬가지로 변기 덮개와 물탱크 쪽도 청소합니다. 피부에 직접 닿는 덮개 부분은 청소 마지막 단계에서 마른 걸레로 물기를 제거해야겠지요. 소변이 튀기 쉬운 화장실 바닥이나 벽은 중성세제를 직접 뿌려서 스펀지로 깨끗하게 닦아냅니다. 화장실 청소는 매일 하고, 샤워기 노즐은 요일을 정해서 칫솔로 물때를 씻어내면 좋겠지요.

화장실을 청소할 때는 화장실용 세정제나 화장실용 중성세제, 탄산수소나트륨이나 레몬산 등을 이용할 수 있는데 오염 정도와 내용물에 따라 구분해서 사용하는 방법까지 아이에게 가르쳐주면 여러모로 도움이 됩니다.

옷차림 단정히 하기

학교는 다채로운 활동이 펼쳐지는 교육의 장입니다. 대부분을 의자에 앉아서 학습을 하고 교실 바닥에서 이뤄지는 활동도 간혹 있지요. 전교생이 공유하는 음악실이나 미술실에서 수업을 듣기도 하고, 교실 밖으로 나가서 관찰 학습을 하거나 쉬는 시간에 운동장에서 신나게 뛰어놀 때도 있고요. 어떤 활동을 하든 학교에서는 단정한 차림을 하도록 신경 써주세요.

몸가짐을 바르게

평소 학교에 다닐 때의 옷차림은 활동하기 편하고 구김이 잘 가지 않는 옷이 최고입니다. 옷에 요란한 장식이 달려 있거나, 길이가 너무 길거나 너무 짧은 옷을 입고 등교하면 하루 종일 아이가 불편해할 수 있지요.

발 크기에 맞지 않는 운동화나 실내화를 질질 끌면서 다니는 아이, 신발 뒤축을 꺾어 신는 아이도 자주 보는데 옷차림만큼이나 안전하고 활동하기 편한 신발을 준비해주는 것도 중요합니다. 긴 머리도 단정하게 묶어주면 활동할 때 훨씬 편리하겠지요.

아침에 일어나서 깨끗이 세수하고, 단정하게 머리 빗고, 말끔히 차려입고, 몸가짐을 바르게 하는 일은 학교에 가는 마음의 준비로 이어집니다. 아이가 지나치게 화려한 옷만 고집한다면 예쁜 옷은 가족 나들이를 할 때나 방과 후에 놀러갈 때 입게 하고, 아침에 학교 갈 때는 학교생활에 어울리는 단정한 차림새로 등교할 수 있게 지도해주세요.

때와 장소에 어울리는 옷차림

평소와 달리 학교에서 격식 있는 행사를 진행할 때가 있습니다. 대체로 '식'이라는 이름이 붙은 일로, 입학식이나 졸업식이 해당되겠지요. 이런 행사는 학년의 시작과 끝을 알리는 주요 행사입니다.

입학식이나 졸업식에는 학부모나 친척들이 식장에 어울리는 옷차림을 하고 찾아와 자리를 빛내줍니다. 신입생이나 졸업생도 행사의 주인공으로 멋진 맵시를 뽐내며 학교를 찾습니다. 아울러 직접 당사자가 아닌 재학생도 식의 의미를 떠올리며 옷차림에 신경을 써야겠지요. 이때 운동복이나 체육복은 어울리지 않는 옷차림이니 입지 않도록 합니다. 그렇다고 화려하거나 값비싼 옷을 새로 장만하라는 뜻은 아닙니다. 옷장에 있는 옷들 가운데 축하 장소에 어울리는 말끔한 옷이라면 충분하답니다.

계절과 날씨에 따라 옷 입고 벗기

요즘은 한겨울에도 내복을 입지 않는 아이들이 많은 것 같습니다. 살을 에는 추운 날씨에도 티셔츠 위에 점퍼 하나만 걸치고 다니는 아이도 있습니다. 실내에서는 외투를 벗어야 한다고 지도해도 "추워요!" 하며 옷을 벗지 않습니다. 반대로 교실에 따뜻한 난방이 돌아도 교실 안에서 외투를 걸치고 있는 아이가 있습니다. "더워요, 난방 좀 꺼주세요!"라고 하소연도 합니다. 덥다고 소리치면서 정작 외투를 벗으려고 하지 않습니다. 옷으로 추위나 더위를 조절하는 감각이 제대로 키워지지 않아서 그렇겠지요.

겨울엔 내복 입기

겨울철에 실외에서는 외투를 걸치고, 실내에서는 외투를 벗는다는 사실을 요즘 아이들은 잘 모르는 것 같습니다. 심지어 교실에서 장갑과 모자를 벗으라고 주의를 주지 않으면 수업 시간 내내 꽁꽁 싸매고 있는 아이도 있을 정도입니다.

한겨울에 내복을 입으면 공기층을 만들어서 몸을 한결 따스하게 데워줍니다. 내복 위에 긴팔 셔츠나 블라우스를 입고 스웨터를 걸치면 두터운 공기층을 만들 수 있습니다. 얇은 옷을 겹겹이 입는 것은 추위를 견디는 훌륭한 아이디어입니다. 차가운 실외 온도와 따뜻한 실내 온도를 조절할 때도 겹겹의 옷차림은 도움이 된답니다.

추우면 입고 더우면 벗고

초등학교 저학년 아이들은 입고 있는 옷으로 체온을 조절할 수 있게 지도해줘야 합니다. 땀을 뻘뻘 흘리는데도 놀이에 집중하느라 외투를 벗지 않을 때도 있거든요. 아이가 날씨에 따라 추우면 입고 더우면 벗는 식으로 알아서 조절할 때는 바로바로 칭찬해주세요. 칭찬받은 아이는 옷 입고 벗기에 좀 더 신경을 쓰게 될 테니까요.

초등학교 3, 4학년쯤 되면 그날의 기온이나 날씨에 어울리는 옷을 스스로 선택할 수 있습니다. 더울 때보다 추울 때가 훨씬 선택의 폭이 넓겠지요. 두꺼운 겉옷뿐만 아니라 얇은 옷의 조합으로 온도를 유지할 수 있게끔 곁에서 살짝 코치해주세요.

체육복, 수영복 갈아입기

학교 수업 중에서 체육 시간에는 운동장에서 맘껏 뛰고 활동하기에 편한 체육복으로 갈아입습니다. 수영을 지도하는 학교에서는 수영복을 입고 수영 실습을 받기도 합니다. 체육 수업이나 수영 실습이 있는 날에는 갈아입기 쉬운 옷을 입고 등교할 수 있도록 좀 더 신경을 써주세요. 예를 들면 등에 지퍼나 단추가 달린 옷은 아이 혼자의 힘으로 갈아입기 힘들지요.

땀을 많이 흘리는 아이라면

체육복은 운동할 때 자연스러운 신체활동을 방해하지 않으면서 땀을 흡수하기 쉬운 소재로 만듭니다. 땀을 흡수해주기 때문에 맨살에 체육복을 입어도 괜찮지요. 땀을 많이 흘리는 아이라면 속옷이 젖었을 때를 대비해서 여벌의 속옷을 챙겨 갈 수 있게 미리 준비해주세요.

수영복 갈아입기

수영 시간에는 대체로 교실에서 떨어진 수영장 탈의실에서 수영복을 갈아입기 때문에 개인 소지품과 옷가지를 스스로 챙길 줄 알아야 합니다. 간혹 수영 시간이 끝나고 나서 속옷 주인을 찾느라 한바탕 소동이 일어날 때도 있습니다. 심지어 갈아입을 여벌 속옷을 가져오기 때문에 정작 입고 있던 속옷을 잃어버려도 크게 신경 쓰지 않는 아이도 있습니다.

최근에는 여학생용 수영복도 상의와 하의가 분리된 디자인을 흔히 구할 수 있어서 예전보다 입고 벗기가 한결 수월해진 것 같습니다. 만약 원피스 수영복이라면 앞뒤 모양에 유념해서 빨리, 정확하게 갈아입을 수 있도록 가르쳐주세요. 수영복을 보면 앞보다 등 쪽이 훨씬 더 깊게 파여 있지요.

저학년 남학생의 경우 수영복 앞쪽 끈을 제대로 묶지 못하는 아이가 많은 것 같습니다. 물에 젖으면 끈의 매듭이 단단해져서 푸는 일도 다시 묶는 일도 어려워져요. 그러니 미리 집에서 끈 묶기를 연습하거나 고무 끈으로 바꾸어주면 훨씬 쉽게 끈을 묶거나 풀 수 있습니다.

벗은 옷은 정리해두기

체육 수업은 물론이고 학교 수업 시간에 체육복으로 갈아입어야 하는 일이 종종 있습니다. 신체검사를 받을 때도 체육복으로 갈아입지요. 시간표에 체육 과목이 보이지 않는 날이라도 학교에서 체육복으로 갈아입을 기회는 얼마든지 있습니다.

체육복으로 갈아입을 때는 입고 있던 옷을 벗어서 가지런히 접어 책상 위나 체육복 주머니에 넣어둡니다. 어느 쪽이라도 다시 입을 때 수월하게 입을 수 있도록 정리해두는 습관이 중요합니다. 소매나 바지 아랫단 부분이 뒤집혀 있으면 입을 때 번거롭지요. 따라서 옷을 개기 전에 소매와 바지 아랫단에 손을 넣어서 뒤집힌 옷을 원래 상태로 되돌려놓아야 합니다. 양말은 두 짝을 같이 모아두면 좋겠지요.

옷을 제대로 개는 방법을 잘 모르는 아이는 대체로 입고 있던 옷을 벗어 그대로 책상 위에 내팽개치고 자리를 떠납니다. 그러고는 정작 옷을 갈아입으려고 할 때 자기 옷이 보이지 않는다고 한바탕 소란을 피웁니다.

그러나 옷을 깔끔하게 정리해서 보관하는 아이는 미리 준비하고 대처할 수 있습니다. 이를테면 '체육복 바지 주머니에 구멍이 났으니 엄마한테 꿰매달라고 해야지', '더러워졌으니까 집에 가서 빨아 와야지' 등 스스로 생각해서 행동합니다. 벗은 옷을 접어서 정리해두면 주머니에 넣어둔 중요한 소지품을 잊지 않고 따로 챙길 수도 있지요.

대중탕에서 목욕하기

가정용 욕실의 보급으로 대중탕을 이용하는 일이 줄어들어 대중탕 예절을 잘 모르는 아이가 많은 것 같습니다. 그래서인지 온천이나 워터파크에 가면 목욕 예절을 제대로 지키지 않는 아이들 때문에 눈살을 찌푸리는 일도 있지요. 주로 가정에서 목욕하더라도 아이에게 대중탕 이용 예절을 확실하게 가르쳐서 적어도 타인에게 불쾌감은 주지 않았으면 합니다.

탈의실에서

탈의실에서는 개인용 옷장이나 바구니 등에 벗은 옷을 깔끔하게 접어서 넣어둡니다. 바구니에 옷을 담아야 할 때는 수건을 옷 위에 얹어서 먼지가 들어가지 않게, 자신의 옷가지임을 바로 알 수 있게 구분해주세요.

당연한 얘기겠지만, 옷장에 쓰레기를 함부로 버리면 안 됩니다. 또 탈의실 바닥이 미끄러울 수 있기 때문에 아이가 뛰지 않게 주의시켜야 합니다.

탕에 들어가서

목욕탕 안으로 들어가면 입구에 배치된 의자를 가져다가 비누로 깨끗하게 씻은 후 앉습니다.

그다음에 몸을 씻는데, 자택 욕실에서는 대충 물을 끼얹은 다음 그대로 욕조에 첨벙 뛰어들어도 되지만 많은 사람들이 이용하는 대중탕에서는 먼저 비누로 몸을 깨끗하게 씻고 나서 온탕 혹은 냉탕에 들어가야 합니다. 아이가 탕 안에서 너무 크게 떠들거나 첨벙첨벙 수영하지 않도록 엄하게 지도하고, 긴 머리는 탕에 젖지 않게 수건으로 감싸서 올려주세요.

몸을 씻거나 머리를 감을 때는 주위 사람에게 물이 튀지 않게 샤워기를 조심조심 사용해야 합니다.

목욕을 마치며

목욕을 마치고 나갈 때는 사용한 의자에 찬물을 끼얹어 머리카락이나 비누가 붙어 있지는 않은지 꼼꼼하게 확인한 다음 의자를 원래 있던 자리에 갖다 놓습니다. 샤워기도 원 위치에 걸어둡니다. 그리고 탕을 나오기 직전에 물기를 말끔히 닦아내고 탈의실 바닥이 젖지 않도록 조심합니다. 바닥이 젖어 있으면 미끄러지기 쉬우니까요.

아이가 안전하게 대중목욕 문화를 즐길 수 있게 각별히 신경을 써주세요.

외출 시 손수건 챙기기

초등학교 교실에서 학생들을 대상으로 조사해보면 손수건을 가지고 다니는 아이는 손에 꼽을 정도로 드뭅니다. 아이들은 손을 씻은 다음 대충 바지에 문지르거나 손을 흔들어서 물기를 제거하려고 합니다. 또 휴지가 필요하면 휴지를 가지고 다니는 아이를 찾아서 교실 한 바퀴를 돌아다니기도 하지요.

손수건이 필요한 이유

식중독이나 독감이 유행할 즈음이면 학교에서는 깨끗이 손 씻기, 개인용 손수건 지참하기 등 평소보다 더 세심하게 개인위생을 강조합니다. 안전교육의 하나로 대피 훈련을 실시하는 전날에도 아이들에게 손수건을 반드시 갖고 오라고 거듭 알립니다. 화재가 났을 때 연기를 흡입하지 않도록 손수건으로 코를 막거나, 상처 부위를 누르거나, 상처 부위에 냉찜질을 하는 데도 손수건을 요긴하게 쓸 수 있기 때문이지요. 이 사실을 아이들에게 친절하게 알려줍니다. 이렇게 부모가 챙겨주고 교사가 확인하면 손수건을 갖고 다니는 아이가 늘어납니다.

손수건의 필요성을 절실히 느끼는 계절은 바로 여름이지요. 땀을 닦거나, 세수한 다음에 얼굴을 닦거나, 찬물에 적셔 시원하게 몸을 닦는 식으로 아이가 편리함을 직접 느끼면 누가 시키지 않아도 스스로 챙기려고 합니다. 마찬가지로 봄철에 꽃가루알레르기로 고생하는 아이들은 줄줄 흐르는 코를 닦기 위해 휴대용 화장지를 주머니에 항상 넣고 다닙니다. 이처럼 스스로 필요하다고 자각하는 것이 가장 중요하지요.

부모가 먼저 사용하기

코를 풀 때, 코피가 날 때, 더러운 먼지를 닦을 때 등 휴지는 다양한 상황에서 편리하게 쓰이는 개인 소지품입니다. 각 가정에서는 손수건이나 휴지가 필요한 장면을 자녀와 충분히 얘기를 나누면서 아이가 직접 챙길 수 있게 이끌어주세요.

또 부모가 손수건을 사용하는 모습을 아이에게 직접 보여주면 아이가 손수건 사용을 자연스럽게 익힐 수 있습니다.

쓰레기 버리기

발 디딜 틈이 없을 정도로 쓰레기가 수북하게 쌓여 있는 방에서 생활하는 젊은이가 TV에 소개되는 일이 가끔 있습니다. 위생에 지나치게 집착하는 것도 좋지 않지만, 쓰레기 없는 청결한 방에서 생활하는 것이 훨씬 더 기분 좋고 쾌적한 일이라는 사실을 아이에게 반드시 가르쳐주세요.

쓰레기통은 항상 정해진 장소에

쓰레기 버리는 장소를 모르면 쓰레기를 방바닥에 방치하기 쉽지만 쓰레기통을 항상 같은 장소에 두면 헷갈리지 않고 쓰레기를 버릴 수 있겠지요. 또 쓰레기 분리수거함을 마련해두고, 어떤 물건을 어디에 버려야 하는지를 그림이나 사진, 글자 등으로 표시합니다. 이렇게 하면 쓰레기 분리수거도 자연스레 익힐 수 있지요.

한꺼번에 많은 쓰레기가 나올 때

미술 과제나 과자 부스러기가 많이 나올 때는 쓰레기를 담을 봉지나 용기를 손이 닿는 장소에 두고 바로바로 쓰레기를 치울 수 있게 합니다. 그리고 작업이 끝나면 대형 쓰레기통에 버리게 합니다. 쓰레기를 담는 봉지의 재질도 쓰레기 분리수거용 봉지의 종류와 일치시켜서 준비해두면 효율적으로 처리할 수 있겠지요.

지우개 가루, 연필 가루 깨끗이 버리기

학교 교실에서 보면 지우개 가루를 아무 생각 없이 바닥에 버리는 아이가 꽤 많습니다. 또 책상 위에서 연필을 깎고 그 가루를 바닥에 버리는 아이도 있습니다. 지우개 가루와 연필 가루가 교실 바닥을 더럽힌다는 사실을 아이들에게 확실히 알려주고, 깨끗이 처리할 수 있게 가정에서도 지도해주세요. 가루를 담을 수 있는 뚜껑이 달린 작은 상자를 준비해서 가루가 생길 때마다 그 상자에 담고, 상자가 가득 차면 쓰레기통에 버리게 하면 좋겠지요.

잘하면 듬뿍 칭찬을

아이가 쓰레기를 제대로 처리했다면 "우와, 깨끗해졌구나. 정말 기분 좋지? 쓰레기를 깨끗이 버려줘서 고마워!" 하고 듬뿍 칭찬을 해주세요. 칭찬을 들은 아이는 청결의 중요성뿐만 아니라 깨끗한 환경이 기분까지도 좋게 한다는 사실을 실감할 수 있을 테니까요.

학교 세면장 사용하기

학교 수돗가나 세면장은 많은 아이들이 함께 사용하는 장소입니다. 얼굴과 손을 씻는 곳으로 청결을 유지하는 일도 중요합니다. 이런 사실을 아이가 충분히 이해하고 깨끗하게 사용할 수 있게 지도해주세요.

손이나 얼굴을 씻을 때

학교 공용 세면대에서 수도꼭지를 세게 돌리는 바람에 물이 사방으로 튀거나 세면장 바닥을 한강으로 만드는 일이 종종 있습니다. 손이나 얼굴을 씻을 때는 수도꼭지를 천천히 돌려서 물이 주위에 튀지 않게끔 물줄기를 적당하게 조절합니다. 또 손이나 얼굴에 비누칠을 할 때는 수도꼭지를 잠가주세요. '물 아끼기'의 중요성을 가르치는 일도 매우 중요하니까요.

손이나 얼굴을 씻은 다음에는 반드시 수도꼭지 부분에 물을 끼얹어 비누거품이나 더러움을 씻어내야 합니다. 세면대 이용 후에 뒤처리를 말끔히 하면 다음 사람이 기분 좋게 이용할 수 있지요. 세면대에 자신의 머리카락이 붙어 있지는 않은지도 확인해주세요.

공용 수돗가에서 물을 마실 때

학교 수돗가에서 물을 마실 때는 몇 가지 주의해야 할 점이 있습니다.

① **조금 물을 흘려보낸 다음에 마시기** 위로 향하는 음용수 수도꼭지의 경우 먼지가 붙

어 있을 때가 있습니다. 그러니 물을 조금 흘려보낸 다음에 물을 마시도록 지도해
주세요. 또 많은 사람이 함께 이용하는 공용 수도이니 수도꼭지에 입을 대고 마시
면 안 됩니다. 물을 마신 후에는 수도꼭지가 지저분해지지는 않았는지 확인한 다
음 꼭지를 잠가주세요.

② **물이 한꺼번에 많이 나오지 않게 조심하기**　옷이 다 젖거나 바닥이 흥건히 젖을 만큼
갑자기 수도꼭지를 세차게 트는 아이가 있습니다. 서두르지 않고 천천히 물을 마
실 수 있게 가르쳐주세요.

③ **주위를 두루 살피기**　뒤에서 기다리던 아이가 장난을 치다가 앞쪽으로 쏠리면서 물
을 마시던 아이의 입이 수도꼭지에 부딪쳐 크게 다치는 일이 종종 있습니다. 주위
를 두루 살피며 안전사고에 대비할 수 있게 단단히 일러두세요. 뒤에서 기다릴 때
는 앞사람과 부딪히지 않게 적당히 간격을 두고 서 있는 안전 규칙도 반드시 지도
해주세요.

가정생활과
인성교육

—

부엌칼 안전 사용법

직접 음식을 만들어서 먹는 일은 아이에게 굉장히 신나는 일이자 호기심을 자극하는 체험입니다. 즐겁게 요리하고 싶은 의욕을 앗아가지 않기 위해서는 안전하면서도 적절한 조리도구를 준비해 사용법을 가르쳐주는 것이 중요하겠지요. 특히 부엌칼은 유용하면서도 위험한 도구이니 안전하게 사용할 수 있도록 확실히 지도해주세요.

부엌칼을 바르게 잡고 썰기

부엌칼을 안전하게 사용하려면 무엇보다 올바른 자세로 칼을 잡아야 합니다. 오른손 잡이라면 오른발을 약간 뒤로 빼고 비스듬하게 서서 칼이 도마에 수직이 되도록 자세를 잡고 칼 손잡이를 단단히 쥡니다. 이때 집게손가락은 칼등에 살포시 올려서 중심을 잡아도 좋겠지요. 음식 재료를 썰 때는 칼을 잡지 않은 다른 쪽 손가락을 동그랗게 말아서 칼의 움직임에 따라 조금씩 앞으로 나아가며 써는 것이 포인트입니다.

부엌칼 바르게 잡는 법과 손가락 모으는 법

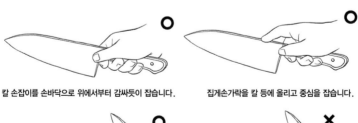

칼 손잡이를 손바닥으로 위에서부터 감싸듯이 잡습니다. 집게손가락을 칼 등에 올리고 중심을 잡습니다.

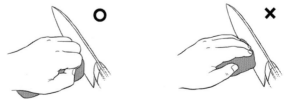

손가락을 동그랗게 말아서 첫째 마디가 칼에 닿게 합니다. 손가락 끝을 펼치면 다치기 쉬우니 조심합니다.

사용 후 안전하게 보관하기

조심조심 다루지 않으면 부엌칼은 아주 많이 위험한 요리도구라는 사실을 아이에게 확실히 가르쳐주세요. 아울러 칼끝이 다른 사람을 향하게 하지 않고, 칼을 손에 든 채 돌아다니지 않으며, 다른 사람에게 칼을 건넬 때는 손으로 전하는 것이 아니라 도마 위에 얹어서 도마와 함께 건네는 등 구체적인 주의사항을 철저하게 지도합니다.

사용한 후에는 구르거나 떨어지기 쉬운 불안정한 장소에 칼을 두지 않게 주의시키세요. 칼을 사용한 후에는 칼날뿐만 아니라 손잡이 부분도 꼼꼼하게 씻어서 행주로 물기를 잘 닦은 다음 반드시 정해진 장소에 보관하게끔 가르쳐주세요.

깔끔하게 달걀 깨기

영양가가 높고 손쉽게 조리할 수 있는 달걀은 아침 식탁에서 가장 흔히 볼 수 있는 인기 만점 식재료이지요. 초등학교에서도 요리 실습 시간에 달걀을 사용한 반찬 만들기를 연습합니다. 달걀 요리에 도전하려면 우선 날달걀을 능숙하게 깨는 연습부터 시작해야겠지요.

달걀을 깔끔하게 깨는 비결

달걀을 쥘 때는 적당히 손힘을 뺀 상태에서 살며시 잡습니다. 그다음엔 평편한 조리대에 달걀의 측면을 살짝 부딪쳐 껍데기에 약간의 금이 가게 합니다. '톡' 하고 부딪칠 때 적당히 힘을 주는 것이 중요한데, 너무 세게 치면 달걀이 철썩 깨지고 너무 약하게 치면 껍데기에 틈이 생기지 않습니다. 어느 정도 힘을 줘야 하는지를 손에 익힐 수 있게 몇 번 되풀이해서 달걀을 깨보게 하면 좋겠지요.

달걀껍데기에 금이 생기면 그 금을 자기 쪽으로 향하게 해서 양쪽의 엄지손가락을 갈라진 틈에 서로 마주보게 대고 껍데기를 천천히 벌립니다. 이때 엄지손가락의 첫째 마디를 구부리면 손가락 안쪽이 껍데기 금에 닿아서 쉽게 깰 수 있습니다. 이때도 손가락에 힘이 너무 많이 들어가면 껍데기가 와장창 부서지기 쉽기 때문에 힘을 적당히 주는 연습이 필요하답니다.

적당히 힘주는 손 감각 익히기

날달걀을 깔끔하게 깨려면 껍데기에 틈을 새길 때와 갈라진 틈을 벌릴 때의 상황에서 힘을 적당히 주는 손 감각이 필요합니다. 실수해도 반복하는 연습이 크게 도움이 됩니다. 말로 설명하는 일이 더 어렵기 때문에 처음에는 어른이 시범을 보이며 가르쳐주면 좋겠지요.

날달걀 깨는 법

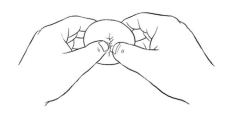

❶ 엄지손가락을 구부려 갈라진 틈에 닿게 합니다.

❷ 손목을 몸쪽으로 회전시키면서 달걀껍데기의 틈을 벌립니다.

안전한 성냥 사용법

요즘에는 주변에서 성냥을 찾아보기 힘들뿐더러 아이들이 성냥을 사용할 일은 드뭅니다. 하지만 집에 성냥을 구비하고 사용법을 알고 있으면 비상시에 사용할 수 있습니다. 단, 자칫하면 위험한 일이 발생할 수 있으니 주의할 점을 꼭 알려주세요.

불 끌 준비 먼저 하기

성냥에 불을 붙이기 전에 불을 끄기 위한 준비부터 합니다. 빈 깡통이나 빈 병에 물을 약간 담아두면 불을 붙인 성냥개비를 넣어 끄기에 편리하지요. 불 끌 준비가 됐다면 불을 붙일 준비를 합니다. 우선 성냥갑에서 성냥개비 하나만 끄집어냅니다. 성냥개비를 꺼낸 다음에는 반드시 네모난 성냥갑을 꼭 닫아주세요.

성냥불 붙이기

성냥불을 붙일 때는 두 가지 포인트에 유념해야 합니다.
첫 번째 포인트는 성냥개비를 잡는 방법인데 엄지손가락, 집게손가락, 가운뎃손가락으로 성냥개비의 나무 부분을 잡습니다. 너무 끝부분을 잡으면 성냥개비가 부러지기 쉬우니 성냥개비의 절반 지점보다는 약간 윗부분을 잡는다는 느낌이면 충분하지요.
두 번째 포인트는 성냥을 성냥갑에 그을 때의 각도입니다. 성냥개비와 성냥갑을 마찰시키는 지점의 각도를 직각보다 작은 예각이 되도록 약간 기울여서 긋습니다. 이때 성냥불을 댕기는 사람과 가까운 쪽에서 시작해 바깥쪽 방향으로 성냥을 그어야겠지요. 불이 붙으면 성냥개비를 수평이 되도록 유지하며 단단히 잡습니다. 수평 방향을 유지하면 성냥불이 천천히 타지만, 아래로 향하면 불꽃이 손가락 쪽으로 빠르게 타고 올라와 화상을 입기 쉽습니다. 반대로 성냥불이 위로 향하면 불꽃이 금방 꺼지지요.

성냥을 잡는 방법과 불을 붙이는 방법

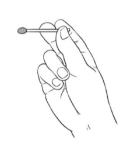

❶ 세 개의 손가락을 이용해서 단단히 붙잡습니다.

❷ 성냥개비와 성냥갑의 각도가 예각이 되도록 약간 기울이고, 자신과 가까운 쪽에서부터 바깥쪽 방향으로 불을 붙입니다.

성냥불 끄기

성냥불을 끌 때 성냥개비를 흔들어 끄지 않도록 주의시킵니다. 성냥개비를 흔들다가 부주의로 놓치기라도 하면 매우 위험해지기 때문이지요.

불을 끌 때는 미리 물을 담아서 준비해둔 병이나 깡통에 성냥개비를 넣어야 한다고 확실히 가르쳐주세요. 성냥 사용법을 제대로 알고 지키면 크게 위험하지 않지만, 성냥불을 이용해서 장난을 치면 집을 모조리 태울 만큼 위험한 불장난이 된다고도 단단히 일러주셔야 한답니다.

통조림 캔 따기

경험이 부족한 초등학생에게는 통조림 캔 뚜껑을 따는 일이 생각보다 어려운 작업입니다. 통조림 캔 뚜껑은 캔 따개를 이용해 열어야 하는 것과 원터치 캔 뚜껑으로 나뉘어요. 이 중에서 캔 따개를 이용하는 방법은 자칫 잘못하면 손을 다칠 수 있으니 안전한 사용법을 꼭 알려주세요.

캔 따개로 통조림 캔 따기

통조림 캔을 앞에 놓고 캔 테두리에 따개를 꾹 밀어 넣으면서 확실하게 고정시키는 작업이 포인트입니다. 칼날을 캔 표면에 대고 따개를 캔 안쪽으로 살짝 기울이면 따개가 통조림 캔에서 잘 빠져나가지 않습니다.

따개를 확실하게 캔 테두리에 걸어 고정한 상태에서 따개를 따는 사람 쪽이 아닌 바깥쪽으로 밀어 넣으며 잘라갑니다. 뚜껑이 열리기 시작하면 통조림 캔을 시계 반대 방향으로 조금씩 회전시키면서 따개를 확실하게 걸어 감듯이 자릅니다. 뚜껑이 거의 열렸다면 캔 테두리를 몽땅 따지 말고 조금 남겨둡니다. 캔 절단 부분이 날카로워서 손을 다칠 수 있으니 특히 조심해주세요.

따개를 안전하게 사용하는 비결

캔을 어슷하게 비키면서 자르는 지렛대의 원리를 이용하기 위해서는 칼날을 확실하게 캔 테두리에 걸어서 고정시키지 않으면 칼날이 미끄러져 헛돌기 쉽습니다. 따개를 약간 안쪽으로 기울이면서 꾹꾹 밀어 넣으며 자르는 방법을 몸에 익히려면 어른이 아이의 손을 잡고 함께 연습해보는 것이 좋겠지요.

따개를 잡는 방법과 작동 방법

① 따개를 캔 테두리에 확실하게 걸어서 칼날을 캔 위쪽에 고정시킵니다.

② 바깥쪽으로 따개를 꾹꾹 밀어 넣듯이 잘라갑니다. 캔을 어슷하게 비키면서 칼날을 정확하게 캔에 걸고 다시 꾹 밀어 넣으면서 자릅니다. 통조림통 캔을 시계 반대 방향으로 조금씩 회전시키면서 앞으로 나아갑니다.

③ 캔 테두리를 끝까지 따지 말고 조금 남겨둡니다.

원터치 캔 따기

원터치(one touch) 캔이란 별도의 따개를 이용하지 않고 뚜껑에 부착된 고리를 잡아당겨서 한 번에 뚜껑을 여는 캔을 말합니다. 원터치 캔은 뚜껑 전체가 열리는 방식(Full open end)과 뚜껑의 일부만 여는 방식(Partial open end)으로 크게 나눌 수 있습니다. 또 뚜껑의 일부만 열리는 방식은 뚜껑에 부착된 고리와 뚜껑 일부가 완전히 벗겨지는 방식(Pull tab)과 따개 분리되지 않고 캔에 남아 있는 방식(Stay-on tab)으로 구분할 수 있지요.

고리가 분리되지 않는 음료수 캔을 딸 때

캔에 부착된 따개 고리가 아주 작기 때문에 아이들에게는 조금 버거운 작업이 될 수도 있으니 고리를 잡고 따는 방법을 친절하게 알려주세요.

고리가 따로 분리되지 않는 음료수 캔을 딸 때는 엄지손가락으로 캔을 누르고 집게손가락과 가운뎃손가락으로 고리를 잡아당겨 올리면 뚜껑이 열립니다. 이때 다른 한 손으로는 캔을 확실하게 고정시켜서 캔을 딸 때 내용물이 밖으로 튀지 않게 유념해주세요. 특히 탄산음료나 맥주의 경우 캔을 열기 전에는 흔들면 안 되겠지요.

뚜껑 전체가 열리는 통조림 캔을 열 때

원터치 방식의 참치 통조림은 따개를 사용하지 않고 열 수 있어서 편리하지만 캔을 여는 과정에서 부주의로 내용물을 흘리거나 다칠 수도 있으니 조심해주세요.

우선 통조림을 울퉁불퉁하지 않은 평편한 곳에 올려놓고 한쪽 손으로 통조림을 꽉 잡습니다. 또 다른 손으로는 고리를 엄지손가락과 집게손가락으로 단단히 잡고서 수직으로 세워 올립니다. 고리를 좌우로 비틀면 고리가 떨어져나가거나 제대로 열리지 않을 수도 있으니 주의해야 합니다. 엄지손가락을 통조림 뚜껑에 대고 집게손가락으로 고리를 위쪽으로 천천히 당깁니다. 이때 캔 절단 부분이 날카로워서 뚜껑 테두리나 통조림 테두리에 손을 베기 쉽기 때문에 각별히 조심해야 한답니다.

안전한 안심 따개

요즘에는 손가락이나 손톱에 부담을 주지 않고 따개 고리를 들어 올릴 수 있는 아이디어 제품도 판매되고 있습니다. 또한 최신 기술의 발달로 안전하게 캔을 열고 폐기할 수 있는 안심 따개 통조림도 나와 있으니 참고해주세요.

유리병 뚜껑, 컵라면 뚜껑 열기

유리병에 담긴 음료수, 컵라면도 우리 생활에서 떼려야 뗄 수 없는 식품이지요. 초등학교 고학년들은 부모에게 허락받지 않고 편의점 등에서 사먹는 일도 있어요. 엄마나 아빠가 없는 곳에서 음료수와 컵라면을 사먹을 때를 대비해 뚜껑 여는 법을 확실히 알려주세요.

유리병 뚜껑 열기

유리병은 쉽게 녹지 않고 밀폐성도 좋아서 장기간 식품을 보존할 때 내용물이 새거나 증발하는 것을 막아줍니다. 뚜껑을 돌려서 여는 유리병의 경우 다시 병뚜껑을 닫아두면 충분히 재사용할 수 있기 때문에 친환경 용기로도 인기가 높지요.

투명한 유리병은 내용물을 쉽게 확인할 수 있어서 아이가 직접 열어보고 싶어 할지도 모릅니다. 이때는 유리병을 조심해서 다룰 수 있게 곁에서 지켜보며 지도해주세요.

비틀어서 열기

① 바닥이 평편한 식탁이나 탁자 위에 유리병을 놓습니다.

② 주로 쓰는 손으로 병뚜껑을 잡고, 다른 한 손으로 유리병을 단단히 고정시킵니다.

③ 유리병 뚜껑을 힘차게 비틀어서 돌립니다.

유리병을 잡고 있는 손힘이 약하면 병이 헛돌아서 뚜껑이 열리지 않을 때도 있습니다. 유리병이 미끄러워서 단단히 잡기 어려울 때는 젖은 수건을 이용하거나 병을 올려둔 바닥에 수건을 깔고 고정하면 잘 미끄러지지 않겠지요. 뚜껑이 잘 열리지 않을 때는 고무 밴드를 뚜껑에 친친 감거나 유리병을 따뜻한 물에 담가서 데우면 효과적입니다.

최근에는 쉽고 안전하게 유리병을 열 수 있도록 실리콘 제품이나 전동식 오프너도 시판되고 있습니다.

병따개를 이용해 열기

① 한쪽 손으로 유리병을 단단히 잡습니다.
② 병따개를 병마개에 걸어서 고정시킵니다.
③ 병따개를 들어 올리면 병마개가 열립니다.

컵라면 뚜껑 열기

컵라면, 요구르트, 유산균 음료 등의 용기 뚜껑을 보면 대체로 초박형 알루미늄 재질의 원터치 방식으로 이뤄진 제품이 많습니다. 알루미늄 원터치 방식은 쉽게 뜯을 수 있고 필름 인쇄가 가능해서 제품명이나 재료, 제조 연월일, 제품 이미지 일러스트, 사진, 캐릭터 등을 뚜껑에 곁들여 다양하게 상품화하고 있지요. 일상생활에서도 흔히 볼 수 있고 이용 빈도도 아주 높답니다.

알루미늄 뚜껑을 여는 방법은 용기의 모양이나 크기에 따라 손가락 위치와 잡는 방향 등을 가늠해서 뚜껑을 여는 일이 중요합니다. 부모가 아이와 함께 뚜껑을 열어가면서 요령을 가르쳐주면 좋겠지요.

① 뚜껑과 손잡이 부분을 엄지손가락의 안쪽과 집게손가락의 측면으로 붙잡습니다.
② 뚜껑을 반대쪽으로 잡아당기듯이 용기 입구를 따라 펼쳐나가면 뚜껑을 뜯기 쉽습니다. 유산균 음료의 경우 포장을 뜯을 때 많이 기울이거나 너무 세게 잡아당기면 내용물이 쏟아질 수 있으니 조심해주세요.

알루미늄 원터치 방식은 일단 뚜껑을 벗겨내면 뚜껑을 다시 닫아둘 수 없습니다. 따라서 마시거나 먹다가 남은 제품을 그대로 방치하지 않도록 유의하고, 일단 뚜껑을 개봉한 후에는 빨리 먹을 수 있게 지도해주세요.

음료수 캔 뚜껑에 비해 알루미늄 뚜껑은 쉽게 뜯을 수 있어서 어린아이도 충분히 도전해볼 수 있습니다. 혼자 힘으로 해내겠다는, 성장 과정에서 꼭 필요한 아이의 의욕을 꺾지 않고 곁에서 지켜봐주는 부모의 마음가짐이 무엇보다 중요하지요. "뚜껑이 조금 열렸으니까 마무리는 네가 해보렴" 하며 뚜껑을 반쯤 개봉한 다음 아이에게 건네고, "다음에는 더 잘할 수 있을 거야" 하며 조금씩 아이 스스로 할 수 있게 도와주는 배려가 필요합니다. '제가 혼자서 할 수 있게 옆에서 꼭 지켜봐주세요!' 하는 아이의 바람을 늘 기억해주세요.

식사 준비하기, 설거지하기

아이에게 부엌일을 돕게 할 때는 식탁에 그릇을 놓는 일부터 시작하면 좋습니다. 우선 아이가 식사 시간 전에 가족들의 수저를 챙기는 일부터 습관으로 들여주고 밥그릇, 국그릇, 조심해서 다루어야 할 반찬 그릇으로 조금씩 단계를 높여가면 효과적이지요. 식사 후에는 설거지도 도울 수 있도록 지도해주세요.

그릇 배치하기

식탁 위를 깨끗한 행주로 말끔하게 닦은 다음, 수저 받침대에 수저를 올리고 밥그릇과 국그릇도 미리 챙겨둡니다. 밥그릇과 국그릇은 제법 묵직하므로 하나씩 옮기는 것이 안전한데, 익숙해지면 두 벌 정도는 포개서 들어도 괜찮지요. 세 벌 이상은 떨어뜨릴 수 있으니 피하는 것이 좋습니다.

그릇의 위치는 오른쪽에 국그릇을, 왼쪽에 밥그릇을 놓습니다. 밥그릇과 국그릇의 위치가 뒤바뀌면 제사상 차림이 되니 조심해주세요.

반찬그릇 놓기

대체로 가정에서 식사할 때는 식탁 한가운데에 주요리를 올리고, 그 주변에 반찬을 놓습니다. 밥을 먹을 때는 시계 방향을 염두에 두고 식탁에 놓인 음식들을 조금씩 맛보도록 합니다. 예를 들면 국을 먼저 입에 대고, 밥을 한 숟가락 떠먹고, 반찬을 시계 방향으로 돌아가면서 한 젓가락씩 집어먹는 것이지요. 이런 점에 유념해서 그릇을 골고루 배치하면 모든 영양소를 균형 있게 섭취하고 순서대로 먹음으로써 편식을 방지할 수 있습니다.

아이가 식사 준비를 돕더라도 아이에게만 전적으로 맡기지 말고, 가족의 바른 식습관을 위해 엄마가 상차림에 좀 더 유념해주셨으면 합니다.

설거지하기

유아기 후반에 접어들면 아이가 먹은 밥그릇이나 접시를 개수대로 직접 옮겨놓는 습관을 들여주세요. 그러면 아동기에는 옮겨놓은 그릇을 설거지하는 동작으로 자연스럽게 이어질 수 있을 테니까요.

그릇에 비누칠하기

식사 시간에 사용한 식기는 나중으로 미루지 않고 바로 씻어내면 한결 수월하게 설거지를 마칠 수 있고 물도 아낄 수 있겠지요. 우선 기름기가 많이 묻은 그릇이나 생선 가시, 과일 껍질 등의 잔반이 있는 식기를 구분해서 정리합니다. 음식물 찌꺼기는 분리해서 버리고, 기름기는 키친타월로 닦아냅니다.

설거지통에 적당량의 주방용 세제(따뜻한 물 1리터에 세제 1.5밀리리터)를 풀어서 그릇 닦을 준비를 합니다. 세제를 과다하게 사용하면 헹굴 때 시간이 많이 걸리고, 물을 낭비하게 되며, 환경오염에도 영향을 끼치겠지요.

오른손잡이의 경우 오른손에는 수세미, 왼손에는 그릇을 들고 수세미로 꼼꼼하게 문질러 닦고 밥풀 등이 눌러붙었을 때는 오른손에 힘을 넣어서 떼어냅니다. 그릇의 테두리는 수세미를 접어 끼워서 그릇을 돌리듯이 닦아줍니다. 그리고 덜 지저분한 그릇부터 차례로 비누칠을 해나갑니다. 예를 들면 컵 → 밥그릇 → 국그릇 → 수저 → 기름기가 많은 접시 순으로 닦습니다. 그릇 안쪽은 물론이고, 그릇 바깥쪽과 바닥도 꼼꼼하게 비누칠해주세요.

그릇 헹구기

그릇을 헹굴 때는 흐르는 물에 15초 이상 헹궈서 그릇에 세제가 남지 않도록 깨끗이 닦아냅니다. 양손으로 그릇을 단단히 잡고 세제 거품이 남아 있지 않게 요리조리 그릇을 돌리면서 깨끗하게 헹궈주세요. 다 헹군 그릇은 식기 수납 바구니에 뒤집어 엎어두고 물기를 제거합니다. 마지막에는 깨끗한 행주로 물기 없이 닦은 다음 부엌 수납장에 넣어 정리합니다.

설거지는 비누칠하는 작업과 헹구는 작업을 두 사람이 분담해서 하면 효율적으로 끝낼 수 있답니다. 아이가 처음 설거지를 하면 음식 찌꺼기가 붙어 있거나 세제가 묻어 있을 수도 있겠지만, 설거지를 무사히 마친 성취감을 소중히 여겨주세요.

앞으로도 집안일에 즐겁게 참여할 수 있도록 부모와 자녀가 나란히 서서 함께 설거지하는 방법을 강력히 추천하고 싶습니다.

보자기 싸기

요즘에는 비닐봉지가 보자기를 대신하는 경우가 많아요. 하지만 보자기 싸는 방법을 알아두면 요긴하게 써먹을 때가 많답니다. 또 보자기에 정성스럽게 포장하는 활동을 통해 물건을 소중히 여기고, 음식을 만들어준 엄마에게 감사하는 마음을 가질 수도 있지요.

도시락을 보자기에 싸는 방법

보자기를 크게 펼쳐서 대각선이 만나는 한가운데에 도시락을 놓습니다. 그림 A와 C를 잡고 교차시켜서 매듭을 묶습니다. 그다음엔 B와 D도 마찬가지로 묶습니다. A와 C는 서로 포개기만 하고, B와 D만 매듭을 만들어 묶는 방식도 있습니다. 처음에는 옆에서 거들며 묶는 순서를 가르쳐주세요. 매듭을 만들기 쉬운 얇은 천의 큼지막한 보자기로 연습하면 좋겠지요.

네 모서리를 연결해서 묶는 방법

❶ 대각선이 만나는 한가운데에 도시락을 놓습니다.

❷ A와 C를 묶습니다.

❸ B와 D를 묶는다. 물건이 무거울 때는 A와 C의 끝자락을 한 번 더 묶으면 단단하게 쌀 수 있습니다.

보자기로 물건 싸기

물건을 보자기로 단단히 싸려면 물건의 형태를 잘 파악해서 보자기의 끝과 끝을 확실하게 묶어야 합니다. 보자기로 물건을 정성스럽게 싸는 일은 물건을 아끼고 소중히 여기는 마음가짐으로 이어질 수 있답니다.

보자기 싸기의 기본형은 네모난 도시락을 쌀 때처럼 대각선 모서리를 각각 묶어서 두 개의 매듭을 만드는 형태입니다. 병의 경우도 병 모양에 맞춰서 보기 좋게 싸면 운반하기가 한결 수월하지요. 수박처럼 둥근 공 모양이라면 보자기 가운데에 물건을 올려놓고, 아래의 그림과 같이 두 개의 모서리를 각각 묶어서 두 개의 매듭을 만듭니다. 한쪽 매듭을 다른 매듭 밑으로 넣은 다음 위로 빼내면 손으로 들기 쉽습니다.

유리병을 보자기로 싸기

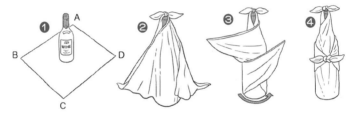

❶ 보자기 가운데에 유리병을 올려놓습니다.

❷ 병뚜껑 위에서 A와 C를 묶습니다.

❸ B와 D를 유리병의 한가운데로 엇갈리게 교차시킵니다.

❹ 병 뒤쪽에서 단단히 묶습니다.

수박을 보자기로 싸기

❶ 보자기 가운데에 수박을 올려놓습니다.

❷ A와 B, D와 C를 각각 묶습니다.

❸ 한쪽 매듭을 다른 매듭 밑으로 넣은 다음 위로 빼냅니다.

❹ 완성.

보자기 싸기를 놀이처럼

도시락을 보자기에 싸는 연습은 만 3세부터 가능합니다. 정교하게 손을 움직임으로써 두뇌 발달에도 크게 도움이 됩니다. 처음에는 네모난 플라스틱 통을 이용해 보자기 싸기를 놀이처럼 즐겨주세요.

보자기의 편리함은 물건에 따라 자유자재로 형태를 바꿀 수 있는 유연성에 있습니다. 무거운 물건이나 손에 들기 힘든 물건을 보자기에 싸면 운반이 한결 수월해집니다. 또 접어서 휴대할 수 있기 때문에 갑자기 짐이 늘어났을 때 보자기를 활용하면 아주 편리하답니다. 보자기로 포장할 때 주로 쓰이는 매듭은 기본 매듭인 옭매듭(464~465쪽 참조)입니다. 옭매듭을 충분히 연습해서 어려운 나비매듭(189쪽 참조)으로 조금씩 단계를 높여주세요.

매듭 만들기

요즘에는 스테이플러, 셀로판테이프, 접착제 등으로 간단하게 붙이기를 할 수 있어서 끈을 묶는 매듭 짓기는 점점 줄어들고 있습니다. 또 끈 없이 신을 수 있는 운동화가 등장하면서 끈 묶기는 쉽게 경험할 수 없는 일이 되었습니다. 하지만 매듭 만들기를 알게 되면 여러모로 쓸모가 많으니 어릴 때부터 손에 익힐 수 있게 지도해주세요.

운동화 끈과 머리띠 묶기가 매듭 만들기의 시작

끈을 묶어서 매듭을 만드는 일은 손을 정교하게 움직일 수 있는 절호의 기회입니다. 아이들이 끈을 묶어볼 기회가 있다면 운동화 끈과, 운동회나 체육 시간에 사용하는 머리띠입니다. 그러나 끈 없이 신을 수 있는 운동화가 등장하면서 운동화 끈 묶기를 못하는 아이들이 늘고 있어 안타깝습니다. 머리띠 묶기는 머리 뒤쪽으로 묶어야 하는 어려운 동작인데, 학교에서 유일하게 연습할 수 있는 기회입니다. 다만 머리띠를 두르지 않는 학교도 많아서 경험하지 못하는 아이도 있지요.

사각 옭매듭 만들기(나비매듭은 189쪽 참조)

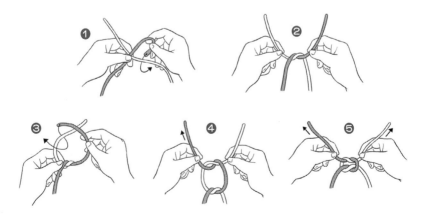

① 가위표를 만들어서 아래로 감습니다.

② 한 번 묶습니다.

③ 한 번 더 가위표를 만들어서 휘감습니다.

④ 휘감은 자리에서 잡아당깁니다.

⑤ 단단히 조입니다.

사각 옭매듭 풀기

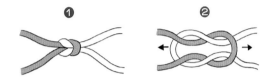

매듭 마디를 화살표 방향으로 잡아당깁니다.

안전핀 사용하기

안전핀이란 바늘 끝이 안전하게 덮여 있는 옷핀으로, 일상생활에서 아주 유용하게 쓰이는 생활용품입니다. 최근에는 안전핀을 사용할 기회가 점점 줄어들고 있지만, 안전핀을 이용해서 이름표를 다는 경우도 있으니 평소에 익혀두면 좋겠지요.

두루두루 쓰이는 안전핀

자신의 가슴에 이름표를 다는 일은 양손과 눈의 협응 동작으로 적당한 손의 힘, 방향 등 세심한 감각을 필요로 하기 때문에 아이들에게는 어려운 작업입니다. 이름표 달기가 아니더라도 비상용 안전핀은 요긴하게 쓰일 수 있으니 사용법을 확실하게 알아두었으면 합니다.

먼저 안전핀을 손에 쥐는 방법, 안전핀을 끄르는 방법, 다시 고정시키는 방법을 가르칩니다. 그다음에는 물건에 부착된 안전핀을 빼고 다시 꽂는 동작을 반복하고, 이어서 자신의 옷에 붙어 있는 안전핀을 풀고 다시 꽂는 작업을 손에 익힐 때까지 충분히 연습시키세요.

안전핀 잠그기

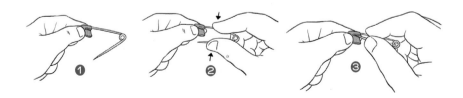

① 왼손 엄지손가락과 집게손가락으로 안전핀 덮개 부분을 잡습니다.

② 오른손 집게손가락과 엄지손가락으로 안전핀의 가운데 부분을 쥐고 엄지손가락과 집게손가락을 서로 가까이 가져갑니다.

③ 엄지손가락과 집게손가락 안쪽이 충분히 만나는 지점에서 힘을 느슨히 한 다음 바늘을 덮개에 고정시킵니다.

안전핀 꽂기

① 왼손으로 옷을 살짝 붙잡아서 올리고 안전핀 바늘을 옷에 찔러 넣습니다.

② 안전핀 바늘을 수평으로 빼냅니다.

③ 안전핀 바늘을 덮개보다 조금 위로 잡아 올린 다음 덮개에 채워넣습니다(엄지손가락 안쪽을 중심으로 움직여갑니다).

바늘에 실 꿰기

바늘에 실을 꿰는 동작은 손끝의 세심한 감각과 집중력을 요하는 협응 작업입니다. 요즘은 집에서 바느질을 하는 일이 줄어든 탓에 초등학교 실습 시간에 바느질을 처음 접하는 아이도 많습니다. 바늘에 실 꿰기는 익숙해질 때까지 다소 시간이 걸리지만 한번 배워두면 평생 써먹을 수 있는 생활의 기술이니 꼭 알려주세요.

일상에서 바느질을 자주 경험하기

바느질을 할 때 필요한 실 묶기, 매듭 짓기를 충분히 연습한 다음 간단한 바느질을 가르쳐주세요. 단추가 떨어졌을 때나 치맛단이 풀렸을 때 등 일상생활에서 바느질을 자주 경험하면 바늘에 실 꿰기는 물론이고 바느질에도 조금씩 익숙해지겠지요.

바늘에 실 꿰기

❶ 실 끝을 비스듬히 자릅니다.

❷ 실 끝부분을 잡고 바늘구멍에 통과시킵니다. 오른손을 왼손에 바짝 붙이고 오른손을 고정하면 쉽게 집어넣을 수 있습니다.

❸ 필요한 길이로 실을 잘라서 끝을 묶습니다.

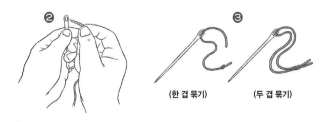

(한 겹 묶기)   (두 겹 묶기)

시작매듭(바느질 시작)

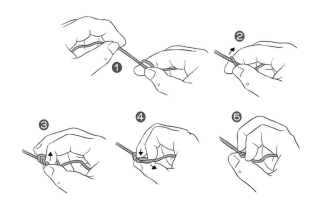

① 실 끝을 집게손가락에 한 번 감습니다.

② ③ 엄지손가락으로 실을 누르고 집게손가락에 감은 실을 꼬아서 합칩니다.

④ ⑤ 꼬아 합친 지점을 가운뎃손가락으로 누르고 실을 잡아당깁니다.

끝매듭(바느질 마무리)

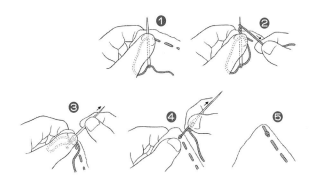

① 바느질이 끝나는 지점에 바늘을 맞대고 엄지손가락으로 누릅니다.

② 옷감에서 나온 실을 바늘에 두세 번 감습니다.

③ ④ 감은 지점을 엄지손가락으로 살짝 누르고 바늘을 빼서 실을 당깁니다.

⑤ 불필요한 실을 잘라내고 깔끔하게 마무리합니다.

기본 바느질하기

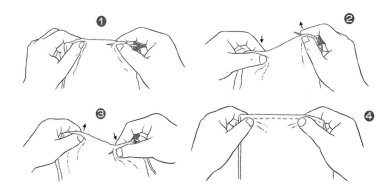

① 실을 꿴 바늘을 옷감에 한 번 찔러 넣은 다음 바늘구멍에 골무를 대고 바늘과 옷감을 잡습니다.

② 오른손 엄지손가락과 집게손가락을 번갈아 움직이면서 꿰매기 시작합니다.

③ 왼손도 번갈아 움직입니다.

④ 바느질이 끝나면 바늘땀이 울지 않도록 실을 훑어냅니다.

골무 사용법

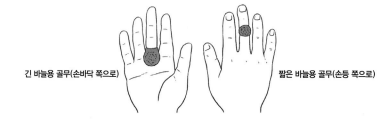

긴 바늘용 골무(손바닥 쪽으로)

짧은 바늘용 골무(손등 쪽으로)

공구를 사용해 목공예하기

다양한 도구를 이용해서 직접 물건을 만들어보는 체험은 재미나고 흥미롭습니다. 하지만 만들기에 필요한 공구를 제대로 사용하지 못한다면 당연히 의욕도 사그라지겠지요. 특히 톱과 망치, 못은 올바른 사용법을 이해하지 못하면 쉽게 쓸 수 없는 연장입니다. 아이들에게 다양한 도구의 사용법을 알려준다는 의미로 안전을 강조하며 알려주세요.

톱질하기

톱질을 하기 전에 나무판자를 놓는 방법과 누르는 방법을 충분히 훈련시킵니다. 그 다음에는 톱 사용법을 가르칩니다. 양날톱의 경우 나뭇결 방향을 따라 쪼개는 '세로 켜기'와 나뭇결에 직각 방향으로 자르는 '가로 자르기'를 구별할 수 있도록 가르쳐줍니다.

톱질은 엄지손가락의 마디 혹은 손톱을 이용해서 나무판자에 가볍게 홈을 내는 것으로 시작합니다. 톱길이 만들어지면, 위에서 내려다보면서 톱니가 좌우로 흔들리지 않도록 톱을 똑바로 당겼다가 밀어내는 직선 운동을 반복합니다. 나무판자와 톱의 각도는 10~30도 정도로 맞추고, 톱을 당길 때 힘을 넣습니다. 톱질을 마무리할 때는 나무판자의 무게 탓에 나머지 판이 부러지지 않도록 한쪽 손으로 조심스럽게 떠받칩니다. 처음에는 어려운 동작이지만 익숙해지면 나무판자를 척척 자를 수 있게 됩니다.

초등학교 저학년 아이라면 어른이 먼저 톱질 방법을 자세히 보여준 뒤에 조금씩 익힐 수 있도록 단계를 밟아가며 차근차근 가르쳐주세요.

망치질하기

아이들이 못질하는 모습을 보면 못을 손가락으로 잡고 치는 아이, 망치 손잡이를 짧게 잡고 못을 치는 아이 등 아슬아슬한 광경을 많이 보게 돼요. 그만큼 못질 경험이 없다는 뜻이겠지요. 더군다나 못과 망치를 이용해서 만들기를 하는 일도 거의 없다 보니 초등학교 실습 시간에 처음으로 망치를 구경하는 아이도 있는 것 같습니다.

못을 치는 공구로 다양한 종류의 망치가 있는데, 아이에게 적합한 목공용 망치를 사용하면 좋겠지요. 머리가 원기둥 모양으로 생긴 목공용 망치의 경우 못을 쳐서 넣는 면(평평한 면)과 못질 마무리 단계에서 다듬는 면(가운데가 볼록 부풀어 있는 면)으로 망치 머리가 나뉘므로 먼저 구별하는 방법을 가르쳐줘야 합니다.

못의 종류도 다양한데, 일반적으로 쓰이는 못은 철제로 된 둥근 못입니다. 못의 길이는 판 두께의 두 배 정도 되는 것이 적당합니다.

못질하기

못질을 할 때는 우선 못질할 장소를 정합니다. 판자가 깨질 수 있기 때문에 너무 가장자리에 못을 치지 않도록 적당한 위치를 가르쳐줍니다. 딱딱한 판자나 두꺼운 나무판자에 못을 칠 때는 송곳으로 구멍을 뚫은 다음 못질을 하면 훨씬 쉽지요.

못질은 한쪽 손가락을 오므려 살짝 쥐듯이 못을 잡고 다른 한손으로는 망치 머리의 평평한 면을 내리치면서 시작합니다. 이때 망치 손잡이의 잘록한 부분을 손바닥으로 꽉 잡고 가볍게 못을 때립니다. 손을 떼도 못이 고정되는 상태까지 못질을 한 다음 한쪽 손을 일단 내리고 다른 한손으로 쿵 쿵 치며 더 깊이 못을 박습니다. 이때 망치를 짧게 잡지 않도록 손잡이 뒤쪽을 잡고, 못이 휘어지지 않게 조심하면서 팔꿈치로 원을 그리듯이 망치의 무게를 이용해서 못을 내리칩니다. 못질의 끝마무리는 망치의 볼록 면을 이용해서 못의 머리가 단단히 고정되게 다듬는다는 느낌으로 망치를 두드리면서 합니다.

청소하기

학교에서는 아이들이 교실과 복도를 직접 청소합니다. 빗자루와 쓰레받기, 걸레가 주요 청소도구인데, 사용법을 알면 아이들이 훨씬 쉽게 학교에서 청소를 할 수 있어요. 집에서도 엄마의 일을 도울 수 있지요.

비질하기

먼지나 쓰레기를 쓸어낼 때 쓰는 빗자루는 재질, 모양, 크기가 아주 다양합니다. 각각의 용도에 맞게 마당비, 방비 등이 있으니 청소하는 장소에 따라 적절하게 선택하면 되지요. 최근에는 청소기를 이용하는 가정이 많아서 빗자루를 구경하기 힘들지만, 실내용 빗자루를 마련해두면 여러모로 편리합니다.

손잡이가 짧은 빗자루는 한손으로 엄지손가락이 아래를 향하게 쥐고, 손잡이가 긴 빗자루는 양손으로 엄지손가락이 위로 향하게 빗자루를 잡습니다. 쓰레기를 모아두는 장소를 정해서 그 방향으로 천천히 비질을 시작합니다.

실내에서는 장판이나 나무의 결을 따라 비질을 해야 합니다. 장판 결을 따라 쓸지 않으면 자잘한 먼지가 바닥 틈새로 다시 들어가버리거든요. 비질을 할 때 바닥에서부터 통통 튀기듯 쓸어 올리지만 않으면 먼지가 흩날리지 않습니다. 또 각도를 달리해서 빗자루의 앞부분을 사용하면 방 구석구석 좁은 곳까지 깨끗하게 청소할 수 있답니다.

쓰레받기에 쓰레기 담기

쓰레받기도 종류가 많아서 쓰임에 맞게 선택해야 합니다. 단, 쓰레받기가 일그러져 있으면 쓰레기를 깨끗이 담아 모을 수 없기 때문에 모양이 깨지지 않은 것을 준비해주세요.

비질을 한 다음 쓰레받기에 담을 때는 쓰레기를 한 군데로 모으고 나서 먼지가 날리지 않게 조심조심 빗자루로 쓸어 넣습니다. 쓰레받기의 밑면을 방바닥에 찰싹 붙이는 것이 깨끗하게 쓸어 모으는 비결입니다. 또 쓰레받기를 약간 비스듬하게 기울이면 쓰레기를 좀 더 쉽게 담을 수 있지요.

예전에는 청소할 때 축축한 신문지를 잘라서 바닥에 뿌려두고 쓰레기와 함께 신문지 조각을 쓸어 모음으로써 먼지 나지 않게 비질을 하곤 했습니다. 요즘은 흔히 볼 수 없는 풍경이지만, 이런 생활의 지혜를 아이들에게 들려주면 좀 더 흥미를 갖고 빗자루와 쓰레받기를 사용할지도 모릅니다. 아이가 다양한 청소도구를 직접 사용해보면서 요령을 익힐 수 있도록 적극적으로 이끌어주세요.

걸레질하기

비질을 끝냈다면 걸레질을 할 차례이지요. 아이에게 걸레 짜기를 지도할 때는 어른이 먼저 본보기를 보여주세요. 동작 자체가 어렵지 않기 때문에 어른의 손놀림을 지켜보면서 아이는 방법을 쉽게 익힐 수 있답니다.

걸레의 물기 짜기

걸레를 깨끗하게 빨아서 마지막에 물기를 꼭 짤 때는 검도에서 대칼을 손에 쥐는 방식처럼 걸레를 세로로 들고 짜면 좋습니다. '세로 짜기'에 익숙하지 않다면 조금 어렵겠지만, 일단 익숙해지면 힘을 주기 쉬워서 걸레의 물기를 말끔하게 짤 수 있습니다. 또 헹굼물에서 끄집어낸 걸레를 바로 들어올려 짜기까지의 동작이 자연스럽게 이어지기 때문에 주위에 물을 튀기지 않고 깨끗이 마무리할 수 있지요. 어른도 가로 짜기로 걸레를 짜는 사람이 많은데, 세로 짜기가 훨씬 효율적입니다.

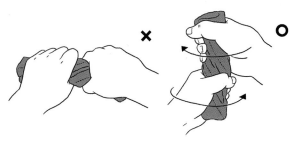

가로 짜기는 힘을 주기가 어려워서 걸레를 효율적으로 짤 수 없어요.

손바닥을 위로 향한 상태에서 걸레를 잡고, 그대로 손등이 위로 오도록 왼손, 오른손 동시에 안쪽을 향해 걸레를 비틉니다. 이때 걸레를 잡는 위아래 순서는 왼손, 오른손 구별 없이 잡습니다. 물기를 확실하게 제거하고 싶을 때는 이 동작을 여러 차례 반복합니다.

걸레로 닦기

걸레질을 할 때는 걸레를 장소에 따라 모양을 바꾸어서 사용합니다. 예컨대 마룻바닥을 닦을 때는 걸레가 두 손에 꽉 잡힐 정도로 걸레를 크게 펼치고, 선반 위를 닦을 때는 한손을 펼친 크기만큼 걸레를 접어서 닦습니다. 또 창틀을 닦을 때는 손가락 끝으로 누르듯이 걸레질을 합니다. 때가 잘 떨어지지 않는 곳도 창틀 닦는 방식으로 닦으면 힘이 들어가서 더러움을 제거하기 쉽습니다. 걸레를 접어서 사용할 때는 더러워진 쪽을 안쪽으로 뒤집어서 깨끗한 쪽으로 닦아야겠지요.

마룻바닥의 경우 나뭇결이 보이면 결을 따라 한 방향으로 걸레질해야 합니다. 또 구석구석 꼼꼼하게 걸레질을 해서 놓치는 부분 없이 닦을 수 있게 지도해주세요.

최근에는 걸레를 구입하는 가정도 있는 것 같은데, 닳은 수건이나 속옷을 재활용하는 쪽이 훨씬 경제적이면서 용도에 따라 크기를 잘라서 쓰기도 쉽답니다.

우산 사용하기

비가 오면 꼭 사용해야 하는 생활도구가 우산이지요. 그런데 우산은 조금만 잘못 사용하면 아이가 다칠 수 있고 다른 사람들까지 다치게 할 수도 있어요. 편리한 도구인 우산이 위험한 도구가 되지 않게끔 확실하게 사용법을 알려주세요.

우산 펼치고 접기

우산의 형태는 손으로 직접 펼치는 수동식과 원터치 방식으로 펼쳐지는 자동식으로 나눌 수 있습니다. 자동식은 손잡이 쪽에 있는 버튼을 누르면 우산이 바로 펼쳐지지만, 수동식 우산은 약간의 조작이 필요합니다.

수동식 우산을 펼 때는 한 손으로 손잡이를 잡고 다른 손의 엄지손가락으로 아래쪽 용수철(우산 중심대에서 손잡이 쪽에 붙어 있는 용수철)을 밀어서 우산 뼈대가 모이는 중심 고리 부분의 딸깍 소리가 나는 곳까지 펼쳐 올립니다. 손가락으로 누르면서 동시에 밀어 올리는 동작이 우산 펴기의 포인트입니다. 작동 방식을 이해한 다음에는 몇 차례 반복해 연습하다 보면 바로 손에 익힐 수 있습니다.

우산을 접을 때는 중심 고리 구멍으로 튀어나온 용수철을 밀어 넣으면서 중심 고리를 끌어내리고 고리 구멍에 아래쪽 용수철이 확실하게 끼워지게 합니다. 자동식 우산이라도 중심 고리를 끌어내리는 데 다소 힘이 들어가는 경우도 있습니다.

접은 우산 깔끔하게 정리하기

접은 우산이 다시 펼쳐지지 않게 하려면 손잡이 부분에 있는 홈에 우산살을 고정시키고, 손가락을 가지런하게 펼쳐서 덮개 사이사이에 집어넣으며 우산살 사이에 낀 덮개 천을 바깥쪽으로 끄집어냅니다. 덮개 천을 모두 끄집어내면 여밈끈의 방향을 확인한 다음, 덮개 부분을 돌돌 말아서 여밈끈으로 고정합니다.

우산 이용 예절

우산을 이용할 때는 주위 사람에게 민폐를 끼치지 않도록 우산 예절을 확실하게 가르쳐주세요. 당연한 얘기겠지만 사람이 없는 방향으로 우산을 조심스럽게 펼치고, 접은 우산을 들고 있을 때도 다른 사람을 치지 않도록 타인을 배려해야 합니다.

실내로 들어가기 전에는 다른 사람에게 물이 튀지 않게 우산의 물기를 조심조심 털어내고, 가까이 있는 사람을 찌를 수도 있으니 우산을 옆으로 기울여 들거나 우산을 앞뒤로 흔들면서 걸으면 절대 안 됩니다. 또 우산이 갑자기 펼쳐지지 않게끔 확실하게 접어서 여밈끈으로 고정해야겠지요. 아이가 예절을 자연스럽게 익히려면 평소 어른들이 정확한 본보기를 보여주는 것이 가장 중요하답니다.

연필 바르게 잡고 글씨 쓰기

연필을 바르게 잡고 글씨를 쓰면 손가락이나 손목에 불필요한 힘이 들어가지 않아 오랫동안 연필을 쥐고 있어도 힘들지 않고 글씨가 아주 깔끔하게 써집니다. 게다가 연필 잡는 손힘을 조절하기 쉬워서 자잘한 글씨까지 반듯하게 쓸 수 있습니다. 요컨대 '연필 바르게 잡기'는 효율적인 글씨 쓰기로 이어지는 지름길인 셈이지요.

연필 잡는 법

연필이 깎여진 부분에서 1~2센티미터쯤 올라온 지점을 엄지손가락과 집게손가락, 가운뎃손가락으로 잡습니다. 집게손가락은 힘을 주지 않고 살짝 누르기만 합니다. 처음 연습할 때는 손에 쥐기 편한, 길이 10센티미터 이상의 연필을 이용해주세요. 그리고 2B나 3B와 같이 연필심이 부드러우면서도 진한 연필을 준비합니다. 아래 그림의 나쁜 예(×)에서도 알 수 있듯이, 집게손가락에 힘이 너무 많이 들어가면 손가락 끝이 뒤로 꺾이고 손톱도 하얗게 변합니다. 또 연필을 손가락에 끼우듯이 잡으면 엄지손가락이 잡는 역할을 제대로 하지 못합니다.

엄지손가락, 집게손가락, 가운뎃손가락으로 잡습니다. 집게손가락은 힘을 주지 말고 살짝 누르기만 합니다.

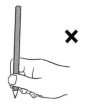

집게손가락에 지나치게 힘이 들어가면 손가락 끝이 뒤로 꺾이고 손톱도 하얗게 변합니다.

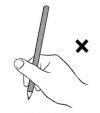

연필을 손가락에 끼우듯이 잡으면 엄지손가락이 잡는 역할을 제대로 하지 못합니다.

연필 잡기와 젓가락질의 공통점

젓가락을 바르게 잡습니다. 아래쪽 젓가락을 살짝 뺍니다. 위쪽 젓가락을 조금 위로 끌어올립니다. 연필 잡는 모양이 됩니다.

일단 잘못된 방법에 길들여지면 다시 바로잡는 데 엄청난 노력과 시간이 필요합니다. 그래서 처음부터 연필을 잡을 때 제대로 정확하게 쥐는 방법을 배우고 익히는 일이 가장 중요하지요. 그러니 부모가 옆에서 반복해서 가르쳐주세요. 또 부모 스스로 연필을 바르게 쥐고 있는지 확인해보고 좋은 본보기가 되어주세요.

글씨 쓰기 연습

등을 곧게 펴고 머리를 조금 앞으로 내밉니다. 노트나 종이를 책상 앞에 놓습니다. 연필을 잡지 않는 손은 종이가 움직이지 않게 살짝 누릅니다. 노트와 눈 사이는 30센티미터 정도의 거리를 둡니다(480쪽 참조).

먼저 직선, 곡선, 원 등 간단한 도형 그리기를 연습한 다음 본격적인 글씨 쓰기에 들어갑니다. 글씨체 교본을 통해 글자의 균형을 가늠하면서 쓰기를 훈련하고, 본을 따라서 덧쓰기를 연습합니다. 덧쓰기 훈련을 충분히 마쳤다면 커다란 모눈종이 노트에 한 글자씩 또박또박 적게 합니다. 글자가 칸에서 벗어나지 않게끔 글자 크기를 조절해서 적는 연습을 지도해주세요(480쪽 참조). 이때 아이가 연필을 바르게 쥐고 있는지 확인해주고, 혹시 잘못되었다면 바로잡아주세요.

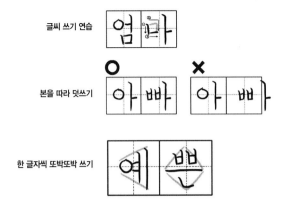

글씨 쓰기 연습

본을 따라 덧쓰기

한 글자씩 또박또박 쓰기

글씨를 쓰는 바른 자세

❶ 노트와 눈 사이는 30센티미터 정도의 거리를 둡니다.

❷ 한 손으로 연필을 잡고, 다른 손으로 노트를 살짝 누릅니다.

❸ 등을 곧게 펴고 머리를 조금 앞으로 내밉니다. 양쪽 다리를 적당히 벌려서 앉으면 몸이 안정감을
유지할 수 있어요.

가위 사용하기

아동기에 접어들면 가위를 사용해서 종이를 원하는 모양대로 오리거나 선을 따라 가지런히 자를 수 있게 됩니다. 가위와 종이를 각각 든 오른손과 왼손을 요령 좋게 움직여서 자르는 일이 빨리 깔끔하게 자르는 비결이라고 할 수 있겠지요. 오른손잡이 혹은 왼손잡이냐에 따라 가위를 쥐는 손과 종이를 드는 손이 바뀌지만, 가위를 움직이는 방법은 똑같습니다.

직선 자르기

오른손잡이의 경우 왼손에 종이를 들고 종이에 그려진 직선이 가위를 잡은 손의 손바닥 쪽으로 향하게끔 한 뒤 잘라 나갑니다. 이때 가위의 날이 종이와 수직이 되게 가위를 잡습니다.

본격적인 가위질을 시작하기 전에 가위의 날을 크게 벌리고 종이를 안쪽으로 끼우듯이 자세를 잡습니다. 자르는 길이가 가윗날의 길이보다 짧을 때는 날 끝이 완전히 포개질 때까지 힘을 줘서 한 번에 잘라냅니다. 한편 자르는 길이가 더 길 때는 날 끝이 포개지기 전에 가위의 움직임을 멈추고 다시 날을 크게 벌려서 날 안쪽부터 되풀이해서 잘라나갑니다.

곡선 자르기

직선을 자를 때와 마찬가지로, 오른손잡이는 왼손으로 종이를 들고 곡선이 손바닥으로 향하게끔 한 뒤 자르기 시작합니다. 좌우로 구부러진 곡선이라면 선이 손등 쪽으로 향할 때도 있겠지요. 곡선에 접어들었을 때는 그려진 선을 날 끝으로 쫓아가듯이 자르면서 왼손으로 잡고 있는 종이를 조금씩 회전시킵니다. 되도록 가윗날 끝이 몸의 정면

쪽으로 향하는 상태에서 종이를 세심하게 움직이면 깨끗이 자를 수 있답니다.

처음에는 시간을 충분히 갖고 조심조심 가위질을 연습시키세요.

가위 잡는 법

손잡이 아래쪽 구멍에는 집게손가락과
가운뎃손가락을 넣고, 위쪽 구멍에는
엄지손가락을 넣습니다.

가위 손잡이 구멍에 엄지손가락과
가운뎃손가락을 각각 넣고, 집게손가락은
손잡이 언저리에 살짝 얹어둡니다.

손잡이 구멍에 손가락을 너무 깊이 넣지
않도록 주의합니다.

그림과 같이 가위를 잡으면 가윗날을
정교하게 움직일 수 없습니다.

자 사용하기

길이나 크기의 개념은 유아기부터 체험을 통해 조금씩 자라납니다. 두 가지 이상의 물건을 서로 비교함으로써 길고 짧음이나 크고 작음을 감각적으로 몸에 익히게 되지요. 초등학교 저학년 때는 자를 이용해서 길이를 재는 방법을 배웁니다. 학년이 높아지면 도형을 완성할 때 필요한 선을 온전히 그리기 위해 삼각자를 사용하기도 합니다.

길이 재기

초등학교 1, 2학년생들이 주로 사용하는 자는 30센티미터의 기본 자입니다.

길이를 잴 때는 먼저 자의 1밀리미터의 눈금이 있는 쪽을 왼쪽으로 향하게 놓고, 길이를 재고 싶은 선의 끝단과 자의 왼쪽 끝(0센티미터 점)을 맞추어 자를 갖다 댑니다. 길이를 재는 동안에 자가 휘어지지 않도록 자의 윗면을 왼손가락 끝으로 꽉 누릅니다. 선과 자를 맞추는 미세 조정은 오른손으로 합니다. 자의 눈금을 위에서 읽어내면서 길이를 정확하게 잽니다.

아이들은 길이 재기를 배우면 주변에 있는 다양한 사물을 직접 자로 재보고 싶어 합니다. 실제 몸을 움직여 한 작업은 기억에 또렷이 남아서 생활이나 수업에 충분히 활용할 수 있답니다. 이처럼 아이의 호기심을 자극해서 다양한 물건을 직접 측정해보는 체험은 여러모로 도움이 되지요.

직선 긋기

쉽게 그릴 수 있을 것 같지만 직선 긋기가 의외로 어렵습니다. 자를 갖다 대도 선이 일그러지거나 때로는 누른 손가락 모양까지 그려지는 일도 있습니다. 직선을 그을 때는 종이에 자를 올리고 왼손가락 끝으로 자를 단단히 눌러줘야 합니다. 이때 손가락의 간격을 펼쳐서 누르면 자가 안정감 있게 자리 잡을 수 있습니다.

위에서 자를 내려보면서 연필 끝을 자에 대고 천천히 그어나갑니다. 눈으로 연필의 움직임을 좇으면서 한 번에 확실하게 긋게 해주세요. 선을 반듯하게 그을 줄 알면 아이는 자를 이용해서 그림을 그리는 일에 자신감을 갖게 됩니다.

가족의 구성원임을 자각하기

핵가족화, 생활의 편리함 추구, 가치관의 변화로 인해 우리 아이들은 진짜 소중한 것을 느껴볼 기회를 잃은 것은 아닌지 되돌아봐야 합니다.

가족을 자각하기에 가장 적절한 시기

아이들은 가족이라는 서로 다른 나이대의, 고정된 몇몇 사람들로 구성된 집단에서 긴 시간을 보내면서 어엿한 인간이 되기 위해 다양한 것들을 배워나갑니다. 특히 초등학교에 다니는 학령기는 '작은 어른'이라고 일컬어질 정도로 심신의 발달이 두드러지고 지식의 폭도 넓어지며 인간 형성의 기초를 다지기에 가장 적합한 시기라고 말할 수 있습니다.

그런데 안타깝게도 현대사회는 인간의 가치를 학력으로 판단하는 풍조가 퍼져 있어 성적 올리기에 온힘을 기울이는 반면 정작 갈고닦아야 할 인성, 가정훈육, 가족 유대감의 소중함을 가르치는 일에 소홀한 편입니다. 가정훈육의 목적은 아이를 자립시키는 일입니다. 홀로서기를 위해서는 우선 아이 스스로 가족의 일원이라는 자각이 필요하고 가족의 구성원으로서 책임의식을 갖도록 가정에서 철저히 지도해야 합니다.

자립을 향한 길

아이의 자립심을 키워주는 확실하면서도 쉬운 방법은 가장 가깝고도 사랑하는 가족의 도움을 받으면서 아이에게도 가족을 위해 도움이 되는 일을 분담시키고 책임감을 갖게 하는 일입니다. 그러니 청소, 강아지 산책, 책상 정리, 현관 정리, 설거지 등 연령과 발달에 맞는 집안일을 가르쳐주고 맡겨주세요.

처음에는 부모가 본보기를 보이고 곁에서 지켜보면서 조금이라도 시도하면 용기를 북돋워주고 따뜻한 감사 인사를 건네면서 그 행동을 꾸준히 지속하도록 이끌어주는 일이 중요합니다. 시작 단계부터 완벽함을 요구하면 아이가 오히려 주눅이 들고 맙니다. 하면 할 수 있다는 성취감, 가족의 구성원으로서 보탬이 된다는 만족감을 느끼게 해주세요. 그런 마음은 또 다른 의욕으로 이어지며, 그렇게 길러진 자신감은 분명 아이의 성장과 자립에 큰 힘이 되지요.

부모의 역할 배우기

가정훈육은 부모로서 오랜 세월 동안 아이에게 영향을 끼치는, 아이에게 더할 나위 없이 중요한 교육입니다. 초등학교 저학년 때는 남녀 구별 없이 훈육을 하는데, 그렇기에 더더욱 아버지다움과 어머니다움을 온전히 발휘해서 아이가 동경하는 어른의 본보기를 보여주어야 합니다.

매력적인 아버지상

용기와 인내심이 필요한 일이나 놀이는 아빠가 모범을 보일 수 있는 절호의 기회입니다. 또 자상하면서도 대범하고, 옳고 그름의 판단을 엄격히 구분하고, 강인한 남자다움과 함께 엄마를 아끼고 사랑해주는 모습은 누가 봐도 아주 매력적이지요.

이처럼 이상적인 아빠가 되기 위한 노력들은 부모와의 관계가 삐거덕대기 쉬운 청소년기에 대비해서 미리 아빠와 아이 사이에 굵은 신뢰 파이프를 개설해나가는 과정이기도 합니다.

긍정적인 어머니상

자녀뿐만 아니라 온 가족은 엄마를 통해 안도감과 마음의 안정을 찾습니다. 이러한 가족의 기대에 부응하기 위해서는 엄마가 먼저 마음의 여유를 가져야 합니다. 학교에서 방금 돌아온 아이를 향해 "빨리 숙제해야지", "학원 시간 늦지 않게 빨랑빨랑 준비해!" 하며 쏘아붙인다면 아이는 숨이 턱턱 막힐 만큼 힘들어할지도 모릅니다. 아이의 의욕도 줄어들기 마련이지요.

감독이나 감시의 역할은 금물입니다. 물론 너무 어두운 엄마, 쌀쌀맞은 엄마도 바람직하지 않지요. 그때그때, 그날그날 기분 상태에 따라 백팔십도로 달라지는 '기분파 엄마'도 가정의 분위기를 해치겠지요. 아이의 노력을 인정해주고 아이가 의욕을 가질 수 있게, 될 수 있는 대로 밝고 긍정적인 어머니상을 보여주셨으면 합니다.

아빠와 엄마가 손을 맞잡고

최근에는 자녀가 초등학교에 입학하면 엄마가 재취업하는 경우도 많은 것 같습니다. 그 상황에서 육아를 도와줄 사람도 없고 아빠마저 바쁘다면 회사일과 자녀교육, 집안일이 엄마의 두 어깨를 심하게 짓누를 수밖에 없습니다.

아이들은 아빠와 엄마가 서로 협력하며 사는 모습을 보며 균형감 있게 자라나는데, 엄마 혼자만 자녀교육을 책임져야 하는 상황에서 지나친 과잉보호 혹은 지나친 무관심으로 아이를 대한다면 따스하고 포근한 어머니상을 보여줄 수 없을 뿐만 아니라, 모자 관계만 더 나빠질 따름입니다.

최근에는 '아빠와 엄마가 함께 양육하자'는 목소리가 점점 힘을 얻고 있는데, 이는 당연한 일이지요. 엄마의 포근함을 충분히 발휘하기 위해서는 아빠의 적극적인 집안일 참여가 절대적으로 필요하다는 사실, 잊지 마세요.

형제자매의 싸움

방금 전까지 사이좋게 놀던 남매가 어느 순간 싸우기 시작하면 엄마는 당황해서 당장 싸움을 그만두게 하고 혼내기 시작하죠. 그런데 잠시 후, 아이들은 다시금 사이좋게 놀기 시작합니다. 언제 싸웠냐는 듯이요. 이런 아이들 사이에서 부모는 어떻게 하는 게 현명할까요?

형제자매의 사랑과 전쟁

어느 날 동생과 심하게 다투고 씩씩거리는 초등학교 2학년 아이에게 "정말 잘 참았어. 지금쯤 동생도 후회하고 있을 거야" 하고 위로를 건네자 울음 섞인 목소리로 "걘 후회 같은 거 몰라요. 동생이 이 세상에서 사라졌으면 좋겠어요" 하며 하소연했습니다. 저는 놀랐습니다. 보통 때는 두 살 아래의 여동생에게 "너무너무 귀여운 우리 동생!" 하며 뽀뽀해줄 정도로 사이가 좋았거든요.

형제 싸움의 밑바탕에는 애정과 미움이 뒤섞인 감정이 자리 잡고 있습니다. 있는 그대로의 감정이 서로 맞부딪치면서 다툼이 생기는 것이지요. 형제자매는 싸움과 화해를 반복하는 가운데 참을성과 서로의 입장을 이해하는 방식을 조금씩 배워나갑니다.

부모는 아이들이 다투는 모습을 보고 싶어 하지 않기 때문에 자신도 모르게 욱하는 감정을 드러내며 섣불리 중재에 나섭니다. 하지만 상처가 날 정도의 주먹질이 아니라면 가만히 지켜보는 것도 좋은 방법입니다. 형제가 심하게 다툴 때는 싸움의 원인, 개입이나 충고를 해야 하는지 등을 충분히 생각한 다음에 차분하게 행동에 나서야 합니다.

부모와 자녀의 삼각관계

형제 싸움의 주된 원인은 바로 질투와 시기입니다. 부모가 집에 없을 때는 대체로 형제가 다투지 않고 서로 의기투합하며 지냅니다. 이는 형제자매의 관계에서 부모가 깊이 연관되어 있음을 의미합니다.

질투의 원인은 부모의 사랑을 빼앗기고 싶지 않아서입니다. 아이들은 부모의 사랑이 누구에게 향하는지 늘 신경을 곤두세우고 있습니다. 따라서 "이제 초등학생이 되었으니까" 하며 갑자기 태도를 바꾸거나, "의젓한 형이니까" 하며 첫째의 역할을 강요해서는 안 됩니다. 질투는 나이와 전혀 관계없는 인간의 감정이기 때문이지요.

부모는 한결같은 마음으로 '애정의 증표=동정'을 형제에게 똑같이, 듬뿍 베풀어야 합니다. "동생이 없어졌으면 좋겠어!" 하며 소리치는 아이를 혼내기보다 "너도 그만큼 괴롭다는거지?" 하며 자상하게 아이의 마음을 받아주세요. 이렇게 아이들의 마음을 헤아려주려고 노력하다 보면 "동생이 귀여워!" 하며 안아줄지도 모릅니다.

동생을 기꺼이 보살피기

예전에는 다양한 연령대의 아이들이 함께 노는 일이 많았는데, 요즘엔 그런 기회나 상황이 점점 줄어들고 있습니다. 다채롭게 어울리지 못하다 보니 관계 맺기나 친구 만들기를 어려워하는 아이도 생기고 있지요. 하지만 학교생활이나 사회생활을 하다 보면 언니나 오빠, 형 혹은 동생을 돌볼 기회가 늘어나서 동생을 보살피는 방법도 조금씩 익혀나가게 됩니다.

가정에서, 지역사회에서 경험 쌓기

동생을 돌보는 행동이나 마음가짐은 가정에서 먼저 키울 수 있습니다. 무엇보다 부모의 모습이 본보기가 되겠지요. 부모는 첫째에게는 첫째의 역할과 언행을 가르쳐주고, 둘째에게도 마찬가지로 이를 이해시키면서 형제에게 똑같이 사랑을 베풀어야 합니다. 형제자매가 없더라도 동생을 보살피는 일은 부모가 기회가 닿을 때마다 가르쳐줘야 합니다. 그리고 동생을 잘 돌봤을 때, 어린 동생에게 친절히 대했을 때는 아주 사소한 행동이라도 듬뿍 칭찬해줘야겠지요.

형제자매가 있다면 동생을 챙겨주고 또 형이 보살펴주는 상황을 일상생활에서 경험할 수 있고, 친구들과의 관계에서 보살펴주고 보살핌을 받는 방법이 자연스레 자리 잡게 됩니다. 아이가 동생을 기꺼이 보살펴주었을 때 느끼는 기쁨이나 즐거움은 커다란 자신감으로 이어지고 또 다른 의욕을 솟구치게 합니다.

지역사회에서도 조금만 관심을 기울이면 다양한 방법으로 다양한 연령대의 아이들과 친하게 지낼 수 있습니다. 구체적인 예를 들면, 이웃집 아이들과 함께 놀거나 지역단체에서 개최하는 어린이 행사에 참가하거나 어린이 예체능 교실 등을 통해 다양한 연령대의 아이들을 만날 수 있습니다. 아이들은 활동이나 경험을 통해 상급생, 하급생의 역할과 책임을 배우고 서로 관계를 맺는 방법을 터득하게 됩니다.

할아버지, 할머니와의 관계

핵가족화가 가속화되고 있는 요즈음이지만, 여러 이유로 조부모와 함께 사는 가족도 있습니다. 또 한 집에 살지는 않더라도 건강한 할머니가 손자를 키우며 자녀교육을 도맡아 하는 가정도 있습니다. 한 집에 같이 살든 따로 살든 아이에게 할머니, 할아버지의 존재는 아주 중요합니다.

할아버지, 할머니 이해하기

할아버지, 할머니와 함께하는 시간은 아이에게 있어 다양한 연령대의 사람들과 교류한다는 측면에서 더할 나위 없이 뜻 깊은 시간입니다. 인생 경험이 풍부한 할아버지, 할머니는 사회규범과 관련해 다양한 지식, 기술, 대처 방법 등을 숙지하고 있으며 인자하고 배려심도 대단하지요.

한편 부모는 아이의 자립을 이끌어야 한다는 책임감에 때로 아이가 원하지 않는 일도 강요하게 되는데, 그 결과 부모와 자녀가 갈등을 빚기도 합니다. 이때 할아버지, 할머니는 객관적인 제삼자로서 자신이 걸어온 길을 되돌아보며 부모의 자리를 이해하면서 손자와 자식 내외 사이에서 중재 역할을 하고, 부모로서 가르쳐야 하는 가치관이나 예절을 훨씬 수월하게 펼칠 수 있지요. 아이도 '기 싸움'을 할 필요가 없는 할머니의 말씀을 더 귀담아 들을지도 모릅니다.

그렇다고 해서 자녀교육의 주체가 조부모여야 한다는 뜻은 아닙니다. 자녀교육의 책임자는 분명 부모입니다. 때와 장소에 따라서 의견 차이가 있을 수 있지만 더 나은 방법을 찾기 위해 서로 얘기를 나누고, 상대방의 입장을 존중하며 손을 맞잡는 협력 관계가 가장 바람직하지요.

할머니, 할아버지에게도 의미 있는 손자의 존재

할머니, 할아버지에게도 손자는 무척 의미 있는 존재입니다. 손자는 삶의 보람이자 활력의 근원, 생활의 기쁨을 선사하는, 그야말로 보물 같은 존재로 조부모의 사랑을 독차지합니다. 그러니 부모는 일상생활 가운데 조부모의 바람을 어떻게 이뤄줄 수 있는지를 아이와 자주 얘기를 나눠보세요. 분명 가족 사랑이 더 돈독해질 테니까요. 이처럼 할아버지, 할머니와 함께하는 가정생활에서 아이는 인성이 제대로 갖추어진 어엿한 인간으로서 자립해나간답니다.

친척을 만났을 때

가까운 친척 중에서도 외할머니 댁이나 친할머니 댁은 자주 방문하게 되지요. 방학 때나 주말, 혹은 명절에 같이 식사를 하고, 며칠 동안 할머니 댁에서 지내기도 합니다. 친척을 만나고 친척 집에 방문할 때는 아래의 세 가지 사항을 아이에게 충분히 전해주세요.

친척 관계를 자세히 설명하기

어릴 때는 할머니, 할아버지는 잘 구분하지만 큰아버지, 삼촌, 고모, 이모, 나아가 사촌 등의 친척 관계를 헷갈려하기 쉽습니다. 그럴 땐 아이를 중심으로 친척 관계도를 그려서 촌수를 명확하게 가르쳐주면 좋겠지요. "이번에 찾아뵐 큰아버지는 아빠가 어렸을 때 이것저것 챙겨주면서 참 많이 귀여워해주셨단다" 식으로 추억까지 들려주면 아이는 훨씬 친근감을 느끼고 가족의 역사를 몸소 느끼겠지요.

가족의 사랑을 느낄 기회 만들기

어린 시절, 설날이나 추석 때 할머니 댁에 가서 친척들과 함께 맛있는 명절 음식을 먹으며 얘기꽃을 피우거나 즐거운 시간을 보낸 추억은 누구에게나 있을 테지요. 어린 동생을 잘 돌보거나 어른들 심부름을 열심히 해서 부모가 아닌 친척 어른에게 칭찬을 들은 일이나, 해가 거듭될수록 연로해지는 할머니와 할아버지를 뵐 때마다 마음이 알싸했던 기억도 있으리라 여겨집니다. 이처럼 친척과의 교류를 통해 다양한 감정을 맛보는 일은 아이의 마음 성장에 반드시 필요합니다. 아무쪼록 가족들은 물론이고, 친척들과 끈끈한 정을 나눌 수 있는 시간을 아이에게 선물해주셨으면 합니다.

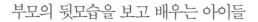

부모의 뒷모습을 보고 배우는 아이들

'가까운 사이일수록 예의를 갖춰라'는 옛말이 있습니다. 부모가 자신의 고향집이라고 해서 아무렇게나 행동하거나 집안일을 나 몰라라 하거나 할아버지, 할머니에게 함부로 말한다면 이런 부모의 말과 행동이 아이에게 나쁜 영향을 끼칩니다.

부모가 웃어른에게 예의를 갖춰서 행동하고 진심을 다해 봉양하는 모습을 보여주면 아이는 저절로 예의 바른 아이로 자라납니다. 허물없는 사이이기에 더 소중하게 여기고 챙겨야 하는 마음가짐과 행동을 아이에게 오롯이 전해주셨으면 합니다. 아이들은 부모의 훈계가 아니라 부모의 뒷모습을 보고 배운다는 사실, 잊지 마세요.

이웃집에 심부름 가기

아이를 옆집에 심부름 보내거나 이웃집에 방문할 일이 생길 수 있어요. 아무리 자주 보고 가까운 이웃이라도 예의를 지키는 것은 당연한 일이지요. 이웃집에 심부름 갔을 때 어떻게 행동해야 하는지를 차근차근 알려주세요.

방문해서 물건 전해주기

남의 집을 방문하면 먼저 대문 앞에서 초인종을 누릅니다. 이때 벨을 거듭 누르지 않도록 주의시키세요. 초인종이 보이지 않는다면 현관문을 똑똑 노크합니다. 만약 문이 열려 있다면 현관문에서 20센티미터쯤 떨어진 곳에서 사람을 부릅니다.

현관문 앞에서 하는 인사말은 "안녕하세요" 혹은 "실례합니다" 정도가 무난하지요. 자신이 왔다는 사실을 알리는 의미에서 인사말을 사용합니다. 씩씩한 목소리로 인사한 다음에는 집 안에서 사람이 나올 때까지 기다립니다. 집 안에서 사람이 나오지 않았는데 소리 없이 현관 안으로 들어가거나 문을 빼꼼히 열어보는 것은 당연히 실례지요. 사람이 나오면 "안녕하세요? 조미혜입니다. 저희 어머니가 갖다 드리라고 해서요" 식으로 자신의 이름과 용건을 또렷이 밝힙니다. 그리고 남의 집을 방문할 때는 깍듯하게 인사하고 고운 말씨를 사용하게끔 지도해주세요.

건네야 할 물건은 소중하게 다룹니다. 누구의 것이든 물건을 분실하거나 파손되지 않게 조심시켜주세요. 건넬 때는 양손으로 들고, 상대방이 보기 편한 방향으로 물건을 돌려서 건네는 방법도 가르쳐줘야겠지요.

볼일이 끝났다면 "안녕히 계세요" 하고 마무리 인사를 한 다음에 집으로 돌아옵니다. 집에 돌아와서는 엄마에게 심부름을 잘 마쳤다고 알리는 일도 잊지 말아야겠지요.

방문을 피해야 할 시간대

남의 집을 방문할 때는 되도록 피해야 하는 시간대가 있습니다. 너무 이른 시간, 식사 시간, 늦은 밤에는 옆집이라도 함부로 찾아가서는 안 되지요. 오전이라면 9~11시, 오후라면 1~4시 정도가 방문 시간대로 적당합니다. 밤 9시가 넘었다면 다음날에 방문해야겠지요.

혼자 집 보기

맞벌이 가정이나 외동아이가 늘어나면서 아이 혼자 집을 보며 가족들의 귀가를 기다리거나, 가족이 외출한 동안 혼자 남아서 집을 보는 일도 생깁니다. 아이 혼자 집을 볼 때 생길 수 있는 여러 가지 상황을 예측해서 안전하게 집을 볼 수 있게 해야겠지요.

혼자 집 보기의 규칙 정하기

아이 혼자 집을 봐야 할 때는 해야 할 일, 해서는 안 되는 일을 먼저 규칙으로 확실히 정해두세요.

① 현관문을 단단히 잠그고, 안전 고리도 확실하게 걸어둡니다.

② 상처나 화상을 당하지 않도록 위험한 칼이나 불은 사용하지 않습니다.

③ 집을 보는 도중에는 외출하지 않습니다.

④ 현관 벨이 울리면 인터폰이나 현관문 너머로 상대방을 확인하고 모르는 사람일 경우 문을 열어주지 않습니다. 아이가 초등학교 저학년이라면 택배나 우편물이 왔을 때 "잠깐 엄마가 시장에 가셨으니까 조금 이따가 다시 와주세요" 혹은 "현관 앞에 두시면 찾아갈게요" 식으로 아이가 직접 대응하지 않는 쪽이 낫습니다.

⑤ 전화가 걸려오면 되도록 받지 말고, 전화를 받더라도 낯선 사람에게는 혼자 있다는 사실을 절대 알려서는 안 됩니다. 만약 친척이나 가까운 지인이라면 통화 내용을 메모해둡니다.

⑥ 집을 보는 도중에 갑자기 아프거나 긴급 상황이 생겼을 때를 대비해서 가족과 연락하는 방법을 미리 정해둡니다. 다급한 상황을 가까운 이웃에게 알리는 방법도 생

각해볼 수 있겠지요. 다만 아이를 맡기려면 평소 이웃과 친밀한 관계를 유지해두는 것이 좋겠지요?

집 보기를 통해 자신감 쌓기

가족이 귀가하면 혼자 집을 보는 동안 생겼던 일을 부모에게 알리도록 합니다. 방문자가 찾아오거나 전화가 걸려왔을 때 언제, 누가, 어떤 일로 왔는지, 또 어떻게 대응했는지를 차례차례 얘기하게 합니다.

아울러 혼자서 집을 잘 지켰다는 사실을 듬뿍 칭찬해줌으로써 혼자 집 보기가 아이의 자신감으로 이어지게끔 이끌어주세요. 혼자 집을 볼 때 방문자나 전화에 대응하는 것은 사회성과 예절을 익힐 수 있는 기회로도 활용할 수 있답니다.

집안일하기

생활양식의 변화, 가치관의 다양화, 지역사회의 변화 등 여러 가지 원인이 얽히고설켜 집안일에 참여하는 아이는 점점 줄어들고 있습니다. 하지만 집안일은 아이가 성장하고 일상생활에 필요한 생활 기술을 몸에 익히고 돈독한 가족관계를 구축하며 남을 돕는 기쁨을 맛볼 수 있는, 지극히 교육적이면서도 인간적인 활동인 만큼 아이에게 하나씩 알려주세요.

끈기 있게 참을성 있게 가르치기

집안일의 의미와 효과를 정리해보면 다섯 가지로 요약할 수 있지요.

① 당당한 인간으로 자립해나가기 위한 과정입니다.
② 가족 구성원으로서 자각할 수 있는 기회입니다.
③ 남에게 도움을 줄 수 있다는 만족감을 느낄 수 있습니다.
④ 생활에 필요한 기술 및 기능을 습득할 수 있습니다.
⑤ 지속적인 반복 활동을 통해 끈기를 기를 수 있습니다.

정작 아이에게 집안일을 시키거나 기술이 필요한 작업을 시키려면 어른 손이 더 많이, 더 오래 필요할 때도 많습니다. 그도 그럴 것이 아이가 마무리하지 못한 일을 제대로 수습하기 위해서는 시간과 품이 두 배로 더 들 테니까요. 하지만 무엇인가를 할 수 있게 되고 새로운 기술을 몸에 익히는 과정은 어느 날 갑자기 실현되는 것이 아니라 조금씩 하나씩 쌓아올려야 비로소 이룰 수 있습니다. 분명 부모도 그렇게 해서 생활의 요령을 점점 터득했겠지요.

집안일을 가르칠 때는 아이를 옆에 두고 방법을 친절하게 보여주고, 아이에게 똑같이 흉내 내게 하는 훈련이 무엇보다 중요합니다. 아이가 척척 해낼 수 있는 간단한 일부터 끈기 있게 참을성 있게 해내면서 조금씩 나아갈 수 있도록 단계별로 집안일을 시켜보세요. 이런 과정이 쌓여야 비로소 진정한 의미에서의 집안일을 할 수 있게 되고, 부모에게도 실질적인 도움이 된답니다.

다양한 집안일 경험하기

가정에서 집안일을 시킬 때는 식기 정리하기, 책상 정리하기, 현관 청소하기 등 아이가 당번처럼 같은 일을 도맡아서 하게 해야 할 때가 많은 것 같습니다. 물론 당번제도 나쁘지는 않지만, 집안일에도 여러 가지가 있으며 각각의 일마다 시키는 목적도 다릅니다. 따라서 아이를 자립하게 한다는 관점에서 다양한 집안일을 두루 체험하게 하는 것이 중요하겠지요. 특히 일상에 필요한 기술과 지혜를 몸에 익힐 수 있는 집안일을 아이에게 가르쳐주세요.

예컨대 똑같은 식기를 나르는 일이라도 우선 자기 밥그릇과 국그릇, 수저를 하나씩 몇 번에 나누어서 옮기게 하고, 그다음에는 자기 그릇을 한꺼번에 옮기게 하고, 이 과정을 거친 다음에는 아빠 것도 엄마 것도, 마지막에는 가족들의 그릇을 한꺼번에 옮기게 끔 단계적으로 집안일을 시키는 것이지요. 차근차근 난이도를 높여감으로써 아이 스스로 "해냈다"는 성취감과 "할 수 있다"는 자신감을 얻을 수 있습니다. 아울러 과일칼로 사과껍질을 깎고, 컵을 씻고, 쌀을 씻으며, 전자레인지를 사용하는 식으로 아이 혼자 할 수 있는 집안일이 점점 늘어나겠지요.

"도와줘서 고마워"라고 인사하기

집안일은 남에게 도움을 주는 일이며, 가정이나 사회의 구성원으로서 함께 분담해야 할 일로 가족 모두에게 도움이 된다는 점에서 도움을 받는 사람은 고마움을 표시해야 합니다. "고마워, 크게 도움이 되었단다"의 한마디는 아이의 마음에 따스한 등불이 되어 만족감을 선사합니다. '엄마를 기쁘게 해드렸어, 가족들에게 도움이 되었어, 모두에게 힘이 되었어!' 하는 기쁨과 보람은 아이의 자존감을 쑥쑥 키워준답니다.

부모와 자녀의 건강한 관계 맺기

청소년 범죄 전문가의 말에 따르면, 비행이나 범죄를 일삼는 청소년의 경우 대체로 어린 시절의 생활리듬이나 생활습관이 불규칙했고, 가족과 함께 집안일을 한 경험도 거의 없는 편이라고 합니다. 최근에는 가족의 일원으로서 아이에게 적극적인 역할을 부여하지 않으면 끈끈한 가족관계가 형성되기 어렵다는 연구 결과도 속속 발표되고 있습니다. 아무쪼록 부모와 자녀의 건강한 관계 맺기는 '집안일'이라는 일상의 행동을 통해 생기고 단단해진다는 사실, 잊지 마세요.

손님맞이하기

손님맞이는 단순히 가족이 아닌 사람이 우리 집을 방문하는 것에서 그치지 않습니다. 특히 아이에겐 격식 차린 매너를 배울 수 있는 절호의 기회이지요. 그러니 사전에 어떤 손님이 오는지를 아이에게 미리 알려주고, 가족 모두가 집에 오는 손님을 반갑게 맞이해주세요.

손님맞이 채비

손님을 환영한다는 의미에서 집 안을 깨끗이 청소하고 간단한 다과를 준비해둡니다. 먼저 현관을 정리합니다. 출입문과 이어진 현관은 집의 얼굴로, 우리 집의 첫인상은 바로 현관에서 결정된다고 해도 과언이 아닙니다. 그런 만큼 비질을 해서 깔끔하게 정돈하고 불필요한 신발은 신발장에 넣어두고 손님 인원수대로 슬리퍼를 가지런히 놓습니다.

손님이 오기 전에 화장실 휴지를 확인하고, 욕실 수건은 새 것으로 교체합니다. 너저분한 물건은 거실에서 치우고 손님이 앉을 자리를 준비해둡니다. 냉난방이 필요한 계절이라면 미리 온도를 적절하게 맞춰두면 좋겠지요. 반려동물을 키우는 가정이라면 탈취제로 냄새를 없애고, 계절에 어울리는 꽃을 꽂아두는 일도 손님맞이의 에티켓임을 가르쳐주세요.

이와 같은 손님맞이 채비를 아이와 함께 하면서 여러 가지 예절까지 지도한다면 금상첨화겠지요.

손님이 오면

손님이 오면 현관으로 달려가서 "어서 오세요!" 하고 씩씩하게 인사한 뒤에 준비한 슬리퍼를 권하고 거실로 안내한 다음 상석으로 모시도록 지도합니다. 한실이라면 따뜻한 아랫목, 양실이라면 입구에서 먼 곳이 상석입니다. 자리가 정해지면 한실이라면 앉아서, 양실이라면 서서 "안녕하세요, ㅇㅇㅇ입니다" 하며 공손하게 고개 숙여 인사합니다.

간단한 인사가 오간 다음에는 차나 과자, 과일을 준비합니다. 찻잔은 쟁반에 담아서 가져가고, 손님에게 내놓을 때는 찻잔의 정면이 손님 앞을 향하도록 유념해주세요. 과자를 따로 준비한다면 손님 자리에서 봤을 때 차는 오른쪽, 과자는 왼쪽에 오게 합니다.

격식 차린 매너를 배울 수 있는 절호의 기회를 놓치지 마세요.

혼자 물건 사기

동네 슈퍼나 마트에서 물건을 사는 것도 아이가 배워야 할 예절의 하나입니다. 게다가 물건을 고르고 값을 치르는 과정을 반복하다 보면 올바른 소비 습관이 정착될 수도 있지요. 그러니 무조건 돈을 쥐어주고 마트로 보내지 말고, 하나하나 꼼꼼히 가르쳐주세요.

장보기 요령 알려주기

동네 슈퍼마켓에서 초등학교 2학년인 A가 물건을 훔쳤다는 연락을 받았습니다. 전후 사정을 알아보니 A는 친구의 꾐에 빠져 물건을 슬쩍하는 방법을 배우게 되었고, 그 이후 매일 가게에서 과자를 훔쳤다고 했습니다. 게다가 A는 부모와 같이 슈퍼마켓에 가본 적이 없어서 물건을 사는 방법을 제대로 몰랐습니다. A의 엄마는 가게 주인에게 고개 숙여 사과하고, 계산대에서 돈을 지불하고 물건을 사는 방법을 A에게 자세히 가르쳐주었습니다. 그날 이후로 A는 가게에서 함부로 물건을 가지고 나오지 않았고, 혼자서도 척척 물건을 살 수 있게 되었습니다.

가게에 따라 물건을 사고 돈을 지불하는 방식이 조금씩 다릅니다. 아이에게 장보기 심부름을 시키기 전에 아이 손을 잡고 시장이나 마트에 가서 구체적인 쇼핑 방법과 상품 구입 요령, 쇼핑 예절을 하나씩 가르쳐주세요. 미리 구입 품목을 메모한 다음 마트에 가는 습관을 들이면 불필요한 지출을 줄이고 쇼핑 시간도 절약할 수 있겠지요. 이는 어른이 되어서도 크게 도움이 되는 소비 습관입니다.

또 정부에서 인정하는 다양한 인증 마크의 의미를 알고 표시 내용을 확인함으로써 좋은 상품을 구별하는 안목을 길러주는 것도 의미 있는 교육이지요. 식품을 구입할 때는 유통기한을 꼼꼼히 살펴보고, 첨가물이나 보존료 등이 얼마나 들어 있는지, 생산지는 어디인지를 알아내는 방법과 정보를 익힐 수 있게 도와주세요. 이런 살아 있는 지식이 생생한 학습으로 이어질 수 있답니다.

초등학교 고학년이 되면 어림계산으로 물건 값을 대충 알 수 있으니, 계산하기 전에 필요한 금액을 미리 준비할 수도 있지요. 아울러 장보기 심부름을 시킬 때는 장바구니를 들고 가는 습관도 꼭 들여주세요.

감사하는 마음 길러주기

마트나 편의점에 가면 언제나 갖고 싶은 물건을 돈으로 살 수 있지만, 원하는 물건들을 손에 넣을 수 있다는 사실에 감사하는 마음을 갖게 하는 것도 중요합니다. 또 가게에 들어갔을 때 직원이 "안녕하세요? 어세오세요!" 하고 말을 걸어주면 기분이 좋아지는 만큼 마찬가지로 계산대를 떠날 때 "고맙습니다!" 하고 씩씩하게 인사하거나 가볍게 목례를 할 줄 아는 예절 바른 아이로 자라날 수 있게 좀 더 챙겨주세요.

계획적으로 용돈 쓰기

"친구가 햄버거 사줬어요" 하며 자랑 반 부러움 반으로 말하는 아이, 친구 돈을 함부로 빼앗는 아이 등 아이들 사이에서는 돈과 관련해 다양한 일들이 벌어집니다. 자녀에게 용돈을 주느냐 주지 않느냐, 얼마를 주느냐는 각 가정의 가치관에 따라 결정되는 사항이지만 용돈과 관련해 가정의 방침을 아이에게 충분히 이해시키지 않으면 돈과 관련해 종종 문제를 일으킬 수도 있습니다.

부모의 용돈 방침 이해시키기

자녀에게 용돈을 주는 방법은 집집마다 다릅니다. 한 달에 '학년×1000원'으로 계산해서 6학년 아이에게 한 달 용돈으로 6000원을 주는 집이 있는가 하면, 하루에 1000원씩 용돈을 주는 집도 있고, 심부름을 할 때마다 금액에 차등을 두어 용돈을 주는 집도 있습니다. 가정 형편이나 부모의 가치관에 따라 구체적인 금액은 달라지겠지만, 부부가 용돈 교육의 방침을 확실하게 정해서 꾸준히 지켜나가는 것이 가장 중요하지요. 할머니, 할아버지나 친척들에게 받은 세뱃돈이나 용돈은 저금하게 해서 필요할 때 부모와 함께 인출하고 수시로 통장 잔액을 확인하게 하면 경제관념도 몸에 익힐 수 있답니다. 부모에게 타서 쓰는 용돈 이외에 다른 어른들에게 받은 돈을 "내 돈이니까 내 맘대로 쓸 거야!" 하며 함부로 사용하지 않도록 각별히 교육시켜주세요.

돈의 가치 경험시키기

돈은 당당하게 일을 해야 벌 수 있다는 말을 통해 노동의 가치와 돈의 가치를 일깨워주는 일도 필요합니다. 경우에 따라서는 심부름이라도 좋으니 일을 해서 돈을 받는 경제활동을 경험하게 하면 효과적이겠지요. 현장 교육을 통해 노동의 가치와 돈의 가치를 체험하면 돈을 좀 더 신중하게 쓰게 됩니다.

용돈 사용내역 챙기기

맞벌이 가정의 경우 방학이 되면 "이 돈으로 점심 사 먹어" 하며 아이에게 돈을 주고 직장에 나가는 부모가 많은데, 아이는 조금이라도 용돈을 남기려고 주먹밥 하나, 빵이나 과자 하나로 점심을 대충 때울 때도 있다고 합니다. 학교 급식으로 균형 잡힌 식사를 하던 아이라도 방학 때는 영양 불균형을 초래할 수 있습니다.

그러니 저녁에 퇴근하면 혼자 집을 보던 아이와 함께 영수증을 확인하면서 점심식사를 어떻게 했는지 꼼꼼하게 챙기세요. 이때 아이 혼자서 먹을거리를 사고, 의젓하게 집을 보고 있었다는 점도 듬뿍 칭찬해줘야겠지요.

선물하기

선물의 종류는 여러 가지가 있지만, 아이에게 가장 친숙한 선물이라면 역시 생일 선물이겠지요. 초등학교 저학년 때는 친구 생일 파티에 초대받아 생일 선물을 준비하는 일도 생깁니다. 이때 부모가 값비싼 선물을 사주는 것은 아이들끼리 선물 주고 받기라는 이벤트 취지와 어울리지 않지요.

선물은 마음을 전하는 수단

선물을 한다는 것은 상대방에게 자신의 마음을 전하는 일입니다. 아이에게 이와 같은 선물의 의미를 확실하게 가르쳐주고, 정성스럽게 준비한 손편지나 그림, 직접 만든 선물 등 진심을 담아 마음을 전하는 것이 최고의 선물임을 일깨워주었으면 합니다.

아이가 친구에게 줄 선물을 망설이고 있다면 '내 아이가 선물을 받는다면 무엇을 받고 싶을까?' 하고 입장을 바꿔 생각해보면서 자녀와 얘기를 나눠보면 좋아요. 아이의 나이를 고려하고, 친구 부모님이 부담스러워하지 않을 선에서 선물을 고를 수 있게 도와주세요. 아이들 선물로는 문구류, 수건, 손수건 등이 적당하지 않을까요?

초등학교 저학년 때는 아이와 함께 선물을 골라주세요. 선물을 고르는 동안 친구의 얼굴을 떠올리면서 선물을 고르는 기쁨과 친구를 배려하는 마음을 아이에게 전해줍니다. 아울러 선물을 줬다고 해서 상대방에게 뭔가 바라거나 기대해서는 안 된다고 일깨워주면 더 좋지요.

초등학교 고학년이 되면 대체로 아이 혼자서 선물을 준비합니다. 이때는 부모와 자녀가 의논해서 선물의 상한액을 미리 정해두면 좋겠지요. 반대로 아이가 생일 선물을 받았을 때는 친구 부모에게 답례 전화를 넣는 일도 잊지 마세요.

학원 다니기

아이를 학원에 보내는 일과 관련해서는 다양한 의견이 있습니다. 가정의 경제 상황과도 맞물리는 일이라서 한마디로 딱 잘라 말하기는 어렵지만 아이가 기꺼이 원하고, 학원 수업을 통해 확실하게 뭔가 습득할 수 있으며, 나아가 이것이 자신의 특기가 된다면 분명 멋진 교육임에 틀림없겠지요.

학원에 다니기 전에 약속하기

"엄마, 학원에 보내주세요!" 하고 아이가 먼저 말을 꺼낼 때는 왜 학원에 다니고 싶은지, 무엇을 배우고 싶은지를 아이에게 직접 물어보세요. 만약 좋아하는 친구가 같이 다니자고 해서 친구 따라 학원을 가고 싶어 하는 것이라면, 그 친구가 학원을 쉬거나 그만두면 그래도 계속 다닐 수 있는지도 물어봅니다. 그리고 최소한 어느 정도의 기간만큼은 꾸준히 다니겠다는 약속을 받아두면 좋겠지요. 이는 싫증나면 바로 그만두는 것이 아니라, 싫어도 약속대로 꾸준히 하고자 하는 끈기를 가르친다는 점에서 중요하답니다.

학원의 목적과 의미를 명확하게

사교육을 시키기 전에 교육의 목적과 의미를 진지하게 고민하는 시간이 반드시 필요합니다. 부모와 자녀가 대화를 통해 학원의 필요성을 공감하고 목적에 부합한 학원을 선택하는 것이 가장 현명한 방법입니다. 부모는 학원 수업의 결과가 곧바로 학업 성적에 반영되기를 원하지만, 기본적으로 아동기 아이들이 갖추어야 할 힘은 집중력과 끈기라는 사실을 기억해주셨으면 합니다.

학원 교사는 아이의 성장을 지켜봐줄 사람

최근에는 부모가 아닌 다른 어른들과 교류하는 일이 점점 줄어들고 있는데, 학원 교사는 아이의 성장을 꽤 오랫동안 지켜볼 수 있습니다. 아이의 성장을 지켜보는 어른이 부모 말고 또 있다는 사실은 아이에게 큰 의미가 있습니다. 그도 그럴 것이 신뢰하는 어른과 일정 기간 동안 관계를 지속함으로써 아이는 다양한 감정을 느끼고 배울 수 있기 때문이지요.

남녀의 다른 점 알기

남녀의 차이를 아는 일은 신체 구조를 가르치는 성교육에 국한된 활동이 아닙니다. 사람은 모두 다름을 인정하고, 자신의 소중함과 함께 타인의 소중함을 일깨워주는 것이 남녀의 다른 점을 인식하는 궁극적인 목표입니다. 더 나아가 차별이나 편견 없이 사람을 대하는 인성교육으로도 이어진다는 점에서 더 큰 의의를 찾을 수 있겠지요.

학교에서는 어떻게 지도할까?

초등학교에서는 학년별로 성교육 시간을 따로 마련해서 아이들에게 성과 관련된 지식을 폭넓게 전하고 있습니다. 정확한 성교육을 통해 아이들은 남녀의 차이를 알고, 서로 배려하고 협동하는 태도를 길러나갑니다.

학습 내용을 잠시 소개하면 초등학교 1, 2학년 때는 남자아이와 여자아이의 신체상의 차이점을 아이들의 눈높이에 맞춰 설명해줍니다. 아울러 남녀 구별 없이 사람이라면 누구나 서로 도우며 더불어 사는 삶의 소중함도 가르쳐줍니다.

초등학교 3, 4학년 아이들의 경우 남학생, 여학생으로 모둠을 나누어서 따로 행동하는 일이 부쩍 늘어납니다. 이때는 사람마다 놀이나 취향이 다른 것은 당연한 일이며, 남녀가 친구로 사이좋게 지내기 위해서는 어떻게 행동해야 하는지를 함께 고민해봅니다. 또 남녀뿐만 아니라 모든 인간관계에서는 상대방을 배려하는 마음이 무엇보다 중요하다는 사실을 일깨워줍니다.

고학년으로 올라가면 남녀에 따른 몸과 마음의 변화를 자세히 배웁니다. 예전에는 남학생과 여학생을 따로 구분해서 성교육을 실시했지만, 요즘에는 남녀가 함께 성교육 수업을 들으면서 어른에 가까워진 자신과 이성의 몸과 마음의 변화를 정확히 이해하고 생명의 소중함을 자각하는 데 주안점을 두고 지도하고 있습니다.

가정에서도 화제가 될 수 있게

남자와 여자가 다르다는 점은 당연한 사실이지요. 하지만 온 가족이 모이는 자리에서 성과 관련된 얘기를 화제로 올리는 것은 왠지 내키지 않는 것이 사실입니다.

앞서 소개했듯이 초등학교에서는 연령에 맞게 성교육을 실시하고 있으며, 성교육 전후로 가정통신문을 통해 교육 소식을 전하는 학교도 많으니 이를 계기로 가정에서도 자연스럽게 성 얘기를 나누는 자리를 마련하면 좋겠지요. 아이가 호기심에 찬 눈으로 구체적인 질문을 한다면 아이의 나이에 맞게 알기 쉬운 표현으로 설명해주세요. 만약 성교육과 관련해 고민이 있다면 보건교사와 상담하는 방법도 좋습니다.

옳고 그름 판단하기

약속이나 사회질서, 사회규범을 지키는 일은 인간으로서 사회생활을 영위하는 데 반드시 필요한 일입니다. 이렇게 중요한 도덕의식과 준법정신을 드높이기 위해서는 생명을 존중하는 마음을 기르고, 자존감과 함께 도덕성을 함양하고, 동시에 주체적으로 판단하고 적절하게 행동할 수 있도록 지도해야 합니다.

사회규범의 중요성 일깨우기

초등학교 저학년 때는 약속과 규칙을 지키고, 공용 물품을 소중히 여기는 마음을 가르쳐주세요. 이는 가정에서도 지역사회에서도 마찬가지로, 생활 속의 다양한 규칙을 부모가 엄격하게 지키는 모습은 아이에게 훌륭한 본보기가 됩니다.

가정에서는 쓰레기 분리수거를 통해 아이에게 규칙 엄수의 중요성을 일깨워줄 수 있습니다. 예컨대 쓰레기를 버릴 때 왜 분리수거를 해야 하는지를 친절하게 설명해주면서 아이와 함께 재활용 배출 장소에 가서 실제 분리수거하는 방법을 보여줍니다. 이후에는 재활용품 배출 날짜와 장소에 맞춰 아이가 직접 재활용 분리수거를 할 수 있게 단계별로 차근차근 지도해줍니다. 이때 규칙을 지키지 않으면 주위 사람들에게 어떤 민폐를 끼치게 되는지도 알려주면 좋겠지요.

준법정신 강조하기

며칠 전 마트에 갔다가 세 살, 다섯 살 정도 되어 보이는 형제가 엄마에게 혼나는 광경을 우연히 봤습니다. 아이들이 과자를 집어든 채 그대로 계산대 밖으로 나가버린 것 같았습니다. 아이들의 엄마는 두 아이의 눈높이에 맞춰 쪼그려 앉아서 "돈을 내지 않은 물건을 밖으로 가져가서는 절대 안 된다"는 사실을 일러주고 있었습니다. 그 뒤 엄마는 두 아이를 계산대 앞으로 데려가서 마트 직원에게 고개 숙여 사과하고 두 아이도 사과하도록 시킨 다음 아이들이 직접 돈을 지불하게 했습니다. 다른 아이들은 신기한 듯이 그 장면을 지켜보고 있었고요.

아무리 적은 금액이라도 절대로 도둑질을 허락해서는 안 됩니다. 이처럼 사회법규와 관련해 옳고 그름의 판단을 엄격하게 할 수 있으려면 초등학교에 입학했을 때부터, 아니 그 이전부터라도 부모가 거듭 준법정신을 강조하는 것이 가장 중요하답니다.

초등학교 생활
가이드

책 읽기의 기술 키우기

초등학교에서는 갓 입학한 1학년부터 졸업을 앞둔 6학년까지 단계를 밟아가며 독서 지도를 하고 있습니다. 저학년 때는 아이들이 되도록 많은 책을 접하고 책 읽기에 흥미를 갖게 하는 것이 최우선 목표입니다. 고학년 때는 관심 분야에 대한 책을 깊이 있게 읽기 시작하지요.

학교 도서관 이용하기

학교 도서관에는 자기가 좋아하는 책 내용에 흠뻑 빠진 아이들이 가득하고, 백과사전처럼 큼지막한 책이나 동물이 금방이라도 튀어나올 것 같은 그림책, 천으로 만들어진 책 등 아이들의 흥미를 끌 만한 책들이 빼곡히 꽂혀 있답니다. 이렇듯 책 읽기에 관심이 없는 아이라도 왠지 책을 펼쳐 들고 싶게 만드는 곳이 바로 도서관이지요.

도서관에 들어가면 서가에 붙어 있는 번호가 눈에 띕니다. 저학년이 주로 이용하는 코너는 그림책 코너입니다. 예쁜 색으로 곱게 물든 책이나 그림이 많은 그림책은 누구나 즐겁게 페이지를 넘길 수 있습니다. 이 세상의 모든 책은 0~9의 도서 기호로 분류됩니다. 어떤 책을 읽어야 하는지 몰라서 망설이고 있다면 아이가 지금 관심을 갖고 있는 분야의 책들이 꽂혀 있는 서가로 데려가면 좋겠지요.

초등학교 4학년쯤 되면 도서 분류 방법을 학교에서 가르쳐줍니다. 스스로 읽고 싶은 책을 골라서 읽게 되는 시기이기 때문이지요. 그림책이나 도감을 주로 보던 아이도 학년이 올라가면 장편소설이나 과학 서적에 도전하게 됩니다. 같은 저자의 책을 탐독하거나 시리즈를 독파하는 기쁨도 맛보려고 합니다. 만화를 좋아하는 아이라면 과학이나 역사, 언어 분야의 학습만화 시리즈를 즐겨 읽기도 하지요.

초등학교 3, 4학년 때는 다양한 분야에 흥미와 관심을 갖는 일이 무엇보다 중요하니다. 자료를 조사하거나 수업 발표에 필요한 정보를 모으기 위해 책을 선별하는 능력도 이 시기에 길러집니다. 요컨대 초등학교 3, 4학년생 아이들은 자신이 읽고 싶은 책은 물론이고 목적에 따라서 도서를 선택하고 또 읽을 줄 알게 된답니다.

초등학교 5, 6학년 시기는 마음의 성장기에 해당합니다. 자신이 체험한 것과 주인공의 행동을 서로 비교하면서 얘기를 만끽하게 됩니다. 또 전기나 실록을 통해 인생을 배울 수도 있습니다. 앞으로 운동선수를 꿈꾸는 아이라면 스포츠를 테마로 한 소설을 만남으로써 꿈을 이루기 위한 의욕이 샘솟을지도 모릅니다. 다양한 소설을 통해 평소에는 경험하기 힘든 사건을 접하면서 사물을 보는 관점이나 감성을 드넓게 펼칠 수도 있겠지요. 이는 추상적 사고력을 높이고 지적 호기심을 넓히는 지름길이 된답니다.

다양한 분야의 책과 친해지기

학교에서는 책 읽기 시간을 따로 마련하거나 도서관 사용법을 익히는 활동 등을 통해 독서 지도에 온힘을 기울이고 있습니다. 하지만 학교에서 독서 시간을 정했다고 해서 어느 날 갑자기 아이가 책을 좋아하고, 좋은 책을 척척 골라서 읽게 되는 것은 아니지요. 글자를 완벽하게 깨친 고학년 아이들도 글보다는 그림이나 사진이 잔뜩 실려 있는 책을 선호하고, 학습만화 시리즈만 골라서 읽는 아이도 있습니다. 책 읽기를 좋아하고, 더욱이 혼자 힘으로 좋은 책을 고를 수 있는 아이로 키우려면 초등학교에 입학하기 전부터 다양한 분야의 양서를 접하게 하는 것이 가장 중요합니다. 글자를 아직 읽을 줄 모르는 유아기 때는 주위 어른, 특히 엄마 아빠가 읽어주는 그림책이 책과 친해질 수 있는 최고의 출발점입니다.

어릴 때부터 그림책을 접한 아이는 책에 등장하는 글을 그림의 도움으로 이해하고 얘기의 세계를 상상해나갑니다. 책을 읽는다는 것은 책의 활자를 머릿속에서 그림으로 그리고, 그 그림을 이어나가면서 마치 영화처럼 마음의 스크린에 비추는 활동이라고 말할 수 있지요. 요컨대 상상력이야말로 책을 즐기고, 스스로 책을 읽게 만드는 원동력입니다.

관심 있는 책 찾아보기

대체로 도서관 입구에는 추천 도서나 새로 나온 책을 눈에 띄게 진열해두고 있습니다. 읽고 싶은 책이 정해졌을 때는 분류 기호로 찾습니다. 특히 소설 서가의 경우 저자명이 가나다순으로 분류된 곳이 많아서 저자 이름을 알면 더 쉽게 원하는 책을 찾을지도 모릅니다. 컴퓨터를 능숙하게 다루는 아이들은 도서 검색대에서 더 빠르게 책을 발견할 수도 있답니다.

아이 혼자서도 학교 도서관을 충분히 이용할 수 있지만 때때로 부모와 함께 나들이 삼아서 색다른 공공 도서관을 방문해보는 일도 추천하고 싶습니다. 풍부한 감성을 키우는 환경은 조금만 관심을 가지면 충분히 갖출 수 있습니다. 그 환경을 효과적으로 활용할 줄 아는 아이로 자라나도록 잘 이끌어주세요.

찾고 싶은 내용 찾기

초등학교 교실에서는 교과서 이외의 책을 이용해서 수업을 진행할 때가 있습니다. 국어 시간은 물론이고 과학, 사회 과목 등 자료 조사할 일이 많은 수업에서는 참고 서적이나 사전을 활용하기도 합니다. 자료 조사를 할 때는 짧은 시간에 찾고 싶은 사항을 빨리 찾아내는 일이 중요합니다. 따라서 목차나 색인을 이용해서 찾고 싶은 내용이 실려 있는 페이지로 재빨리 넘겨야 합니다.

이때 도서관에서 빌린 책이나 학급문고 등 많은 사람이 함께 보는 공용 서적이라면 책장을 넘길 때 조심해야 할 사항이 몇 가지 있습니다.

① 책 페이지를 접지 않습니다.
② 책에 낙서를 하거나 책을 찢어서는 안 됩니다.
③ 손가락에 침을 묻혀서 책장을 넘기지 않습니다.

이 주의사항들을 예절교육의 하나로 집에서 확실하게 가르쳐줘야겠지요.

초등학교 고학년으로 올라가면 국어사전과 옥편(한자사전) 사용법을 배웁니다. 놀이 감각으로 단어 찾기를 하다 보면 어느새 사전에서 찾고 싶은 항목을 빠르게 찾을 수 있게 되지요.

책장을 넘기는 즐거움 느끼기

책을 펼치는 순간 마치 꿈같은 세계가 펼쳐집니다. 아이에게 상상의 날개를 달아주고, 두근두근 가슴 설레면서 책장을 넘기게 하는 매력이 바로 책 읽는 즐거움, 기쁨이지요. "처음 읽은 책, 아니 처음으로 엄마가 읽어준 책은 ○○그림책입니다" 하며 책 제목을 떠올리는 아이들이 꽤 많습니다. 엄마의 따뜻한 음성으로 얘기를 들으며 마음껏 상상할 수 있어서 더 오래 기억에 남나봅니다.

글자를 깨친 후에는 아이 스스로 책에 인쇄된 활자를 통해 소설의 배경이나 주인공의 심정을 더 또렷이 그릴 수 있게 됩니다. 독서 수첩이나 독서 스티커 등의 아이디어를 짜내면 쪽수가 두툼한 책에 도전하거나 권수를 늘리면서 어느새 독서 습관이 몸에 밸 수 있답니다.

책장을 넘기는 동작은 사물에 대한 관심과 호기심, 상상력을 높여주는 효과도 있다고 합니다. 아무쪼록 많은 아이들이 책과 좀 더 친해지기를 간절히 바랍니다.

편지 쓰기

초등학교 저학년 교실에서는 'ㅇㅇㅇ야, 고마워!'라는 감사 편지를 자주 쓰게 합니다. 편지 쓰기 습관은 주위의 어른이 가르쳐주지 않으면 아이 스스로 몸에 익히기 어렵습니다. 진심을 담아서 쓴 '고마워' 하는 짧은 단어가 마법의 언어라는 사실을 아이들은 경험을 통해 조금씩 깨쳐갑니다.

진심을 담은 손편지

편지를 쓰게 하는 일은 상대방을 배려하고 바른 심성을 길러주는 인성교육의 하나라고도 할 수 있지요. 손편지는 마음을 전하는 중요한 수단입니다. 오래오래 남아 있고, 거듭 펼쳐서 다시 읽을 수 있지요. 그러니 편지를 받는 상대방이 기뻐할 수 있는 고운 말, 바른 말을 쓸 수 있도록 지도해주세요.

편지 쓰기 연습하기

언제, 어떤 내용의 편지를 써야 하는지를 잘 모르는 아이들을 위해 구체적인 단어를 가르쳐주면서 아이와 함께 편지 쓰기를 연습해보면 좋아요. '생일 축하해!', '늘 사이좋게 지내자', '항상 고마워', '새해 복 많이 받으세요' 등 상대방이 기뻐하는 얼굴을 떠올리면서 편지를 정성스럽게 써내려갑니다. 부모와 함께 편지 쓰기를 하던 아이가 혼자 힘으로 편지를 쓸 수 있을 때까지 아이 곁에서 지켜보면서 차근차근 가르쳐주세요.

편지를 쓸 때는 먼저 받는 사람을 존칭을 붙여 적은 다음 첫인사, 본문(전하고 싶은 말), 끝인사, 날짜와 자신의 이름 순으로 작성합니다. 실제로 짤막한 글이라도 아이가 직접 편지를 써볼 수 있게 격려해주세요.

손편지로 느끼는 가족 사랑

'아빠! 저, 오늘 수학 시험 100점 받았어요. 선생님도, 엄마도 많이 칭찬해주셨어요. 더 열심히 할게요!'

이런 편지와 함께 100점짜리 시험지가 책상 위에 놓여 있다면 하루의 고단함을 말끔히 잊을 만큼 아빠의 입가에는 웃음꽃이 가득하겠지요. 생활리듬을 깨지 않으면서 아이와 끈끈한 정을 나누고자 할 때 손편지는 최고의 다리가 되어줍니다. 편지로 자신의 마음을 전하는 습관을 들이면 훗날 타인과 소통하려고 기꺼이 노력하는 어른으로 자라지 않을까요?

자기주도학습 습관 들이기

"우리 애는 공부머리가 없어서 공부를 못해요" 하며 하소연하는 엄마들을 종종 만나는데, 머리가 나쁘니까 공부를 못하는 것이 아니라, 공부를 못하니까 머리가 나쁘다고 지레짐작하는 것은 아닐까요? 당연한 얘기로 들리겠지만, 공부를 잘하려면 공부를 하는 수밖에 없습니다. 공부는 학교뿐만 아니라 가정에서도 스스로 해야 합니다.

공부 습관의 중요성

"공부는 중학교에 들어가서 열심히 하면 돼!" 하고 큰소리치는 부모도 있지만, 초등학교에 입학해서 학생이 된다는 것 자체가 배우고 익히는 공부 중심의 생활이 시작되었음을 의미하므로 연령에 맞게 공부를 하는 습관은 매우 중요합니다. 특히 초등학교 1학년 때부터 스스로 공부 계획을 세우고 실천하는 자기주도학습 능력을 조금씩 키워주는 것이 바로 공부 잘하는 아이로 키우는 지름길이지요. 공부를 습관처럼 꾸준히 지속하는 동안 공부 습관이 자리 잡게 되고, 이는 성취감으로 이어집니다.

하루 일과에 공부 시간 넣기

먼저 방과 후 귀가 시간부터 취침 시간까지 가정에서 시간을 어떻게 보낼 것인지 아이와 충분히 대화를 나눕니다. 평일과 주말로 나누어서 하루 일과를 생각해보고 구체적인 일정을 짜보는 것이지요. 대체로 초등학생의 경우 귀가, 놀이, 학원, 식사, 휴식, 목욕, 취침 등의 생활을 반복하는데 여기에 공부 시간을 반드시 넣어주세요.

월요일부터 금요일까지 요일에 따라 일정이 조금씩 달라질 수 있기 때문에 한눈에 알아보기 쉬운 생활 계획표를 만듭니다. 예를 들어 오후 4시부터 5시까지 공부 시간을 계획표에 넣었다면 이 가운데 적어도 20~30분 정도는 스스로 책상에 앉아서 공부하는 습관을 들일 수 있게 처음에는 부모가 관심을 가지고 지도해주셔야 합니다. 하루 일과는 굳이 계획표를 만들지 않아도 아이가 해야 할 일을 대충 이해하고 있을 테지만, 공부 습관을 확실하게 들이려면 생활 계획표를 만들어서 틈틈이 확인시키는 일이 필요합니다.

토요일과 일요일은 되도록 자유 시간으로 비워두고, 평일에 못 했던 것을 보충하거나 아이가 원하는 주말 일정을 따로 잡아도 좋겠지요.

하루 일과에 공부 시간을 포함하기의 예

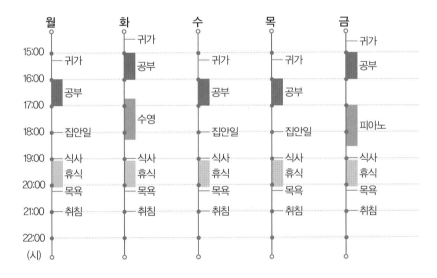

무엇을 얼마만큼 할까?

억지로 강요하는 것이 아니라 아이의 성향과 발달에 맞춰서 20분, 아니 10분이라도 매일매일 혼자 힘으로 공부하는 일이 밥 먹는 일처럼 습관으로 자리 잡게 해주세요. 공부 시간을 학년이 올라갈 때마다 10분씩 늘려가는 방법도 좋습니다. 초등학교 1학년 때는 하루에 10분을 공부했지만 6학년이 되면 공부 시간이 60분으로 늘어나는 만큼 10분의 효과를 무시할 수 없지요.

자기주도학습의 내용은 숙제도 좋고, 예습과 복습이나 문제집을 활용해도 좋아요. 만약 아이가 무엇을 해야 할지 모를 때는 담임교사와 상의해보는 방법도 추천합니다.

스스로 공부 계획 세우기

공부 습관을 들일 때는 아이의 의욕과 기분을 최우선으로 생각해야 합니다. 억지로 공부를 강요해서는 안 됩니다. 물론 부모의 조언은 필요하지만, 어디까지나 아이가 스스로 계획을 세워서 이를 실천하고자 할 때 자기주도학습 습관이 자리 잡을 수 있겠지요. 이 과정에서 시행착오는 당연하고, 잘되지 않으면 계획을 다시 세우면 됩니다.

초등학교에 갓 입학했을 때는 '국어책 소리 내서 읽기'나 '수학 문제집 한 장 풀기'로도 충분합니다. 이때 아이 곁에서 엄마표 미소를 머금고 느긋하게 지켜봐주세요. 아이가 혼자 힘으로 숙제를 척척 해내거나 스스로 책상에 앉는 습관이 자리 잡히면 아이에게 맡겨두면 되지요. 하지만 때때로 아이를 지켜보면서 관심을 가져주어야 합니다. 이는 고학년이 되어도 마찬가지이지요.

가정에서 공부 습관이 정착되면 저절로 공부 잘하는 아이가 됩니다. 만약 열심히 노력하는데도 성적이 잘 나오지 않는다면 공부 방법에 문제가 있을지도 모르니 담임교사에게 구체적인 조언을 들어보는 것도 좋은 방법이지요.

가정통신문 챙기기

아이가 초등학교에 입학하면 입학식 첫날부터 다양한 공지사항을 적은 가정통신문이 학교에서 가정으로 배부됩니다. 학교 소식이나 교육 활동을 가정통신문의 형태로 학부모에게 알리는 공지문이지요. 가정통신문 가운데에는 긴급 알림이나 제출해야 할 서류, 회신 기한이 적혀 있는 중요한 공지문도 있습니다.

아이와 부모가 함께 챙기기

학교에서 나눠주는 가정통신문을 부모가 주의 깊게 보지 않으면 학교 소식이나 행사 일정을 인지하지 못하고 준비물을 제대로 챙겨주지 못해서 아이가 학교에서 당황할 수 있습니다. 또한 담임교사에게도 민폐를 끼치게 되겠지요. 그러니 아이가 귀가하면 바로 가정통신문을 부모에게 보여주도록 습관을 들여주세요. 이 습관은 초등학교에 입학한 날부터 시작합니다.

학교에서는 가정통신문이 각 가정에 온전히 전해진다는 사실을 전제로 교육 활동을 진행합니다. 그러니 아이는 학교에서 주는 공지문을 부모에게 확실하게 전하고, 부모는 공지문을 꼼꼼히 읽어보고, 중요한 내용은 눈에 띄는 곳에 메모해두면 좋겠지요.

아이가 학교를 마치고 귀가하자마자 바로 부모에게 가정통신문을 전달할 수 없을 때는 항상 정해진 장소에 두게 합니다. 가정통신문을 담아두는 클리어파일이나 지퍼가 달린 비닐주머니를 마련해두는 것도 좋아요. 가정에서 학교로 서류를 제출할 때도 그 보관함에 넣어두었다가 아이가 챙겨가도록 하면 되겠지요.

부모가 학교에서 나눠준 각종 인쇄물을 세심하게 읽어보는 모습과 관심 어린 태도를 행동으로 보여주는 것이 가정통신문을 챙기는 아이의 습관으로 이어진답니다.

책가방 미리 싸기

수업 시작종이 울리는 순간 교과서나 준비물이 없다는 사실을 깨닫고 "선생님 깜빡했어요!" 하며 교사를 찾는 아이가 있습니다. 대체로 이런 아이들은 "분명히 책가방 안에 넣어두었는데요…" 하며 말꼬리를 흐리지만 시간표를 제대로 보지 않았거나, 보았더라도 과목에 따라 필요한 보조 교과서나 자료집, 지도책 등의 준비물을 확실하게 챙기지 않았을 테지요.

시간표와 알림장 확인하기

초등학교 수업 시간에 필요한 물건은 교과서 이외에도 상당히 많습니다. 게다가 학년이 올라갈수록 준비물은 늘어납니다. 시간표에는 국어, 수학 등 교과목만 적혀 있지만 필요한 교재를 빠뜨리지 않으려면 시간표의 교과목 옆에 '익힘책', '사회과부도' 식으로 작게 적어두면 좋겠지요. 또 특별하게 준비해야 하는 물건이 있다면 알림장에 따로 적혀 있을 테니 책가방을 싸기 전에 시간표와 알림장을 두루 살피는 습관도 필요합니다.

학교 갈 준비는 미리미리

아이의 성향이나 가정의 상황에 따라 방과 후 시간을 보내는 방법은 저마다 다르겠지만 숙제하는 시간, 시간표 보고 책가방 챙기는 시간을 부모와 자녀가 상의해서 반드시 정해둡니다. 예컨대 '학교를 마치고 집에 오면 바로 숙제를 하고 책가방 싸기', '저녁식사 후나 잠자리에 들기 전에 책가방 챙기기' 등을 생각해볼 수 있겠지요. 그리고 매일 정해진 시간이 되면 반드시 시간표와 알림장을 보고 학교에 갈 준비를 합니다.

초등학교 저학년 때는 아이에게만 맡겨두지 말고 빠뜨린 준비물은 없는지 확인해주세요. "이렇게 해서 학교 갈 준비 끝! 그럼 내일도 신나게 아자아자!!"라는 한마디가 아이의 의욕을 샘솟게 한답니다.

시간표를 보고 미리 책가방 싸기는 학교생활에서 당연히 해야 할 일이지만, 사실 준비물을 잊고 오는 아이들이 참 많습니다. 수업 시간에 교사나 친구들에게 준비물을 자꾸 빌리다 보면 아이 스스로 위축되고 공부하고 싶은 마음도 사그라들지 모릅니다. 전날 책가방을 챙기고 학교에 갈 준비를 확실히 함으로써 수업 활동에 적극적으로 참여할 수 있도록 좀 더 유념해주세요.

아침을 여유 있게 시작하기

아침에 현관문을 나서기 전에 혹시 준비물을 잊지는 않았는지 최종적으로 확인할 수 있는 시간을 마련해주세요.

아침을 여유 있게 시작하려면 일찍 일어나는 습관부터 들여야 해요. '일찍 자고 일찍 일어나서 아침밥 꼭 챙겨 먹기'는 규칙적인 생활의 밑바탕이 되는데, 아침 시간에 준비물 확인은 언감생심이고 아침 먹을 시간도 없이 허겁지겁 학교로 뛰어간다면 생활리듬부터 바로잡아야겠지요. '아침 시간 알차게 보내기'는 준비물 챙기기뿐만 아니라 하루의 생활에 영향을 끼치기 때문에 초등학교 저학년 때부터 습관으로 자리 잡게 하는 일이 중요합니다.

항상 뭔가를 까먹고 놓치는 아이에게는 규칙적인 생활을 토대로 아이에게 맞는 대응책을 마련해주는 것이 중요합니다. 적어도 초등학교 1, 2년 때까지는 기본 습관을 탄탄히 키울 수 있게 좀 더 신경을 써주세요.

체험학습, 수련회 준비하기

학교에서는 1년에 한두 차례 현장 체험학습을 떠납니다. 방학 때는 여름 수련회나 어린이 캠프 등 아이들끼리 야영생활을 경험하기도 합니다. 그런데 현지에 도착해서 필요한 소지품을 찾지 못하고 여행가방 안을 이리저리 뒤지는 아이가 있습니다. 사정을 물어보면 "어젯밤에 분명히 넣어두었는데요", "엄마가 가방을 챙겨주셔서 어디에 들어 있는지 잘 몰라요" 하는 안타까운 대답이 종종 들려옵니다.

여행 안내문을 살피고, 준비물은 아이가 직접 배낭에 넣기

현장 체험학습에 참가할 때는 물통, 도시락, 돗자리, 우산, 비옷, 필기도구 등이 필요합니다. 숙박시설을 이용하는 수련회에 갈 때는 여벌의 옷과 수건, 세면도구도 챙겨야 하지요. 따라서 여행 준비물을 챙길 때는 가정통신문이나 여행 안내문을 자세히 읽어보면서 준비해야 준비물을 빠뜨리지 않고 챙길 수 있습니다.

준비물을 챙길 때는 속옷, 옷, 세면도구 등은 바로 꺼낼 수 있게 작은 주머니에 나누어 담고 이름 스티커를 붙여둡니다. 그리고 아이가 직접 가방 안에 짐을 넣게 합니다. 아이가 혼자 힘으로 여행 준비물을 챙겨도 정작 부모가 짐을 가방 안에 넣어준다면 현지에서 필요한 물건을 스스로 찾지 못해서 난처한 경우가 생기거든요. 바로 사용하지 않는 옷이나 물건은 가방 안쪽에 넣고, 바로 꺼내 사용해야 할 물건이나 소지품은 가방 바깥쪽 주머니에 넣도록 지도해주세요. 짐이 배낭에 다 들어가지 않을 때는 꼭 가져가야 할 물건은 무엇인지, 어떤 장소에 넣으면 좋은지를 생각해서 다시 짐을 싸게 해야 겠지요.

아이가 아직 어리다면 부모가 지켜보면서 짐 싸는 방법을 차근차근 가르쳐주세요. 여행 준비물을 하나씩 챙기다 보면 어느새 엄마가 소리치지 않아도 혼자서 여행 가방을 척척 꾸릴 수 있게 된답니다.

개인 소지품 관리하기

개인 물품 관리는 초등학교 입학과 동시에 아이에게 똑 부러지게 가르쳐야 하는 학교생활의 규칙입니다. 그도 그럴 것이 학년이 올라가면서 챙겨야 할 준비물이 많아지고 아이들의 생활도 바빠지며, 고학년일수록 습관 들이기가 더 어려워지기 때문이지요.

자주 쓰는 물품을 가까이에 두기

요즘 아이들 주위에는 학용품, 옷, 물품이 넘쳐나지만 이들 가운데 자주 쓰는 물건은 그렇게 많지 않습니다. 따라서 아이가 자주 쓰는 물품만 가까이에 두고, 그 외의 물건은 다른 장소에 따로 보관하도록 지도해주세요. 주위가 항상 깔끔하게 정돈되어 있어야 무엇이 있고 무엇이 없는지를 한눈에 알아볼 수 있고, 필요할 때 원하는 물건을 빠르게 찾을 수도 있답니다.

바로 정리하는 습관 기르기

사용한 물건은 원래 있던 장소에 바로 정리하는 습관을 길러주세요. 이는 남이 해주는 것이 아니라, 아이가 자기 물건은 스스로 정리정돈해야 합니다. 사용한 사람이 마지막에 주변을 깨끗이 치운 다음 원래 장소에 물건을 다시 갖다놓음으로써 제대로 관리할 수 있습니다. 만약 바로 정리할 수 없거나 다른 일로 바쁠 때는 책상 밑에 상자를 마련해서 잠시 보관해두면 좋겠지요. 그리고 바쁜 일이 마무리되면 원래 있던 곳에 까먹지 않고 물건을 챙겨두게끔 지도해주세요.

책상 주변 정리하기

사용한 물건을 정리하는 습관은 유아기부터 몸에 익혀서 아동기가 되면 완벽하게 자리 잡아야 하는 행동양식입니다. 하지만 혼자 힘으로 정리정돈을 하지 못하는 아이들이 의외로 많습니다. 정리를 못 하면 자신의 물건이 어디에 있는지 제대로 파악할 수 없고, 물건을 잃어버리거나 준비물을 챙기지 못할 때도 많습니다. 또 교실에서 수업 준비를 제때 하지 못해서 친구들이나 교사에게도 민폐를 끼치고 맙니다.

사용 후에는 원래 자리에 두기

'책은 책장에, 연필은 필통 안에' 식으로 책을 읽은 다음이나 연필을 사용한 다음에는 반드시 원래 있던 장소에 정리정돈합니다. 사용한 물건을 그대로 책상 위에 펼쳐두면 책상은 순식간에 도깨비 책상으로 돌변하겠지요.

개인 사물함 활용하기

학교마다 구체적인 방식은 조금 다르지만, 대체로 등교하자마자 책가방 안에서 교과서와 공책, 학용품을 꺼내서 책상 서랍 안이나 개인 사물함에 정리하도록 지도하고 있습니다. 시간표에 맞게 교과서와 공책을 순서대로 포개서 정리하고 필통, 가위, 풀, 자 등의 학용품은 미리 준비해둔 도구함에 넣어두게 합니다.

도구함은 A4 크기의 견고한 상자를 미리 가지고 오게 하거나 교실에서 교사와 같이 만들 때도 있습니다. 초등학교 저학년 아이들의 경우 학교 수업이 끝나면 개인 사물함에 보관할 물건과 집에 가지고 갈 물건을 구분해서 사물함을 능숙하게 활용하는 방법도 가르쳐줘야겠지요.

가정에서는 학교보다 훨씬 많은 물건이 책상 주변에 넘쳐나기 때문에 작은 도구함이 아닌 큰 바구니나 클리어파일 등을 준비해서 매일매일 책상 정리를 할 수 있게 이끌어 주셨으면 합니다.

정리가 서툰 아이라면

정리의 기본은 사용한 물건을 곧바로 제자리에 가져다 두는 일입니다. 정리가 서툰 아이라면 지금 어디까지 혼자 정리할 수 있는지 아이의 정리 단계를 정확하게 파악한 다음 혼자 힘으로 정리정돈할 수 있을 때까지 곁에서 도와줘야겠지요. 깨끗이 정리를 하면 바로 다음 활동으로 들어갈 수 있고 기분도 한결 좋아진다는 쾌적한 느낌을 아이가 맛보는 것도 정리 습관에 크게 도움이 됩니다.

동물 · 식물 키우기

요즘은 초등학교 아이들도 학원을 몇 개나 다니고 휴식 시간에는 게임기나 스마트폰을 붙들고 있다 보니 아이들의 생활이 자연에서 점점 멀어지고 있습니다. 저학년 때는 학교에서 직접 나팔꽃, 방울토마토를 키우기도 하고 곤충이나 작은 동물을 접할 기회가 있는데, 학년이 올라갈수록 그나마 이런 시간조차 줄어드는 것 같습니다.

식물 키우기

다행히도 주말 농장이나 텃밭 가꾸기 등을 이용해서 식물을 키우는 가정이 늘고 있습니다. 기회가 닿는다면 아이 스스로 자신의 꽃이나 채소를 정해서 1년 넘게 꾸준히 키우면 좋겠지요.

식물을 키울 때 유의해야 할 사항은 물 주기, 거름 주기, 식물 생장에 어떤 환경이 좋은지를 알아보고 실천하기 등입니다. 식물은 날씨에 따라서 생장이 눈에 띄게 달라집니다. 적어도 하루나 이틀에 한 번은 관심을 갖고 관찰하면서 식물을 돌보게 해주세요. 애정 어린 눈으로 식물을 키우는 과정에서 식물을 향한 애정이 샘솟으며 더 소중히 돌봐주려는 마음이 생겨납니다.

한편 상추나 오이, 고추 등 먹을 수 있는 채소를 직접 재배하면 수확의 기쁨도 느낄 수 있겠지요.

동물 보살피기

동물은 제대로 보살피지 않으면 죽을 수도 있기 때문에 아이에게 '생명의 소중함'을 가르치는 데 더할 나위 없이 훌륭한 교과서인지도 모릅니다. 최근에는 동물을 보면 무섭거나 더럽다는 이유로 가까이 가지 않으려 하거나 동물을 만지지 못하는 아이도 많은 것 같습니다. 그나마 반려동물을 키우는 가정이 늘어난 덕분에 강아지, 고양이, 금붕어, 햄스터, 사슴벌레 등 다양한 동물과 교류하는 아이가 점차 늘어나고 있습니다. 동물을 키울 때는 아이가 돌보기 쉬운 동물을 기르되 사육 방식을 철저히 조사해서 먹이 주기와 청소하기 등을 잊지 않고 실천해야겠지요.

책임감을 갖고 마지막까지 보살피기

생물은 아무리 소중하게 보살펴도 언젠가는 세상을 떠납니다. 아이가 생물의 성장을 기뻐하고 즐거워하면서도 마지막까지 책임감을 갖고 키울 수 있게 지도해주세요. 잘 자라지 않을 때는 그 원인을 책이나 도감으로 조사하면서 더 나은 방법을 모색해야 식물과 동물 키우기는 물론이고 아이의 성장에도 도움을 줄 수 있겠지요.

안전하게 등하교하기

초등학교에 입학해서 새로운 환경에 바로 적응하는 아이가 있는가 하면, 적응하는 데 시간이 좀 걸리는 아이도 있습니다. 초등학교 1학년 학부모도 아이가 학교에 잘 가는지, 학교생활은 제대로 하는지 걱정이 한아름이겠지만 기분 좋게 하루를 시작하고 마무리하기 위해 밝은 목소리로 응원해주며 아이를 배웅하고 맞이하는 마음의 여유를 가졌으면 합니다.

등교할 때

아이가 걸어서 등교한다면 통학로가 어떤 코스인지를 사전에 아이 손을 잡고 걸어가면서 충분히 익혀두는 것이 좋겠지요. 3월에는 아이의 등굣길에 부모가 함께하는 일이 흔하지만, 서서히 아이가 혼자 다닐 수 있게 지도를 해줍니다. 한편 초등학교에 갓 입학한 신입생의 경우 현관문을 나설 때, 혹은 교문에 들어설 때 주춤하는 아이가 있습니다. 이럴 때는 아이의 마음을 살살 풀어주며 교문까지 함께 따라 가주세요.

요컨대 아이에게 전적으로 맡기지 말고, 부모가 아이의 등굣길을 항상 살피면서 지켜줘야 합니다. 특히 등교 시간에 늦지 않게 유념하고, 안전 대책을 염두에 두면서 아이가 안심하고 등교할 수 있도록 주의 깊은 관심이 절실히 필요하답니다.

하교할 때

대체로 등교 시간은 일정하지만 하교 시간은 요일에 따라서 달라지거나 방과 후 활동 등으로 아이마다 조금씩 차이가 날 수 있습니다. 따라서 자녀의 하교 시간을 정확하게 파악해두고 항상 확인해야 합니다. 학교에서도 하굣길 안전사고를 방지하기 위해 다양한 대책을 세우고 있으므로 아이가 안심하고 학교에 다닐 수 있게 학교와 가정이 하나가 되어 노력해야겠지요. 입학 초기에는 담임교사가 앞장서서 아이들의 하굣길을 직접 챙겨줍니다. 아울러 학부모 단체를 꾸려서 안전한 하굣길을 안내하는 학교도 있으니 관심을 가지고 적극적으로 동참했으면 합니다.

아침 등교 시간에 비해 아이들이 하교할 때는 다소 마음이 풀어지고 느슨해지기 때문에 교통사고 등 뜻밖의 사고를 당할 우려도 있습니다. 학교의 지도와 더불어 가정에서도 각종 안전사고에 조심하고 또 조심해야 한답니다.

아이가 등교를 거부할 때

자녀가 학교를 싫어하거나 등교를 거부할 때 부모는 그 원인을 심각하게 찾아보게 됩니다. 아울러 아이를 향해 학교에 가라며 윽박지르기 십상입니다. 하지만 아이가 학교에 가기 싫어하는 원인은 그렇게 단순하지 않습니다. 아이를 혼내고 다그친다고 해서 등교 거부 문제가 해결되는 것도 아닙니다.

평정심을 유지하며 긴 안목으로 아이 생각하기

아이가 갑자기 등교를 거부하면 야단치기보다 '지금 이 상황에서 나는 부모로서 무엇을 할 수 있을까?'라고 스스로에게 물으며 차분하게 대처 방안을 찾는 쪽이 해결의 실마리로 이어질 수 있습니다. 학교 부적응이나 등교 거부와 관련해 가장 중요한 처방전은 아이를 절대로 나무라거나 혼내지 않는 일입니다. 그도 그럴 것이 아이에게 소리를 지르는 순간 아이는 자신의 동굴 속에 갇히거나 거세게 반항하며 소통 자체를 거부할 수 있기 때문이지요.

또 한 가지 유념해야 할 점은 부모가 평정심을 잃지 말아야 한다는 점입니다. 등교를 거부하는 아이는 어쩌면 당황한 부모보다 더 불안해할지도 모릅니다. 따라서 엄마가 먼저 차분한 모습으로 냉철하게 대처하는 태도를 보여주어야 합니다.

더불어 아이와 함께하는 시간을 늘려주세요. 훌륭한 청중이 되어 속 깊은 대화를 나누면서 아이의 마음을 어루만져줍니다. 이때 부모의 가치관을 아이에게 주입해서도, 하루라도 빨리 학교에 보내려고 조바심을 내서도 안 됩니다. 읽고 쓰는 공부는 집에서도 충분히 할 수 있으니 아이의 인생을 더 길게, 더 폭넓게 바라보고 아이의 장점을 찾아내 듬뿍 칭찬해주고 충분히 인정해주세요. 시간이 꽤 걸리겠지만, 칭찬과 격려를 통해 아이는 자신감을 되찾고 다시 일어서는 기회를 단단히 붙잡을 수 있을 테니까요.

방학 알차게 보내기

지역마다 기간은 조금씩 다르지만, 보통 무더위가 최고조에 달하는 7월 하순부터 8월 중순까지는 여름방학, 추위가 기승을 부리는 12월 말부터 2월 초까지는 겨울방학을 보내게 됩니다. 이보다 기간이 짧은 방학은 봄과 가을에 있는 단기방학, 2월 중순경 한 학년을 마치고 3월 초 새 학년을 맞기까지의 방학이 있습니다. 아이들이 학기 중에는 학교를 중심으로 생활했다면 방학 때는 생활의 중심이 가정으로 이동하게 됩니다.

건강하게 지내기

기나긴 방학 동안 하루의 생활리듬과 식사 시간이 불규칙해지면 생체리듬도 와르르 무너지기 쉽습니다. 자녀의 건강관리를 위해서라도 규칙적으로 생활할 수 있게 신경을 써주셨으면 합니다. 또 아이의 건강 상태에 따라서는 장기 방학이 재충전의 시간으로 작용해 건강을 회복할 수 있는 좋은 기회가 되거나 질병 치료에 더욱 전념할 수도 있습니다. 아이의 체력 저하가 우려된다면 방학 동안 운동이나 체력 증진에 집중하는 시간을 마련하는 것도 효과적이지요. 아무쪼록 아이의 상황에 맞추어 방학을 의미 있게 활용해주세요.

자주적이고 계획적인 태도 익히기

방학을 어떻게 보낼 것인지를 아이가 스스로 생각해서 목표를 세우고 구체적인 계획을 잡으며 실천하기 위해 노력하는 절호의 기회입니다. 이른바 방학 기간은 계획적인 생활 태도와 자주적인 능력을 몸에 익히는 배움의 시간이라고도 말할 수 있지요. 하루의 생활리듬과 기본적인 생활규칙을 지키면서 방학에만 할 수 있는 일이나 평소 하고 싶었던 일을 무리하지 않는 범위 내에서 계획을 세워 실천할 수 있도록 이끌어주세요. 아이 스스로 생활을 관리하기 위해서는 아이의 주체적인 생각을 소중히 여기면서 적절한 조언을 곁들이는 부모의 협력과 배려가 매우 중요합니다. 또 가족과 함께하는 시간이 많아지기 때문에 가정에서 온 가족이 모여 공동 목표나 계획을 세우는 일도 필요하겠지요. 이와 같은 과정을 반복 훈련함으로써 혼자 힘으로 계획을 세우고 이를 실천하는 힘이 쑥쑥 자라게 된답니다.

다채로운 활동하기

여름방학 때는 자연과 좀 더 가깝게 지내며 관찰 활동을 지속적으로 펼치는 등 다양한 체험 학습을 직접 경험해볼 수 있지요. 부모와 떨어져서 할머니 댁에서 지내거나 어린이 캠프에 참가하는 등 평생 추억이 될 만한 짜릿한 체험을 만끽할지도 모릅니다. 한편 겨울방학 동안에는 전통 문화를 체험하거나 지역사회를 깊이 이해하는 시간을 아이 스스로 마련할 수도 있겠지요.

방학을 통해 아이에게 집안일을 분담시키는 것도 효과 만점이랍니다. 집안일 교육은 가족의 구성원으로서 생활의 기술을 쌓는 훌륭한 기회입니다. 아이의 몸과 마음이 무럭무럭 자랄 수 있도록 다양한 집안일에 참여하는 경험을 늘려주셨으면 합니다.

꾸준히 공부하는 습관 기르기

방학 기간 동안 선행 학습에 치중하기보다는 지난 학기에 배운 내용을 복습하는 일이 훨씬 중요합니다. 배운 내용을 확실히 이해해고 자신의 것으로 온전히 소화시키는 능력이 아이의 학습 발달과 직결되기 때문이지요. 가정에서도 자녀의 학업 성취도를 면밀하게 살피고 부족한 부분을 보충할 수 있게 이끌어주세요. 더욱이 긴 방학을 이용해서 계획적이고 주체적으로 공부하는 자기주도학습의 습관을 기른다면 더할 나위 없이 좋겠지요.

방학 때는 학교에서 내주는 숙제뿐만 아니라 자유 연구나 호기심을 보이는 주제에 진지하게 몰입함으로써 아이의 개성과 관심 분야를 키울 수도 있습니다. 구체적인 학습

계획을 세우고 공부 시간과 독서 시간을 정하거나 평생교육기관에 같이 다니는 등 아이가 자신에게 맞는 공부법을 스스로 찾을 수 있도록 함께 고민해주세요.

안전사고에 각별히 유념하기

방학을 맞이하면 아이의 활동 범위가 넓어져서 생각지도 못한 사고를 당할 수도 있습니다. 학교나 각종 단체, 기관에서도 지도하지만 부모가 앞장서서 교통 규칙의 엄수, 수상한 사람을 만났을 때의 적절한 대처 등 기본적인 안전 대책을 아이에게 반복적으로 연습시키고 부모 스스로도 항상 관심을 갖고 주의해야 합니다.

또 외출할 때는 행선지를 분명하게 밝히고, 귀가 시간 지키기를 약속으로 정해서 안전 확보에 각별히 유념해주세요.

공공장소에서
지켜야 할 예절교육

병원에 가기

병원은 아픈 사람이 진찰과 치료를 받고 건강을 되찾을 수 있도록 필요한 설비를 갖춘 의료 기관이지요. 고열 환자, 심한 외상을 입은 환자 등 다양한 사람들이 내원하는 곳인 만큼 아이와 함께 갔을 때는 신경을 써야 합니다.

병원에서 주의해야 할 것들

병원에 가서 진찰을 받을 때는 병원 대기실에 조용히 앉아서 차례를 기다리다가 자신의 이름을 부르면 진찰실로 들어가서 진료를 받습니다. 대기하는 동안에는 큰 소리로 떠들거나 병원 복도를 뛰어다니거나 음식물을 먹는 행동은 다른 사람들에게 불쾌감을 줄 수 있으므로 삼가야 합니다. 또 함부로 진찰실 문을 열거나 의료기기를 호기심에서 만지는 행동은 진료를 방해하고 의료진과 환자 모두에게 민폐를 끼치게 되니 조심해야겠지요.

더욱이 병원에서 휴대폰이나 게임기를 조작하는 아이들을 흔히 볼 수 있는데, 전자기기에서 발생하는 전자파가 인공호흡기, 초음파기기 등 최첨단 의료 장비의 오작동에 영향을 끼칠 수 있기 때문에 전자기기 사용을 엄격하게 제한하는 구역도 있으니 각별히 유념해주세요. 이는 병원 지침을 따를 수 있도록 어른이 먼저 모범을 보여주는 것이 중요합니다.

자신의 증상을 직접 설명하기

유아기에는 의사에게 구체적인 증상을 설명하는 일이 어려울지 모르지만, 아동기에 접어들면 되도록 자신의 증상을 직접 설명할 수 있게 지도해주세요. 약 복용, 처치, 귀가 후 주의사항 등과 관련해 부모에게 전적으로 의존하지 않고 아이 스스로 자기 관리를 할 수 있도록 이끌어주셨으면 합니다. 병원 방문을 계기로 아이가 자신의 몸에 좀 더 관심을 갖고 자신의 몸을 소중하게 여기는 마음을 키운다면 일거양득이겠지요.

병문안할 때의 마음가짐

본인이 아파서 병원에 가는 것이 아니라 입원한 친구나 친척을 병문안하기 위해 병원을 찾을 때도 있습니다. 당연한 얘기겠지만, 문병할 때도 앞에서 소개한 주의사항을 반드시 지켜야 하겠지요.

아울러 아픈 사람의 마음이나 처지를 헤아리는 배려도 필요합니다. 병실 침대에서 일어날 때 도와드리고, 식사 시간엔 다양한 심부름을 하며, 기운을 북돋는 격려의 말을 건네는 등 상대방의 입장에서 말과 행동을 할 수 있도록 가르친다면 마음이 따뜻한 아이로 자랄 수 있어요.

공공 도서관 이용하기

독서는 독해력, 이해력, 사고력, 상상력, 창의력, 어휘의 축적, 표현력, 감수성, 언어 발달을 촉진하는 다재다능한 힘을 갖추고 있습니다. 도서관을 충분히 활용함으로써 아이의 능력을 키워주세요.

공공 도서관의 존재 의의

책은 자라나는 아이들에게 꼭 필요한 마음의 양식이자 소중한 친구입니다. 아이의 상상력과 인간관계를 풍요롭게 이끌고 지식을 늘려주며 꿈과 희망을 선사하는 것이 바로 책의 존재 의의겠지요. 공공 도서관을 이용하면 여러 분야의 다양한 책을 접할 수 있어서 지금까지 몰랐던 세계를 맛볼 수도 있답니다. 또 공공 물건인 책을 빌리고 대출 마감일까지 반납하는 일을 통해 사회규칙을 지키고 빌린 물건을 소중히 여기는 마음을 키우는 것은 물론 공공 시설의 이용법을 익히는 교육의 장으로도 활용할 수 있어요.

아이가 읽을 책을 고를 때는 아이의 의견을 으뜸으로 고려해야겠지요. 다만 책의 선별에 문제가 있다면 거부감 없이 다른 책을 고를 수 있도록 유도하는 지혜를 발휘해야 합니다. 도서관 이용을 통해 사회규범과 도덕성을 배우고 어릴 때부터 좋은 책을 접하며 책 읽는 습관을 확실히 들인다면 잠시 책 읽기를 멀리하더라도 금세 독서 습관을 바로 잡을 수 있지요.

공공 도서관에서 지켜야 할 규칙과 매너

도서관에 꽂혀 있는 책은 분야나 주제별로 분류되어 있습니다. 서가의 진열 방식도 '왼쪽에서 오른쪽'이라는 규칙이 있고요. 요즘은 책뿐만 아니라 영상물을 전시한 도서관도 많습니다.

대부분의 공공 도서관은 개가제 시스템(도서관에서 열람자가 원하는 책을 자유로이 찾아볼 수 있게 한 제도)이라서 원하는 책을 자유롭게 찾아볼 수 있습니다. 읽고 싶은 책을 찾지 못할 때나 문의 사항이 있다면 사서에게 상담하면 좋겠지요. 만약 찾는 책이 없을 때는 예약이나 주문 신청을 할 수도 있습니다. 도서 출납 제도를 활용하면 이미 대출된 책은 반납과 동시에, 주문한 책은 대출 가능한 시점에 연락을 해줍니다.

도서관에서 읽던 책을 함부로 집에 가져가면 안 되고, 반드시 안내 창구에서 도서 대출 절차를 밟아야 합니다. 반납도 마찬가지이고요. 도서 반납일을 꼭 지키고, 빌린 서적이나 CD 등을 파손하거나 더럽히거나 잃어버리지 않도록 조심하고 또 소중하게 다루는 매너도 잊지 마세요.

대형 마트 방문하기

전국 곳곳에 지점을 둔 대형 마트나 대형 슈퍼마켓은 항상 사람들로 붐빕니다. '마트 나들이'라는 말이 있을 정도로 주말에는 어린 자녀와 함께 가족 단위의 방문객들이 많지요. 그만큼 일상생활과 밀착된 상점이라는 뜻이겠지요.

마트 이용 절차

아이들에게 마트에서 물건을 구입하는 방법을 가르쳐주고, 그 활용법을 몸에 익히게 해줌으로써 현명한 소비자로서의 싹을 키우는 일은 훌륭한 가정훈육의 하나입니다. 마트에 갈 때마다 아이의 손을 잡고 같이 쇼핑을 하면서 마트 이용법을 친절하게 가르쳐주세요.

① 입구에서 쇼핑 카트 혹은 바구니를 골라 마트 안으로 가지고 들어갑니다.
② 진열대에 상품과 함께 가격이 나란히 표시되어 있음을 확인합니다.
③ 원하는 상품을 고른 다음에 카트에 담습니다.
④ 상품에 관해 궁금한 점이 있다면 마트 직원에게 문의합니다.
⑤ 출구 계산대에서 물건 값을 지불합니다.
⑥ 구입한 물건을 장바구니에 담아서 집으로 돌아옵니다.

이와 같은 마트 이용 절차를 아이에게 이해시키고, 이용 절차를 지켜가며 직접 물건을 사도록 지도해주세요.

쇼핑 매너 지키기

마트나 슈퍼마켓은 식료품이나 일용품 등 생활필수품을 주로 구입하는 가게입니다. 따라서 이와 같은 목적에 부합하는 쇼핑 매너를 가르쳐줘야겠지요.

백화점과 달리 진열대마다 직원이 상주하지 않기 때문에 상품 포장을 함부로 뜯거나 진열된 물건을 만지작거리다가 망가뜨리는 일이 빈번합니다. 따라서 상품을 훼손하지 않게 각별히 주의시키고, 넓은 판매장 안을 뛰어다니거나 엘리베이터, 에스컬레이터에서 장난을 치면 엄하게 다스려야 합니다. 시식 코너나 쇼핑 카트 이용법도 가르쳐주세요. 가끔 아이에게 장보기를 부탁해서 물건 사기 경험을 쌓게 하면 크게 도움이 되겠지요.

대형 마트와 비슷한 구매 방식의 소매점으로는 편의점, 건강&미용(H&B) 스토어가 있는데 마트에서 쇼핑 매너를 잘 지킨다면 다른 소매점 쇼핑도 충분히 대응할 수 있답니다.

환경문제 생각해보기

요즘은 물건이 넘쳐나다 보니 물건을 쓰다가 버리는 일이 많습니다. 하지만 자세히 보면 쓸 만한 물건을 버리는 경우가 더 많지요. 쓰레기는 환경오염의 주범입니다. 그런 점에서 쓰레기 재활용은 지구의 환경을 위해서도 꼭 필요한 일입니다.

'아깝다'의 진정한 의미 생각해보기

케냐의 환경운동가이자 그린벨트 운동의 창시자인 왕가리 무타 마타이(Wangari Muta Maathai, 1940~2011)는 '아깝다'의 진정한 의미를 실천하며, 환경 보호와 지속 가능한 자원 순환형 사회 구축을 목표로 활동했습니다. 2004년에는 아프리카 여성 최초로 노벨평화상을 수상했습니다. 지구의 환경오염 문제가 날로 심각해지는 오늘날, 일상생활에서 '아깝다'는 단어의 의미를 좀 더 진지하게 생각해봐야 할 때가 아닐까 싶습니다.

지구의 쓰레기 문제 생각해보기

전 세계가 쓰레기 문제로 골머리를 앓고 있는 가운데 쓰레기 처리가 심각한 사회문제로 대두되고 있습니다. 또한 쓰레기 처리 과정에서 발생하는 각종 오염물질이 지구 환경을 위협하기도 합니다. 더욱이 쓰레기 불법 투기로 유해물질이 하천을 오염시키며, 표류 쓰레기가 해류를 타고 망망대해를 떠돌다가 거대한 '쓰레기 섬'을 형성하는 일도 있지요. 이는 대량 생산, 대량 소비, 대량 폐기라는 생활방식이 초래한 문제입니다. 평소 아이에게 쓰레기 분리수거와 재활용 방법을 가르쳐주고, 쓰레기 문제와 관련해

진지한 대화를 나눈다면 쓰레기로 인한 환경오염에 대해 더 깊이 생각해볼 수 있겠지요.

자원 순환형 사회 만들기

폐기물을 포함해 유한한 자원을 환경 친화적으로 활용해서 지구를 아끼고 보호하는 '자원 순환형 사회'를 만드는 일이 절실히 필요한 때입니다. 자원 순환형 사회를 정착시키기 위해서는 '3R' 운동을 생활 속에서 실천하는 일이 무엇보다 중요합니다. 3R이란 쓰레기 줄이기(Reduce), 재사용하기(Reuse), 재활용하기(Recycle)를 말합니다.

여기에서도 어른이 먼저 본보기를 보여줘야겠지요. 'Reduce'의 관점에서 과대 포장을 줄이고 장바구니를 갖고 다니는 모습을, 'Reuse'의 관점에서 안 쓰는 물건을 서로 나눠 쓰고 바꿔 쓰는 모습을, 'Recycle'의 관점에서 자원의 재활용을 염두에 두고 쓰레기를 분리수거하는 모습을 보여준다면 자연스럽게 아이의 의식과 행동에도 3R 운동정신이 반영될 수 있겠지요. 왜 쓰레기 재활용을 실천해야 하는지를 아이에게 설명해주면서 모두 함께 행동하는 생활의 자세가 어쩌면 지구의 쓰레기 문제를 해소하는 열쇠가 될지도 모릅니다.

지역 행사에 참가하기

오늘날에는 옆집과의 교류를 달가워하지 않거나 '우리 가족만 편하면 된다'는 자기중심적인 사고를 내세우는 가정이 늘고 있습니다. 인간 사회는 가족은 물론 이웃, 지역 주민과 공동체를 이루며 사는 사회라는 사실을 번지르르한 말이 아닌 온몸으로 느낄 수 있게 앞장서서 도와주셨으면 합니다.

밝은 인사부터

활기찬 지역 공동체를 실현하기 위해서는 밝은 인사부터 시작합니다. 이웃과 만나면 어른이 먼저 아이에게 "안녕? 잘 지냈니?"라고 환하게 인사를 건넵니다. 이렇게 어른이 매일 인사하는 모습을 보여주면 아이도 자연스레 인사하는 법을 배웁니다. 그래도 인사하기를 주춤하는 아이가 있다면 "예쁘게 인사해야지!" 하고 친절하게 가르쳐주면 좋겠지요. 인사하지 않는 아이를 야단치기보다 예쁘게 인사하는 아이를 칭찬해주는 것이 인사 습관을 널리 보급하는 데 훨씬 도움이 됩니다.

따뜻한 인사 한마디는 사람들의 마음을 부드럽게 녹여주고 지역 유대감을 더 굳건히 다져주며 매력적인 지역 만들기로 이어집니다. 정겨운 인사를 나누는 이웃, 어려운 이웃에게 도움을 주는 지역 사회, 여기에서 자라난 아이들은 함께하는 사회의 중요성을 저절로 배우고 느낄 수 있겠지요.

아이를 쑥쑥 자라게 하는 지역 활동

지역 행사에 참가하는 일은 가정훈육의 하나입니다. 부모와 자녀가 손을 맞잡고 지역 축제에 참여하거나 "우리도 알뜰 바자회에 나가볼까?" 하며 부모가 먼저 제안합니다.

아이는 지역 활동을 통해 다른 연령대의 아이들과 다양하게 교류할 수 있고 지역 농산물을 직접 가꾸고 맛볼 수 있는 기회를 얻을 수 있으며 지역 축제를 직접 체험해볼 수도 있지요. 아울러 지역에서 주최하는 봉사활동에도 자발적으로 참여할 수 있게 된답니다.

지역 행사에 참가할 때 유의할 점은 다음과 같습니다.

행사 활동 중에 게임 금지

알뜰 바자회를 개최하는 체육관에 쭈그리고 앉아서 게임을 하는 아이들이 많습니다. 학교 수업 시간에 게임은 당연히 금지되어 있습니다. 마찬가지로 지역 활동에서도 행사 시간에는 게임을 못 하게 해야 합니다.

행사 담당자에게 연락하기

갑자기 행사에 불참하거나 아무 말 없이 행사장을 빠져나오면 담당자가 걱정하지요. 이와 같은 상황에서는 미리 행사 담당자에게 알리고 양해를 구해야 합니다. 초등학교 고학년이라면 아이가 직접 연락하게 하는 것이 바람직하지요.

스포츠 교실에 다니기

지역 단체나 체육협회에서는 어린이 축구 교실, 어린이 야구 교실 등을 열어서 아이들의 체력 증진과 꿈나무 인재 발굴에 힘쓰고 있습니다. 게다가 밖에서 뛰어노는 시간이 부족한 아이를 위해 스포츠 교실에서 몸과 마음을 단련시키려는 부모도 많지요. 스포츠 교실에 다닐 때도 지켜야 하는 기본 매너가 있습니다.

수업에 빠질 때는 미리 연락하기

갑자기 급한 일이 생겨서 스포츠 교실 수업을 빠질 때도 있지요. '나 하나쯤이야!' 하며 사전에 아무 연락 없이 수업에 불참해서는 안 됩니다. 지도교사는 연락이 없으면 당연히 참가한다고 생각하기 때문이지요. 아이가 보이지 않으면 교사가 걱정하고, 먼저 연락해주면 고마워합니다. 부모가 교사를 존경하는 태도를 보이면 "지난주에는 수업을 빠지게 되어서 정말 죄송합니다"라고 예의 바르게 말할 수 있는 아이로 자라난답니다.

지도교사의 수업 방식 존중하기

야구나 축구 등의 단체 스포츠에서는 감독의 권한이 크지요. 이를테면 아이는 신나게 홈런을 날리고 싶어도 감독의 지시에 따라 번트를 대야 하는 상황도 생깁니다. 하지만 팀플레이가 중요한 단체 경기에서 감독에게 불평불만을 늘어놓으며 사사로운 감정을 앞세우다 보면 팀워크가 깨져서 좋은 성과를 얻을 수 없습니다. "매일 감독님이 달리기만 시키세요. 재미없어요!" 하고 아이가 투덜댔을 때 "그래? 너희 감독님 정말 이상하구나!" 하며 아이의 말에 동조하는 것이 아니라 "어릴 때 차곡차곡 쌓은 연습이 최고의 선수가 되는 지름길이란다" 식으로 아이를 침착하게 타이르는 일도 중요한 훈육의 하나입니다.

가정에서 가르칠 세 가지 기본예절

① 씩씩하게 인사하기 ② 또박또박 대답하기 ③ 가지런하게 신발 벗기

이 세 가지 규칙을 잘 지키는 아이가 스포츠 세계에서도 실력을 꽃피울 수 있습니다. 세 가지 기본 예절만 잘 지켜도 언제나 어디서나 모두에게 사랑받는 아이가 되겠지요. 스포츠 교실은 신나게 즐기면서 인성교육을 펼칠 수 있는 훌륭한 교육의 장입니다. 하지만 스포츠 교실에 다닌다고 해서 참된 인성이 저절로 길러지는 것은 아니지요. 아무쪼록 가정훈육이 모든 교육의 기본이 된다는 사실을 기억해주셨으면 합니다.

관혼상제 예식에 참석하기

관혼상제에서 '관(冠)'은 성년을 맞이하는 예식인 관례(성년식), '혼(婚)'은 남녀가 부부로 하나 됨을 맹세하는 혼례(결혼식), '상(喪)'은 사람이 죽었을 때 치르는 상례(장례식), '제(祭)'는 조상을 기리는 제례(제사)를 뜻합니다. 인간이 태어나서 죽을 때까지, 또 사후에 가족과 친척을 중심으로 이뤄지는 중요한 의례라고 말할 수 있지요.

타인의 감정을 헤아리고 공감하기

우리가 살면서 겪는 예식 가운데는 관례나 혼례처럼 경사스러운 예식도 있지만, 상례나 제례처럼 경건한 마음으로 예를 표해야 하는 자리도 있습니다. 각각의 예식에는 인간의 다양한 감정이 수반되는데 관례와 혼례에서는 기쁨의 감정이, 상례와 제례에서는 슬픔과 애처로움의 감정이 따르기 마련이지요.

아이가 관혼상제 예식에 참석함으로써 결혼식이라면 신부와 신랑의 달뜬 기분을 느끼고, 장례식이라면 떠난 사람과 남은 가족들의 마음을 헤아려보는 기회를 얻을 수 있습니다. 이처럼 타인의 감정을 살피며 함께 기뻐하고 함께 슬퍼하면서 공감대를 형성하고, 삶의 의미와 현재의 생활을 되돌아보는 계기를 소중히 여겼으면 합니다.

TPO의 감각 익히기

관혼상제 예식에 참석할 때는 그 자리에 어울리는 옷차림이나 몸가짐에 신경을 써야 합니다. 여러모로 감정 표현이 서툰 영유아기와는 달리 아동기 이후에는 격식에 맞게 행동거지를 갖출 수 있도록 TPO의 중요성을 가르쳐주세요. 'TPO'란 'Time(시간), Place(장소), Occasion(상황)'의 머리글자를 모은 말로 시간과 장소, 상황에 따라 태도, 옷차림, 방법을 구분한다는 뜻입니다. 예를 들어 결혼식에 갈 때는 화려하고 밝은 옷차림이 좋지만, 장례식에서는 검정 넥타이를 매야 하고 화려한 색깔의 옷차림은 삼가야 합니다. 결혼식의 축의금은 신권을 사용하지만, 장례식의 조의금은 빳빳한 신권을 사용하지 않습니다. 이는 예식 당사자의 마음을 헤아리는 행동이겠지요.

구체적인 상황을 아이에게 충분히 설명해주면서 참가하는 예식의 의미를 확인하고, 어떤 마음가짐과 태도로 참석해야 하는지를 아이 스스로 생각해볼 수 있게 이끌어주셨으면 합니다.

에티켓과 매너를 배울 수 있는 기회

에티켓과 매너의 차이를 아시나요? 먼저 에티켓(étiquette)은 사교상의 마음가짐이나 몸가짐을 뜻하는 프랑스어로, 사회생활을 할 때 반드시 지켜야 할 바람직한 행동양식이나 인간관계에서 자신이 당연히 해야 할 도리를 말합니다. 매너(manner)는 일상에서의 예의와 절차를 뜻하는 영어로, 개개인이 예절을 지키기 위해 구체적으로 실천하는 행위이자 상대방의 관점에서 상대를 편안하게 해주고자 하는 배려에서 우러나오는 행동이기도 합니다.

대체로 에티켓이 '있다, 없다'로 표현한다면 매너는 '좋다, 나쁘다'로 표현할 때가 많습니다. 요컨대 인간으로서 당연히 해야 할 도리를 에티켓으로 지키고, 타인을 배려하는 매너를 갖춤으로써 사회도덕에 따르고 더 나은 인간관계를 형성하고 있겠지요.

관혼상제에서는 예식의 주최자와 참가자가 서로 자리에 맞는 인사를 나누고 식사를 함께하면서 여러 사람과 접촉하게 됩니다. 따라서 사회생활의 경험이 부족한 아동기 아이들이 에티켓과 매너를 체험하고 익힐 수 있는 절호의 기회입니다. 같은 인사라도 결혼식에서는 밝고 환한 표정으로 화기애애하게 인사를 나누지만, 장례식에서는 차분하게 애도를 표하는 인사말을 나누어야겠지요. 한편 예식의 주인공이 많이 바빠 보이면 가벼운 목례로 인사를 대신하는 융통성도 필요합니다.

결혼식이나 장례식이 치러지는 동안에는 자세를 바르게 갖추고 정숙해야 하고, 식사 시간에는 테이블 매너를 지켜야 합니다. 아무쪼록 에티켓과 매너를 지킬 수 있도록 지도해주세요.

미리미리 공부해두기

예식에 어울리게 행동하라고 아이에게 아무리 말해도, 아이가 한 번도 경험해보지 못한 격식 차린 예법이라면 예의를 지키지 못하는 것은 당연하겠지요. 예를 들어 서양식 만찬에서 냅킨, 포크, 나이프 사용법이나 중식당에서 볼 수 있는 턴테이블 사용법 등은 구체적인 식사 예법을 모르면 매너나 에티켓을 지키고 싶어도 실천할 수 없습니다. 장례식에서 향을 피우는 방법이나 절하는 방식도 마찬가지이고요. 따라서 관혼상제 예식에서 행동으로 옮기기 어려운 예법은 친절하게 가르쳐주고 아이가 충분히 연습할 수 있는 시간을 미리 마련해주셨으면 합니다.

부모와 함께 외출하기

아이와 함께 외출하면 집에서 늘 보던 모습과는 또 다른 아이의 얼굴을 만나기도 합니다. 예의 바르게 행동할 때도 있지만, 의외로 흐트러진 모습을 보일 때도 있지요. 그런 의미에서 아이와 함께하는 바깥나들이는 예절교육을 재점검하기에 아주 좋은 기회입니다. 외출 장소에서 아이의 흥을 깨지 않으면서 사회생활의 매너를 세련되게 가르쳐주세요.

부모를 거울삼는 아이

아이들은 엄마 손을 잡고 외출한다는 기쁨에 들떠서 큰 소리로 떠들거나 길거리를 뛰어다닐 수 있습니다. 다른 사람과 부딪힐 수 있으니 뛰거나 주의가 산만해지지 않도록 적절하게 지도해야 합니다. 집 밖에서 아는 사람을 만나면 깍듯이 인사하는 법도 가르쳐야겠지요. 우선 부모가 본보기를 보이면 아이는 부모를 거울삼아 예쁘게 인사합니다.

많은 사람들이 다니는 큰길을 걸어갈 때는 남에게 피해를 주지 않도록 보폭을 적당히 조절하고, 전철은 줄을 서서 차례차례 타는 등 부모가 먼저 모범을 보여야 하는 일이 꽤 많습니다. 그러니 "만약에 앞사람 뒤에 바짝 붙어서 가다 보면 불쾌감을 줄 수도 있고, 앞사람이 갑자기 멈춰 서면 꽈당 하고 서로 부딪힐 수 있겠지!" 식으로 예절을 지켜야 하는 이유를 아이가 충분히 이해할 수 있게 설명해줘야 겠지요.

방문지에 맞는 예절 지키기

방문지에 도착했을 때 부모 뒤에서 쭈뼛거리며 인사를 제대로 하지 못하는 아이도 많지요. 워낙 부끄럼을 많이 타서, 낯설어서 등의 이유가 있을 테지만 어디에서나 누구에게나 씩씩하게 인사 잘하는 아이로 키워주셨으면 합니다.

한편 방문하는 집에 들어가서 함부로 물건을 만지거나 소란을 피우면 안 되겠지요. 화장실에 갈 때도 마찬가지입니다. 반드시 어른에게 먼저 물어보고 양해를 구한 다음에 행동하게 해주세요. 우리 집과 남의 집을 분명히 구분해서 행동하는 일이 공공 예절을 잘 지키는 아이로 만들어준답니다.

놀이동산이나 백화점 등 많은 사람이 모이는 장소에서는 부모와 떨어지지 않도록 서로의 존재를 틈틈이 확인해주세요. 놀이동산에 놀러갔을 때는 과자 봉지나 쓰레기를 길거리에 함부로 버리지 않게 '쓰레기는 쓰레기통에'를 엄격하게 가르치고, 음식물 섭취가 가능한 장소에서만 음식을 먹을 수 있다는 사실도 일러줘야겠지요. 주위 환경을 둘러보고 무엇을 하는 곳인지 정확하게 파악한 뒤에 다음 장소에 따라 적절하게 행동할 수 있도록 이끌어주세요.

아이 혼자 외출하기

아이가 유치원에 다닐 때는 부모의 손을 잡고 외출하는 일이 대부분이지만, 초등학교에 들어가면 친구들과 놀러 다니는 일이 부쩍 늘어납니다. 이는 아이가 성장했다는 증거이기도 합니다. 아이가 혼자 외출할 때는 귀가 시간을 확실하게 지키고 교통 규칙을 숙지하게 해서 혼자서 다녀도 안전할 수 있도록 아이의 홀로서기를 응원해주세요.

외출 장소 알리기

아이가 혼자 외출할 때는 반드시 어디에 누구와 가는지를 부모에게 알리는 습관을 들여야 합니다. 최근에는 휴대전화로 확인하면 된다고 생각하기 쉽지만 유사시에 연락이 제대로 닿지 않을 수도 있으니 외출 장소를 확인해두어야 합니다.

귀가 시간도 정해두어야 합니다. 귀가 시간이 들쭉날쭉하다 보면 시간 감각이 무뎌지고 늦게까지 놀기만 하는 버릇이 생길지도 모릅니다. 따라서 학년별로 귀가 시간을 정해서 이를 엄수하도록 지도해주세요. 부모가 주의를 줘도 자꾸만 귀가 시간이 늦어진다면 진솔한 대화를 나누고 아이의 마음을 헤아리면서도 너무 늦은 시간까지 바깥에 있지 않도록 생활리듬을 바로잡아줘야겠지요. 전철 고장 등으로 부득이하게 귀가가 늦어질 때는 반드시 부모에게 먼저 연락하도록 단단히 일러주시고요.

외출 전후에 인사하는 습관

외출할 때는 "다녀오겠습니다", 집에 돌아오면 "다녀왔습니다"라고 인사하는 습관을 들여주세요. 활기찬 인사를 통해 생활의 리듬을 되찾고 다음 동작으로 부드럽게 이어갈 수 있습니다. 무엇보다 상대방에게 자신을 알리는 수단으로 인사만큼 훌륭한 도구는 없어요. 목적지에 가는 도중이나 친구 집을 방문할 때도 마찬가지입니다. 밝고 건강한 인사를 통해 더 원활한 소통을 도모할 수 있답니다.

교통 규칙을 잘 지키기

자전거를 타거나 전철을 타는 등 아이가 성장하면서 활동 범위도 점점 넓어집니다. 아무쪼록 아이가 교통 규칙과 질서를 잘 지키며 자신의 안전을 스스로 돌볼 수 있도록 어릴 때부터 안전교육에 유념해주시기를 바랍니다.

전철, 버스 타기

여러 사람이 이용하는 버스나 전철 등의 교통수단을 대중교통이라고 말하지요. 초등학교 고학년이 되면 혼자서 혹은 친구들과 함께 대중교통을 이용해서 비교적 먼 거리를 이동할 때도 있습니다. 많은 사람들이 이용하는 만큼 다른 승객들에게 불쾌감을 주지 않도록 올바른 예절을 가르쳐주세요.

승차권 구입하기

요즘에는 전철이나 버스를 탈 때 교통카드를 주로 이용하지만 시외버스나 고속버스를 이용할 때는 승차권을 구입하기도 합니다. 이처럼 줄을 서서 승차권을 사야 할 때는 다른 사람들에게 불편을 끼치지 않도록 조심하면서 자신의 차례를 차분히 기다려야겠지요. 줄을 서기 전에 목적지와 요금을 확인하고 필요한 돈을 미리 준비해서 기다리는 마음의 여유를 가졌으면 합니다.

승하차 질서 지키기

전철이 오기 전에 차례차례 줄을 서고, 전철 문이 열리면 타고 있던 승객이 먼저 내릴 수 있게 문 가장자리로 비켜섭니다. 그리고 내려야 할 사람이 다 내린 다음에 전철을 탑니다. 버스도 마찬가지입니다.

이처럼 타고 있던 사람이 모두 내리기를 가만히 기다렸다가 버스나 전철에 오르는 것이 기본 에티켓이랍니다. 안타깝게도 주위를 둘러보면 승하차 질서를 제대로 지키지 않는 어른이 꽤 많은 것 같습니다.

주위 사람을 배려하며 좌석에 앉기

대체로 아이들은 좌석에 앉아서 창밖을 내다보고 싶어 합니다. 신발을 신은 채 창가로 고개를 돌리다 보면 앞에 서 있는 사람의 옷을 더럽힐 수도 있으니 신발을 가지런하게 벗어두는 것이 좋겠지요. 이때 양말은 꼭 신고 있게 하세요. 양말을 벗고 있으면 남 보기에도 좋지 않고, 아이의 건강관리에도 나쁜 영향을 끼칠 수 있지요. 전철 안에서는 소곤소곤 얘기하고, 지루하지 않게 책을 읽게 하는 것도 잊지 마시고요.

초등학교 3, 4학년쯤 되면 노약자에게 자리를 양보하도록 지도합니다. 아이는 자리 양보를 통해 남을 배려하는 기쁨을 맛볼 수 있어요.

에스컬레이터, 엘리베이터 타기

에스컬레이터와 엘리베이터는 계단을 오르내리는 불편함을 덜어주고 생활을 더욱 편리하게 해주는 대표적인 편의 시설이지만 아이들이 다치기 쉬운 시설이기도 합니다. 사고 원인으로는 손이나 발이 에스컬레이터 틈새에 끼거나, 신발 앞축이 발판에 빨려 들어가거나, 에스컬레이터에서 뛰어다니다가 넘어지는 일을 꼽을 수 있습니다.

에스컬레이터에서 절대로 뛰지 않기

가끔 에스컬레이터가 놀이터인 양 마구 뛰어노는 아이들을 볼 수 있습니다. 또 에스컬레이터의 진행 방향과는 반대로 걸어가면서 장난을 치는 아이도 있는데, 이는 굉장히 위험한 행동입니다. 에스컬레이터를 이용할 때는 끼임 사고를 방지하기 위해 핸드레일을 단단히 잡고, 황색 안전선 안쪽에 서고, 가장자리에 발이 닿지 않도록 각별히 유념해야 합니다. 또 에스컬레이터 발판 위에서 뛰어다니거나 장난을 치지 않도록 엄하게 지도해야겠지요.

엘리베이터 안에선 장난하지 않기

엘리베이터를 이용할 때는 전철의 승하차와 마찬가지로 내리는 사람이 먼저 내린 다음에 타야 합니다. 엘리베이터 안에서 버튼 앞에 서게 되었다면 내려야 하는 사람이 안전하게 내릴 수 있게 열림 버튼을 눌러주는 것이 기본 매너겠지요. 엘리베이터 안에서 쿵쿵 발을 구르며 장난을 쳐서는 안 되고, 많은 사람이 함께 탔을 때 남에게 불쾌감을 주는 행동은 삼가야 합니다. 상대방을 배려할 줄 아는 멋진 어른으로 자라날 수 있도록 어릴 때부터 생활 예절을 철저하게 가르쳐주세요.

테마파크, 놀이동산 가기

테마파크란 넓은 지역에 특정한 주제를 정해놓고 많은 사람들이 즐길 수 있도록 만든 공간을 말하는데 최근에는 영상, 자동차, 치즈, 캐릭터 등 다양한 테마를 발굴해서 사람들에게 감동과 즐거움을 선사하고 있습니다. 또 다채로운 놀이 시설을 갖춘 놀이동산은 아이들뿐만 아니라 어른도 신나게 즐길 수 있는 최고의 놀이터이지요.

자연을 보호하며 즐기기

테마파크에서 쓰레기를 무단 투기하는 얌체족 때문에 시설 관리자가 골머리를 앓고 있다는 뉴스를 심심찮게 전해 듣습니다. 어릴 때부터 공공장소에서 쓰레기 버리는 방법을 제대로 가르치는 교육이 절실히 필요한 것 같습니다.

쓰레기를 버릴 때는 내용물이 흐르지 않게 주의해서 쓰레기통에 버리고, 만약 쓰레기통이 보이지 않는다면 집으로 가져가는 습관도 꼭 들여주세요. 테마파크에 따라서는 넓은 공원에 예쁜 꽃이나 나무가 심겨 있는 곳도 있는데, 많은 사람들이 함께 감상할 수 있도록 정성스럽게 가꾼 식물이니만큼 함부로 꽃을 꺾거나 새싹이 돋아나는 잔디를 밟지 않게 조심하는 일도 가르쳐줘야겠지요.

놀이동산은 훌륭한 교육 장소

아이들은 모처럼 접하는 널찍한 놀이 공간에서 자유롭게 뛰어다니며 자연과 또래들과 어울립니다. 아이들이 노는 모습을 자세히 살펴보면 자신의 주장이 통하지 않아서 버럭 화를 내는 아이, 차례를 지키지 않고 중간에 슬쩍 끼어드는 아이, 그런 아이를 보고 소리 내서 울기만 하는 아이, 주위 상황을 살피면서 사이좋게 노는 아이 등 또래와 관계를 형성하는 방법이 저마다 다르다는 사실을 알 수 있습니다. 아이들은 다양한 아이들과 어울리면서 처음 만나는 아이와 어떻게 지내야 하는지, 자신의 의견을 전달하려면 어떻게 해야 좋은지 등의 지혜를 배웁니다. 인간관계를 맺기가 어려운 현대사회에서 아이 나름대로 사회성을 기르고 매너와 옳고 그름의 판단을 직접 체험한다는 점에서 놀이동산은 훌륭한 교육 장소가 되지요.

간혹 놀이동산에서 아이는 나 몰라라 하고 휴대전화에만 시선을 고정하고 있는 부모를 볼 수 있는데, 아이의 눈높이에서 항상 아이를 챙겨줘야 한다는 점, 잊지 마세요.

미술관, 영화관 가기

여러 사람이 모이는 공공장소에서는 아이의 행동 하나하나가 무척 신경 쓰이지요? 부모와 아이 모두 쾌적한 나들이가 되려면 외출하기 전에 '절대 해서는 안 되는 행동'을 아이와 함께 정해서 이를 반드시 지킬 수 있도록 예절교육과 인성교육에 힘써야 합니다. 한편 공연장으로 들어가기 전에 화장실을 다녀와서 여유 있는 마음으로 작품을 감상하는 센스도 잊지 마세요.

미술관에서 지켜야 할 예절

멋진 예술작품을 만나는 일은 눈과 귀, 뇌를 총동원해서 온몸으로 느끼는 활동으로 호기심을 자극하고 의욕을 높이는 데도 크게 도움이 됩니다. 또 가족과 함께 미술작품을 감상한 후에 대화의 시간을 마련해서 자신이 느낀 것을 언어로 표현하게 하면 발표력이 향상되고, 표현 방법을 생각해서 설명해야 하는 프레젠테이션 능력도 미리미리 키울 수 있지요. 일상생활 가운데 지식을 활용하고 즐기는 습관을 기를 수도 있답니다. 이처럼 아이의 감성 지수를 쑥쑥 높여주는 미술관, 박물관 나들이를 자주 즐겨주셨으면 합니다.

미술관에서는 작품을 감상하는 사람의 앞을 지나다니거나 비집고 들어가지 않도록 조심해야 합니다. 또 전시품에는 절대로 손을 대서는 안 됩니다(경우에 따라서는 고액의 변상을 해야 할 때도 있답니다). 전시장 안에서 소리를 질러서 다른 사람에게 피해를 주는 행동도 절대 금지랍니다. 사진 촬영을 금지하는 미술관이 대부분이므로, 만약 사진을 찍고 싶다면 사전에 꼭 확인해주세요. 미술관 내에는 출입 금지 구역도 있으니 유념해주시고요.

영화관에서 지켜야 할 예절

아이들이 무척 좋아하는 애니메이션 영화! 하지만 눈으로 영화를 보기보다 입이나 손과 발을 더 많이 움직이는 아이들을 자주 접합니다. 극장 안에서 음식을 먹을 때는 소리 나지 않게, 앞좌석을 발로 차지 말고 자리에 가만히 앉아 있어야 합니다. 영화가 시작되면 작은 소리로 소곤대도 주위 사람은 신경이 쓰이기 마련입니다. 혹시 아이가 소리를 내서 옆 사람에게 불쾌감을 주지는 않는지 항상 주의 깊게 관찰하고 그렇게 하지 않도록 지도해주세요. 영화가 끝나면 쓰레기를 바닥에 방치하지 말고 직접 쓰레기통에 넣게 하는 매너도 꼭 챙겨주시고요.

공연 관람하기

예술성이 높은 연극이나 신나는 뮤지컬은 어린이의 정서 발달에 매우 좋은 영향을 미칩니다. 또 음악, 무용, 연극 등의 예술 활동은 아이의 감수성을 풍부하게 이끌어주고 꿈의 나래를 펼칠 수 있게 도와줍니다. 작품을 고를 때는 아이의 성장 발달을 면밀하게 파악한 후 아이가 좋아하는 분야나 관심 있어 하는 인물을 두루 살펴서 '내 아이에게 맞는 공연'을 선택해주세요.

아이와 함께 작품 고르기

아동기에 접어들면 스스로 원하는 작품을 직접 고를 수 있게 됩니다. 그렇다고 아이에게 전적으로 맡기지 말고, 선택 단계부터 부모와 아이가 함께함으로써 아이의 호기심을 더욱 높여줄 수 있습니다. 그도 그럴 것이 아이는 부모를 통해 더 깊은 정보를 폭넓게 얻을 수 있고, 부모의 해박한 견문을 배울 수 있을 테니까요. 물론 부모가 일방적으로 선택한 작품을 아이에게 강요해서는 안 됩니다.

요컨대 공연 작품을 선정할 때는 부모와 자녀가 의논해서 최종 결정을 내리는 것이 바람직하지요.

공연 예절 지키기

공연을 감상할 때는 반드시 지켜야 할 매너와 규칙이 있습니다. 여럿이 모이는 공연장에서 모두 함께 즐길 수 있도록 유의사항을 항상 새겨주세요.

먼저 공연장을 찾기 전에 공연 시간과 장소를 확인한 다음 여유 있게 도착할 수 있도록 출발 시간을 정하는 것이 좋아요. 공연장에 도착하면 입구 상황을 살피며 관람객이 많을 때는 줄을 서서 차례차례 입장합니다. 미리 좌석에 앉아서 공연이 시작되기를 차분히 기다리고, 공연 중에는 자리에서 일어나면 안 되겠지요.

공연장에 들어가서 비상구의 위치를 확인하는 일도 안전사고 예방을 위해 반드시 필요합니다. 당연한 얘기겠지만, 공연이 시작되면 소리를 지르거나 수다를 떨거나 음식을 먹어서는 안 됩니다. 공연 시간 동안 휴대전화는 전원을 꺼두거나 매너 모드로 바꿔놓아야 하고요. 화장실은 공연이 시작되기 전에 미리 다녀오거나 휴식 시간에 갑니다. 공연이 모두 끝나면 배우나 연주자를 향해 큰 박수로 마음을 전해주세요. 한 편의 연극이나 뮤지컬을 무대에 올리기 위해 수많은 사람들이 힘쓴다는 사실도 아이에게 전해주면 좋겠지요.

호텔 이용하기

해외여행이나 가족여행을 가면 아이와 함께 호텔에 머무를 기회가 있습니다. 호텔을 예약하는 단계부터 '아이 동반'이라고 밝히면 방 배정이나 식사 메뉴 등에서 도움을 받을 수 있으니 참고하세요. 호텔은 여러 사람들이 다양한 이유로 머무는 공간 이므로 타인에게 불편을 끼치지 않으면서 즐거운 여행이 될 수 있게 호텔 예절을 확실하게 가르쳐주셨으면 합니다.

아이가 알아둘 호텔 예절

호텔에서 아침식사를 할 때는 대체로 뷔페식당을 이용하게 되는데, 한꺼번에 많은 음식을 가져오는 것이 아니라 먹을 수 있는 양을 가늠하면서 되도록 조금씩 자주 음식을 가져다 먹게 지도해주세요.

호텔 선물 코너에서는 함부로 진열 상품에 손을 대지 않게 주의를 시킵니다. 외국 호텔의 경우 상품을 만지기만 해도 물건을 구입해야 할 수도 있으니 각별히 조심해 주세요.

체크아웃 시에는 "재미나게 잘 지내다 갑니다. 고맙습니다!" 하고 스스럼없이 인사할 수 있다면 그야말로 예의 바른, 누구에게나 사랑받는 아이가 되겠지요.

그 외에 호텔에서 지켜야 할 기본 매너를 아래에 정리해두니 아이에게 미리 알려주고 제대로 지킬 수 있게 이끌어주세요.

① 호텔 복도나 로비, 레스토랑 등의 공용 장소에서는 다른 사람들에게 불쾌감을 주지 않도록 옷차림에 신경을 써야 합니다. 목욕 가운만 걸치거나 잠옷 차림에 슬리퍼를 신고 호텔 로비나 복도를 다녀서는 안 됩니다.

② 아침에 일어나면 사용한 침구류를 대충이라도 정리할 수 있게 도와주세요.

③ 호텔 욕실을 이용할 때는 욕실 바닥에 물이 튀지 않게 조심해야 합니다. 호텔에 따라서는 욕조에만 배수구가 설치된 곳도 있어서 목욕할 때 샤워커튼을 욕조 안쪽으로 치지 않으면 욕실 전체가 첨벙첨벙 한강으로 돌변할 수도 있답니다.

호텔 예절에서도 어떤 행동을 하면 안 되는지, 어떤 행동은 허용이 되는지를 먼저 아이에게 친절하게 구체적으로 설명해줘야겠지요. 아이 스스로 충분히 이해하고 수긍할 수 있을 때까지 가르쳐주는 일이 중요합니다.

레스토랑에서 식사하기

특별한 날이나 기념일을 맞이해 온 가족이 근사한 레스토랑에 식사하러 갈 때가 있습니다. 특히 격식 차린 서양식 음식점이라면 테이블 매너를 직접 익힐 수 있고 아이의 사회성을 키우는 데도 도움이 됩니다. 먹고 싶은 음식을 스스로 선택해서 주문하고, 음식이 나올 때까지 시간을 보내는 방법도 배울 수 있지요.

레스토랑을 즐겁게 이용하려면

레스토랑도 공공장소이니만큼 음식점에서 큰 소리로 떠들거나 식당 안을 이리저리 뛰어다녀서는 안 됩니다. 다른 사람에게 민폐를 끼치지 않을 정도의 작은 목소리로 즐겁게 담소를 나누면서 맛있게 요리를 먹습니다. 간혹 어린이 입장을 금지하는 레스토랑도 있으니 미리 확인하시고요.

음식을 남기거나 그릇에 음식이 덕지덕지 붙어 있을 때는 지저분하지 않게 그릇 한쪽 귀퉁이에 모아놓고, 되도록 음식을 흘리지 않고 깨끗이 먹을 수 있도록 평소 가정에서 식사 예절을 확실하게 지도해주셨으면 합니다.

테이블 매너 가르치기

식사를 할 때는 가정에서와 마찬가지로 음식점에서도 "잘 먹겠습니다", "잘 먹었습니다" 하며 깍듯하게 인사할 수 있게 가르쳐주세요. 식사 시간에 하는 인사는 맛있는 음식을 만들어준 사람에게 고마워하는 마음과 음식 재료 자체에 감사하는 마음을 일깨워줍니다.

식사 중에는 고개를 숙여 접시에 입을 가까이 가져가거나 식탁에 턱을 괴지 않도록 주의시킵니다. 특히 양식을 먹을 때는 손으로 그릇을 들지 않고 꼿꼿하게 등을 펴고 앉아서 포크를 이용해 음식을 입으로 우아하게 가져가야 합니다. 식사 시간에 손으로 잡아도 되는 식기는 손잡이가 달린 수프 그릇뿐입니다.

밥을 먹을 때는 입 안에 음식을 가득 넣은 채 말을 하거나 소리를 내서 먹거나 큰 소리를 지르거나 식기 소리를 내지 않게끔 가르쳐주세요. 또 얘기에 몰입해서 젓가락이나 포크를 마구 휘두르는 일은 예의에 어긋납니다.

음식점에 따라서는 옷차림에도 제약을 두는 곳이 있으니 유념해야겠지요. 격식을 따지는 식사 예법의 경우 아이에게는 어려울 수 있으니 어른이 먼저 확실하게 숙지한 다음 하나씩 단계를 밟아가며 친절하게 설명해주는 과정이 필요하답니다.

건강과 안전을
위한 생활교육

아픈 증상 설명하기

우리가 흔히 몸이 아프다고 말할 때는 내과적인 질병과 외과적인 질병으로 크게 나눌 수 있습니다. 내과 질환의 예를 든다면 두통, 복통, 메스꺼움, 발열 등을 꼽을 수 있겠지요. 하지만 이런 증상은 외과적인 원인으로 생길 때도 종종 있답니다. 병원에 가면 아이가 직접 증상을 설명하는 것이 가장 좋은데, 그러려면 신체기관의 명칭을 익히고 표현력도 길러야 하지요.

아픈 상태와 과정을 또렷이 말하기

몸이 아플 때 '언제 어디에서 어떻게 되었다'는 발병 과정과 증세를 또렷이 밝힌다면 치료하는 의사는 질병의 원인을 추측하고 적절하게 처치하는 일이 훨씬 수월해질지도 모릅니다. 길에서 넘어지면서 지면에 머리를 세게 부딪히는 바람에 머리가 아픈데 '언제 어디에서 어떻게 되었다'는 과정을 설명하지 않으면 의사는 내과적인 두통으로 오인할 수도 있거든요.

건강 상태를 똑 부러지게 말하는 습관은 자신의 몸이나 건강에 관심을 갖고 건강을 의식하면서 생활할 수 있게 합니다. 이렇게 해서 스스로 질병의 원인을 추측하고 자신의 힘으로 개선할 수 있다면 건강한 생활에 큰 도움이 되겠지요.

아이의 설명을 기다리기

아이가 몸이 불편할 때 느끼는 다양한 증상을 온전히 말할 수 있으려면 무엇보다 아이 스스로 표현할 수 있게 곁에서 이끌어주고 응원해줘야 합니다. 말하자면 아이가 먼저 자신의 건강 상태를 단어로 나열하기 전에는 어른이 대신 말해주지 않는 것이지요. 자신의 몸 어딘가가 불편한 것을 어떻게 전달하면 좋은지, 어떻게 말하면 타인이 이해할 수 있는지를 어릴 때부터 다양한 관점에서 생각해보고 구체적인 단어로 연습해보는 일이 가장 중요합니다.

물론 아이의 발달 단계에 따라 요구되는 전달 능력은 달라지겠지만 '생각하는 일'은 나이 구분 없이 누구에게나 필요한 훈련입니다. 만약 자신의 몸과 마음의 상태를 오롯이 전하는 훈련을 게을리 한다면 건강 상태를 말하지 못할 뿐만 아니라 지금 어떻게 행동해야 하는지, 무엇을 하고 싶은지, 어떻게 하고 싶은지를 스스로 말하지 못하는 의존적인 아이로 자라날 수도 있습니다.

신체기관과 명칭 제대로 알기

의사나 부모, 교사에게 '어디가 아픈지, 어떻게 불편한지'를 전하려면 신체의 각 기관과 명칭을 제대로 알고 스스럼없이 표현할 수 있어야겠지요. 그러니 아이가 자신의 몸을 정확하게 이해하고 건강 상태를 표현하는 시간을 자주 마련해주면 좋겠습니다.

일상생활에서 신체기관의 명칭 익히기

유아기에는 아이의 아픈 부위를 확인하면서 어른이 소리 내서 "무릎", "팔꿈치" 식으로 알려줍니다. 이 과정에서 아이는 신체 명칭을 하나씩 기억하게 되지요. 마찬가지로 아동기 아이들도 이런 반복 훈련을 통해 신체를 알아가는데, 다만 유아기 시절보다는 더 정확하고 깊이 있게 가르쳐주는 것이 중요합니다.

일상생활에서 신체기관의 명칭을 익힐 수 있는 기회는 얼마든지 있습니다. 게다가 초등학교 과학 시간에는 몸속 장기의 위치와 이름을 배우는데 자신의 몸을 살피며 어떤 기관에 해당하는지, 뼈인지 혹은 근육인지 복습해보는 것도 좋겠지요.

자기 몸에 관심 갖기

학교 보건실에는 "그냥 아파요, 왠지 몸이 불편해요" 하며 하소연하는 아이들이 자주 드나듭니다. 이렇게 모호하게 말하는 이유는 아이가 평소 자신의 몸에 관심을 갖지 않은 탓에 신체기관의 명칭도 잘 모르기 때문이겠지요.

한마디로 '복통'이라고 해도 구체적인 병명은 천차만별입니다. 어디가 어떻게 아픈지, 그 언저리에는 어떤 신체기관과 근육이 있는지를 아이와 얘기를 나누면서 정확한 명칭을 가르쳐주세요. 더 나아가 신체기관의 기능을 간단이라도 알고 있으면 질병의 원인을 추측할 수 있습니다.

원인을 알기만 해도 기분이 한결 나아지고, 왠지 통증도 줄어드는 것 같은 경험은 누구나 갖고 있지요. 아무쪼록 아이가 어릴 때부터 자신의 몸에 관심을 갖고 신체의 신비를 알아갈 수 있게 이끌어주세요.

가벼운 상처 응급처치하기

상처가 났을 때 병원을 찾기 전에 신속한 응급처치만 제대로 해도 고통을 줄이고 병이 악화되는 것을 막을 수 있습니다. 다만 널리 알려진 응급처치 중에는 잘못된 방법도 있으니 정확한 지식을 미리 알아두는 지혜가 필요하겠지요.

초기 대응의 중요성

흔히 응급처치에 필요한 지식을 'RICE'라고 약칭해서 부르는데, 간략하게 소개하면 다음과 같습니다.

R = Rest   절대 움직이지 않는다 → 상처 부위를 만지거나 당기지 말고 안정을 취한다.

I = Ice   차게 한다 → 따뜻하게 하지 말고 상처 부위를 차게 한다.

C = Compression   누른다 → 출혈 부위나 부기를 단단히 누른다.

E = Elevation   높이 올린다 → 상처 부위를 심장보다 높이 올린다.

위의 네 가지 사항을 지키면 제대로 된 처치를 할 수 있습니다. 더욱이 상처 부위를 청결하게 유지하기 위해 흐르는 수돗물에 깨끗이 씻는 일도 반드시 기억해두세요.

가정용 구급함 준비하기

학교 보건실에서 응급처치를 하고 혼자서 할 수 있는 치료 방법을 지도했는데 그다음 날 전날 붙여준 반창고를 그대로 붙이고 다시 보건실을 찾는 아이들이 있습니다. 물론 보건교사가 가르쳐준 처치 방식을 아이가 깜빡한 것은 아닙니다. 이유를 물어보면 열에 아홉은 "집에 구급상자가 없어요"라고 대답합니다.

모처럼 응급처치에 대해 배워도 그 지식을 실천할 수 없다면 아무런 의미가 없겠지요. 최소한 소독약, 탈지면, 반창고, 연고 정도는 각 가정에 반드시 구비하고 있었으면 합니다. 학교에서 다쳤을 때는 부모가 아이와 함께 상처의 경과를 관찰하면서 병원에 가야 할지를 판단하는 일도 필요하지요.

학교 보건실은 응급처치의 장소이지, 질병 치료의 장소가 아닙니다. 가정에서는 구급약 및 간단한 의료 도구를 넣어둔 구급함을 확실하게 챙겨두었으면 합니다.

초경 맞이하기

생리를 의학적으로 정확히 말하면 '월경'이라고 하고, 처음 시작하는 월경을 '초경'이라고 부릅니다. 초경은 여성들의 제2차 성징의 증표이지요. 생리와 관련해 그 구조와 생리 기간에 생활하는 방법 등을 정확하게 알고 있음으로써 불안이나 불편함을 줄일 수 있답니다.

생리는 어른이 된다는 의미

아이에게 생리에 대해서 언제 알려주는 게 좋을까요? 되도록 초경을 맞이하기 전에 생리에 대한 예비지식을 주고 아이가 마음놓고 초경을 맞이할 수 있도록 도와주세요.

생리는 어른 여자가 되기 위한 준비입니다. 여자라면 누구나 경험하는 소중한 몸의 변화이지요. 초등학교 3, 4학년쯤 되면 뇌에서 명령이 내려져서 아기를 만들 수 있게끔 여자아이들의 몸은 준비를 시작합니다. 주기는 약 한 달에 한 번, 양은 약 100~200밀리리터(이 가운데 혈액 성분은 30~80밀리리터), 기간은 3~7일간 지속됩니다. 초경을 시작하고 몇 년 동안은 주기가 불규칙한 경우도 있는데 서서히 생리 주기가 자리를 잡아간답니다.

생리할 때 준비해야 할 것들

생리를 시작할 때는 옷이나 속옷에 묻지 않게 생리 전용 위생팬티를 입고 생리대를 합니다. 생리는 소변이 나오는 곳과 변이 나오는 곳 사이에 있는 질을 통해 나오기 때문에 팬티 안쪽에 생리대를 부착합니다.

생리대는 위생을 위해 자주 갈아주는 것이 좋겠지요. 이틀째인 양이 많은 날에는 학교에서 쉬는 시간마다 생리대를 바꿔주는 것이 안심할 수 있는 방법입니다. 양이 적어도 같은 생리대를 오랜 시간 사용하지 않게 가르쳐주세요. 위생 면에서 좋지 않고 피부가 민감해지기 때문이지요. 또 사용이 끝난 생리대는 화장실 변기에 버리면 안 됩니다. 생리혈이 묻은 쪽을 안으로 돌돌 말아서 전용 용기에 버려주세요. 다음 사람을 위해서 화장실에서 나올 때는 변기 주위를 확인하는 일도 잊지 않아야겠지요.

생리를 할 때는 피곤하거나 졸리거나 머리나 배, 허리가 아픈 사람도 있습니다. 하지만 생리는 상처나 질병이 아니니 무리하지 않는 범위 내에서 일상생활을 할 수 있게 이끌어주세요. 가벼운 맨손 체조나 산책 등으로 기분 전환을 도모하는 것도 좋겠지요.

담배, 마약의 공포 인식하기

오늘날 대부분의 공공장소에서는 흡연 장소를 찾기 힘들 정도로 금연을 의무화하고 있습니다. 이는 흡연자의 담배 연기를 들이마시지 못하게끔 정부가 앞장서서 규제할 정도로 간접흡연의 폐해가 심각하다는 뜻이겠지요. 담배도 중독성이 강하지만 그보다 더 중독성이 강한 것이 마약입니다. 뉴스를 통해 마약이 생활 속에 스며들고 있다는 소식이 들려올 때마다 불안하기 짝이 없습니다.

청소년 흡연을 엄격히 규제하는 이유

중학교, 고등학교는 물론이고 초등학교에서도 학생들의 흡연을 막기 위해 흡연 예방 운동을 지속적으로 펼치고 있습니다. 어떤 나라에서는 청소년 흡연을 법적으로 금지시키는 곳도 있고요.

'담배는 백해무익'이라는 말이 당연하게 여겨질 정도로 그 해로움이 상상을 초월합니다. 무엇보다 신체 기능을 마비시킵니다. 특히 니코틴, 타르 등 몸에 해로운 성분들은 한창 자라나는 청소년의 성장 발육을 저하시키고, 뇌에도 나쁜 영향을 끼쳐서 학습 능력을 감퇴시키기도 합니다. 이러한 사실을 정색을 하고 아이들에게 들려주면 귀담아듣지 않습니다. 아이들이 절대 금연해야 하는 이유를 딱딱한 설교가 아닌 흥미로운 방식으로 좀 더 정확하게, 구체적으로 설명해주세요.

상상을 뛰어넘는 마약의 중독성

흔히 담배를 '마약의 출발점'이라고 부릅니다. 마약의 공포는 의존성과 중독성을 으뜸으로 꼽을 수 있지요. 아무리 끊으려고 해도 혼자 힘으로 끊기 어렵습니다. 그리고 더 강한 자극을 찾아서 복용 횟수를 늘리거나 더 해로운 약물에 손을 대기도 합니다. 가까스로 마약을 멀리해도 약물의 기억이 뇌에서 좀처럼 떠나지 않습니다. 잊을 만하면, 혹은 스트레스가 심할 때 마약의 기억이 스멀스멀 되살아난다고 합니다.

따라서 단 한 번이라도 마약을 접하지 않는 것이 마약 중독에 빠지지 않는 지름길임을 아이에게 단호하게 가르쳐야 합니다.

다양한 형태로 아이들을 유혹하는 약물들

지금쯤 "아이가 웬 약물?", "마약 따위는 나랑 전혀 상관없어요!" 하며 큰소리 펑펑 치는 사람들이 대부분이겠지요. 하지만 최근에는 '다이어트에 효과적, 집중력 쑥쑥, 성적 올려주는 약, 기분 좋아지는 약' 등의 말로 인간의 약한 마음을 꿰뚫고 들어간 다양한 약물들이 아이들을 유혹하고 있습니다. 더욱이 옛날처럼 주사 흔적을 남기지 않는 것, 포장이 앙증맞은 약물도 있다고 합니다.

'나도 모르게 약물에 빠지게 되었다'고 말하는 일이 없도록 '딱 한 번이라도' 맛보면 평생 빠져나올 수 없는 공포가 바로 약물 중독임을 위기감을 갖고 단단히 일러주세요.

토사물 처리하기

음식물을 게워내는 원인은 여러 가지가 있지만, 바이러스성 위장염의 가능성을 염두에 두는 것이 가장 적절한 대처이지요. 감염성 위장염을 일으키는 바이러스는 전염성이 매우 높아서 토사물이나 설사 분변, 비말 감염으로도 발병할 수 있습니다. 따라서 토사물은 일회용 장갑과 마스크, 앞치마를 착용하고 신속하게 처리해야 합니다.

토사물 처리 방법

토사물을 치울 때는 바이러스가 주위로 튀지 않도록 휴지나 걸레로 바깥쪽부터 아무지게 모아서 깔끔하게 닦습니다. 사용한 휴지나 걸레는 바로 비닐봉지에 넣어서 버려주세요. 토사물이 들러붙은 바닥과 그 주변은 '0.1% 차아염소산나트륨'(주방용 염소계 소독제도 가능)을 적신 천이나 휴지로 닦습니다. 이때 꼭 환기를 해주세요.

처리 후에는 일회용 장갑을 벗고 비누로 손을 깨끗이 씻습니다. 벗은 장갑은 휴지와 마찬가지로 쓰레기봉투에 담아서 바로 버려야 합니다. 옷에 바이러스가 묻어 있을 수도 있기 때문에 토사물을 처리한 후에는 옷을 갈아입는 것이 좋아요.

노로바이러스에 대처하는 적절한 방법

노로바이러스 감염증은 노로바이러스에 의한 유행성 바이러스성 감염 질환입니다. 주로 환자의 토사물이나 분변 등을 통해 감염되지만, 오염된 음식이나 식수를 통해서도 옮겨질 수 있습니다. 사람에서 사람으로 전염될 확률이 매우 높기 때문에 평소 개인위생에 철저하게 신경을 써야겠지요. 구체적인 예방법을 소개하면 다음과 같습니다.

① 외출했다가 집에 돌아왔을 때, 화장실 이용 후에는 반드시 손을 씻고 양치질을 합니다.

② 화장실에서 변을 보고 나서는 주위로 화장실 물이 튀지 않게끔 변기 덮개를 덮은 상태에서 물을 내립니다. 그리고 환기를 시킵니다.

③ 토사물 처리에는 반드시 장갑과 마스크를 사용하고 토사물이 손이나 옷에 직접 닿지 않게 유의합니다.

가정은 물론이고 유치원이나 어린이집, 학교 등에서 단체 감염을 예방하기 위해서는 토사물 처리에 세심한 주의를 기울여야 한다는 점, 잊지 마세요.

약 먹기, 안약 넣기

감기에 걸렸을 때, 배탈이 났을 때, 여름철 눈병에 걸렸을 때 등 몸 어딘가가 불편하면 병원에서 약을 처방해줍니다. 우리 몸에서 약이 제대로 효능을 발휘하려면 반드시 지켜야 할 몇 가지 규칙이 있습니다. 안약 역시 사용법을 지켜서 써야 합니다. 특히 아이가 쓰던 안약을 엄마가 쓰는 행위는 감염의 원인이 된답니다.

약을 복용할 때 유의점

약은 복용하는 시간, 하루에 필요한 복용 횟수, 복용량을 지켜 한 컵 정도의 물과 함께 먹어야 합니다. 물을 마시는 이유는 물로 약을 녹여서 흡수를 촉진하기 위함입니다. 약을 먹을 때 물 대신 주스나 차, 우유와 함께 복용하면 약 성분이 변하거나 약효가 떨어질 수 있으니 반드시 물을 이용해주세요. 이 밖에도 약 설명서나 약봉지에 적혀 있는 복용 시간 등의 규칙을 꼭 지켜주세요. 어릴 때는 처음부터 아이에게만 맡기지 말고 부모도 함께 복용법을 확인해줘야 합니다.

병이 낫기 위해서는 제대로 몸을 쉬게 하고 균형 잡힌 식사를 하는 일도 중요합니다. 단, 음식에 따라서 약의 흡수나 효과에 영향을 끼치기도 하므로 조심해야 할 음식은 의사 또는 약사와 상담해야 합니다.

안약을 넣을 때 유의점

안약은 다음과 같은 순서로 넣습니다.

① 비누로 깨끗하게 손을 씻습니다.

② 아래 눈꺼풀을 살짝 밑으로 내리고 안약을 눈에 한두 방울 넣습니다. 이때 안약 용기 끝부분이 눈동자나 속눈썹에 닿지 않게 주의하세요.

③ 안약을 넣은 후에는 잠시 눈을 감아요.

④ 새어 나온 안약은 깨끗한 거즈나 티슈로 살짝 닦아줍니다.

안약을 넣을 때는 의사 또는 약사의 지시에 따르고 용법과 용량을 지켜주세요. 한편 친절을 베푼다는 의미에서 자신의 약을 타인에게 주거나 안약을 함께 쓰는 행위는 각종 사고나 감염증을 야기할 수 있으니 유념해주셔야 합니다.

몸무게, 키 제대로 알기

대부분의 초등학교에서는 1년에 한두 번 정도 신체검사를 실시합니다. 키, 몸무게를 정기적으로 측정함으로써 아이가 제대로 성장하고 있는지를 알 수 있답니다. 아이도 자신이 쑥쑥 자라고 있음을 실감하면 자신감이 훨씬 높아집니다.

개인차가 큰 성장·발달 속도

출생에서부터 시작되는 아이의 발육 과정을 살펴보면, 아동기는 비교적 안정된 발달 시기에 해당합니다. 하지만 초등학교 고학년이 되면 하루가 다르게 쑥쑥 자라는데, 특히 여자아이들은 눈에 띄게 발달합니다. 이 시기의 성장은 제2차 성징인 성적 성숙도와 병행해서 신체 발달이 진행되는 것이 특징입니다. 남자아이들은 여자아이들보다 제2차 성징이 2년쯤 늦게 나타나기 때문에 뚜렷한 신체 변화도 여자아이들보다 2년 정도 뒤처집니다.

성장 속도는 개인차가 아주 큽니다. 따라서 키, 몸무게를 관찰할 때 단순히 다른 아이들과 비교해서 '키가 크다, 작다', '몸무게가 많이 나간다, 적게 나간다'로 가늠할 것이 아니라 비만도와 로러지수(체중과 신장의 관계로 아동의 영양 상태를 나타내는 지수. 몸무게를 키의 세제곱으로 나누고 1000만을 곱합니다)를 참고해서 신장과 체중의 균형을 살피는 일이 무엇보다 중요합니다. 우리 아이가 잘 크고 있는지가 궁금하다면 키와 몸무게의 변화를 해마다 그래프로 그려보는 것도 좋은 방법입니다.

키와 몸무게는 건강의 바로미터

아이의 키 변화를 주의 깊게 관찰함으로써 성장호르몬의 부족에서 비롯되는 저신장을 발견할 수도 있어요. 조기에 발견하면 치료가 가능합니다.

나이를 불문하고 몸무게는 건강의 바로미터이지요. 최근에는 영양 과다와 운동 부족으로 소아비만이 염려되는 아이들이 늘고 있습니다. 과체중 어린이는 운동을 할 때 불리할 뿐만 아니라 심리적으로도 위축될 수 있기 때문에 주의가 필요합니다. 한편 저체중은 대체로 체질의 영향을 많이 받지만 경우에 따라서는 갑상샘, 당뇨병, 내분비호르몬 이상, 심장이나 신장 만성 질환의 영향으로 몸무게가 줄어들 때도 있습니다.

간혹 고학년 여학생은 부모와의 관계나 정신적인 스트레스로 음식을 극단적으로 거부하는 거식증에 걸려 카운슬링이나 치료가 필요한 사례도 있으니 아이의 신체 변화에 유념해주세요.

사고 예방하기

초등학교에 들어갈 즈음이면 아이의 행동범위는 매우 넓어지요. 이때 교통사고나 자전거 사고를 당하지 않도록 조심하고 또 조심해야 합니다. 부모가 먼저 올바른 본보기를 보여주고, 아이가 혼자 길을 건너거나 자전거를 타더라도 안전 수칙을 제대로 지켜서 사고를 예방할 수 있게 지도해주세요.

횡단보도 건너기

큰 길을 건널 때 육교가 보인다면 조금 멀리 돌아가더라도 육교를 이용하게 합니다. 만약 육교가 없다면 신호등이 있는 교차로나 횡단보도를 건너게 해야겠지요. 특히 신호등을 보고 건널 때는 초록색 신호등으로 바뀌었다고 바로 건너려 하지 말고, 잠시 멈춰서 양방향의 차들이 멈춰 섰는지를 확인한 다음에 길을 건널 수 있게 반복해서 설명해줘야 합니다.

신호등이 없는 건널목의 경우, 좌우를 살펴 차가 없다는 사실을 분명히 확인하고 건너는 것이 안전하겠지요. 부득이하게 차가 있을 때 길을 건너야 한다면 건너기 전에 손을 들어서 운전자에게 길을 건너고 싶다는 의사를 밝히고, 차가 정지한 사실을 확인하고 나서 조심조심 천천히 길을 건너게 합니다. 건널목이 아닌 곳은 절대로 건너서는 안 된다고 꼭 가르쳐주세요.

한편 부모가 빠른 걸음으로 먼저 길을 건너는 바람에 아이가 그 뒤를 따라 건너게 될 때, 도로 건너편에 있는 부모를 발견하고 반가운 마음에 좌우를 살피지 않은 채 도로로 뛰어들 때는 사고를 당할 우려가 매우 높기 때문에 각별히 주의해야 합니다.

해가 뉘엿뉘엿 넘어갈 때는 운전자 자리에서 보행자가 잘 보이지 않습니다. 특히 검정 옷을 입고 있으면 파악하기가 더 어렵습니다. 따라서 일몰 이후에 길을 건널 때는 밝은색 옷을 입게 하면 좋겠지요. 신발이나 책가방 등에 형광 테이프를 붙이는 것도 좋은 방법입니다.

길을 건너면서 장난치지 않기

어린이 교통사고가 발생하는 가장 흔한 상황이 친구와 장난을 치며 걷다가 갑자기 찻길로 뛰어드는 바람에 차와 부딪히는 사례입니다. 특히 초등학교 저학년 아이들은 심하게 장난을 치느라 미처 안전의식을 떠올리지 못할 때가 꽤 많은 것 같습니다. 길을 갈 때는 친구와 심한 장난을 치지 않도록 주의시켜주세요.

자전거 안전하게 타기

어린이 자전거 사고가 해마다 증가하고 있습니다. 어릴 때부터 안전수칙을 지키면서 자전거를 올바르게 타는 법을 몸에 익힐 수 있게 지도해주세요.

초등학교 입학 첫날부터 지도하기

초등학생과 입학과 동시에 아이들의 활동 범위는 드넓게 펼쳐집니다. 게다가 초등학교 3학년쯤 되면 자전거를 타고 외출하는 일도 부쩍 늘어납니다. 따라서 초등학교에 입학하자마자 안전교육을, 3학년을 전후해서 자전거 타기의 규칙과 매너를 확실하게 가르쳐줘야 합니다. 지역마다 교통 사정이 다르지만 초등학교 1, 2학년 때는 자전거를 타고 일반 도로를 달리는 일은 아직 위험합니다.

자전거 안전수칙과 매너

자전거 사고의 원인은 대부분 교통법규 위반입니다. 특히 횡단보도에서 일시정지 위반과 갑자기 도로로 뛰어들기가 사고의 원인일 때가 많습니다. 자전거 사고를 예방할 수 있도록 아래의 안전수칙을 반드시 지켜주세요.

① 도로 우측으로 통행합니다.

② 자전거 도로로 다니고, 보행자 도로에서는 가급적 자전거를 타지 않습니다.

③ 자전거에 드러누워서 운전하지 않습니다.

④ 교통법규를 반드시 지킵니다.

⑤ 횡단보도를 건널 때는 정지해 자전거에서 내린 다음 천천히 끌고 갑니다.

⑥ 해가 지면 전조등과 후미등을 반드시 켜고 달립니다.

⑦ 안전모는 꼭 착용합니다.

다음의 주의사항도 유념해주세요.

① 자전거 한 대에 두 명이 같이 타지 않습니다.

② 골목길에서 큰 길로 나갈 때는 반드시 정지한 후 차가 있는지 확인합니다.

③ 우회전하는 차에 치이지 않게 조심합니다.

④ 우산을 쓰고 한 손으로 운전하지 않습니다.

⑤ 자전거를 탈 때는 휴대전화 및 이어폰을 사용하지 않습니다.

위험으로부터 나 보호하기

어린이 안전사고는 학교나 가정이 아닌 제3의 장소에서 일어나기도 합니다. 학교에서는 만에 하나 학교 내에서 사고를 당하더라도 주위 교직원이나 다른 친구들이 대처해줄 수 있기 때문에 안전사고에 비교적 발 빠르게 대응할 수 있지요. 하지만 집 밖이나 학교 밖은 온전히 아이 혼자 감당해야 하므로 안전사고 대비를 철저히 하도록 이끌어주세요.

위험으로 가득한 집 밖

학교와 집 이외의 장소에는 아이를 겨냥한 수상한 사람, 장난 전화, 사건 사고가 끊이지 않습니다. 최근에는 개인정보를 보호한다는 취지에서 이름표를 부착하지 않는 학교가 늘고 있는데, 이름표가 보이지 않으면 교통사고를 당했을 때 아이의 이름을 바로 알아내기가 아무래도 힘들겠지요.

교통사고 이외에도 길을 잃어버렸을 때, 모르는 사람이 말을 걸 때는 어떻게 대응해야 하는지 안전한 대처법을 아이에게 거듭 가르쳐주셨으면 합니다. 한 번의 가르침으로는 아이가 유의사항을 몸에 익히지 못하기 때문에 몇 번이고 반복해서 설명해주고 다짐해두는 과정이 반드시 필요합니다. 가능하면 아이와 같이 동네를 걸으며 위험한 장소를 미리 확인해두는 것도 좋겠지요. 아이에게 안전규칙을 설명할 때는 아주 명확하게, 구체적으로 하나하나 가르쳐주어야 한답니다.

장난감으로 위험한 장난 하지 않기

어린이 장난감 안전사고가 심심찮게 뉴스에 보도되고 있습니다. 장난감 총, 바퀴 달린 운동화 등 위험한 장난감으로 위험한 놀이를 즐기는 아이들이 그만큼 많다는 뜻이겠지요. 아무리 장난감 총이라도 사람을 향해 쏘거나 살아 있는 생물을 겨냥하는 위험한 행동은 하지 않게끔 엄하게 지도해야 합니다.

아이들끼리 붐비는 번화가에 가지 않기

번화가나 대형 쇼핑몰에 아이들끼리만 보내는 일은 위험합니다. 게임센터에서 놀다가 돈을 빼앗기는 일도 있습니다. 다양한 상품이 유혹하는 쇼핑몰에서 자신도 모르게 물건에 손을 댈 위험성도 있고요. 아이가 외출할 때는 '누구와 어디에서 무엇을 하고 언제 귀가하는지'를 부모가 정확하게 알고 있어야 합니다.

낯선 사람을 만났을 때 대처법

모르는 사람은 절대 따라가지 말 것

"강아지를 같이 찾아주지 않을래?", "장난감 사줄게!", "우체국이 어디야? 아저씨랑 같이 가서 좀 가르쳐줘" 하며 차에 태우거나 손을 잡으면 절대 따라가서는 안 된다고 알려주세요. 만약 억지로 차에 태우려고 하면 큰 소리로 "도와주세요!" 하고 소리치는 연습을 해둡니다. 수상한 사람이 쫓아올 때 도움을 받을 수 있는 장소를 미리 확인해 두면 더욱 좋습니다.

엘리베이터에 수상한 사람과 단 둘이서 타지 말 것

만약 엘리베이터에 수상한 사람과 같이 탔을 때는 벽에 등을 바짝 붙이고 서 있다가 되도록 다음 층에서 내리도록 지도해주세요.

아무도 없는 집에 혼자 들어갈 때는 수상한 사람이 뒤에 따라오지 않는지 확인할 것

문을 여는 동시에 뒤에서 따라와서 해를 끼치는 일도 있으니 반드시 집에 들어가기 전에 주변을 둘러보도록 지도해주세요.

혼자 집을 볼 때 방문객이 찾아오면 누구인지 확인할 것

먼저 누구인지를 확인하고 모르는 사람이라면 절대 문을 열어주지 않도록 지도해주세요.

주위에 도움 요청할 것

아이가 위험에 처하는 상황, 예컨대 모르는 사람이 말을 걸거나 길을 잃어버렸을 때, 혹은 흉기를 들고 있는 사람을 만날 수도 있겠지요. 만약 모르는 사람이 말을 걸며 손을 잡아 끌 때는 소리를 지르며 도망치거나, 가까운 가게로 뛰어 들어가거나, 지나가는 어른에게 도움을 요청하도록 가르쳐야 합니다.

부모의 이름과 연락처 또박또박 말하기

아이가 사고를 당했을 때 아이를 보호하고 있는 어른은 보호자가 어디에 있든 곧바로 달려와주기를 바랍니다. 아이가 수상한 사람에게 쫓기다가 적당한 장소에서 안정을 취한 후라도 아이 혼자 귀가시키는 일은 또 다른 위험에 빠뜨리게 할 수 있어 아이를 보호하고 있는 사람은 아이의 부모가 와서 안전하게 집에 돌아가기를 간절히 바라지요. 이때 아이가 자신의 이름과 주소, 전화번호를 말하지 못한다면 보호해주는 어른은 조금 난처할 수도 있겠지요. 부모의 이름과 연락처를 외워서 또박또박 말하는 일은 보호하고 있는 사람에게 크게 도움이 됩니다. 바로 부모에게 연락을 취할 수 있을 테니까요.

그러니 안전사고 예방을 위해서는 아이에게 긴급 연락처를 알려주고 "네가 아주 작은 사고라도 당하게 되면 엄마 마음이 너무너무 아플 거야" 하고 전해주세요. 또한 유사시에 부모를 만나기 위해서는 자신의 이름, 주소, 전화번호, 엄마 아빠의 이름을 기억하고 정확하게 말할 수 있어야 한다는 사실을 아이에게 일깨워주세요. 아이는 부모가 달려온다고 생각하면 마음이 편안해집니다. 부모의 성함까지 정확하게 적을 수 있다면 더할 나위 없이 좋겠지요.

재해의 피해 줄이기

예상조차 할 수 없는 위험이 바로 자연재해입니다. 예상할 수 없으니 피해를 입는 건 당연하게 받아들여집니다. 그러나 피해를 줄일 수는 있습니다. 자연재해의 피해를 최소화하는 가장 좋은 방법을 안전지식을 익히는 일입니다.

지진 대피 요령

지진 피해를 최소화하기 위해서는 지진이 발생했을 때 어떻게 생명을 보호할 것인지를 평소에 생각하고 대비하는 일이 매우 중요합니다. 지진 사고에서 사망이나 부상의 원인은 대체로 물건이 쓰러지거나 위에서 떨어진 물건에 깔려서 다치는 경우가 대부분이지요.

지진으로 집이 흔들릴 때는 우선 식탁이나 책상 아래로 몸을 숨깁니다. 흔들림이 완전히 멈춘 시점에서 가스와 전기를 차단하고 건물 밖으로 대피합니다. 많은 사람들이 대피할 때는 ① 밀지 않기 ② 뛰지 않기 ③ 수다 떨지 않기 ④ 되돌아가지 않기를 원칙으로 행동합니다. 또 불이 났을 때는 '불이야!' 하고 주변 사람들에게 알려서 여럿이 함께 불을 끄고, 출구를 확보하기 위해 문이나 창문을 열어둡니다.

혹시라도 대지진으로 인해 가족이 뿔뿔이 흩어질 때를 대비해서 비상시 가족과 만날 장소와 연락할 방법을 미리 정해두는 일도 필요합니다.

지진해일이 발생했을 때 조속히 대피하기 위해서는 유비무환의 자세로 긴급 대피 장소를 확실히 알아둬야겠지요.

풍수해 재해 대책

태풍 등으로 강한 비바람이 불 때는 되도록 외출을 삼갑니다. 만약 밖에 있을 때는 우산이 날아가지 않게 조심하고, 날아다니는 물건에 맞아서 상처를 입지 않게 유념합니다. 또 하천의 범람으로 갑작스레 강물이 불어날 때를 대비해서 미리 안전한 장소로 대피해야 합니다. 자신이 있는 장소가 산사태 재해 조짐이 '조금'이라도 보인다면 신속하게 대피해주세요.

최근에는 폭염으로 인한 일사병, 열사병 예방에도 주의를 기울여야 합니다. 불볕더위가 기승을 부릴 때는 햇볕이 내리쬐는 야외에서 과격한 운동을 삼가고, 수분을 충분히 보충해야 합니다.

화재 발생 시의 대응

화재에 따른 인명 피해는 화상 자체보다 유해 연기를 흡입하는 것이 주요 원인으로 작용할 때가 많습니다. 따라서 불이 났을 때는 코와 입을 물에 적신 수건으로 막아서 연기를 마시지 않도록 유의해주세요. 많은 사람들이 한꺼번에 대피할 때는 지시에 따라 신속하고 질서정연하게 비상구로 향해야 합니다. 화재 신고를 하는 일도 잊지 마시고요.

가정훈육
핵심사전

기본 생활습관

많은 사람들이 비행, 학교폭력, 가정폭력, 등교 거부, 자살, 왕따를 아이들의 흔한 문제행동이라고 생각하는 경향이 있는 것 같습니다. 예상을 뛰어넘는 청소년 범죄가 매체를 통해 전달된 영향이 크지요. 하지만 우리 아이들을 너무 극단적으로 나쁘게 생각하는 건 아닌지 모르겠습니다. 왜냐하면 이러한 문제행동들은 극히 일부 아이들의 경우일 뿐 착실히 살아가는 아이들이 훨씬 많기 때문입니다.

심각한 문제행동들보다 우리 아이들과 관계가 깊은 문제는 따로 있습니다. 그것은 바로 기본 생활습관이 확립되지 않아 생기는 생활리듬의 혼란입니다. 앞에서 예로 든 문제행동들과 달리 금방 눈에 띄지 않는다는 특징이 있지만, 다양한 문제행동의 대부분은 기본 생활습관이 확립되지 않은 데서 시작됩니다.

기본 생활습관이란?

습관은 일정한 상황에서 쉽게 촉발되는, 비교적 고정된 행동양식을 말합니다. 또한 그 사회에서 오랜 세월에 걸쳐 형성된 것이기 때문에 문화를 형성하기도 합니다. 그중에서도 일상생활의 가장 기본적인 것들과 관련된 습관을 '기본 생활습관'이라고 부릅니다. 기본 생활습관은 사회적응력과도 연관이 깊은 만큼 육아를 할 때 가장 중요하게 여겨야 하는 부분입니다.

기본 생활습관은 그 기반에 따라 두 가지로 나뉩니다. 첫 번째는 식사, 수면, 배설 같은 생리적 기반의 습관이고 또 하나는 옷 입기, 청결 습관 같은 사회적 · 문화적 · 정신적 기반의 습관입니다. 이들 습관을 영유아기에 확실하게 익히지 않으면 그 이후의 생활에서 문제가 생길 수 있습니다.

기본 생활습관은 심리적 · 신체적 발달에 기초가 된다는 사실도 잊어서는 안 됩니다. 예를 들어 젓가락을 사용하는 습관은 손가락의 운동과 관련이 있고, 옷을 입고 벗는 습관은 자립성과도 관련이 있습니다. 나아가서는 인격의 발달에도 영향을 줍니다.

영유아기에 기본 생활습관을 확립해야 하는 이유

어렸을 적에 기본 생활습관이 잡히지 않은 상태로 어른이 된 사람이 적지 않은 것 같습니다. 그런 사람들은 유아기에 확립되었어야 할 기본 생활습관이 자리 잡히지 않은 상태에서 초등학교에 가고 중고등학교를 거쳐 대학교에 입학하지요.

식습관을 예로 들면, 어른이 되어서도 젓가락을 제대로 사용하지 못할 뿐만 아니라 다른 사람이 함께하는 식사 자리에서 게걸스럽게 먹는 사람도 있습니다. 그 나이 되도록 아침엔 혼자서 일어나지도 못하고 누가 깨워야 일어나는 사람도 있지요.

아침에 배변 습관이 잡히지 않은 아이들의 경우는 학교에 오면 아침부터 배가 아프다고 말하고 보건실로 향하는 일이 다반사입니다. 수영 시간에는 수영복의 끈을 풀거나 묶지 못해서 교사를 곤란하게 하는 아이들도 있고요. 얼굴을 씻지 않고 유치원에 가거나 학교에 가는 아이도 있습니다. 그중에는 양손으로 물을 담을 수 없어서 얼굴을 씻지 않는 아이도 있습니다. 이런 모습들은 부모의 관심이 훈육이 아닌 다른 방향, 즉 공부만 잘하면 다른 일은 어떻게 해도 좋다는 생각이 낳은 결과입니다.

많은 부모들이 "기본 생활습관이 제대로 확립되지 않은 아이들은 공부를 잘하지 못할 거야"라고 생각할 테지만, 사실 밤늦게까지 공부하느라 잠이 부족해 매일 지각하는 아이 중에는 공부를 뛰어나게 잘하는 아이는 없습니다. 부모들이 이 점을 제대로 인식했으면 합니다.

가장 좋은 모델은 부모

기본 생활습관을 확립하기 위해서는 무엇보다 부모의 협력이 필요합니다. 동시에 부모가 좋은 모델이 되어야 하죠. 훈육에서 '협력'이란 작은 일까지 도와주는 것이 아닙니다. 아이가 스스로 하도록 지원하는 것을 의미합니다.

훈육의 내용은 기본 생활습관, 사고나 위해로부터 자기 자신을 지키기 위한 안전수칙, 예의범절, 사회의 일원으로서 원활하게 살아가기 위한 태도와 자세를 모두 포함합니다. 한마디로 훈육은 인간으로 살아가는 데 필요한 기초적인 행동양식과 기본 생활습관을 아이가 빨리 익히는 것을 목표로 합니다.

훈육의 방법에는 두 가지가 있습니다. 첫 번째 방법은 부모가 아이에게 직접 말을 해서 가르치는 것입니다. 두 번째 방법은 아이가 부모의 생활태도를 관찰해 익히는 방법입니다. 심리학에서는 '모방(모델링)'이라고 합니다.

모방(모델링)은 누군가의 행동이나 그 결과를 표본으로서 관찰함으로써 관찰한 사람의 행동에 변화를 주는 현상을 지칭합니다. 예를 들어 아이가 엄마나 아빠의 말투나 행동을 흉내 내는 것이 모방입니다. 타자를 배려하는 마음과 그 마음을 행동으로 옮기는 실행력을 익힐 때도 모방이 중요한 역할을 합니다. 아이들은 부모나 어른들의 도덕적인 행동을 관찰하고 모방함으로써 배려를 학습합니다.

모방을 통해서 아이들의 공격성이 높아질 수도 있습니다. 예를 들어 가정폭력에 시달린 아이들은 어른으로 자라 부모가 되었을 때 마찬가지로 자신의 아이를 학대할 수 있습니다. 이것을 '학대의 세대 간 전달'이라고 합니다.

그만큼 부모의 행동과 말투, 마음씀씀이가 중요합니다. 아이가 좋은 습관을 익히고 훌륭한 사회인으로 자라날 수 있도록 멋진 모델이 되어주세요.

기본 생활습관의 발달 기준

기본 생활습관의 발달 기준은 1935부터 1936년에 실시한 조사(야마시타山下俊郎 조사)에 기초한 것이 최초이며, 1974년과 1986년에 필자들이 다시 조사를 한 것이 있습니다. 두 발달 기준을 비교함으로써 아이들의 기본 생활습관이 어떻게 변화했는지를 알 수 있습니다.

- **길어진 식사 시간** : 아이들의 식사 시간을 보면 야마시타 조사에서는 19.9분, 필자들의 조사에서는 27.9분으로 나타났습니다. 식사 시간이 길어진 것은 TV를 보면서 식사하는 습관이 영향을 미친 것으로 볼 수 있습니다.
- **늦게 자는 아이들** : 야마시타 조사보다 필자들의 조사에서 약 두 시간 정도 늦게 자는 것으로 나타났습니다. 자는 시간이 늦어진 것은 큰 문제로 생각해야 합니다.
- **잠이 부족한 아이들** : 늦게 자는 아이들은 늘 잠이 부족합니다. 부족한 잠은 낮잠으로 보충합니다.
- **기저귀를 떼지 못한다** : 보통 3세 6개월 즈음에 기저귀를 떼는 것으로 나타났습니다.
- **끈을 매지 못한다** : 신발 끈을 매지 못하는 아이들이 늘어나고 있습니다.
- **일찍 시작되는 청결 습관** : 식사 전 손 씻기 조사 결과를 보면 야마시타 조사에서는 만 5세 정도에 그 습관이 정착되지만, 요즘 아이들은 3년 6개월경에 손 씻는 습관이 정착되는 것으로 나타났습니다.

이 기준들만 잘 활용해도 어느 부분에 중점을 두고 훈육을 해야 하는지 방향을 잡을 수 있겠지요.

[표 1] 기본 생활습관의 자립 표준기준

연령 (만 나이, 세. 개월)	식사		수면	
	야마시타 조사	필자들의 조사	야마시타 조사	필자들의 조사
1.0		· 스스로 밥을 먹으려고 한다.		
1.6	· 스스로 컵을 들고 마신다. · 수저를 혼자서 들고 먹는다.	· 스스로 컵을 들고 마신다. · 수저를 들고 혼자서 밥을 먹는다. · 식사 전후에 인사를 한다.	· 자기 전에 소변을 본다.	
2.0		· 흘리지 않고 마신다.		· 자기 전에 인사를 한다.
2.6	· 밥공기를 잡고 숟가락으로 밥을 떠서 먹는다. · 흘리지 않고 먹는다. · 젓가락을 사용한다.	· 밥공기를 잡고 숟가락으로 밥을 떠서 먹는다.		
3.0	· 흘리지 않고 먹는다. · 식사 전후에 인사를 한다. · 젓가락을 사용한다.	· 흘리지 않고 먹는다.		
3.6	· 젓가락을 바르게 사용한다. · 혼자서 식사를 한다.	· 젓가락을 사용한다. · 혼자서 식사를 한다.	· 낮잠을 자지 않는다.	· 자기 전에 옷을 갈아입는다. · 자기 전에 소변을 본다.
4.0		· 보조젓가락을 사용하지 않는다. · 젓가락과 밥공기를 양손으로 사용한다.	· 엄마랑 같이 자지 않는다. · 자기 전후에 인사를 한다.	
4.6				
5.0			· 자기 전에 혼자 힘으로 소변을 본다. · 혼자서 잘 수 있다.	
5.6			· 자기 전에 옷을 갈아입는다.	
6.0		· 젓가락을 바르게 사용한다.		· 낮잠을 자지 않는다. · 자기 전에 소변을 본다.
6.6				· 엄마와 같이 자지 않는다. · 혼자 자고 싶어 한다.
7.0				

배설		옷 벗고 입기		청결	
야마시타 조사	필자들의 조사	야마시타 조사	필자들의 조사	야마시타 조사	필자들의 조사
· 소변·배변 후에 알린다.					
· 소변과 배변을 예고한다.			· 혼자서 벗으려고 한다.		· 자기 전에 이를 닦는다.
		· 혼자서 벗으려고 한다. · 신발을 신는다.	· 혼자서 입으려고 한다.		
· 기저귀를 입지 않는다 · 같이 가면 혼자서 오줌을 눈다.	· 소변·배변 후에 알린다.	· 혼자서 옷을 입으려고 한다.	· 신발을 신는다. · 모자를 쓴다.	· 손을 씻는다.	· 입을 헹군다. · 손을 씻는다.
· 바지를 벗겨주면 배변을 한다.	· 소변·배변을 알린다. · 따라가면 혼자 오줌을 눈다.		· 바지를 입는다.		· 얼굴을 닦는다. · 비누를 사용한다.
· 오줌을 혼자 눈다.	· 기저귀를 더 이상 사용하지 않는다. · 혼자 오줌을 눈다. · 바지를 벗기면 배변을 한다.	· 모자를 쓴다.	· 앞단추를 채운다. · 양말을 신는다. · 바지를 입는다. · 탈의를 한다. · 옷을 혼자 입는다.	· 비누를 사용한다.	· 식사 전에 손을 씻는다.
· 혼자서 배변한다. · 자다 오줌을 눈다.	· 혼자서 배변한다.	· 바지를 입는다. · 앞단추를 채운다.		· 입을 헹군다. · 얼굴을 씻고 닦는다. · 코를 푼다.	· 얼굴을 씻는다. · 머리를 감는다. · 코를 푼다.
· 혼자서 배변한다.	· 잠자다가 오줌을 눈다.	· 양팔을 양 소매로 통과시킨다. · 양말을 신는다.			
	· 혼자서 배변을 한다(휴지 사용, 재래식 양변기 사용).	· 끈을 앞에서 묶는다. · 혼자 옷을 벗는다.		· 식사 전에 손을 씻는다. · 머리를 감는다.	· 아침에 이를 닦는다.
				· 아침에 이를 닦는다.	
		· 혼자 옷을 벗는다.			
			· 끈을 앞에서 묶는다(8세).		

사회성 (규범, 규율, 예의범절, 매너 익히기)

사람은 사회에서 태어나 사회에서 자랍니다. 그리고 사회에서 원활하게 적응하며 살아가기 위해서 사회성을 익히고 규칙을 지키며 주변 사람들과 적절한 관계를 맺습니다. 따라서 사회성은 자신의 생각을 상대방에게 전달하는 능력, 상대방의 의견을 이해하고 존중하는 능력, 사회적 규범과 적절한 행동양식을 인식하는 능력, 실천하는 힘이라고 할 수 있습니다.

자기를 조절하는 능력

아이들은 자기주장과 자기억제의 균형을 맞춰가면서 행동 조절을 배우고 적응해갑니다. 어른들은 아이들의 주장을 무시하거나 억누르지 말고 받아주면서 때에 따라서는 욕구를 조절할 수 있도록 도와주어야 합니다.

인간관계를 만드는 능력

아이의 사회성은 친구관계를 어떻게 유지하느냐에 큰 영향을 받습니다. 친구관계는 놀이를 통해서 길러지지만 즐겁게 놀기 위해서는 상대방의 기분과 의도를 이해하고 상대방의 관점에서 상황의 의미를 생각하는 공감 능력을 기르는 것이 중요합니다.

아이들은 싸움을 경험하면서 친구의 기분을 생각해야 한다는 사실을 깨닫고, 자신의 행동을 조절하는 것을 배우고, 싸움을 스스로 해결하는 능력도 기릅니다. 상처를 받으면서 사이좋게 지내는 법을 배우는 것입니다.

사회적 규범과 도덕성

도덕은 사회에서 받아들일 수 있는 행동규범의 집합입니다. 그리고 행동규범의 집합이 사람마다 나름의 개념으로 받아들여져 내면화되는 것이 도덕성입니다. 도덕성은 사회성을 성숙시키는 요소 가운데 하나입니다. 도덕성은 태어나면서 생기는 것이 아니라 아이가 생활해나가는 과정에서 익히는 것입니다.

가정에서의 훈육과 사회성

사회성의 기반인 신뢰는 가정에서 자랍니다. 신뢰관계 속에서 아이들은 인간관계의 기반을 만들어가는데, 이 기반이 없으면 훈육은 효과적일 수 없습니다.

훈육은 배변 훈련을 하면서 시작된다고 봅니다. 배변 훈련이야말로 아이가 처음 만나는 사회규범입니다. 그전까지는 기저귀를 차고 있어서 욕구가 생기면 바로 배변을 했지만, 이제부터는 자신의 욕구를 일시적으로 억눌러서 사회적 규칙을 존중할 것을 요구받기 때문입니다. 이러한 사회생활의 기반이 되는 행동양식은 가정에서 훈육에 의해서 습득합니다.

집단에서의 훈육과 사회성

많은 아이들이 하루에 몇 시간은 어린이집이나 유치원에서 생활합니다. 보육교사는 아이들에게 사회에서 지켜야 할 것을 지도하고, 아이들은 그 가르침을 통해 사회규범의 존재를 깨닫고 지키려고 노력합니다. 이때 부모와 교사는 아이들에게 더 넓은 사회의 창구 역할을 합니다.

훈육과 안정성

바른 훈육은 아이의 안정성과도 관련이 깊습니다. 청결, 수면, 식습관과 관련된 훈육은 심신을 안정시키고, 사회생활에 필요한 훈육은 정신(심리적 상태)을 안정시키는 데 도움이 됩니다. 다만 신체적인 폭력과 정신적인 폭력을 동반하면 아무리 근사한 훈육이라도 아이의 안정성을 깨뜨리게 됩니다.

영유아기의 훈육

보통 태어나면서부터 초등학교 입학 전인 만 5세(한국 나이로 7세)까지를 영유아기라고 합니다. 이 시기에는 외부에 대한 탐색 욕구가 강하고, 다른 사람의 관점을 이해하지 못하는 자기중심적 사고를 보이며, 정서가 발달합니다. 신체 발달도 두드러지지요. 부모가 신경 써서 훈육할 일이 많아지는 시기이기도 합니다.

훈육의 기반은 애정

아이가 안심하고 응석을 부릴 수 있는 어른, 신뢰할 수 있는 어른이 아니면 이 시기에는 훈육을 할 수 없습니다. 태어나면서부터 아이는 부모의 보호를 받으며 성장하는데 이 시기에 깊은 애정으로 묶여 있으면 훈육이 순조롭게 이뤄집니다.

발달에 맞춘 훈육

영유아기의 훈육은 행동마다 적당한 시기가 있습니다. 예를 들어 오줌을 참을 수 있는 능력이 없는 아이에게 기저귀를 떼라고 하면 안 됩니다. 반대로 기저귀를 떼어야 할 시기가 너무 늦어지면 아이의 활동에 부담을 줍니다. 아이의 발달 정도에 맞춰서 훈육하는 것이 가장 중요합니다. 부모가 초조한 마음에 아이에게 강제적으로 요구하면 오히려 할 수 없는 경우가 많으니 주의를 해야 합니다.

어른을 흉내 내는 아이들

아이들은 가까이에 있는 어른의 모습을 무의식적으로 흉내 냅니다. 그렇기 때문에 어른들이 좋은 모델이 되어야 합니다. 부모로서 아이에게 좋은 모델이 되도록 의식해야 합니다.

반복해서 가르친다

이 시기의 아이들은 한 번에 익히고 해낼 수 있는 것이 거의 없습니다. 매일매일 반복하면서 익히도록 해야 합니다. 아이가 부담감을 느끼지 않도록 어른들이 의식적으로 관심을 기울이면서 반복해야 합니다.

예외를 만들지 않는다

아이들은 예외라는 개념이 없습니다. 그렇기 때문에 부모의 행동에 일관성이 없으면 혼란스러워 합니다. 그래서 예외를 만들지 않는 것이 중요합니다.

교환 조건을 내걸며 훈육하지 않는다

유아기에는 말로 설명할 수 있습니다. 이때 제대로 설명을 해주는 것이 중요한데, 그 것이 귀찮아서 조건을 거는 부모들이 있습니다. 그러나 훈육에서 조건을 거는 일은 절 대로 해서는 안 됩니다. 처음에는 부모가 조건을 걸지만, 결국 교환 조건을 아이가 제 시하게 되고 교환 조건은 점점 늘어납니다. 이런 상황은 유아기만이 아니라 초등학교 에 들어가서도 마찬가지입니다.

입학 때까지 익혀두어야 할 기초 생활습관

- **식습관** : 30분 이내로 식사할 수 있도록 수저나 밥그릇 사용법을 알려줍니다.
- **수면 습관** : 밤 9시에는 잠자리에 들고, 아침 7시에 일어나도록 해야 합니다. 낮잠 습 관은 없앱니다.
- **배설 습관** : 혼자서 화장실에 가서 배설할 수 있고, 배변한 뒤에 제대로 닦고, 매일 배 변하는 습관을 들여야 합니다.
- **청결 습관** : 스스로 이를 닦고 손을 씻는 습관을 들입니다.
- **옷 갈아입기 습관** : 혼자서 옷을 갈아입고, 단추와 지퍼만이 아니라 끈도 묶을 수 있도록 합니다.

아동기의 훈육

만 5세(한국 나이로 7세) 무렵부터 초등학교 재학 중인 아이들을 '아동'이라고 하고, 초등학교 졸업 전까지의 시기를 '아동기'라고 합니다. 이 시기가 되면 더 이상 훈육하지 않아도 된다고 생각하는 부모들이 많은데, 그렇지 않습니다. 아동기이기 때문에 훈육을 제대로 해야 합니다.

부모가 아이에게 가르쳐야 할 것

- 생명의 소중함
- 사람과 동식물, 자연을 사랑하기
- 생각하기, 사고하기
- 진로에 대한 방향
- 노는 방법
- 혼자서, 혹은 친구들과 다니기
- 해서는 안 되는 것과 해야 할 것 구분하기
- 규칙 바른 생활과 절도 있는 태도
- 유아기에 익혔어야 할 말투, 예의 등 기본 생활습관의 확립

아동기 훈육의 키포인트

- 인사하기, 말하기, 듣기 습관의 확립
- 규칙에 맞는 생활, 절도가 있는 생활의 확립
- 부모의 도움 없이 스스로 하는 훈련
- 선악의 판단을 제대로 하기
- 살아가는 힘을 기르기

부모의 역할

가족은 혈연관계를 기본으로 하는 집단으로, 부모는 훈육을 하는 주체이자 아이에게는 인생을 살아가는 방법을 배울 수 있는 가장 믿을 만한 모델입니다.

아빠의 역할

아이에게 아빠는 생활문제 · 사회문제를 볼 수 있는 창구이고, 동일시를 통해 가족의 가치관과 라이프스타일을 배우는 모델입니다. 더불어 아이의 성장 과정에서 사회를 향한 방패의 역할을 할 것이 기대됩니다.

요즘의 아빠는 가정에서 적극적으로 역할을 하도록 요구받습니다. 직장이라는 집단에 있으면서 동시에 가족이라는 집단에 속한 사람이므로 사회와 가정의 차이를 전해주는 역할을 담당해야 합니다.

엄마의 역할

아이에게 엄마는 길을 같이 가는 최고의 존재로, 정서 발달과 인격 형성에 강한 영향을 줍니다. 엄마는 즐거움과 편안함을 느낄 수 있는 장소를 제공하고, 현실감각이 뛰어나며, 아이의 내면을 어루만져주는 큰 힘을 갖고 있습니다.

부모는 아이와 혈연관계이므로 다른 것과 바꿀 수 있는 존재가 아닙니다. 특히 엄마는 가족의 성장 과정에서 생기는 문제에 유연하게 대처할 수 있다는 점에서 중요한 역할을 합니다.

칭찬하기

- 누구와 비교하지 않습니다.
- 결과를 칭찬하지 말고 과정을 칭찬해주세요.
- 행동을 칭찬해주세요.
- 칭찬하는 부모의 마음을 전달해주세요.

혼내기

- 장황하게 혼내지 마세요.

- 나중에 그 일을 또 지적하지 마세요.

- 아이의 인격에 상처를 주지 마세요.

- "잘못했어요"라는 말을 강요하지 마세요.

- 혼낼 때도 일관성이 있어야 합니다. 이랬다저랬다 하지 마세요.

알아두면 유용한 훈육 이론

하비거스트의 발달과제

발달과제란?

사람은 태어나서 성인이 될 때까지 매일 성장하고 발달합니다. 그러나 사회적으로 건강하고 행복한 발달이 있는가 하면 인간으로서 의미 없거나 불행한 발달도 있겠죠.

인간이 사회적으로 건강하고 행복한 발달을 이루기 위해서는 유아기부터 아동기를 거쳐 청년기에 이르기까지 획득해야 하는 과제가 있습니다. 하비거스트(Havighurst R. 1900~1991)라는 심리학자는 이를 발달과제(Development Task)라고 이름을 붙이고 '인간이 정상적인 발달을 이루기 위해각각의 연령에서 달성해야 하는 과제'라고 정의했습니다. 하비거스트는 인간의 발달과제를 6단계(유유아기, 아동기, 청년기, 장년초기, 중년기, 노년기)로 나누었으며 각각의 단계에서 발달과제를 수행하지 않으면 다음 과제의 수행이 곤란하다고 했습니다.

발달과제는 인간이 익혀야 하는 학습의 중심 내용입니다. 발달과제를 익힘으로써 자기에게 적응할 수 있고, 이는 사회에 대한 적응으로 발전해갑니다. 하비거스트의 발달과제 중에서 유유아기와 아동기의 발달과제는 다음과 같습니다.

유유아기(1~6세)의 발달과제

- 보행
- 고형 음식물 섭취하기
- 말하기
- 배설 습관의 자립
- 성(性)의 차이점 및 성 관련 금기사항 익히기
- 생리적 안정성(환경의 변화에 대한 항상성)의 획득
- 사회와 사물에 대한 개념 형성
- 양친, 부모, 형제 및 타인과 자신이 정서적으로 엮였음을 인지

- 옳고 그름을 구별하고 양심을 키우기

아동기(7~13세)의 발달과제

- 공놀이, 수영 등의 신체놀이에 필요한 기능을 학습
- 성장하는 생활체로서 자기에 대한 건전한 태도를 양성
- 또래 친구와 노는 방법을 학습
- 남자 또는 여자로서의 성역할을 학습
- 읽기, 쓰기, 계산의 기초적 기능을 학습
- 일상생활에 필요한 개념을 습득
- 양심, 도덕성, 가치의 척도를 발전시키기
- 인격의 독립성, 즉 자율적인 인간으로서 성장
- 민주적인 사회적 태도의 발달

에릭슨의 자아 발달 이론

인생의 8가지 단계

에릭슨(E. H. Erikson, 1902~1994)은 자아의 발달을 도식으로 시사했는데, 그 도식은 인생을 8단계(유아기, 유아전기, 유아후기, 아동기, 청년기, 성인기, 중년기, 노년기)로 나누고 각각의 단계에서 달성해야 할 과제를 나타냈습니다. 각 단계에서는 해당 과제를 수행했는지의 여부에 따라 심리사회적 위기를 극복하는지가 결정되는데, 이는 자아의 발달에 긍정적이거나 부정적인 영향을 끼친다고 보았습니다.

예를 들어, 유아기에는 엄마와의 신뢰관계가 중요하며, 엄마와의 신뢰관계가 성립됐을 때 심리사회적 위기를 극복할 수 있습니다. 반대로 엄마와의 신뢰관계가 성립되지 못하면 불신감에 빠져 자아의 발달에 부정적인 영향을 미친다고 합니다. 유아기부터 아동기까지의 심리사회적 위기를 살펴보면 다음과 같습니다.

유아기(1세)

유아기의 심리사회적 위기는 '신뢰 대 불신'이고, 활력은 '희망'입니다. 이 시기의 아이들은 소리를 내거나 몸을 움직이거나 주변 환경에 적극적으로 반응합니다. 주위 사람들이 이러한 유아의 움직임에 잘 대응해주면 유아는 자기를 둘러싼 환경을 신뢰하고 희망이라는 활력을 익힐 수 있지만, 이러한 관계성이 결여되어 있으면 불신감을 품을 수 있습니다.

이 시기에 중요한 대인관계는 모친적인 인간관계입니다. 에릭슨은 기본적인 신뢰관계가 가장 친근한 모친 또는 모성의 관계에서 성립하는지의 여부에 따라 이 시기의 자아발달에 영향을 준다고 설명합니다.

유아전기(2~3세)

유아전기의 심리사회적 위기는 '자율성 대 의심'이고, 활력은 '의지'입니다. 이 시기에 중요한 대인관계는 부모와의 관계이며, 훈육에 따른 배설 훈련이 중요한 의미를 갖습니다.

2~3세는 기저귀를 떼는 시기로 배뇨의 자립 훈련을 받는데, 그 과정에서 배설 실패를 경험합니다. 아이들은 배설의 실패로 수치심을 느끼고, 혼나는 것이 아닐까 하는 의심을 품습니다. 그러나 배설의 실패를 부끄럽지도 나쁘지도 않은 일이라는 올바른 훈육의 태도를 지속해서 보여주면 수치심이나 의심을 극복할 수 있습니다. 그 결과 아이들은 점점 배설을 조절할 수 있는 자율성을 익히게 됩니다.

문제는 훈육이 너무 엄격한 경우입니다. 실패는 과정의 당연한 일부임에도 아이들이 실패하는 것을 부끄러워하고 양친이 엄격하게 다그치면 의심이 강해집니다. 그 결과 아이들은 자신의 의지를 발휘하는 활력을 잃어버리게 됩니다.

유아후기(4~5세)

유아후기의 심리사회적 위기는 '적극성 대 죄책감'이고, 활력은 '목적'입니다. 이 시기의 대인관계는 핵가족적 인간이며, 이 시기에 아이들의 자의식이 싹틉니다.

유아후기 아이들은 가족과 동성 어른들의 행동양식과 가치관을 자신의 표본으로 여기고 모방하는 것을 목적으로 합니다. 구체적으로 말하면 '흉내 내고' '~처럼 하는' 행동이 눈에 띕니다. 이러한 모방에 실패하는 것, 즉 목적을 실현하지 못하면 죄의식이 생기는 것으로 생각할 수 있습니다.

아동기(6~11세)

아동기의 심리사회적 위기는 '근면성 대 열등감'이고, 활력은 '유능'입니다. 이 시기의 대인관계는 이웃과 학교 안 사람들입니다.

즉 이웃과 교사, 친구 등 가족 이외의 사람들로부터 영향을 받습니다. 자신을 또래와 비교하며 열등감을 의식하거나 '나는 뭘 해도 안 돼'라고 생각해 자존감이 떨어지는 경우도 있습니다. 이 위기를 극복하면 규범을 지키며 근면한 활동에 힘써 유능감을 높이지만, 그 노력이 뜻하지 않은 결과를 가져오면 열등감이 생길 수도 있습니다.

매슬로우의 자아실현 욕구

욕구단계설

인간에게는 수많은 욕망이 있으며, 욕망을 충족시키려는 마음을 욕구라고 합니다. 욕망만큼이나 사람에게는 다양한 욕구가 있는데 식욕을 비롯해 배출욕 · 휴식욕 · 수면욕 등은 생리적 욕구로 분류되고, 성취욕 · 인정욕 · 소속욕 · 학습욕 등은 사회적 욕구로 분류됩니다. 사람은 이러한 다양한 욕구를 충족시킴으로써 자기를 충족시킵니다. 한편 욕구를 충족하지 못하면 욕구불만에 빠질 가능성이 있습니다. 욕구불만에 빠지지 않고 자기를 충족시키면 능력과 성격을 발휘해서 자아실현을 기대할 수 있습니다. 매슬로우(A.H. Maslow, 1908~1970)는 자아실현을 '자기의 능력과 성격의 가능성을 적극적으로 실현해서 자기에게 주어진 것을 이루려는 욕구'로 정의했으며 욕구단계설을 제창했습니다. 욕구단계설에 의하면 욕구에는 5단계가 있는데 첫 단계는 생리적 욕구이고, 두 번째는 안전의 욕구, 세 번째는 자존의 욕구, 네 번째는 인정의 욕구, 마지막 층인 다섯 번째 욕구는 자아실현의 욕구입니다. 자아실현에 이르려면 생리적 욕구와 안전의 욕구가 충분히 충족되어야 하고, 점차 자존의 욕구 및 인정의 욕구까지 충족시켜야 합니다.

제1단계 : 생리적 욕구

생리적 욕구는 생존에 필요한 욕구입니다. 먹을 것, 물, 공기, 휴양, 운동, 추위 등 생리적인 측면에 대한 욕구로 모든 욕구 가운데에서 가장 우수한 욕구라고 합니다.

제2단계 : 안전의 욕구

이 욕구는 생리적 욕구가 충족된 다음에 요구되는 욕구로, 주변 환경이 안전할 것을 요구하는 욕구입니다. 부모와 양육자, 교육자 등 가까운 사람과의 따뜻한 접촉, 정서적인 교류에 의해서 안전감과 안정감을 얻으려고 합니다.

제3단계 : 자존의 욕구

자존이란 자기 자신을 소중히 여기는 것입니다. 매슬로우는 자존 욕구의 중심을 소속과 사랑의 욕구로 보았습니다. 생리적 욕구 및 안전의 욕구가 충분히 충족되면 사랑과 소속에 대한 욕구가 일어납니다. 즉 친구, 부모와 가족, 양육자에게 사랑을 받으면 사랑해주고 싶은 사랑의 욕구와 '가족과 함께 있고 싶다', '친구와 동료와 함께 있고 싶다'는 소속의 욕구가 강하게 나타납니다.

제4단계 : 인정의 욕구

3단계까지의 욕구를 확실하게 충족하면 높은 평가를 받고 싶고 다른 사람한테서 존중받기를 원하게 됩니다. 자신과 타인 모두에게 인정받고 싶은 마음이지요. 이 욕구를 충족하면 자신감이 붙고 자존감이 높아지며, 노력하면 할 수 있다는 가능성의 감정이 마음에 크게 자리 잡습니다.

제5단계 : 자아실현의 욕구

4단계 이하의 욕구가 완전하게 충족되어야 비로소 이 단계에 이를 수 있습니다. 예를 들어 유아기 아이들의 경우 4단계까지의 욕구가 충족되면 축구를 하고 싶다거나 농구를 하고 싶다는 등 원하는 것이 싹틉니다. 이러한 동기를 파악해서 부모는 아이에게 기회를 주고, 아이는 축구나 농구를 더 잘하려고 노력할 것입니다. 이처럼 아이가 이루고 싶어 하는 욕구를 자아실현의 욕구라고 합니다. 자아실현 욕구는 본래 자신이 되고 싶어 하는 모습이나 형태에 대한 욕구라고 말할 수 있습니다.

결핍욕구와 성장욕구

매슬로우는 5가지 욕구단계를 결핍욕구와 성장욕구로 나누었습니다. 1단계부터 4단계까지의 욕구를 결핍욕구라고 부르면서 '계속해서 생겨나는 데다 충족되지 않으면 부족함을 보충하려고 한다'고 했습니다. 결핍욕구는 굉장히 강하고, 어떤 경우라도 성장욕구보다도 우세합니다. 예를 들어 안전의 욕구와 자존의 욕구라는 결핍욕구가 충족되지 않으면 무엇인가를 이루고 싶다는 의식은 생기지 않을지도 모릅니다. 이러한 매슬로우의 이론은 아이들의 훈육에서 굉장히 중요하다고 여겨지고 있습니다.

분리불안과 심리적 자립

자립의 길

아이들의 인간관계는 가족에서 사회로 점차 확대됩니다. 이 과정은 자녀가 자립하는 과정으로도 볼 수 있지요. 특히 엄마(주양육자)와의 관계는 중요한 의미를 갖습니다. 유아에게 "엄마는 어떤 사람이니?"라고 물어보면 "상냥하지만 화내면 무서워요"라는 대답이 돌아오는데, 이는 엄마가 자신을 양육하고 보호해주는 존재임을 잘 나타내는 말입니다. 아이와 엄마와의 관계는 의존과 자립 사이에서 왔다 갔다 합니다. 그렇다면 아이와 엄마와의 관계는 어떤 발달적 변화를 거칠까요?

아이들은 생후 4개월부터는 자신과 엄마를 구별하지 못하는 자타미분화 세계에서 살다가 5개월부터는 '엄마는 나와 다른 존재'임을 인식하고, 2~3세에는 엄마의 의도와 다른 자신의 의지를 주장하고 부모 이외로 인간관계를 확대하기 시작합니다. 그리고 청년기에는 자신에게 의지가 되는 인간관계가 친구로 옮겨가면서 부모로부터 심리적으로 자립합니다. 이 자립을 향한 모자관계 이행의 키워드는 '분리불안'과 '심리적 자립'입니다.

분리불안

아기를 귀여워하는 옆집 아줌마가 엄마한테서 방글방글 웃는 아이를 받아서 안으면 갑자기 아이가 화를 내듯이 울어댑니다. 당황한 옆집 아줌마가 엄마한테 아이를 되돌려주면 아이는 바로 울음을 그치지요. 이런 아이의 행동을 낯가림이라고 합니다. 그리고 이처럼 부모에게서 떨어졌을 때 생기는 부정적인 감정을 '분리불안'이라고 부릅니다.

분리불안은 안전하고 신뢰할 수 있는 존재와 그 외의 사람들을 구별하기 시작하는 0세 후반부터 1세까지 가장 강하게 나타납니다. 그러다가 3세까지는 지적 호기심이 커지면서 탐색을 하느라 일정 시간 부모에게서 떨어졌다가 다시 분리불안이 커져 엄마 곁으로 돌아오는 것을 반복합니다. 이때 엄마는 자신에게서 떨어져서 탐색을 하는 아이를 따뜻하게 지켜봐주고 되돌아오면 따뜻하게 받아주어야 합니다.

분리불안은 언어가 발달하면서 줄어드는데, 3세부터는 엄마에게서 떨어져도 과도하게 불안해하지 않고 자신의 세계를 넓혀갑니다. 분리불안에서 졸업하는 것은 심리적 자립이 시작됐음을 의미합니다.

심리적 자립

이유(離乳)는 '모유 또는 분유 등의 유즙 영양에서 유아식으로 이행하는 과정'을 말합니다. 홀링워스(L.S. Holling worth, 1886~1939)는 이 말을 원용해서 1928년에 '청년의 양친으로부터 정신적 자립'을 나타내는 말로 '심리적 이유(자립)'라는 개념을 제안했습니다.

일반적으로 청년기에 들어서면 아이들은 자아동일성의 확립을 향하는 첫걸음으로 자기의 존재를 알고 싶어 합니다. 그리고 행동지침으로서 무조건적으로 받아들여온 양친의 가치관에 의문을 품고 자기만의 생각이나 생활패턴을 주장하고 부모에 대한 비판도 시작합니다. 이것이 이른바 제2의 반항기이지요. 부모에 대한 심리적 의존이 약해지고 그 대신 또래집단을 중심으로 생활을 합니다. 그러나 청년기가 끝나면 대등한 존재로서 서로를 인정하는 새로운 관계가 만들어져 부모와의 관계는 다시 안정적이 됩니다. 이러한 과정을 거쳐 심리적 자립이 이뤄집니다.

심리적 자립은 부모-자녀 관계의 완전한 분리와 단절을 의미하는 것이 아닙니다. 모자관계의 질은 변화하지만 부모가 아이에게 중요한 사회적 자원이라는 사실은 변함이 없습니다. 중요한 것은 대등한 관계로서 어떻게 아이를 받쳐줘야 하는지에 대해 부모 자신도 새로운 관계를 모색해야 한다는 점입니다.

심리적 내성

내성이란?

내성은 참는 것입니다. 일상생활에서는 참아야 하는 경우가 많아요. 그럴 때마다 사람들은 욕구불만의 상태에 빠집니다. 참는다는 것은 생활하면서 중요한 부분입니다. 예를 들어 배가 고프다고 해서 바로 배를 채울 수 없습니다. 간식이 눈앞에 있어도 손을 씻어야 하고, 간식 시간이 될 때까지 기다려야 하죠. 이 경우에 욕구는 일시적으로 제지받는 상태가 되어 욕구불만에 빠질 가능성이 있습니다. 그러면 어떤 아이는 데굴데굴 구르고 반항하거나 난폭해집니다.

그러나 욕구가 제지를 당한다고 해서 모두 욕구불만에 빠진다고 단정할 수는 없습니다. 같은 상황에서도 스트레스를 느끼고 욕구불만에 빠지는 아이가 있고, 아무것도 느끼지 않는 아이도 있고, 혹은 스트레스를 참는 아이도 있거든요. 욕구불만에 빠지는지 빠지지 않는지는 개인차가 있습니다. 후자처럼 욕구불만을 감당할 수 있는 능력을 욕구불만 내성(Frustration Tolerance)이라고 합니다. 욕구불만 내성은 욕구불만에 빠지지 않는 능력, 욕구불만에 저항할 수 있는 능력으로 부적응이나 부적절한 행동을 일으키지 않습니다. 욕구가 제지되더라도 '놀고 싶은 욕구를 억누르고 숙제를 끝마치면 나중에는 충분히 놀 수 있다'고 상황을 받아들입니다.

그러나 너무 참기만 하는 것은 좋지 않습니다. 불만이 쌓여 다른 문제로 나타날 수 있거든요. 그렇게 되지 않으려면 참은 후에 어떻게든 해결책이 있어야 합니다. 욕구불만을 참는 것만이 아니라 그 상태를 스스로 적극적으로 해결하려는 태도가 내성이 높다고 할 수 있습니다.

내성 훈육의 최적기

내성을 높여주기 위해서는 욕구를 적절하게 제지하는 훈육 또는 훈련이 효과적입니다. 훈육이나 훈련의 최적기는 유아기이지요. 이 시기부터 참게 만드는 욕구 제지 체험을 과도하지 않게 할 필요가 있어요.

이때 부모는 애정을 가지고 아이와 대결해야 합니다. 즉 아이가 자라는 모습에 자부심을 갖고, 아이에게 주의를 주거나 혼낸 뒤에는 따뜻하게 감싸주어야 아이들이 내성을 확실하게 기를 수 있습니다. 또 아이가 참을 수 있을 때 그것을 놓치지 않고 칭찬해주세요. 내성 훈련을 할 때 엄격한 훈육은 바르지 않습니다. 아이가 긴장을 하고 있는 상황이므로 내성 훈련은 엄격하기보다는 긴장을 완화시켜주는 기분 전환 방법이나 휴식 방법을 익힐 수 있도록 지도하는 것이 중요합니다.

내성의 형성을 방해하는 양육 태도

내성을 높이려면 유아기부터 적절한 훈육을 지속적으로 하는 것이 중요합니다. 다만 ①욕구 제지의 경험이 거의 없는 경우 ② 과도한 욕구 제지를 경험했던 경우 ③비연속적인 욕구 제지가 있었던 경우에는 내성을 높이기가 어렵습니다.

①의 경우는 응석과 과보호로 자란 아이에게서 볼 수 있는 모습입니다. 이런 아이들은 학교나 친구 같은 새로운 사회집단에 들어갔을 때 아주 작은 욕구 제지도 참지 못하고 쉽게 회피, 거부, 공격 같은 행동을 일으킵니다.

②의 경우는 엄격한 환경에서 자란 아이들에게서 볼 수 있습니다. 강한 욕구 제지가 계속되면 욕구불만을 참을 수가 없어 부적응 행동을 일으킬 수 있습니다.

③의 경우는 일관성이 없는 부모에게서 자란 아이에게서 볼 수 있습니다. 이런 아이들은 어떻게 대처하는지를 알지 못해서 당황하고 자신감을 잃어버립니다.

일시적으로 내성을 저하시키는 상황도 있습니다. 그것은 부모의 죽음, 이사, 전학, 형제·자매의 탄생 등 주변 환경이 급변하는 경우입니다.

내성을 기르려면 가정에서 '적절한 훈육'을 해야 합니다. '적절한 훈육'은 바로 적절한 욕구 제지 훈련을 의미합니다.

현대의 훈육

핵가족화가 당연시된 현대사회에서 생기는 문제들이 있습니다. 또 예전과는 다르게 신경 써야 하는 문제들도 있지요.

육아불안

육아를 하면서 축적된 불안이 '육아불안'이며, 일시적인 걱정과 구별됩니다. 최근 아동학대의 배경으로 부모들의 육아불안이 꼽히곤 하는데, 완벽한 양육을 목표로 할 경우 엄마들이 불안을 느끼는 일이 더 많습니다. 만일 다음과 같은 증상이 있다면 육아불안으로 봐도 무방합니다.

- 신체적 피로감, 여유 없는 마음, 무기력
- 육아에 대한 부정적인 감정
- 아이에 대한 부정적인 감정

육아불안의 요인

과거에도 육아불안이 있었지만 현대의 육아불안이 더 심각합니다. 특히 형제자매의 감소와 지역 커뮤니티의 붕괴로 인해 육아를 접해보지도 못한 채 엄마가 되는 여성들이 증가하는 것과 관련이 있습니다. 육아에 대한 구체적인 이미지가 없는 상태에서 양육을 하다 보니 어려운 일에 부딪힐 때마다 육아불안이 더 심해진다고 합니다.
일반적으로 직장을 다니는 엄마보다 전업주부인 엄마가 육아불안을 더 많이 느낀다고 하네요. 육아에 따르는 고립감과 폐쇄감이 육아불안의 핵심적인 요인으로 떠오르고 있습니다.

육아불안에 대한 지원

가장 중요한 것은 아빠가 육아에 참가하는 것입니다. 또 하나는 사회적 지원이지요.

훈육과 학교

학교 교육과 훈육

학교는 의도적으로 교육을 행하는 시설이고 국민의 조직적인 사회화와 인재의 육성을 통해 정치적·문화적 통합과 경제 발전, 국민의 생활수준 향상에 기여해왔습니다.

학교 교육은 훈육의 기반

페스탈로치는 가정의 애정관계가 학교 교육의 기반이 된다고 했습니다. 학교 교육의 훈육은 가정 내 애착을 학교 교육으로 가져오는 것입니다.

유치원에서는 주로 건강, 인간관계, 언어 표현, 기본 생활습관에 대해 훈육합니다.

초등학교에서는 일상의 생활과 학습, 건강과 안전에 대해 훈육합니다.

학교 교육에서의 훈육의 핵심

학교 교육의 훈육은 사랑이 넘치는 교사와 아이들과의 관계 속에서 이뤄지고 확립됩니다. 훈육을 하는 교사는 아이들의 얘기를 잘 들어주고 잘 받아주어야 합니다.

훈육과 미디어

아이들이 어릴 적부터 접하는 미디어로는 TV와 DVD가 있습니다. 최근에는 스마트폰과 태블릿PC도 보급되어 어린 시절부터 많은 영상을 접하고 있지요. 아이가 미디어를 사용할 때는 다음의 사항을 신경 써주세요.

- TV와 DVD를 보는 거리에 신경을 씁니다.
- 폭력 장면을 보여주지 않습니다.
- 애니메이션을 볼 때는 방을 밝게 합니다.
- 게임 시간에 대한 규칙을 정합니다.
- 스마트폰에 필터링 규칙을 만듭니다.
- 인터넷은 가족이 있는 장소에서 사용합니다.

찾아보기

ㄹ-ㅁ

이경희
10세 예성이 엄마

이 책은 유아기와 아동기로 나누어 부모들이 집에서 해야 할 훈육 방법을 총망라한 책이에요. '사전' 하면 해당 영역에 대한 자세한 정보나 지식을 총망라했다는 이미지가 떠오르는데 이 책 또한 아이의 성격, 사회성, 생활습관 등 가정훈육이 필요한 영역에 대해 세분화해서 지침을 주고 있어 정말 훈육 분야의 백과사전이라는 생각이 들더군요. 그런데 '사전'이라고 해서 필요할 때마다 꺼내서 해당 부분만 찾아보는 책이라고 생각하지 않아도 되겠어요. 아이를 키우는 부모 입장에서 쭉 처음부터 끝까지 읽어나가며 미리 대응해야 할 태도를 알아둘 수 있는 책이거든요. 돌 지난 아이를 둔 엄마부터 아동기 아이를 키우는 엄마까지, 유치원이나 어린이집에서 아이들과 생활하는 교사들 역시 두루두루 아이의 성장 및 발달에 대비하고 문제가 생겼을 때 해결서로도 쓸 수 있는 만능 육아서입니다.

남은순
11세 지후와
7세 정후 엄마

남편과 제가 아이들에게 하는 잔소리 주제를 모아놓은 모음집 같습니다. 물론 잔소리로 아이들의 행동을 쉽게 변화시킬 수는 없습니다. 저희 부부도 그렇지만 대부분의 부모들이 '무엇이 문제지? 어떻게 설명해야 할까?', '왜 내가 잔소리를 해야 하는 거지? 맞는 말인가?' 하는 갈등을 겪으면서도 아이들이 잘되길 바라는 마음에 잔소리를 늘어놓는데, 정작 아이들은 '오늘도 우리 아빠 엄마가 쓸데없는 말을 늘어놓는구나'라고 느끼기 일쑤죠. 슬프지만, 이게 현실이에요.

이 책의 원고를 받았을 때 목차가 눈에 확 들어왔어요. 게임, 인터넷, TV 등 초등학교에 다니는 큰아들에게 어떻게 하면 규칙과 이용 방법 등을 제대로 설명할 수 있을까는 제가 최근에 고민하던 문제들이었습니다. 그리고 친구 사귀기, 혼자 자기, 흘리지 않고 먹기, 밥을 너무 늦게 먹는 아이와 같은 주제는 유치원에 다니는 작은 아들의 행동에서 개선하고 싶은 문제들이었습니다. 내용을 하나하나 읽어보니 막연해하던 문제들에 대해 이유를 포함해서 구체적인 방법을 꼼꼼하게 설명하고 있었습니다. 이 책을 곁에 두고 육아도우미로써 미리미리 참고한다면 아이들에게 잔소리가 아닌 참소리를 하는 부모가 될 수 있을 것 같습니다.

김미정
4세 태민이 엄마

아이가 이제 네 살(만 세 살)인데요. 읽으면서 우리 아이에게 해당되는 부분을 찾아서 골라 읽을 수 있어서 편했습니다. 자녀교육서를 많이 읽지 않는 편인데 이 책은 구체적인 훈육 방법이 잘 정리되어 있어 자녀교육서에 익숙하지 않은 저도 부담 없이 볼 수 있었습니다. 게다가 웹상이나 기사로 단편적으로 읽어 머릿속에서 정리되지 않았던 훈육의 방법이 발달 단계별로 폭넓게 실려 있어서 좋았습니다. 가장 인상 깊었던 점은 특정 훈육을 할 때 부모가 하지 말아야 하는 행동들에 대해서도 알려준다는 것이에요. 저도 아이를 훈육할 때 그런 부분을 신경 쓰고 있거든요. 아이를 훈육할 때 훌륭한 지침서가 될 것 같아 든든합니다.

신경아
11세 태강과
9세 도경이 엄마

발단 단계에 따라, 즉 영유아기와 아동기로 나누어 상황에 맞는 솔루션을 제공하는데다 사전식으로 구성된 책이에요. 전체적으로 사전식이다 보니 내용을 깊이 있게 다루지 못한 점이 아쉽지만, 필요한 내용이 간결하게 요점 정리되어 있어 유익했습니다. 어떤 상황이 닥쳤을 때 내가 찾아봐야 할 부분을 바로 알 수 있고 그때그때 꺼내 볼 수 있는 점도 좋고요. 제 아이는 유아기를 거쳐 지금은 아동기에 있어요. 책을 읽는 내내 오랜만에 유아기 때 내가 어떻게 훈육했었나를 돌아볼 수 있었어요. 아동기에 들어선 아이가 자기주장도 강해지고 가끔은 반항적인 모습을 보여서 난감했는데, 앞으로는 이 책을 옆에 끼고 해결책을 찾아가며 아이를 대할 수 있을 것 같아 기대됩니다.

일상의 공간에 추억을 더해 특별함을 담아내는 아기사진 촬영

아기사진

무작정따라하기

한승훈 지음 | 304쪽 | 16,000원

집에서
직접 찍는
아기 사진

뱃속에서 함께한 순간부터 세상에 나와 고개를 가누고,
스스로 걷는 순간까지 아기가 성장하는 과정을
사진으로 기록하고 싶은 마음을 담아
집에서 직접 아기사진을 찍어보세요.

우리집 환경을 이해하고 홈스튜디오로서 충분히 활용하는 아기사진 촬영

'듣기'만 잘해도 육아 고민이 술술 풀린다

미운 네 살, 듣기 육아법

와쿠다 미카 지음 I 오현숙 옮김 I 208쪽(부록 48쪽 포함) I 값 14,000원

아이만 보면 걱정, 잔소리를 늘어놓는 엄마들을 위한 육아 솔루션

보통 부모들은 아이를 가르치기 바빠 '말하기' 위주로 아이와 소통합니다. 하지만 아이의 말을 귀 기울여 '잘 들어주는 것'은 아이를 있는 그대로 받아들이는 일이자, 부모와 자녀 사이에 신뢰감을 주는 중요한 행동입니다. 이 책은 '듣기'의 중요성을 일깨워주면서 듣기 육아법을 생활 속에서 어떻게 활용해야 하는지를 다양한 사례와 만화, Q&A로 보여줍니다.

가정훈육 백과사전

초판 1쇄 발행 | 2017년 10월 25일
초판 2쇄 발행 | 2017년 12월 15일

지은이 | 다카하시 야요이 외 110여 명
옮긴이 | 황소연
감 수 | 김승옥
발행인 | 이종원
발행처 | (주)도서출판 길벗
출판사 등록일 | 1990년 12월 24일
주소 | 서울시 마포구 월드컵로 10길 56(서교동)
대표 전화 | 02)332-0931 | 팩스 · 02)323-0586
홈페이지 | www.gilbut.co.kr | 이메일 · gilbut@gilbut.co.kr

기획 및 책임편집 · 최준란(chran71@gilbut.co.kr), 오시정 | 디자인 · 황애라 | 제작 · 이준호, 손일순, 이진혁
영업마케팅 · 진창섭 | 웹마케팅 · 박정현, 구자연 | 영업관리 · 김명자 | 독자지원 · 송혜란, 정은주

편집진행 및 교정 · 장도영 프로젝트 | 전산편집 · 수디자인 | 본문 일러스트 · 조영남
독자기획단 3기 · 김진영, 김철안, 박은숙, 이경하, 조윤희, 한진선
인쇄 · 상지사 | 제본 · 상지사

ISBN 979-11-6050-295-4 03590
(길벗 도서번호 050108)

독자의 1초를 아껴주는 정성 길벗출판사

||| (주)도서출판 길벗 ||| IT실용, IT/일반 수험서, 경제경영, 취미실용, 인문교양(더퀘스트), 자녀교육 www.gilbut.co.kr
||| 길벗이지톡 ||| 어학단행본, 어학수험서 www.eztok.co.kr
||| 길벗스쿨 ||| 국어학습, 수학학습, 어린이교양, 주니어 어학학습, 교과서 www.gilbutschool.co.kr

||| 페이스북 ||| www.facebook.com/gilbutzigy
||| 트위터 ||| www.twitter.com/gilbutzigy

〈독자기획단이란〉 실제 아이들을 키우면서 느끼는 엄마들의 목소리를 담고자 엄마들과 공부하고 책도 기획하는 모임입니다. 엄마들과 함께 고민도 나누고 부모와 아이가 함께 행복해지는 자녀교육서, 자녀 양육과 훈육의 실질적인 지침서를 만들고자 합니다.